蒋 晓 主编

沈培玉 苗 青 副主编

Creo Parametric 4.0 中文版

标准实例教程

清华大学出版社

北京

<h1 style="text-align:center">内 容 简 介</h1>

全书共分 15 章，每章都是按照实际教学的要求，围绕一个主题，将 Creo Parametric 4.0 众多的命令进行分类，再以典型的产品和零件应用实例为线索将各类命令有机地串联起来。本书既详细介绍了各个命令的有关选项、提示说明和操作步骤，又通过操作示例给出了产品设计的思路以及命令使用的方法和步骤。同时，编者根据长期从事三维软件教学和研究的体会，通过"注意"提示了许多关键要点。本书主要内容包括 Creo Parametric 4.0 的预备知识、二维草图的绘制、二维草图的编辑、基准特征的创建、基础特征的创建、工程特征的创建、特征的编辑、高级特征的创建、特征的操作、曲面的创建、曲面的编辑、曲面转化实体、零件的装配、工程视图的创建与编辑和工程视图标注等。除第 1 章外，本书每章都配有上机操作实验指导，读者可以根据给出的详细操作步骤自由、轻松地创建富有创意的三维模型。另外，每章所附的上机题都给出了详细的提示。

本书所选实例内容丰富且紧密联系工程实际，具有很强的专业性和实用性。另外，操作步骤命令提示和插图都非常详尽，可操作性强，特别适合各类高等院校和职业院校作为相应课程的教材或参考书，同时也适合从事机械设计和工业设计的设计人员学习、参考使用。

为配合教学，编者还制作了与本书配套的电子教案，供任课教师选用。

图书在版编目（CIP）数据

Creo Parametric 4.0 中文版标准实例教程/蒋晓主编. —北京：清华大学出版社，2020.7
ISBN 978-7-302-53677-2

Ⅰ. ①C… Ⅱ. ①蒋… Ⅲ. ①计算机辅助设计－应用软件－教材 Ⅳ. ①TP391.72

中国版本图书馆 CIP 数据核字（2019）第 187552 号

责任编辑：汪汉友
封面设计：常雪影
责任校对：时翠兰
责任印制：宋 林

出版发行：清华大学出版社
    网　　　　址：http://www.tup.com.cn, http://www.wqbook.com
    地　　　　址：北京清华大学学研大厦 A 座　　　邮　　编：100084
    社　总　机：010-62770175　　　　　　　　邮　　购：010-83470235
    投稿与读者服务：010-62776969，c-service@tup.tsinghua.edu.cn
    质 量 反 馈：010-62772015，zhiliang@tup.tsinghua.edu.cn
    课 件 下 载：http://www.tup.com.cn,010-83470236
印 装 者：三河市国英印务有限公司
经　　销：全国新华书店
开　　本：185mm×260mm　　印　张：30.25　插页：4　　字　数：738 千字
版　　次：2020 年 9 月第 1 版　　　　　　　　印　次：2020 年 9 月第 1 次印刷
定　　价：118.00 元

产品编号：075025-01

图 1　江南火鸟设计 LOGO

图 2　沐浴露瓶

图 3　烟灰缸

图 4　纸篓

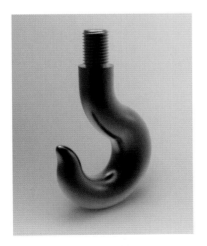

图 5　吊钩

图 6　水龙头

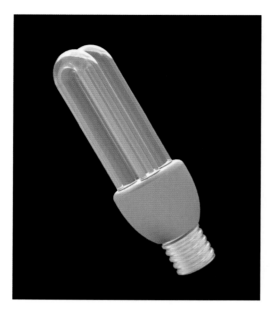

图 7　节能灯

图 8　加湿器

图 9　吹风机 1

图 10　吹风机 2

图 11　小闹钟

图 12　头盔

图 13　千斤顶

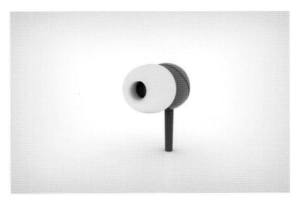

图 14　入耳式耳机

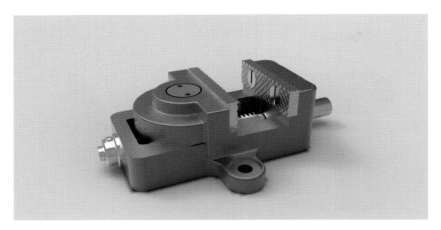

图 15 台虎钳（组装）

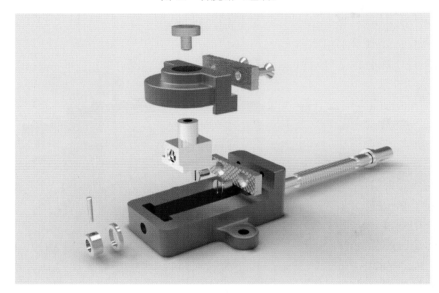

图 16 台虎钳（拆分）

图 17 旋塞阀

前　　言

随着最新版 Creo Parametric 4.0 的推出，我们在广泛听取读者意见和建议的基础上，以 Creo Parametric 4.0 在机械设计和工业设计中的应用为主线，精心组织编写了本书。本书的主要特点如下。

- 科学性：根据由浅入深、循序渐进的原则对学时和内容进行科学、合理的安排。
- 操作性：通过实例讲解命令各选项功能的操作方法、步骤和技巧，便于读者自学。
- 实用性：以机械与产品实例为线索串联每章的内容，在上机操作实验指导中，详细地介绍完成该实例的操作方法和步骤。
- 经典性：所选机械实例堪称经典，易于读者触类旁通。
- 创新性：所选产品实例具有一定的创新性，且全部为原创设计。
- 针对性：配有大量针对性强的同步上机题，供学生课后上机练习和复习，并附有详细建模提示。
- 简明性：根据专业的需要，对 Creo Parametric 4.0 的核心内容进行整合，简明和高效。
- 丰富性：配有电子教案和实例素材等资源，供任课老师选用。

"边学边用、边用边学"是贯彻全书的重要理念。实践证明，这种源于学习语言的方法是学习 CAD 软件的最佳方法。笔者曾采用这种方法先后培训过数以万计的学员，取得了非常好的效果。需要说明的是，本书虽然是以 Creo Parametric 4.0 中文版为平台，但在编写过程中也兼顾了 Pro/ENGINEER Wildfire 的读者。

笔者长期从事 CAD/CAID 的教学和研发工作，以及工业设计专业产品交互设计、可用性和用户体验、产品创新设计方法、情感化和体验设计等方向的研究，曾先后著译过多种 AutoCAD、Pro/ENGINEER、Creo、Rhino、IxD、UX 和 NONOBJECT 设计等方面的书籍。其中多种书籍受到业界的欢迎并被许多著名院校作为指定教材，累计发行数已超过数万册。

本书由江南大学蒋晓、沈培玉、苗青、刘兆峰、谭伊曼、曾欣、刘康、常海、刘金玲、刘成、唐少川等编写，蒋晓负责策划和统稿。另外，吴杰和蒋璐珺等参加了部分产品案例的设计，袁月、栾春燕和高雪参加了课件的制作，谨向他们表示感谢。

由于时间仓促，且受水平的限制，虽然已尽了最大的努力，但疏漏在所难免，欢迎读者批评指正，可登录笔者的网站与作者进行交流。

特别说明，本书涉及实例源文件和课件可以直接在清华大学出版社网站或笔者网站下载。

江南火鸟设计

2020 年 6 月

目　　录

第1章 预备知识

Creo 是美国参数技术有限公司(PTC 公司)于2010 年10 月推出的高度集 CAID、CAD、CAM、CAE、PDM 于一体的三维软件系统，其整合了 PTC 公司的 Pro/ENGINEER 的参数化技术、CoCreate 的直接建模技术和 ProductView 的三维可视化技术，被广泛地应用于航天航空、机械、电子、汽车、家电、玩具等行业中。Creo 的功能非常强大，包括零件设计、工业设计、模具设计、钣金件设计、装配、工程图、工程分析和仿真等许多模块，目前常用版本是 Creo 4.0。Creo Parametric 是 Creo 最重要的应用软件之一，本书将重点介绍 Creo Parametric 4.0。

本章将介绍的内容如下。

（1）启动 Creo Parametric 4.0 的方法。

（2）Creo Parametric 4.0 操作界面介绍。

（3）模型的操作。

（4）文件的管理。

（5）窗口的管理。

（6）退出 Creo Parametric 4.0 的方法。

1.1 启动 Creo Parametric 4.0 的方法

启动 Creo Parametric 4.0 有下列两种方法。

（1）双击桌面上的 Creo Parametric 4.0 快捷方式图标■。

（2）在 Windows 任务栏的"开始"菜单中依次选中"所有程序"| PTC Creo | Creo Parametric 4.0。

1.2 Creo Parametric 4.0 操作界面介绍

与 Pro/ENGINEER Wildfire 相比，Creo 的操作界面发生了非常大的变化，更具 Windows 风格，主要由标题栏、工具栏（快速访问工具栏和图形工具栏）、"文件"菜单、导航栏、绘图区、信息栏、功能区和过滤器等组成，如图 1-1 所示。

1.2.1 标题栏

标题栏位于主界面的顶部，用于显示当前正在运行的 Creo Parametric 4.0 应用程序的名称和打开的文件名称等信息。

1.2.2 工具栏

Creo Parametric 4.0 中工具栏包括快速访问工具栏和图形工具栏两类。

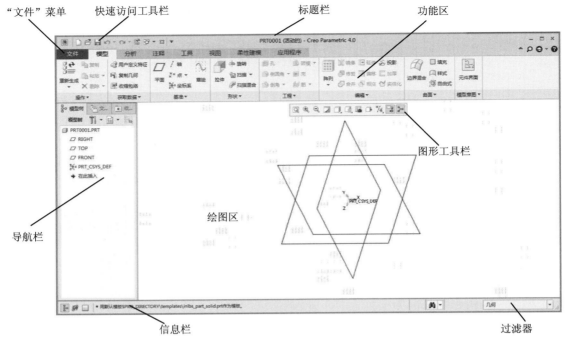

图 1-1　Creo Parametric 4.0 操作界面

1. 快速访问工具栏

快速访问工具栏位于 Creo Parametric 4.0 操作界面的左上方，包含了最常用的工具栏按钮，如图 1-2（a）所示，默认显示"新建""打开""保存""撤销""重做""重新生成""窗口""关闭"这 8 个按钮。

2. 图形工具栏

图形工具栏如图 1-2（b）所示，用于控制图形的显示。右击图形工具栏，弹出如图 1-3 所示的快捷菜单，通过选择不同的选项可以隐藏或显示工具栏上的按钮。如果选择"位置"选项，则可以更改图形工具栏的位置。

（a）快速访问工具栏　　　　　　　　　　　（b）图形工具栏

图 1-2　工具栏

1.2.3　"文件"菜单

"文件"菜单位于 Creo Parametric 4.0 操作界面的左上角，单击该菜单将打开下拉菜单，其中包含用于管理文件、管理会话、设置 Creo Parametric 环境和配置选项等操作的命令，如图 1-4 所示。

1.2.4　导航栏

导航栏位于绘图区的左侧，导航栏顶部依次排列着"模型树""文件夹浏览器"和"收藏夹"3 个选项卡。"模型树"选项卡如图 1-5 所示。

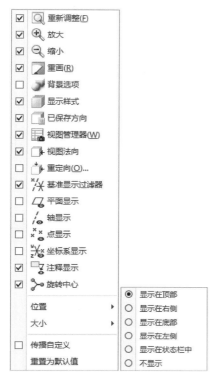

图 1-3　图形工具栏的快捷菜单　　　　图 1-4 "文件"菜单　　　　图 1-5 "模型树"选项卡

在"模型树"选项卡中,当前活动模型所包含的特征或零件按创建的顺序以树状结构显示,以便于要编辑、排序或重定义的特征的选择。状态栏上的图标 ▣ 可以控制导航栏的显示。

1.2.5　绘图区

绘图区是操作界面中间的空白区域,用户可以在该区域绘制、编辑和显示模型。

1.2.6　信息栏

信息栏显示在当前窗口中操作的相关信息与提示,如图 1-6 所示。

图 1-6　信息栏

1.2.7　功能区

功能区有若干个选项卡,每个选项卡包括若干个面板(又称为组),每个面板又包括若干相关的按钮。零件模块的"模型"选项卡如图 1-7 所示。

1.2.8　过滤器

过滤器位于绘图区的右下方。利用过滤器可以设置要选择特征的类型,这样可以非常

• 3 •

快捷地选择要操作的对象。

图 1-7　零件模块的"模型"选项卡

1.3　模型的操作

1.3.1　模型的显示

在 Creo Parametric 4.0 中，模型的显示方式有 6 种，可以单击图形工具栏中的相关图标来控制。

（1）⬛ 带反射着色：模型带反射着色显示，效果如图 1-8 所示。

（2）⬛ 带边着色：模型高亮显示所有边线着色显示，效果如图 1-9 所示。

（3）⬛ 着色：模型着色显示，效果如图 1-10 所示。

（4）⬛ 消隐：模型不显示隐藏线，效果如图 1-11 所示。

（5）⬛ 隐藏线：以隐藏线显示模式显示模型，效果如图 1-12 所示。

（6）⬛ 线框：以线框显示模式显示模型，效果如图 1-13 所示。

图 1-8　"带反射着色"显示效果

图 1-9　"带边着色"显示效果

图 1-10　"着色"显示效果

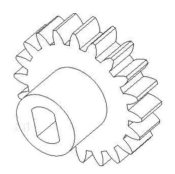

图 1-11　"消隐"显示效果

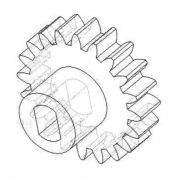

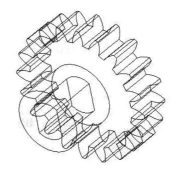

图 1-12　"隐藏线"显示效果　　　　　　　图 1-13　"线框"显示效果

1.3.2　模型的观察

为了从不同角度观察模型的局部细节，需要对模型进行放大、缩小、平移和旋转等操作。在 Creo Parametric 4.0 中，可以用三键鼠标来完成以下操作。

（1）旋转：按住鼠标中键移动鼠标。

（2）平移：按住 Shift 键的同时，按住鼠标中键移动鼠标。

（3）缩放：按住 Ctrl 键的同时，按住鼠标中键垂直移动鼠标。

（4）翻转：按住 Ctrl 键的同时，按住鼠标中键水平移动鼠标。

（5）动态缩放：转动鼠标中键滚轮。

图形工具栏中还有以下与模型观察相关的图标，其操作方法与 AutoCAD 中的相关命令非常类似。

（1）🔍 缩小：缩小模型。

（2）🔍 放大：放大模型。

（3）🔍 重新调整：相对屏幕重新调整模型，使其完全显示在绘图窗口。

1.3.3　模型的定向

1. 选择默认的视图

为了便于观察，在建模过程中有时需要以常用视图的方式显示模型。单击图形工具栏中的"已保存方向"按钮，在其下拉列表中选择默认的视图，如图 1-14 所示，其中包括标准方向、默认方向、BACK（后视图）、BOTTOM（俯视图）、FRONT（主视图）、LEFT（左视图）、RIGHT（右视图）和 TOP（仰视图）。

2. 重定向视图

除了选择默认的视图，用户还可以根据需要重定向视图，操作步骤如下。

第 1 步，单击"已保存方向"按钮，在其下拉列表中单击"重定向"按钮，打开图 1-15 所示"视图"对话框。

第 2 步，选择 DTM1 基准平面为参考一，如图 1-16 所示。

注意：DTM1 基准平面为用户创建的基准平面。

第 3 步，选择 TOP 基准平面为参考二。

注意：参考一和参考二必须互相垂直。

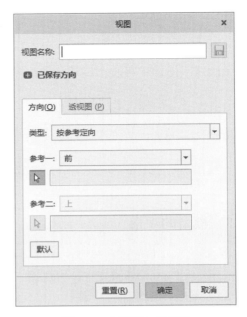

图 1-14　默认的视图列表　　　　　　　　　　图 1-15　"视图"对话框

第 4 步，单击"保存的视图"按钮，在"名称"文本框中输入"自定义"，单击"保存"按钮。

第 5 步，单击"确定"按钮，模型显示如图 1-17 所示。同时，"自定义"视图将保存在图 1-14 所示的视图列表中。

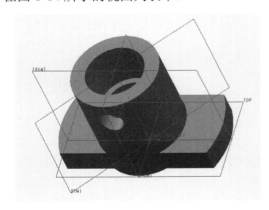

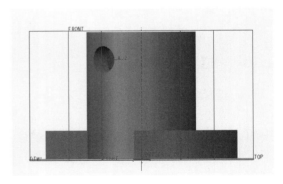

图 1-16　DTM1 基准平面为参考一　　　　　　图 1-17　"自定义"视图的模型显示

1.4　文件的管理

1.4.1　新建文件

"新建"命令用于调用相关的功能模块，创建不同类型的新文件。

调用"新建"命令的方式有以下两种。

（1）通过菜单调用：执行"文件"|"新建"菜单命令。

（2）通过按钮调用：单击快速访问工具栏中的 █ 按钮。

新建文件的操作步骤如下。

第 1 步，调用"新建"命令，弹出如图 1-18 所示的"新建"对话框。

第 2 步，在"类型"选项组中选择相关的功能模块单选按钮，默认为"零件"模块，在子类型选项组中选择"实体"。

注意：本书所涉及的模块如表 1-1 所示。

表 1-1　本书涉及的模块类型和功能一览表

模 块 类 型	功　　能	文 件 扩 展 名
草绘	创建二维草图	.sec
零件	创建三维模型	.prt
装配	创建三维模型装配	.asm
绘图	创建二维工程图	.drw
格式	创建二维工程图格式	.frm

第 3 步，在"名称"文本框中输入文件名。

注意：如果选择"零件"模块，则默认的文件名是 prt0001；如果选择"装配"模块，则默认的文件名是 asm0001；如果选择"绘图"模块，则默认的文件名是 drw0001。用户可以删除默认文件名后自行输入文件名。

第 4 步，取消选中"使用默认模板"复选框。单击"确定"按钮，弹出如图 1-19 所示的"新文件选项"对话框。

图 1-18　"新建"对话框

图 1-19　"新文件选项"对话框

第 5 步，在"模板"选项组中选择 mmns_part_solid（国际单位制）列表项，单击"确定"按钮。

注意：在 Creo Parametric 4.0 中，新建文件时系统默认的是英制计量单位，所以需要选择 mmns_part_solid，将计量单位改为公制。

1.4.2 打开文件

"打开"命令用于打开已保存的文件。

调用"打开"命令的方式有以下两种。

（1）通过菜单调用：执行"文件"|"打开"菜单。

（2）通过按钮调用：单击快速访问工具栏中的 📂 按钮。

打开文件的操作步骤如下。

第 1 步，调用"打开"命令，弹出如图 1-20 所示的"文件打开"对话框。

第 2 步，选择要打开文件所在的文件夹，在文件列表中选择该文件，单击"预览"按钮。

第 3 步，单击"打开"按钮。

图 1-20　"文件打开"对话框

1.4.3 保存文件

"保存"命令用于保存文件。

调用"保存"命令的方式有以下两种。

（1）通过菜单调用：执行"文件"|"保存"菜单命令。

（2）通过按钮调用：单击快速访问工具栏中的 按钮。

保存文件的操作步骤如下。

第 1 步，调用"保存"命令，弹出如图 1-21 所示的"保存对象"对话框。

第 2 步，单击"确定"按钮。

注意：例如，在 Creo Parametric 4.0 中保存一个名为 beizi 的零件时，首次保存的文件名为 beizi.prt.1。再次保存该零件时，文件名会变为 beizi.prt.2，每次保存其名称末尾的序号自动加 1。

图 1-21 "保存对象"对话框

1.4.4　保存副本

"保存副本"命令用于将当前图形保存为新文件名或其他类型的文件。

可以通过菜单调用"保存副本"命名，执行"文件"|"另存为"|"保存副本"菜单命令。

保存副本的操作步骤如下。

第 1 步，调用"保存副本"命令，弹出如图 1-22 所示的"保存副本"对话框。

第 2 步，在"文件名"文本框中输入新文件名。

第 3 步，打开"类型"下拉列表框，选择文件保存的类型。

第 4 步，单击"确定"按钮。

图 1-22 "保存副本"对话框

1.4.5 删除文件

"删除"命令用于删除当前零件的所有版本文件或者仅删除旧版本文件。

1. 删除所有版本文件

可通过菜单调用"删除所有版本"命令,执行"文件"|"管理文件"|"删除所有版本"菜单命令。

删除所有版本文件的操作步骤如下。

第 1 步,调用"删除所有版本"命令,弹出如图 1-23 所示的"删除所有确认"对话框。

第 2 步,单击"是"按钮,删除当前零件的所有版本文件。

图 1-23 "删除所有确认"对话框

2. 删除旧版本文件

可通过菜单调用"删除旧版本"命令,执行"文件"|"管理文件"|"删除旧版本"菜单

命令。

删除旧版本文件的操作步骤如下。

第1步，调用"删除旧版本"命令，弹出如图1-24所示的"删除旧版本"对话框。

图1-24 "删除旧版本"对话框

第2步，单击"是"按钮，该文件的所有旧版本被删除，只保留最新版本。

1.4.6 拭除文件

"拭除"命令用于拭除内存中的模型文件，但并没有删除硬盘中的原文件。

1. 拭除当前文件

可通过菜单调用"拭除当前"命令，执行"文件"|"管理会话"|"拭除当前"菜单命令。

拭除当前文件的操作步骤如下。

第1步，调用"拭除当前"命令，弹出如图1-25所示"拭除确认"对话框。

第2步，单击"是"按钮，则将当前活动窗口中的模型文件从内存中删除。

2. 拭除未显示文件

可通过菜单调用"拭除未显示的"命令，执行"文件"|"管理会话" |"拭除未显示的"菜单命令。

拭除未显示文件的操作步骤如下。

第1步，调用"拭除未显示的"命令，弹出如图1-26所示"拭除未显示的"对话框。

第2步，单击"确定"按钮，则将所有没有显示在当前窗口中的模型文件从内存中删除。

图1-25 "拭除确认"对话框　　　　图1-26 "拭除未显示的"对话框

1.4.7　选择工作目录

"选择工作目录"命令用于直接按设置好的路径,在指定的目录中打开和保存文件。

可通过菜单调用"选择工作目录"命令,执行"文件"|"管理会话"|"选择工作目录"菜单命令。

选择工作目录的操作步骤如下。

第1步,调用"选择工作目录"命令,弹出如图1-27所示"选择工作目录"对话框。

第2步,设置目标路径,选择工作目录。

第3步,单击"确定"按钮。

图 1-27　"选择工作目录"对话框

1.5　窗口的管理

1.5.1　激活窗口

在 Creo Parametric 4.0 中可以同时打开多个窗口,但只能有一个窗口处于活动状态。调用"窗口"命令,可以选择需要激活的窗口。

可通过按钮调用"窗口"命令,单击快速访问工具栏中的 按钮。

激活窗口的操作步骤如下。

第1步,调用"窗口"命令,显示窗口列表,如图1-28所示。

第2步,选择要激活的窗口。

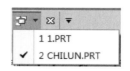

图 1-28　窗口列表

1.5.2 关闭窗口

关闭当前模型工作窗口，并将模型保留在内存中。

调用"关闭"命令的方式有以下两种。

（1）通过菜单调用：执行"文件"|"关闭"菜单命令。

（2）通过按钮调用：单击快速访问工具栏中的 ⊠ 按钮，或者单击当前模型工作窗口标题栏右上角的 ⊠ 按钮。

注意：关闭窗口后，模型仍保留在内存中。可以单击导航栏中的"文件夹浏览器"选项卡，选择"在会话中"，在右侧列表中双击已关闭的模型文件，即可打开该模型窗口，如图 1-29 所示。

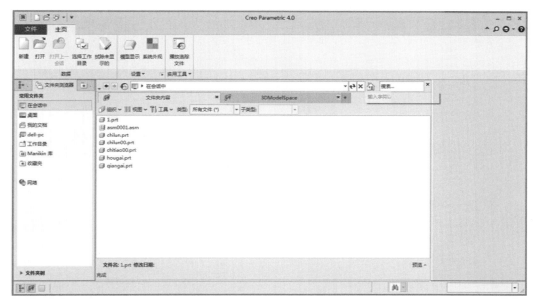

图 1-29 "文件夹浏览器"选项卡

1.6 退出 Creo Parametric 4.0 的方法

可通过菜单调用"退出"命令，退出 Creo Parametric 4.0，执行"文件"|"退出"菜单命令。退出 Creo Parametric 4.0 的操作步骤如下。

第 1 步，调用"退出"命令，弹出如图 1-30 所示的"确认"对话框，提示用户保存文件。

第 2 步，单击"是"按钮，退出 Creo Parametric 4.0。

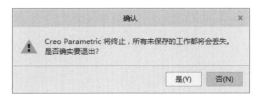

图 1-30 "确认"对话框

第 2 章　二维草图的绘制

二维草图是 Creo Parametric 4.0 三维建模的基础，使用 Creo Parametric 4.0 在创建基于草绘的三维特征时，需要通过创建内部二维截面或选择现有的"草绘"特征来定义其形状、尺寸和常规放置等。如图 2-1 所示，二维截面分别通过拉伸、旋转得到不同的三维实体。因此，二维截面是生成三维实体的基本元素，一般是由一个或多个草绘段组成的单个开放或封闭的环，可以通过绘制二维草图来创建截面特征。

　　（a）二维截面　　　　　　　　　　（b）拉伸造型　　　　　　　　　　（c）旋转造型

图 2-1　由二维截面得到的三维实体

本章将介绍的内容如下。
（1）草绘工作界面。
（2）直线的绘制。
（3）中心线的绘制。
（4）矩形的绘制。
（5）圆的绘制。
（6）圆弧的绘制。
（7）圆角的绘制。
（8）倒角的绘制。
（9）样条曲线的绘制。
（10）使用边界图元。
（11）文本的创建。
（12）草绘器选项板。
（13）草绘器检查。

2.1　二维草绘的基本知识

2.1.1　进入二维草绘环境的方法

在 Creo Parametric 4.0 中，二维草绘环境又称草绘器，进入草绘环境通常有以下两种方式。

（1）由"草绘"模块直接进入草绘环境（简称 2D 草绘器）。创建新文件时，在图 2-2 所示的"新建"对话框的"类型"选项组内选中"草绘"单选按钮，并在"名称"文本框中输入文件名称，可直接进入草绘环境。在此环境下可以直接绘制二维草图，并以扩展名.sec 保存文件。此类文件可以导入"零件"模块的草绘环境中，作为实体造型的二维截面；也可导入"工程图"模块，作为二维平面图元。

（2）由"零件"模块进入草绘环境（简称 3D 草绘器）。创建新文件时，在"新建"对话框的"类型"选项组中选中"零件"单选按钮，进入零件建模环境。在"模型"选项卡的"基准"组中单击"草绘"按钮，进入"草绘"环境，绘制二维截面，可以供实体造型时选用。也可以在创建某个三维特征命令的过程中，系统提示"选中一

图 2-2 "新建"对话框

个草绘"时，进入草绘环境，此时所绘制的二维截面属于所创建的特征。用户也可以将"零件"模块的草绘环境下绘制的二维截面保存为副本，以扩展名.sec 保存为单独的文件，以供创建其他特征时使用。

注：本章除 2.10 节和 2.11 节采用第（2）种方式外，其余各节均采用第（1）种方式，直接进入草绘环境。

2.1.2　草绘工作界面

进入二维草绘环境后，工作界面如图 2-3 所示，主要包括标题栏、"文件"菜单、功能区、工具栏（快速访问工具栏、图形工具栏）、导航区、草绘区、状态栏等。

1．功能区

功能区位于标题栏下方，提供了 Creo Parametric 4.0 "草绘"模块的大部分命令，包括"文件""草绘""分析""工具""视图"等选项卡，每个选项卡又包括若干面板，图 2-3 所示为"草绘"选项卡及其面板，其中包含绘制二维草图时常用的几何图元的创建与编辑、几何约束、尺寸约束等命令。

2．图形工具栏

图形工具栏漂浮于草绘区的上方，包括图形窗口显示的常用工具与过滤器，如图 2-4 所示。单击"草绘器显示过滤器"下拉按钮，弹出如图 2-5 所示的命令列表，用于控制尺寸、几何约束、屏幕栅格、线段端点的显示或隐藏。

操作及选项说明如下。

（1）尺寸显示：显示或隐藏草绘尺寸。

（2）约束显示：显示或隐藏几何约束符号。

（3）栅格显示：显示或隐藏草绘栅格。

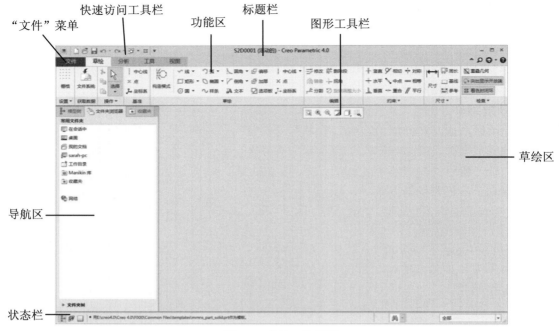

图 2-3　草绘工作界面

图 2-4　图形工具栏　　　　　　　　　　图 2-5　"草绘器显示过滤器"选项

（4）顶点显示：显示或隐藏草绘的顶点。

（5）锁定显示：显示或隐藏图元锁定。

默认设置下，"尺寸显示""约束显示""顶点显示"均为打开状态，其余两个功能为关闭状态，如图 2-6（a）所示。选择"栅格显示"后，草绘区显示"栅格"；选择"锁定显示"后，将在锁定图元附近显示锁定标记，如图 2-6（b）所示。

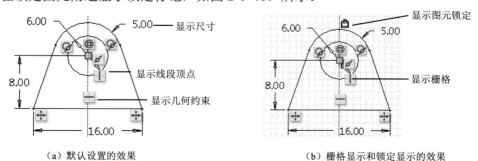

（a）默认设置的效果　　　　　　　　　（b）栅格显示和锁定显示的效果

图 2-6　"草绘器显示过滤器"部分选项的效果

在"草绘"选项卡的"设置"面板中单击"栅格"图标▦，弹出如图 2-7 所示的"栅格设置"对话框，可以设置栅格类型、栅格间距、栅格原点和角度等。

注意：

（1）"视图"选项卡提供了控制图形窗口显示的命令。

（2）本章各例题与上机题图例均关闭"尺寸显示"功能。

3. 快捷菜单

在草绘区右击，在弹出的快捷菜单中提供了如图 2-8 所示的常用草绘工具。当单击某个几何图元后会弹出类似如图 2-9（a）所示的浮动工具栏，再在适当的位置右击，则弹出如图 2-9（b）所示的快捷菜单。选择"自定义"选项，弹出 Creo 命令对话框，在其中可以自定义浮动工具栏和快捷菜单，并进行一定的设置。

图 2-7　"栅格设置"对话框

图 2-8　常用草绘工具

（a）单击直线图元后弹出的浮动工具栏

（b）右击几何图元后弹出的快捷菜单

图 2-9　选定浮动工具栏和快捷菜单

2.1.3　绘制二维草图的一般步骤

绘制二维草图的一般步骤如下。

第 1 步，绘制草图，就是粗略地绘制出图形的几何形状。如果使用系统默认的设置，在创建几何图元移动鼠标时，草绘器会根据图形的形状实时捕捉几何约束并显示约束条件。在几何图元创建之后，系统将保留约束符号，自动标注草绘图元，添加"弱"尺寸（系统以淡蓝色显示）。

第 2 步，根据二维草图的形状，手动添加几何约束条件，控制图元的几何条件以及图元之间的几何关系，如水平、相切、平行、对称等。

第 3 步，根据需要，手动添加"强"尺寸（系统以深蓝色显示）。

第 4 步，根据草图的实际尺寸修改几何图元的尺寸（包括强尺寸和弱尺寸），精确控制几何图元的大小、位置，系统将按实际尺寸再生图形，最终得到精确的二维草图。

2.2　直线的绘制

Creo Parametric 4.0 中的直线图元包括普通直线、与两个图元相切的直线。

可通过功能区调用直线图元命令，在"草绘"选项卡的"草绘"面板中单击 ✓线▾ 下拉按钮。

2.2.1　指定两点绘制直线

利用"线链"命令可以通过两点创建普通直线图元，此为绘制直线的默认方式。

注意：在草绘区右击，弹出快捷菜单，在"草绘工具"内单击 ✓线▾ 按钮，可以进行普通直线的绘制。

操作步骤如下。

第 1 步，单击 ✓ 按钮，调用"线链"命令。

第 2 步，系统提示"选择起点。"时，在草绘区内单击，确定直线的起点。

第 3 步，系统提示"选择终点。"时，移动鼠标，草绘区显示一条线，在适当位置单击，确定直线段的端点，系统在起点与端点之间创建一条直线段。

第 4 步，系统提示"选择终点。"时，移动鼠标，在适当位置再次单击，创建另一条首尾相接的直线段。直至单击鼠标中键。

第 5 步，重复上述第 2～4 步，重新确定新的起点绘制直线段，或单击鼠标中键结束命令。

图 2-10 所示为绘制一个平面图形过程中的约束显示。如图 2-10（a）所示，第 2 条水平线与第 1 条斜线上端点在一条竖直线上；如图 2-10（b）所示，第 3 条竖直线与第 2 条水平线长度相等；如图 2-10（c）所示，第 4 条直线段为水平线；如图 2-10（d）所示，第 5 条直线段与第 1 条斜线平行，并且这两条直线段上端点位于一条水平线上；如图 2-10（e）所示，创建重合点，使直线段端点与第 1 条斜线的上端点重合；打开尺寸约束后，草图最终效果如图 2-10（f）所示。

注意：

（1）单击"草绘"选项卡"操作"面板组中的"选择"按钮 可以结束命令。

（2）结束命令后，所绘制图元处于选中激活状态，单击可以取消激活。

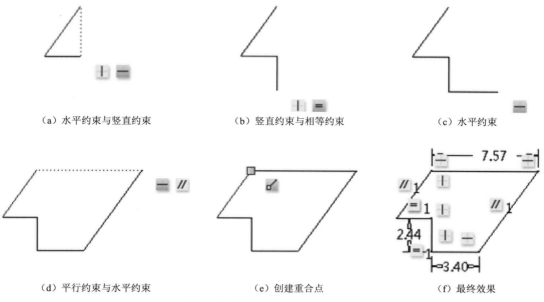

（a）水平约束与竖直约束   （b）竖直约束与相等约束   （c）水平约束

（d）平行约束与水平约束   （e）创建重合点   （f）最终效果

图 2-10　绘制直线段组成的草图

2.2.2　与两个圆或圆弧相切的直线的绘制

利用"直线相切"命令可以创建与两个圆或圆弧相切的公切线。

操作步骤如下。

第 1 步，单击 ╳ 按钮，调用"直线相切"命令。

第 2 步，系统提示"在弧、圆或椭圆上选择起始位置。单击鼠标中键终止命令。"时，在圆弧、圆或椭圆的适当位置单击，确定直线的起始点。

第 3 步，系统提示"在弧、圆或椭圆上选择结束位置。单击鼠标中键终止命令。"时，移动鼠标，在圆弧、圆或椭圆的另一个适当位置单击，系统将自动捕捉切点，创建一条公切线，如图 2-11 所示。

第 4 步，系统再次提示"在弧、圆或椭圆上选择起始位置。"时，重复上述第 2、3 步，或单击鼠标中键结束命令。

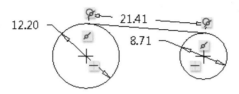

图 2-11　绘制与两图元相切的直线

注意：系统根据在圆或圆弧上选中位置的不同，自动判断是内切还是外切。

2.3　中心线的绘制

中心线是一种构造几何对象，不能用于创建三维特征，只能用作辅助线，主要用于定义对称图元的对称线，以及控制草绘几何的构造直线等。Creo Parametric 4.0 可以绘制两种类型的中心线。

可通过功能区调用命令，在"草绘"选项卡的"草绘"面板中单击 ┆中心线▼ 下拉按钮，其中有"中心线""相切中心线"两个选项。

2.3.1　指定两点绘制中心线

绘制中心线时，可以定义两点绘制无限长的中心线。

注意： 在草绘区右击，弹出快捷菜单，在"草绘工具"内单击"构造中心线"按钮，可以进行中心线的绘制。

操作步骤如下。

第 1 步，单击 ┆ 按钮，调用"中心线"命令。

第 2 步，系统提示"选择起点。"时，在草绘区内单击，确定中心线通过的一点。

第 3 步，系统提示"选择终点。"时，移动鼠标，在适当位置单击，确定中心线通过的另一点，系统通过两点创建一条中心线。

第 4 步，重复上述第 2、3 步，绘制另一条中心线，或单击鼠标中键结束命令。

2.3.2　与两个圆或圆弧相切的中心线的绘制

利用"中心线相切"命令可以创建与两个圆或圆弧同时相切的无限长中心线。

操作步骤如下。

第 1 步，单击 ┿ 按钮，调用"中心线相切"命令。

第 2～4 步，与 2.2.2 节与两图元相切直线的绘制操作步骤的第 2～4 步相同。

2.4　矩形的绘制

Creo Parametric 4.0 可以绘制 4 种类型的矩形：拐角矩形、斜矩形、中心矩形和平行四边形，如图 2-12 所示。矩形的 4 条线为独立的几何对象，可以分别进行修剪、删除等操作。

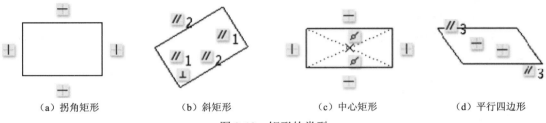

（a）拐角矩形　　　　　（b）斜矩形　　　　　（c）中心矩形　　　　　（d）平行四边形

图 2-12　矩形的类型

可通过功能区调用命令，在"草绘"选项卡的"草绘"面板中单击 ▢矩形▼ 下拉按钮，有"拐角矩形""斜矩形""中心矩形"和"平行四边形"4个选项。

2.4.1 拐角矩形的绘制

通过指定矩形的两个对角点创建矩形。

注意：在草绘区右击，弹出快捷菜单，在"草绘工具"内单击"拐角矩形"按钮 ⬜，可以进行拐角矩形的绘制。

操作步骤如下。

第1步，单击 ⬜ 按钮，调用"拐角矩形"命令。

第2步，系统提示"选取两点来指示方框的对角线。使用中键中止。"时，在合适位置单击，确定矩形的一个顶点，如图2-13所示的点1。

第3步，移动鼠标，在另一个位置单击，确定矩形的另一个顶点，如图2-13所示的点2，系统创建矩形。

第4步，重复第2、3步，继续指定两个对角点绘制另一个矩形，直至单击鼠标中键结束命令。

图2-13　绘制拐角矩形

图2-14　绘制斜矩形

2.4.2 斜矩形的绘制

通过指定矩形的3个顶点创建倾斜的矩形。

操作步骤如下。

第1步，单击 ◇ 按钮，调用"斜矩形"命令。

第2步，当系统提示"单击鼠标左键以定义平行四边形第一条边的起点。用中键中止。"时，在合适位置单击，确定矩形第一条边的一个顶点，如图2-14所示的点1。

第3步，移动鼠标至适当位置单击，确定矩形第一条边的另一个顶点，如图2-14所示的点2。

第4步，当系统提示"单击鼠标左键以定义第二条边的终点和创建平行四边形。用中键中止。"时，再移动鼠标至适当位置单击，确定矩形另一条直角边的顶点，如图2-14所示的点3。系统通过这3个顶点创建斜矩形。

第5步，重复上述第2～4步，继续指定3个顶点绘制另一个斜矩形，直至单击鼠标中键结束命令。

2.4.3 中心矩形的绘制

通过指定矩形的中心点和一个顶点创建对称矩形。所创建的矩形对角线通过指定的中心点和顶点，且连接中心点和4个顶点的两条构造对角线在两个方向上对称，如图2-12(c)所示。

操作步骤如下。

第 1 步，单击 ▣ 按钮，调用"中心矩形"命令。

第 2 步，当系统提示"单击鼠标左键以定义矩形的中心。用中键中止。"时，在合适位置单击，确定矩形中心点。

第 3 步，移动鼠标至合适位置并单击，确定矩形的一个顶点。

第 4 步，重复上述第 2、3 步，继续指定中心点和顶点绘制另一个中心矩形，直至单击鼠标中键结束命令。

2.4.4 平行四边形的绘制

通过指定 3 个顶点创建平行四边形。

操作步骤如下。

第 1 步，单击 ▱ 按钮，调用"平行四边形"命令。

第 2 步，当系统提示"单击鼠标左键以定义平行四边形第一条边的起点。用中键中止。"时，在合适位置单击，确定平行四边形第一条边的一个顶点，如图 2-15 所示的点 1。

第 3 步，当系统提示"单击鼠标左键以定义平行四边形第一条边的终点。用中键中止。"时，移动鼠标至适当位置单击，确定平行四边形第一条边的另一个顶点，如图 2-15 所示的点 2。

图 2-15 绘制平行四边形

第 4 步，当系统提示"单击鼠标左键以定义第二条边的终点和创建平行四边形。用中键中止。"时，移动鼠标至适当位置单击，确定平行四边形另一条边的顶点，如图 2-15 所示的点 3，以确定平行四边形另一条边的长度和方向。系统通过这 3 个顶点创建平行四边形。

第 5 步，重复上述第 2~4 步，继续指定 3 个顶点绘制另一个平行四边形，直至单击鼠标中键结束命令。

2.5 圆 的 绘 制

Creo Parametric 4.0 绘制圆的方法有 4 种：圆心和点、同心、3 点、3 相切，如图 2-16 所示。

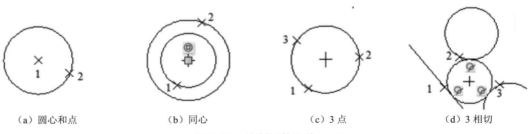

(a) 圆心和点   (b) 同心   (c) 3 点   (d) 3 相切

图 2-16 绘制圆的方法

可通过功能区调用命令，在"草绘"选项卡的"草绘"面板中单击 ◎ 圆 ▾ 下拉按钮，其中包括 4 个选项：圆心和点、同心、3 点、3 相切。

2.5.1　指定圆心和点绘制圆

通过"圆心和点"绘制圆，是指通过指定圆心和圆上一点来绘制圆，该方式是默认绘制圆的方式，如图 2-16（a）所示。

注意：在草绘区右击，弹出快捷菜单，在"草绘工具"内单击 ⊙ "圆"按钮，可以利用指定圆心和点绘制圆。

操作步骤如下。

第 1 步，单击 ⊙ 按钮，调用"圆心和点"命令。

第 2 步，系统提示"选择圆的中心。"时，在合适位置单击，确定圆的圆心位置，如图 2-16（a）所示的点 1。

第 3 步，系统提示"在弧形/圆上选择一个点。"时，移动鼠标，在适当位置单击，指定圆上的一点，如图 2-16（a）所示的点 2。系统则以指定的圆心，以圆心与圆上一点的距离为半径画圆。

第 4 步，重复上述第 2、3 步，绘制另一个圆，也可以单击鼠标中键结束命令。

2.5.2　同心圆的绘制

利用圆的"同心"命令可以创建与指定圆或圆弧同心的圆，如图 2-16（b）所示。

操作步骤如下。

第 1 步，单击 ◎ 按钮，调用"同心"命令。

第 2 步，系统提示"选择一弧（去定义中心）。"时，选中一个圆弧或圆，如图 2-16（b）所示，在点 1 处单击。

第 3 步，系统提示"在弧形/圆上选择一个点。"时，移动鼠标，在适当位置单击，指定圆上的一点，如图 2-16（b）所示的点 2。系统创建与指定圆同心的圆。

第 4 步，系统提示"在弧形/圆上选择一个点。"时，移动鼠标，再次在适当位置单击，创建另一个同心圆，或单击鼠标中键。

第 5 步，系统再次提示"选择一弧（去定义中心）。"时，可重新选中另一个圆弧或圆，或单击鼠标中键结束命令。

注意：选定的参考圆或圆弧可以是草绘图元，也可以是已创建实体特征的一条边。

2.5.3　指定 3 点绘制圆

利用圆的"3 点"命令可以通过指定 3 点创建一个圆，如图 2-16（c）所示。

操作步骤如下。

第 1 步，单击 ◯ 按钮，调用"3 点"命令。

第 2 步，系统提示"选择圆上的第一点。"时，在适当位置单击，确定圆上的第 1 个点，如图 2-16（c）所示的点 1。

第 3 步，系统提示"选择圆上的第二点。"时，在适当位置单击，确定圆上的第 2 个点，如图 2-16（c）所示的点 2。

第 4 步，系统提示"选择圆上的第三点。"时，在适当位置单击，确定圆上的第 3 个点，如图 2-16（c）所示的点 3，系统通过指定的 3 点画圆。

第 5 步，系统再次提示"选择圆上的第一点。"时，重复上述第 2～4 步，再创建另一个圆，直至单击鼠标中键结束命令。

2.5.4　与 3 个图元相切的圆的绘制

利用圆的"3 相切"命令可以创建与 3 个已知图元相切的圆，已知图元可以是圆弧、圆、直线，如图 2-16（d）所示。

操作步骤如下。

第 1 步，单击 ⊙ 按钮，调用"3 相切"命令。

第 2 步，系统提示"在弧、圆或直线上选择起始位置。"时，选中第 1 个圆弧、圆或直线，如图 2-16（d）所示，在点 1 处单击。

第 3 步，系统提示"在弧、圆或直线上选择结束位置。"时，选中第 2 个圆弧、圆或直线，如图 2-16（d）所示，在点 2 处单击。

第 4 步，系统提示"在弧、圆或直线上选择第三个位置。"时，选中第 3 个圆弧、圆或直线，如图 2-16（d）所示，在点 3 处单击。

第 5 步，系统再次提示"在弧、圆或直线上选中起始位置。"时，重复上述第 2～4 步，再创建另一个圆，直至单击鼠标中键结束命令。

注意：系统根据选中图元时的位置不同，绘制不同的相切圆，如图 2-17 所示，点 2 位置不同，得到不同的圆。

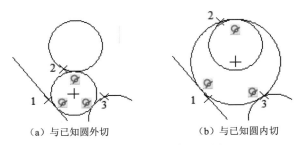

（a）与已知圆外切　　　　　（b）与已知圆内切

图 2-17　绘制"3 相切"圆

2.6　圆弧的绘制

Creo Parametric 4.0 绘制圆弧的方法有 3 点/相切端、圆心和端点、3 相切、同心和圆锥 5 个选项，图 2-18 所示为一些常用的圆弧画法。

可通过功能区调用命令，在"草绘"选项卡的"草绘"面板中单击 ⟳弧 ▾ 按钮，其中包括"3 点/相切端""圆心和端点""同心""3 相切"和"圆锥"5 个选项。

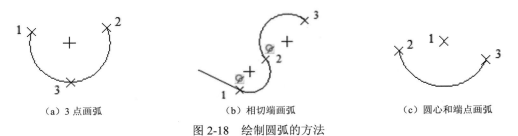

（a）3 点画弧　　　　　　　（b）相切端画弧　　　　　　　（c）圆心和端点画弧

图 2-18　绘制圆弧的方法

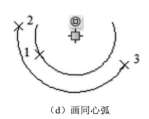

（d）画同心弧　　　　　　　　　　　　（e）画与 3 个图元相切的圆弧

图 2-18（续）

2.6.1　指定 3 点绘制圆弧

利用"3 点/相切端"命令可以指定 3 点创建圆弧。

注意： 在草绘区右击，在弹出的快捷菜单中单击"3 点/相切端"按钮 🕭，可以指定 3 点创建圆弧。

操作步骤如下。

第 1 步，单击"弧"按钮 🕭，调用"3 点/相切端"命令。

第 2 步，系统提示"选择弧的起点。"时，在合适位置单击，确定圆弧的起始点，如图 2-18（a）所示的点 1。

第 3 步，系统提示"选择弧的终点。"时，移动鼠标，在适当位置单击，指定圆弧的终点，如图 2-18（a）所示的点 2。

第 4 步，系统提示"选择弧的中点。"时，移动鼠标，在适当位置单击，如图 2-18（a）所示的点 3，确定圆弧的半径。

第 5 步，系统再次提示"选择弧的起点。"时，重复上述第 2～4 步，创建另一个圆弧，或单击鼠标中键结束命令。

若上述第 2 步将圆弧的起点选择在某已知直线、圆弧、曲线的端点处，则在该端点周围出现象限符号，如图 2-19 所示，系统并提示"选择图元的一端以确定相切。"。象限符号以所选线段（或所选曲线的切线方向）为对称，在不同的象限中移动光标，可以绘制两种不同类型的圆弧，操作说明如下。

（1）如果在垂直于所选线段或所选曲线的切线方向的象限（如图 2-20 所示的非阴影象限）中移动光标，则可以接着指定圆弧的终点、圆弧上的某一个中间点画圆弧，即三点画弧。

图 2-19　已知线段端点的象限符号 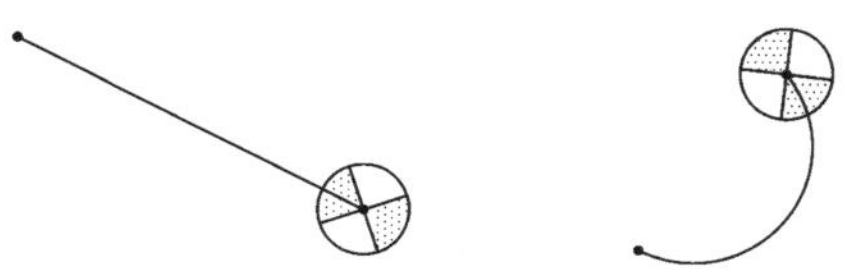　　　　图 2-20　不同象限内移动光标画弧

（2）如果在平行于所选线段或所选曲线的切线方向的象限（如图 2-20 所示的阴影象限）中移动光标，用户可以在适当位置单击确定圆弧的另一个端点，则创建与已知线段相切的圆弧。在图 2-18（b）中，圆弧12的起点为直线的右下端点，圆弧23的起点为圆弧12的

端点 2。

2.6.2　指定圆心和端点绘制圆弧

利用弧的"圆心和端点"命令可以通过指定圆弧的圆心点和端点创建圆弧。

操作步骤如下。

第 1 步，单击 ⤾ 按钮，调用"圆心和端点"命令。

第 2 步，系统提示"选择弧的中心。"时，移动鼠标，在适当位置单击，指定圆弧的圆心，如图 2-18（c）所示的点 1。

第 3 步，系统提示"选择弧的起点。"时，移动鼠标，在适当位置单击，指定圆弧的起始点，如图 2-18（c）所示的点 2。

第 4 步，系统提示"选择弧的终点。"时，移动鼠标，在适当位置单击，指定圆弧的端点，如图 2-18（c）所示的点 3。

第 5 步，系统再次提示"选择弧的中心。"时，重复上述第 2～4 步，再创建另一个圆弧，直至单击鼠标中键结束命令。

2.6.3　同心圆弧的绘制

利用弧的"同心"命令可以创建与指定圆或圆弧同心的圆弧。

操作步骤如下。

第 1 步，单击 ⤾ 按钮，调用"同心"命令。

第 2 步，系统提示"选中一弧（去定义中心）。"时，选中一个圆弧或圆，如图 2-18（d）所示，在已知圆弧上的点 1 处单击。

第 3 步，系统提示"选择弧的起点。"时，在适当位置单击，指定圆弧的起点，如图 2-18（d）所示的点 2。

第 4 步，系统提示"选择弧的终点。"时，在另一个适当位置单击，指定圆弧的端点，如图 2-18（d）所示的点 3，系统创建与指定圆或圆弧同心的圆弧。

第 5 步，系统再次提示"选中一弧（去定义中心）。"时，重复第 3～4 步，再创建选定圆或圆弧的同心圆弧，也可以单击鼠标中键结束命令。

2.6.4　与 3 个图元相切的圆弧的绘制

利用弧的"3 相切"命令可以创建与 3 个已知的图元相切的圆弧，操作步骤与"3 相切"画圆方法类似。

操作步骤如下。

第 1 步，单击 ⤾ 按钮，调用"3 相切"命令。

第 2～5 步，与 2.5.4 节与 3 个图元相切的圆的绘制的第 2～5 步相同。

注意：绘制与 3 个图元相切的圆弧实质是指定 3 点画圆弧，只是所指定的 3 点是与已知图元相切的切点，即第一个切点为圆弧的起点，第二个切点为圆弧的终点。所以应根据圆弧的端点确定选中相切图元的顺序。另外注意选中图元的位置，如图 2-21 所示。

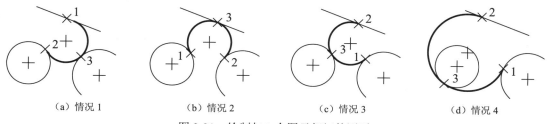

| (a) 情况 1 | (b) 情况 2 | (c) 情况 3 | (d) 情况 4 |

图 2-21　绘制与 3 个图元相切的圆弧

【例 2-1】　用"直线""圆""圆弧""矩形"命令绘制如图 2-22 所示的二维草图。

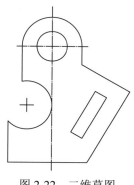

图 2-22　二维草图

操作步骤如下。

步骤 1：创建新文件

第 1 步，单击快速访问工具栏上的"新建"按钮，弹出"新建"对话框。

第 2 步，在"类型"选项组内选择"草绘"。

第 3 步，在"名称"文本框中输入文件名称 sketch1，单击"确定"按钮，进入草绘环境。

步骤 2：绘制互相垂直的中心线

第 1 步，单击┊按钮，调用"中心线"命令。

第 2 步，系统提示"选择起点。"时，在草绘区内单击，确定中心线通过的一点。

第 3 步，系统提示"选择终点。"时，移动鼠标，出现 "竖直约束"符号┃，移动鼠标，在适当的位置单击，绘制垂直中心线。

第 4 步，系统提示"选择起点。"时，在适当位置单击，确定另一条中心线通过的一点。

第 5 步，系统提示"选择终点。"时，移动鼠标，出现"水平约束"符号━，移动鼠标，在适当的位置单击，绘制水平中心线。

第 6 步，单击鼠标中键，结束命令。

步骤 3：绘制顶部中间小圆

第 1 步，单击◎按钮，调用"圆心和点"命令。

第 2 步，系统提示"选择圆的中心。"时，移动鼠标，在两条中心线交点处单击，确定圆的圆心位置，如图 2-23（a）所示的点 1。

第 3 步，系统提示"在弧形/圆上选择一个点。"时，移动鼠标，在适当位置单击，指定圆上的一点，绘制圆。

第4步，单击鼠标中键，结束命令。

步骤4：绘制圆和同心圆弧

第1步，单击 按钮，调用"同心"命令。

第2步，系统提示"选中一弧（去定义中心）。"时，在刚绘制的小圆上单击。

第3步，系统提示"选择弧的起点。"时，移动鼠标，在水平中心线的适当位置单击，指定圆弧的起点，如图2-23（b）所示的点2。

第4步，系统提示"选择弧的终点。"时，移动鼠标，出现如图2-23（c）所示的图形，单击该图形，在水平中心线上确定圆弧的端点3，绘制同心半圆弧。

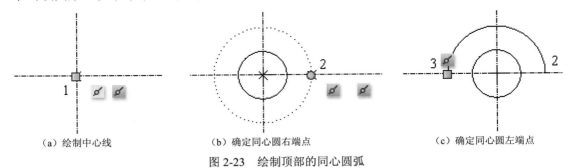

（a）绘制中心线　　　　　　　　　（b）确定同心圆右端点　　　　　　　　（c）确定同心圆左端点

图2-23　绘制顶部的同心圆弧

第5步，连续单击鼠标中键两次，结束命令。

步骤5：绘制直线段（见图2-24）

第1步，单击 按钮，调用"线链"命令。

第2步，系统提示"选择起点。"时，单击顶部的半圆弧的左端点3，确定直线的起点。

第3步，系统提示"选择终点。"时，向下移动鼠标，出现竖直约束或与上述圆弧相切的约束后，在适当位置单击，绘制左侧竖直线段34。

第4步，系统提示"选择终点。"时，单击鼠标中键。

第5步，系统提示"选择起点。"时，单击圆弧的右端点2，确定右侧直线的起点。

第6步，系统提示"选择终点。"时，向下移动鼠标，出现竖直约束或与上述圆弧相切的约束后，在适当位置单击，绘制右侧竖直线段25。

第7步，系统提示"选择终点。"时，移动鼠标，在适当位置单击，绘制右侧斜线段56。

第8步，系统提示"选择终点。"时，移动鼠标，出现与斜线段垂直的约束符号，在适当位置单击，绘制直线段67。

第9步，系统提示"选择终点。"时，向左移动鼠标，出现"水平约束"符号，在适当位置单击，绘制水平直线段78。

第10步，系统提示"选择终点。"时，向上移动鼠标，出现"竖直约束"符号，在适当位置单击，绘制垂直直线段89。

第11步，系统提示"选择终点。"时，连续单击鼠标中键两次，结束命令。

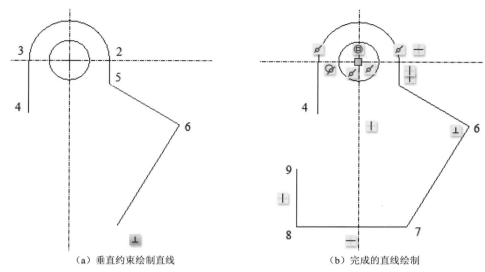

（a）垂直约束绘制直线　　　　　　　（b）完成的直线绘制

图 2-24　绘制直线段

步骤6：绘制左侧圆弧（见图 2-25）

第1步，单击 按钮，调用"3点/相切端"命令。

第2步，系统提示"选择弧的起点。"时，单击左端点9，确定圆弧的起始点，系统在该端点9处出现象限符号。

第3步，系统提示"选择图元的一端以确定相切。"时，向左移动鼠标，出现水平构造线，如图 2-25（a）所示。

第4步，系统提示"选择弧的终点。"时，移动鼠标，单击端点4，指定圆弧的终点。

第5步，系统提示"选择弧的中点。"时，移动鼠标，出现与竖直中心线相切的约束符号时单击，如图 2-25（b）所示，绘制左侧圆弧。

第6步，系统再次提示"选择弧的起点。"时，单击鼠标中键，结束命令。

步骤7：绘制右侧矩形

第1步，单击 按钮，调用"斜矩形"命令。

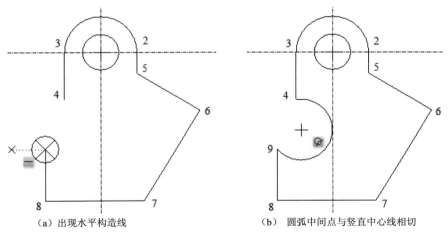

（a）出现水平构造线　　　　　　　（b）　圆弧中间点与竖直中心线相切

图 2-25　绘制左侧圆弧

第 2 步，当系统提示"单击鼠标左键以定义平行四边形第一条边的起点。用中键中止。"时，在合适位置单击，确定矩形第一条边的一个顶点。

第 3 步，当系统提示"单击鼠标左键以定义平行四边形第一条边的终点。用中键中止。"时，移动鼠标，出现与斜线段垂直的约束符号时单击，如图 2-26（a）所示，确定矩形第一条边的另一个顶点。

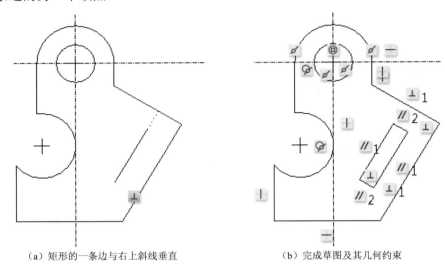

（a）矩形的一条边与右上斜线垂直　　　　　（b）完成草图及其几何约束

图 2-26　绘制右侧矩形完成草图

第 4 步，当系统提示"单击鼠标左键以定义第二条边的终点和创建平行四边形。用中键中止。"时，再移动鼠标至适当位置单击，确定矩形另一条直角边的顶点，绘制右侧矩形，完成草图及其几何约束，如图 2-26（b）所示。

第 5 步，当系统提示"单击鼠标左键以定义平行四边形第一条边的起点。用中键中止。"时，单击鼠标中键，结束命令。

第 6 步，在合适位置单击，取消激活矩形。

2.7　圆角的绘制

利用"圆角"命令可以在选中的两个非平行图元之间自动创建圆角过渡，这两个图元可以是直线（包括中心线）、圆、圆弧和样条曲线。创建圆角的方法有圆形和圆形修剪，如图 2-27（a）所示。创建圆形圆角时，会自动创建从圆角端点向两个原始图元交点的构造线，如图 2-27（b）所示。创建圆形修剪圆角时，不会创建构造线，如图 2-27（c）所示。圆角的半径和位置取决于选中两个图元时的位置，系统选择离两线段交点最近的点创建圆角。

可通过功能区调用命令，在"草绘"选项卡的"草绘"面板中单击 圆角▼ 下拉按钮。

操作步骤如下。

第 1 步，单击 按钮，调用"圆形"命令。

第 2 步，系统提示"选择两个图元。"时，分别在两个图元上单击，如图 2-27（b）所示的点 1、点 2，系统自动创建圆角。

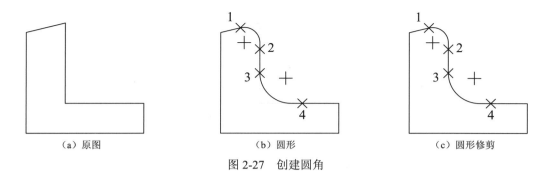

| （a）原图 | （b）圆形 | （c）圆形修剪 |

图 2-27　创建圆角

第 3 步，继续选中两个图元，如图 2-27（b）所示的点 3、点 4，创建另一个圆角。直至单击鼠标中键，结束命令。

注意：

（1）在"草绘"选项卡的"草绘"面板中单击 圆角 下拉按钮，选中"圆形修剪"选项 ，操作同"圆形"命令。

（2）在草绘区右击，从弹出的快捷菜单中单击"圆角"按钮，也可以进行"圆形修剪"操作。

（3）不能在两条平行线之间倒圆角。

（4）如果被倒圆角的两个图元中存在圆或圆弧，则系统自动在圆角的切点处将两个图元分割，如图 2-28（b）、（c）所示，用户可以删除多余的线段，如图 2-28（d）所示。

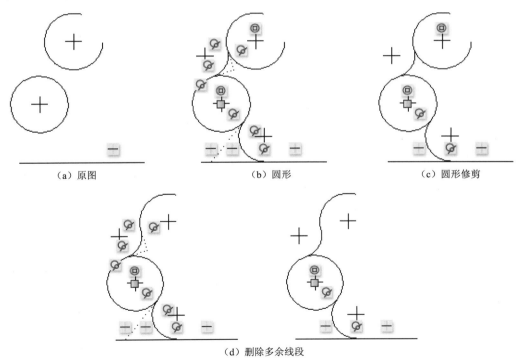

| （a）原图 | （b）圆形 | （c）圆形修剪 |

（d）删除多余线段

图 2-28　在两个图元之间倒圆角

2.8 倒角的绘制

利用"倒角"命令可以在选中的两个非平行图元之间自动创建倒角过渡，这两个图元可以是直线、圆弧和样条曲线。创建倒角的方法有倒角和倒角修剪，如图 2-29 所示。创建倒角时，会自动创建从倒角端点向两个原始图元交点的构造线，如图 2-29（b）所示。创建倒角修剪时，不会创建构造线，如图 2-29（c）所示。倒角的距离和位置取决于选中两个图元时的位置。

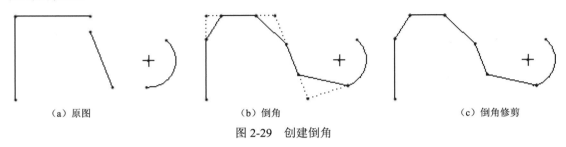

| （a）原图 | （b）倒角 | （c）倒角修剪 |

图 2-29 创建倒角

可通过功能区调用命令，在"草绘"选项卡的"草绘"面板中单击 ⟋倒角▾ 下拉按钮。操作步骤如下。

第 1 步，单击 ⟋ 按钮，调用"倒角"命令。

第 2 步，系统提示"选择两个图元。"时，分别在两个图元上单击，系统自动创建倒角。

第 3 步，继续选中两个图元，创建另一个倒角，直至单击鼠标中键结束命令。

注意：

（1）在"草绘"选项卡的"草绘"面板中单击 ⟋倒角▾ 下拉按钮，选中"倒角修剪"选项 ⟋ ，操作同"倒角"命令。

（2）倒角的图元可以不相交。

（3）中心线和圆之间、两条平行线之间不能倒角。

【例 2-2】 将如图 2-30（a）所示的图形进行倒圆角和倒角操作，完成后的草图如图 2-30（b）所示。

操作步骤如下。

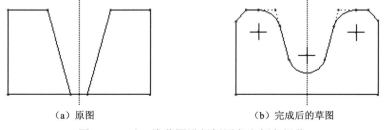

| （a）原图 | （b）完成后的草图 |

图 2-30 对二维草图进行倒圆角和倒角操作

步骤 1：打开源文件

打开源文件 Ch2-30.sec，如图 2-30（a）所示。

步骤 2：创建"圆形修剪"圆角

第 1 步，单击 ╲ 按钮，调用"圆形修剪"命令。

第 2 步，系统提示"选择两个图元。"时，依次在中间左右两条斜线的适当位置单击，系统自动创建圆角，如图 2-31（a）所示。

第 3 步，单击鼠标中键，结束命令。

步骤 3：创建"圆形"圆角

第 1 步，单击 ╲ 按钮，调用"圆形"命令。

第 2 步，系统提示"选中两个图元。"时，依次在左侧顶边和左侧斜线的适当位置单击，系统自动创建圆角，如图 2-31（b）所示的左侧圆角。

第 3 步，依次在右侧顶边和右侧斜线的适当位置单击，系统自动创建圆角，如图 2-31（b）所示的右侧圆角。

第 4 步，单击鼠标中键，结束命令。

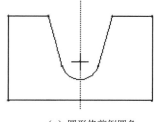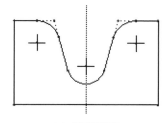

（a）圆形修剪倒圆角　　　　　　　　　　（b）圆形倒圆角

图 2-31　倒圆角操作

注意： 要使两圆角半径相等，可添加几何约束。

步骤 4：创建上端两侧倒角

第 1 步，单击 ╱ 按钮，调用"倒角修剪"命令。

第 2 步，系统提示"选中两个图元。"时，依次在左侧竖线和顶部左侧水平线的适当位置单击，系统自动创建左侧倒角。

第 3 步，继续依次在右侧竖线和顶部右侧水平线的适当位置单击，创建右侧倒角。

第 4 步，单击鼠标中键，结束命令。

操作结果如图 2-30（b）所示。

注意： 构造图元不显示在草绘特征中，却可用于约束、控制草绘，不仅简化草绘，而且便于尺寸标注。如图 2-31（b）所示，顶部左右两圆角使用"圆形"命令创建，生成的构造线便于标注圆角顶点之间的距离，而无须通过"点"命令创建圆角顶点后再标注尺寸。

2.9　样条曲线的绘制

样条曲线是通过一系列指定点的平滑曲线，为三阶或三阶以上多项式形成的曲线。

可通过功能区调用命令，在"草绘"选项卡的"草绘"面板中单击 ∿样条 按钮。

操作步骤如下。

第 1 步，单击 ∿样条 按钮。

第 2 步，系统提示"选择样条位置或单击鼠标中键终止。"时，移动鼠标，依次单击，确定样条曲线所通过的点，直至单击鼠标中键终止该曲线的绘制。

第 3 步，重复上述第 2 步，绘制另一条曲线，直至单击鼠标中键结束命令。

注意：创建的样条曲线可以通过拖动其通过点至新的位置，改变曲线的形状，如图 2-32（a）所示，拖动点 A 至新的位置 B 点处，样条曲线的形状如图 2-32（b）所示。

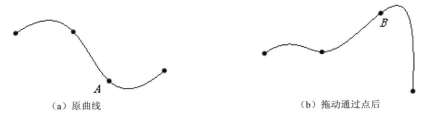

（a）原曲线　　　　　　　　　　　　　　　　（b）拖动通过点后

图 2-32　样条曲线

2.10　通过边生成图元

使用草绘器中的"通过边生成图元"的相关命令，可以选择现有的几何生成新图元。通过边生成图元有两种类型：投影边和偏移边。用户可以使用实体边生成图元，将实体特征的边投影到草绘平面创建几何图元或偏移图元，系统在创建的图元上添加约束符号 ⁀。

注意：

（1）2D 和 3D 草绘器中均可使用"偏移边"，而"投影边"仅可在 3D 草绘器中创建。

（2）可以选择不在草绘平面上的实体边。

2.10.1　使用投影边创建图元

在 3D 草绘器中，利用"投影"命令可以将实体特征的边投影到草绘平面创建几何图元，系统将图元端点与边的端点对齐，几何图元的大小不变。如图 2-33（a）所示的模型是以其顶面作为草绘平面，进入 3D 草绘器，利用"投影"命令，创建几何图元。

可通过功能区调用命令，在"草绘"选项卡的"草绘"面板中单击 □ 投影 按钮。

操作步骤如下。

第 1 步，单击 □ 投影 按钮，弹出如图 2-34 所示的选择使用边"类型"对话框。

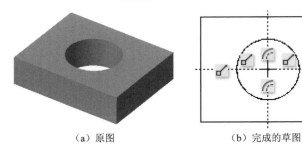

（a）原图　　　　　　　　　　（b）完成的草图

图 2-33　创建单个边界图元

图 2-34　选择使用边"类型"对话框

第 2 步，系统提示"选择要使用的边。"时，移动鼠标，在实体特征的某条边上单击，

如图 2-33（b）所示，选中上半圆边，系统自动创建与所选边重合的图元，即具有约束符号
⌒ 的边。

第 3 步，系统再次提示"选择要使用的边。"时，移动鼠标，在实体特征的另一条边上
单击，如图 2-33（b）所示，选中下半圆边，系统再创建与所选边重合的图元，直至单击"类
型"对话框中的"关闭"按钮。

注意：选择实体上的圆边时，并非创建一个圆，而是创建两个打断的圆弧。

"类型"对话框中的选项说明如下。

（1）单一（S）。选定实体特征上单一的边创建草绘图元。该类型为默认的边类型，操
作步骤如上述步骤所示。

（2）链（H）。选定实体特征上相同面上的两条边，创建连续的边界。选择如图 2-35（a）
所示的模型顶面为草绘平面，进入草绘环境，在选择使用边"类型"对话框中选择"链"
选项，系统提示"通过选择曲面的两个图元或两个边或选择曲线的两个图元指定一个链。"
时，选中实体特征上的一条边（图 2-35（b）中左侧顶端的大圆弧），再按住 Ctrl 键选中另
一条边（图 2-35（b）中右侧的小圆弧），系统将这两条边之间的所有边以红色粗实线显示。
随即弹出如图 2-36 所示的"菜单管理器"对话框，选中"接受"选项，关闭"类型"对话
框，创建的边图元如图 2-35（c）所示。如果选择"菜单管理器"对话框中的"下一个"选
项，则另一侧连续边被选中，如图 2-35（d）所示，再选择"接受"选项，则创建如图 2-35（e）
所示的图元。

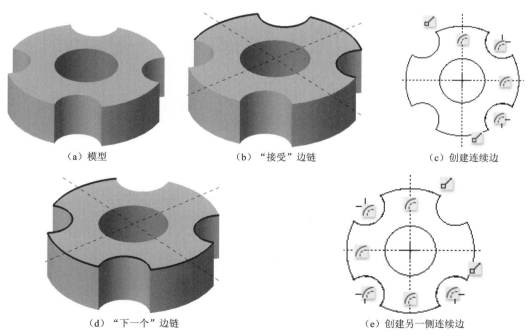

（a）模型　　　　　　　　　（b）"接受"边链　　　　　　　　（c）创建连续边

（d）"下一个"边链　　　　　　　　　　　（e）创建另一侧连续边

图 2-35　使用"链"边类型创建图元

注意：
① 选择的两条边必须在同一个面上。
② 图 2-35（c）、（e）显示的是"草绘视图"方向的线框显示模式。

图 2-36 选取 "菜单管理器" 对话框

(3) 环（L）。选定实体特征上图元的一个环来创建封闭边图元。在选择使用边 "类型" 对话框中选择 "环" 选项，系统提示 "选择指定图元环的图元，选择指定轮廓线的曲面，选择指定轮廓线的草图或曲线特征。" 时，选中实体特征的面。如果所选面上只有一个环，则系统直接创建循环的边界图元。如果所选面上含有多个环，如图 2-35（a）所示的模型实体的顶面就含有两个环，则提示 "选择所需围线。"，并弹出如图 2-37 所示的选取链 "菜单管理器" 对话框，用户可以直接选中 "接受" 选项，得到如图 2-38（a）所示的外环；若选中 "下一个" 选项，再选中 "接受" 选项，则得到如图 2-38（b）所示的内环。若所选面包含两个以上的环，可以持续选中 "下一个" 选项，再选中 "接受" 选项，创建所需要的环。

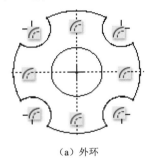　　　　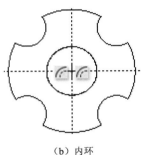

　　　　　　　　　　　　　　　　　　（a）外环　　　　　　　　（b）内环

图 2-37　选取链 "菜单管理器" 对话框　　　图 2-38　使用 "环" 边类型创建图元

注意：在一个草绘中使用 "链" 和 "环" 两种类型时，相同边不能重复被投影，系统会提示 "相同边不能使用两次"。

2.10.2　使用偏移边创建图元

利用 "偏移" 命令，可以选择已存在的实体特征的边或几何图元，将其偏移一定距离，创建新的几何图元。

可通过功能区调用命令，在 "草绘" 选项卡的 "草绘" 组中单击 偏移 按钮。

操作步骤如下。

第 1 步，单击 偏移 按钮，弹出如图 2-39 所示的选择偏移边 "类型" 对话框。

第 2 步，系统提示 "选择要偏移的图元或边。" 时，移动鼠标，在实体特征的某条边（或几何图元）上单击，如图 2-40（a）所示，选中左侧的弧边。

第 3 步，系统显示 "于箭头方向输入偏移[退出]" 文本框，并

图 2-39　选择偏移边
　　　　　"类型" 对话框

在草绘区显示偏移方向的箭头，用户在该文本框中输入偏距。

第4步，系统再次提示"选择要偏移的图元或边。"时，重复上述第2、3步，直至单击"类型"对话框中的"关闭"按钮。

注意：

（1）若偏距值为正，则沿箭头方向偏移边，创建的几何图元变大；若偏距值为负，则沿箭头的反方向偏移边，创建的几何图元变小。

（2）上述步骤为选择偏移边"类型"对话框的默认选项"单一"时创建图元的步骤。偏移边"类型"对话框选项意义与选择使用边相同。使用"单一"类型偏移边时，若偏移两条边，则不会被修剪，如图2-40（b）所示；使用"链"和"环"类型偏移边时，偏移边互相修剪，使偏移边收尾相接，如图2-40（c）、（d）所示。

（3）在草绘器中，偏移边后，可以通过鼠标左键拖动偏移边来移动偏移边，拖动图2-40（b）、（c）、（d）的偏移边，结果如图2-41（a）、（b）、（c）所示。

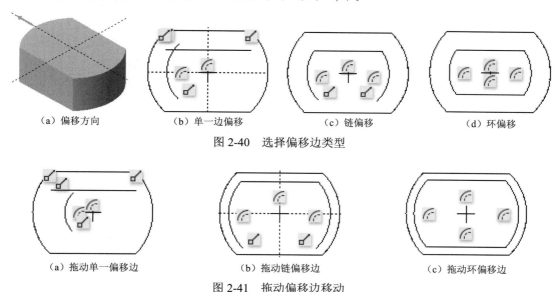

(a) 偏移方向　　(b) 单一边偏移　　(c) 链偏移　　(d) 环偏移

图2-40　选择偏移边类型

(a) 拖动单一偏移边　　(b) 拖动链偏移边　　(c) 拖动环偏移边

图2-41　拖动偏移边移动

（4）由如图2-40（d）所示的环偏移生成的图元，经拉伸造型后生成的实体特征如图2-42（a）所示。

（5）当偏移边、投影边被删除时，系统将保留其参考图元，如图2-42（b）所示。如果在二维截面中不使用这些参考，当退出草绘器时，系统则将参考图元删除。

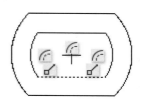

(a) 使用环偏移生成的实体　　　　　　　　（b) 偏移边删除后的参考图元

图2-42　操作效果

2.11　使用加厚边生成图元

　　使用"加厚"命令，可以选择现有的几何图元或实体边，并指定加厚的宽度和偏移距离生成新图元。

　　可通过功能区调用命令，在"草绘"选项卡的"草绘"组中单击 加厚 按钮。

　　操作步骤如下。

　　第 1 步，单击 加厚 按钮，弹出如图 2-43 所示的选择加厚边和端封闭"类型"对话框。

　　第 2 步，系统提示"选择要偏移的图元或边。"时，移动鼠标，在某一个图元或实体特征的某条边上单击，如图 2-44（a）所示，选中上半圆实体边。

　　第 3 步，系统显示"输入厚度[-退出-]"文本框，用户在该文本框中输入厚度 3。按回车键。

　　第 4 步，系统显示"于箭头方向输入偏移[退出]"文本框，并在草绘区显示偏移方向的箭头，用户在该文本框中输入偏移值 −8，按回车键。

图 2-43　选择加厚边和端封闭"类型"对话框

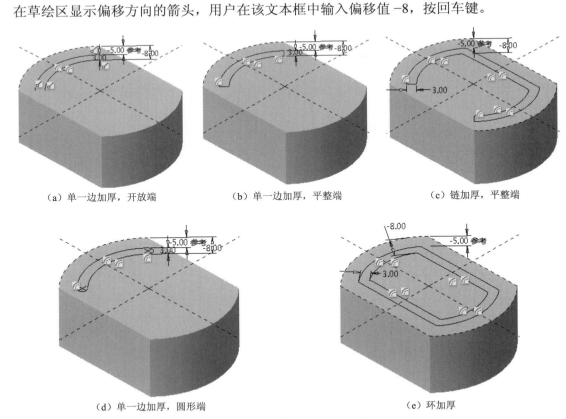

（a）单一边加厚，开放端　　　　（b）单一边加厚，平整端　　　　（c）链加厚，平整端

（d）单一边加厚，圆形端　　　　　　　　（e）环加厚

图 2-44　加厚边类型与端部封闭类型

第 5 步，系统再次提示"选择要偏移的图元或边。"时，重复上述第 2～4 步，直至单击"类型"对话框中的"关闭"按钮。

注意：

（1）上述步骤为"选择加厚边"选项组中默认选项为"单一"的操作步骤，"选择加厚边"选项组中各选项的意义与"选择使用边"各选项的意义相同。

（2）如图 2-44 所示，在选定边和加厚之间自动创建尺寸。

"端封闭"选项组中各选项说明如下。

加厚边端部封闭类型有开放、平整、圆形三种。

（1）开放（O）。加厚边端部开放，如图 2-44（a）所示。

（2）平整（F）。加厚边端部用垂直于加厚边的直线段封闭，如图 2-44（b）、（c）所示。

（3）圆形（C）。加厚边端部用半圆封闭，如图 2-44（d）所示。

注意：2D 和 3D 草绘器中均可以使用"选择加厚边"选项。

【例 2-3】 使用"加厚"命令，在图 2-45（a）所示的箱体顶面创建二维图元。

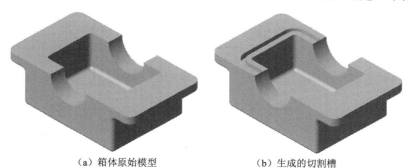

（a）箱体原始模型   （b）生成的切割槽

图 2-45　由箱体顶部生成的二维截面创建切割槽

操作步骤如下。

步骤 1：打开文件

打开源文件 Ch2-45.prt。

步骤 2：进入草绘环境

单击"模型"选项卡"基准"面板上的按钮，选择零件顶面为草绘平面，参考平面 RIGHT，基准面方向为"右"，进入草绘环境。

步骤 3：使用"加厚"命令创建二维截面

第 1 步，单击 按钮，弹出选择加厚边和端封闭"类型"对话框。

第 2 步，系统提示"选择要偏移的图元或边。"时，选择加厚边类型为"链"，端封闭类型为"平整"。

第 3 步，系统提示"通过选择曲面的两个图元或两个边或选择曲线的两个图元指定一个链。"时，移动鼠标，在箱体内壁右上侧边单击，再按住 Ctrl 键在左下侧边单击，如图 2-46（a）所示，系统提示"选择一个链"，并将这两条边之间的所有边以红色粗实线显示，同时弹出如图 2-36 所示的"菜单管理器"对话框，选择"接受"，关闭"类型"对话框。

第 4 步，在"输入厚度[-退出-]"文本框中输入厚度 4，按回车键。

第 5 步，观察草绘区显示偏移方向的箭头，在"于箭头方向输入偏移[退出]"文本框中输入偏距 9，按回车键。

第 6 步，系统再次提示"通过选择曲面的两个图元或两个边或选择曲线的两个图元指定一个链。"时，单击"类型"对话框中的"关闭"按钮。创建的二维截面如图 2-46（b）所示。

注意：图 2-46（b）所示的尺寸中，加厚宽度 4 以及偏移距离 9 可以修改，而参考尺寸 5 不能修改。

步骤 4：将二维截面拉伸切割成槽

操作方法将在本书 5.1 节详细介绍，效果如图 2-45（b）所示。

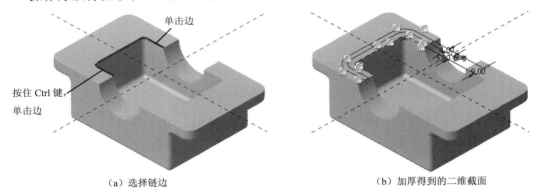

（a）选择链边　　　　　　　　　　　　（b）加厚得到的二维截面

图 2-46　由加厚边生成箱体顶部二维截面

2.12　文本的创建

利用"文本"命令可以创建文字图形，在 Creo Parametric 4.0 中，文字也是截面，可以用"拉伸"命令对文字进行操作。

可通过功能区调用命令，在"草绘"选项卡的"草绘"组中单击 A文本 按钮。

操作步骤如下。

第 1 步，单击 A文本 按钮。

第 2 步，系统提示"选择行的起点，确定文本高度和方向。"时，移动鼠标，在适当位置单击，确定文本行的起点。

第 3 步，系统提示"选择行的第二点，确定文本高度和方向。"时，移动鼠标，在适当位置单击，确定文本行的第二点。系统在起点与第二点之间显示一条直线（构造线），并弹出"文本"对话框，如图 2-47（a）所示。

第 4 步，在"文本"对话框的"文本"文本框中输入文字，最多可输入 79 个字符，且输入的文字动态显示于草绘区。

第 5 步，在"文本"对话框中的"字体"选项组内选择字体、设置文本行的对齐方式、宽高比例因子、倾角等。

第 6 步，单击"确定"按钮，关闭对话框，系统创建单行文本。

操作及选项说明如下：

（1）当由"零件"模式进入草绘环境，则"文本"对话框如图 2-47（b）所示。系统允许用户"使用参数",当选择"使用参数"单选按钮，选择...按钮亮显，同时弹出"选择参数"对话框，从中选择已定义的参数，显示其参数值。如果选中了未赋值的参数，则文字中将显示"***"。

（2）单击"符号"按钮图，弹出如图 2-48 所示的"文本符号"对话框，从中选择要插入的符号。

（3）"选择字体"下拉列表中显示了系统提供的字体文件名。表中有两类字体：Creo Parametric 4.0 系统提供的 PTC 字体，以及由 Windows 系统提供的已注册的 True Type 字体，True Type 字体在字体文件名前用<ttf>前缀表示，其余为 PTC 字体。

（a）在草绘模式中的"文本"对话框

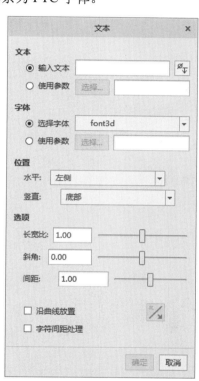

（b）在"零件"模式草绘器中的"文本"对话框

图 2-47　"文本"对话框

图 2-48　"文本符号"对话框

（4）在"位置"选项区，选中水平和垂直位置的组合，确定文本字符串相对于起始点的对齐方式。其中"水平"定义文字沿文本行方向（即垂直于构建线方向）的对齐方式，其设置效果如图 2-49 所示，"左侧"为默认设置。"竖直"定义文字垂直于文本行（即构建线方向）的对齐方式，其设置效果如图 2-50 所示，"底部"为默认设置。"△"表示文本行的起始点。

（5）在"长宽比"文本框中输入文字宽度与高度的比例因子，或使用滑动条设置文本的长宽比。

（a）左侧　　　　　　（b）中心　　　　　　（c）右侧

图 2-49　设置文本的水平位置

（a）底部　　　　　　（b）中间　　　　　　（c）顶部

图 2-50　设置文本的垂直位置

（6）在"斜角"文本框中输入文本的倾斜角度，或使用滑动条设置文本的斜角。

（7）选中"沿曲线放置"复选框，将文本设置为沿一条曲线放置，接着选择要在其上放置文本的曲线，如图 2-51 所示。

图 2-51　沿曲线放置文字

（8）选中"字符间距处理"复选框，将启用文本字符串的字符间距处理功能，以控制某些字符对之间的空格，设置文本的外观。

注意：

（1）创建文本时，起始点与第 2 点确定的构造线的长度决定文本的高度，其角度决定文本的方向，如图 2-52 所示。

（2）如图 2-53 所示，当显示草绘尺寸后，可以双击尺寸，修改尺寸的值，更改字高。

（a）创建水平的文本行　　　　　　　　　　（b）创建倾斜的文本行

图 2-52　创建文本

（3）双击已创建的文字，可以弹出"文本"对话框，以更改文字内容及其相关设置。

图 2-53　修改构造线尺寸更改字高

2.13　草绘器选项板

草绘器选项板是一个具有若干个选项卡的几何图形库，含有"多边形""轮廓""形状"和"星形" 4 个预定义的选项卡，每个选项卡包含若干同一类别的截面形状。用户可以向选项板添加选项卡，将截面形状按类别放入选项卡内，并且可以随时使用选项板中的截面。

2.13.1　使用选项板形状

利用"选项板"命令可以方便、快捷地选择选项板中的几何形状，将其输入当前草绘中，并且可以对选定的截面形状调整大小，进行平移和旋转操作。

可通过功能区调用命令，在"草绘"选项卡的"草绘"组中单击 选项板 按钮。

操作步骤如下。

第 1 步，单击 选项板 按钮，弹出如图 2-54（a）所示的"草绘器选项板"对话框。

第 2 步，系统提示"将选项板中的外部数据插入到活动对象"时，选择所需的选项卡，显示选定选项卡中形状的缩略图和标签，并在预览区显示相对应的截面形状，如图 2-54（b）所示，此处选择"形状"选项卡中的"十字形"几何形状。

（a）选项板选项卡　　　　　　　　　　　　　　（b）选定形状并预览

图 2-54　"草绘器选项板"对话框

第 3 步，双击选定形状的缩略图或标签，光标变成 。

第 4 步，单击，确定放置形状的位置，打开如图 2-55 所示的"导入截面"操控板，同时被输入的形状位于带有句柄（控制滑块）的点画线方框内，位置控制滑块与选定的位置重合，如图 2-56（a）所示。

第 5 步，在"导入截面"操控板中输入旋转角度以及缩放比率。

第 6 步，单击 ✔ 按钮或单击鼠标中键，关闭操控板。

操作说明如下：

（1）单击并按住鼠标拖动位置控制滑块 ⊗，可移动所选截面形状。默认情况下，位置控制滑块位于形状的中心，在滑块上右击，并将其拖动到所需的捕捉点上，如图 2-56（b）所示，将位置滑块移至顶边中点处。

图 2-55　"导入截面"操控板

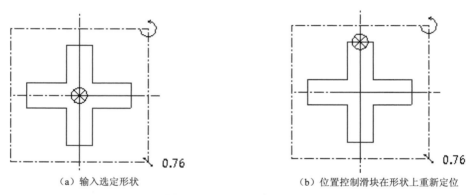

（a）输入选定形状　　　　　　　　　　（b）位置控制滑块在形状上重新定位

图 2-56　输入选项板的形状

（2）单击并按住鼠标左键拖动旋转控制滑块 ↻，可旋转所选截面形状，同时"旋转角度"文本框内动态显示形状的旋转角度值，直至松开左键。

（3）单击并按住鼠标左键拖动缩放控制滑块 ↘，可修改所选截面形状大小，同时"缩放比率"文本框内的值会动态显示，直至松开左键。

注意：

① 如图 2-56 所示，形状的缩放比率 0.76 仅在打开"显示尺寸"时才显示。

② 输入形状的尺寸为强尺寸。

③ 截面导入后可以通过鼠标左键拖动顶点或边，更改其形状和大小，如图 2-57 所示。

2.13.2　创建"自定义形状"选项卡

用户可以预先创建自定义形状的草绘文件（.sec 文件），置于当前工作目录下，则在草绘器选项板中会出现一个（仅出现一个）与工作目录同名的选项卡，且工作目录下的草绘文件中的截面形状将作为可用的形状出现在该选项卡中。如图 2-58 所示，设置"自定义形状"为当前工作目录时，"草绘器选项板"中添加了"自定义形状"选项卡。

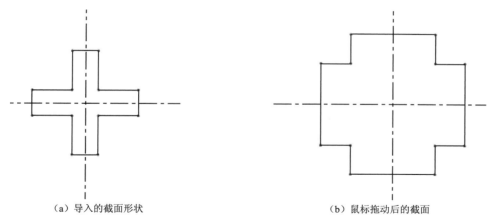

（a）导入的截面形状   （b）鼠标拖动后的截面

图 2-57　拖动更改截面的形状和大小

图 2-58　创建"自定义形状"选项卡

注意：

（1）如果将草绘文件名称更改为中文名，其截面形状仍然是可用的形状，但是默认设置下该草绘文件自身将不能被打开。

（2）默认情况下，系统将草绘器形状目录下的截面文件定义为"草绘器选项板"对话框中的形状，故要创建"自定义形状"选项卡，除了上述方法，用户也可以将需要的若干个自定义形状的截面文件置于该目录下。使用配置选项 sketcher_palette_path 可以指定草绘器形状目录的路径。

2.14　草绘器检查

草绘器检查提供了与创建基于草绘的特征和再生失败相关的信息，可以帮助用户实时了解、分析和解决草绘中出现的问题。如图 2-3 所示，功能区右侧的"检查"面板提供了草绘器检查工具。

2.14.1 着色封闭环

利用"着色封闭环"检查工具，系统将以预定义颜色填充形成封闭环的图元所包围的区域，以此来检测几何图元是否形成封闭环。该检查工具默认为打开，草绘时，一旦形成封闭环，将被着色。

可通过功能区调用命令，在"草绘"选项卡的"检查"面板中单击 着色封闭环 按钮。

注意：在"3D 草绘器"中，单击"草绘"选项卡"检查"面板中的 着色封闭环 按钮。

执行该命令后，系统将着色当前草绘中所有的几何封闭环，如图 2-59（a）所示。

注意：

（1）只有"草绘"选项卡"操作"面板中的"选择"按钮 下凹时，即处于"选取项目"状态，才显示封闭环的着色填充。

（2）如果封闭环内包含封闭环，则从最外层环起的奇数环被着色，如图 2-59（b）所示。

（3）封闭环必须是首尾相接，自然封闭。不允许有图元重合或多余图元，如图 2-59（c）所示的三角形内不被着色。

（a）单层封闭环

（b）多层封闭环

（c）未构成封闭环

图 2-59　着色封闭环

2.14.2 突出显示开放端

利用"突出显示开放端"检查工具，可突出显示属于单个图元的端点，即不为多个图元所共有的端点，以此来检测活动草绘中任何与其他图元的终点不重合的图元的端点。该检查工具默认为打开，当创建新图元时，一旦形成开放端，则自动加亮显示。

可通过功能区调用命令，在"草绘"选项卡的"检查"面板中单击 突出显示开放端 按钮。

注意：在"3D 草绘器"中，单击"草绘"选项卡"检查"面板中的 突出显示开放端 按钮。

执行该命令后，系统将以默认的红色正方形加亮显示当前草绘中所有开放的端点，如图 2-60 所示。

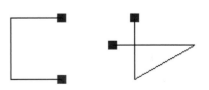
图 2-60　加亮开放的端点

2.14.3 重叠几何

利用"重叠几何"检查工具，系统将加亮重叠图元，以此来检测活动草绘中任何与其他图元相重叠的几何。

可通过功能区调用命令，在"草绘"选项卡的"检查"面板中单击 重叠几何 按钮。

注意：在"3D 草绘器"中，单击"草绘"选项卡"检查"面板中的 重叠几何 按钮。

执行该命令后，系统将以默认设定的颜色加亮显示当前草绘中相重叠的几何边，如图 2-61 所示。

（a）左上角三条线段重叠

（b）两直线相交重叠

（c）圆弧与圆重叠

图 2-61　显示重叠几何

2.14.4　特征要求

在"3D 草绘器"中，利用"特征要求"检查工具，可以分析、判断草绘是否满足其定义的当前特征类型的要求。

可通过功能区调用命令，单击"草绘"选项卡"检查"面板中的"特征要求"按钮 。

执行该命令后，系统将弹出"特征要求"对话框，该对话框显示当前草绘是否适合当前特征的消息，并列出了对当前特征的草绘要求及状态，如图 2-62 所示。在"状况"列中用以下符号表示是否满足要求的状态：

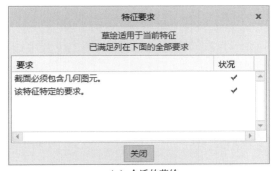

（a）合适的草绘　　　　　　　　　　　　　（b）不合适的草绘

图 2-62　"特征要求"对话框

（1）：满足要求。

（2）：满足要求，但不稳定。表示对草绘的简单更改可能无法满足要求。

（3）：不满足要求。

注意：

（1）"特征要求"检查工具在"2D 草绘器"中不可用。

（2）当有一个要求未满足时，则该草绘即为不合适。

2.15　上机操作实验指导：绘制简单二维草图

绘制如图 2-63 所示的二维草图，主要涉及"中心线""圆弧""加厚""圆""直线""圆角""选项板"等命令。

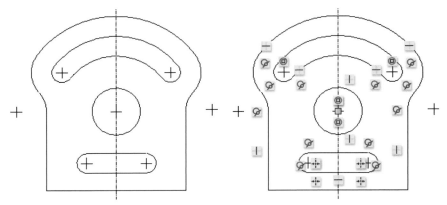

图 2-63　二维草图的绘制

操作步骤如下。

步骤 1：创建新文件

创建新文件 sketch2，进入草绘环境，操作过程略。

步骤 2：绘制垂直中心线

单击 ┊ 按钮，调用"中心线"命令，绘制垂直中心线。操作过程略。

步骤 3：绘制上端外侧大圆弧

第 1 步，单击 ⌇ 按钮，调用"圆心和端点"命令。

第 2 步，系统提示"选择弧的中心。"时，移动鼠标，在垂直中心线的适当位置单击，确定圆弧的圆心。

第 3 步，系统提示"选择弧的起点。"时，向左移动鼠标，在垂直中心线左侧适当位置单击，指定圆弧的起始点，如图 2-64 所示。

第 4 步，系统提示"选择弧的终点。"时，向右移动鼠标，出现如图 2-64 所示的界面时单击，指定圆弧的端点，保证圆弧左右对称。

第 5 步，系统再次提示"选择弧的中心。"时，单击鼠标中键结束命令。

步骤 4：使用"加厚"命令创建弧形图元

第 1 步，单击 加厚 按钮，调用"加厚"命令，弹出选择加厚边和端封闭"类型"对话框，默认加厚边类型为"单一"，端封闭类型为"圆形"。

第 2 步，系统提示"选择要偏移的图元或边。"时，移动鼠标，在大圆弧上单击。

第 3 步，系统显示"输入厚度[-退出-]"文本框，在该文本框中输入厚度值，按回车键。

第 4 步，系统显示"于箭头方向输入偏移[退出]"文本框，并在草绘区显示偏移方向的箭头，观察该箭头方向，在文本框中输入偏移值（此处应为负值），按回车键。

第 5 步，系统再次提示"选择要偏移的图元或边。"时，单击"类型"对话框中的"关闭"按钮，结果如图 2-65 所示。

步骤 5：绘制左右两侧的同心圆弧

第 1 步，单击 ⌇ 按钮，调用"同心"命令。

第 2 步，系统提示"选中一弧（去定义中心）。"时，选中上述加厚图元的左侧圆弧。

第 3 步，系统提示"选择弧的起点。"时，移动鼠标至上段大圆弧左端点处单击，指定

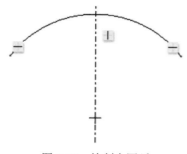

图 2-64 绘制大圆弧

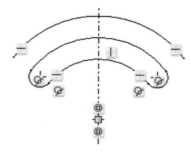

图 2-65 加厚外侧圆弧边

圆弧的起点。

第 4 步，系统提示"选择弧的终点。"时，移动鼠标，在另一个适当位置单击，指定圆弧的端点，系统创建与指定圆或圆弧同心的圆弧，如图 2-66 所示。

第 5 步，系统再次提示"选中一弧（去定义中心）。"时，选择上述加厚图元的右侧圆弧，移动鼠标至上段大圆弧右端点处单击，指定圆弧的起点，再次移动鼠标，在另一个适当位置单击，指定圆弧的端点。

第 6 步，系统再次提示"选中一弧（去定义中心）。"时，单击鼠标中键结束命令。结果如图 2-66 所示。

步骤 6：绘制中间的同心圆

第 1 步，单击 ◎ 按钮，调用"同心"命令。

第 2 步，系统提示"选择一弧（去定义中心）。"时，选中上端外侧大圆弧。

第 3 步，系统提示"在弧形/圆上选择一个点。"时，移动鼠标，在适当位置单击，指定圆上的一点，系统创建与指定圆同心的圆。

第 4 步，系统提示"在弧形/圆上选择一个点。"时，单击鼠标中键。

第 5 步，系统再次提示"选择一弧（去定义中心）。"时，单击鼠标中键结束命令。结果如图 2-67 所示。

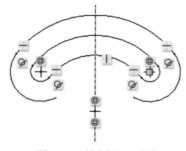

图 2-66 绘制同心圆弧

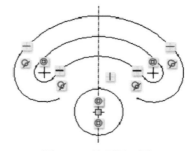

图 2-67 绘制同心圆

步骤 7：绘制直线

第 1 步，在适当位置绘制底部左右对称的水平直线段，如图 2-68（a）所示，操作过程略。

第 2 步，以水平底边右端点为起点，绘制右侧竖直线，端点在右侧圆弧上，如图 2-68（b）所示，操作过程略。

第3步，以水平底边左端点为起点，绘制左侧竖直线，端点在左侧圆弧上，操作过程略。

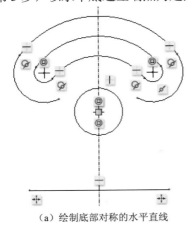 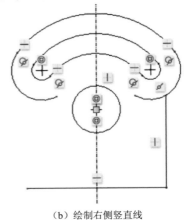

（a）绘制底部对称的水平直线　　　　　　　　　（b）绘制右侧竖直线

图 2-68　绘制直线

步骤 8：绘制圆角

第1步，单击 按钮，调用"圆形修剪"命令。

第2步，系统提示"选中两个图元。"时，分别在右侧竖直线和右侧外圆弧适当位置单击，如图 2-69（a）所示的点 1、点 2，系统自动创建右侧圆角。

第3步，继续在左侧竖直线和左侧外圆弧适当位置单击，创建左侧圆角。

第4步，单击鼠标中键结束命令。结果如图 2-69（b）所示。

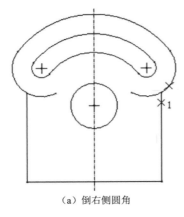 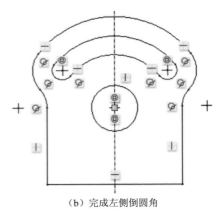

（a）倒右侧圆角　　　　　　　　　　　　（b）完成左侧倒圆角

图 2-69　绘制圆角

步骤 9：使用选项板导入"跑道形"截面

第1步，单击 选项板 按钮，调用"选项板"命令，弹出"草绘器选项板"对话框。

第2步，系统提示"将选项板中的外部数据插入到活动对象。"时，选择"形状"选项卡，选择"跑道形"形状，如图 2-70（a）所示。

第3步，双击选定形状的缩略图或标签，光标变成 ，在接近垂直中心线的适当位置单击，打开"导入截面"操控板。

第 4 步，单击并按住鼠标拖动平移控制滑块 ⊗，移动截面形状至垂直中心线适当位置，并在"导入截面"操控板中输入适当的缩放比例，导入的截面形状如图 2-70（b）所示。

第 5 步，在"导入截面"操控板中输入旋转角度以及缩放比例。

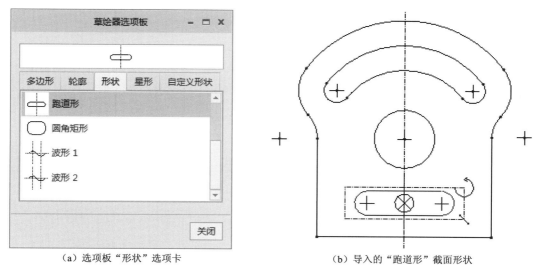

（a）选项板"形状"选项卡　　　　　　　（b）导入的"跑道形"截面形状

图 2-70　使用"草绘器选项板"导入截面

第 6 步，单击✔按钮或单击鼠标中键，关闭操控板。

第 7 步，单击，结束命令。

步骤 10：保存图形

参见本书第 1 章，操作过程略。

2.16　上　机　题

1. 利用"直线"命令、"圆弧"命令、"圆角"命令，绘制如图 2-71 所示的二维草图，保证指定的约束条件，文件名称 sketch3。

2. 利用"中心矩形"命令、"圆角"命令、"圆"命令、"直线"命令、"圆弧"命令、"倒角"命令，绘制如图 2-72 所示的二维草图，保证指定的约束条件，文件名称 sketch4。

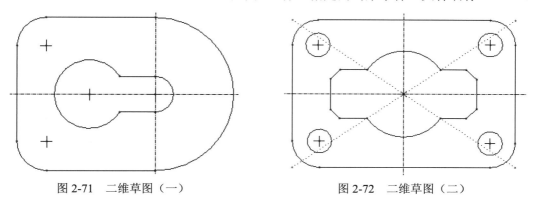

图 2-71　二维草图（一）　　　　　　　图 2-72　二维草图（二）

第 3 章　二维草图的编辑

第 2 章在草绘器中绘制二维草图时，使用的是系统默认设置，草图的几何形状由草绘器自动捕捉几何约束加以控制。一般情况下，在 Creo Parametric 4.0 草绘器中绘制二维草图时，首先是粗略地画出最初的几何形状，再利用编辑、约束等命令，对几何图元进行适当的调整、修改，得到最终的准确图形。

本章将介绍的内容如下。

（1）选择对象的方法。

（2）几何约束。

（3）尺寸约束。

（4）删除图元。

（5）拖动图元。

（6）修剪图元。

（7）分割图元。

（8）镜像图元。

（9）缩放、旋转、移动图元。

（10）复制、粘贴图元。

（11）解决约束和尺寸冲突问题。

3.1　选　择　对　象

在编辑二维草图时，常需要选择几何图元、几何约束、尺寸等，被选中的对象呈现红色。Creo Parametric 4.0 提供了依次、链、所有几何、全部 4 种选择对象的方法。

可通过功能区调用命令，在"草绘"选项卡的"操作"面板中单击"选择"按钮 ⬚。

3.1.1　依次

"依次"为系统默认的选择对象的方法。

操作步骤如下。

第 1 步，单击 ⬚ 按钮，调用"依次"命令。

第 2 步，单击某一个对象，所选的对象呈现红色。

第 3 步，按下 Ctrl 键，依次单击其他对象，则可选择多个对象。

操作及选项说明如下。

（1）单击 ⬚ 按钮的"依次"按钮 ⬚，也可调用"依次"命令。

（2）一般某个命令执行完成后，⬚ 按钮呈下凹状态，此时就可以选择对象。

（3）选择多个对象的另一种方法是在适当位置按下鼠标左键并拖动鼠标，形成一个二维的矩形选择框，松开鼠标左键，则选择框内的对象被选中。

注意：从左向右拖动鼠标形成二维的矩形选择框，几何图元以及文字必须完全落在选择框内才被选中，而标注对象只要其尺寸数值有一部分落在选择框内就会被选中；从右往左拖动鼠标形成二维的虚线矩形选择框，几何图元以及文字只要有一部分落在虚线选择框中即被选中，而标注对象的尺寸数值必须完全落在虚线选择框内才被选中。

（4）创建选项集后，在"状态"栏右下侧的"选定项"区域提示"选择了 *n* 项"。

注意：

① 如果创建选择集后又单击某个对象，或用窗口框选多个对象后，系统则从选择集中清除原先的所有被选中的对象，而用最后选中的对象创建新的选择集。

② 如果要从选项集中删除某对象，移动鼠标至该加亮的对象上，在按住 Ctrl 键后单击。

3.1.2　链

操作步骤如下。

第 1 步，单击 ↳ 按钮，调用"链"命令。

第 2 步，系统提示"选择作为所需链一端或所需环一部分的图元。"时，单击某一个图元，即可选中与该对象具有公共顶点或相切关系的连续的多条边或曲线。如图 3-1（a）所示，单击上端直线段上的点 1，则整个腰形图元亮显，均被选中。

第 3 步，系统提示"选择作为所需链的另一端或所需环一部分的图。"时，单击另一个图元，则系统自动选择两线段之间的图元。如图 3-1（a）所示，单击下端直线段上的点 2，则系统选择上端直线、左侧圆弧、下端直线，如图 3-1（b）所示。

第 4 步，系统提示"鼠标右键切换。"时，右击，则切换至链的另一侧图元被选中。如图 3-1（c）所示，系统切换选择上端直线、右侧圆弧、下端直线。

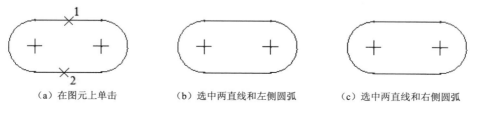

（a）在图元上单击　　　　（b）选中两直线和左侧圆弧　　　　（c）选中两直线和右侧圆弧

图 3-1　选择图元链

3.1.3　所有几何和全部

单击"所有几何"选项，系统自动选中所有的几何图元。

单击 ↳ 按钮，系统自动选中所有的几何图元、几何约束、尺寸。

3.2　几 何 约 束

在草绘器中，几何约束是利用图元的几何特性（如等长、平行等）对草图进行定义，也称为几何限制。几何约束可以减少不必要的尺寸，以利于图形的编辑和设计变更，达到参数化设计的目的，满足设计要求。几何约束的设置有两种方法：动态创建几何约束和手动添加几何约束。

3.2.1 动态创建几何约束

默认设置下，绘制图元时，系统会随着光标的移动实时捕捉显示几何约束，并在几何图元附近动态显示约束类型符号，而且相关图元亮显，方便用户定位几何图元。草绘时，可以根据设计意图即时控制，动态创建几何约束。

1. 几何约束符号

表 3-1 列出了系统提供的约束符号、含义和解释。

表 3-1　约束符号、含义和解释

约束符号	含义	解释
⊥	竖直图元	铅垂的直线
─	水平图元	水平的直线
//	平行图元	互相平行的直线
⊥	垂直图元	互相垂直的直线
⌀	相切图元	两条线段相切
┿	对称图元	关于中心线对称的两点
=	相等尺寸	具有相等长度的直线段、半径相等的圆或圆弧
⌐	中点	点或圆心处于线段的中点
◢	相同点	点或圆心重合
⌀	图元上的点	点或圆心位于图元上
─	水平排列	两点水平对正
┤	竖直排列	两点垂直对正
⌒	使用边、偏移边	使用投影边、偏移边创建的图元

图 3-2 所示的二维草图设置了多种几何约束条件，其中带有相同下标号的约束符号为一对几何约束条件。例如，$=_2$ 表示左右两个圆角具有相等的半径，$\perp_1$ 表示上端中间两条直线段互相垂直。

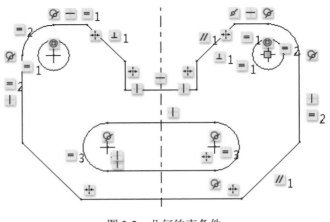

图 3-2　几何约束条件

2. 设置约束选项

草绘时，可实现动态创建约束的约束类型，以及几何约束符号的显示，均可在"Creo Parametric 选项"对话框的"草绘器"选项组中设置。

可通过功能区调用命令，执行"文件"|"选项"菜单命令。

操作步骤如下。

第 1 步，调用"选项"命令，弹出 "Creo Parametric 选项"对话框。

第 2 步，选择"草绘器"选项，弹出如图 3-3 所示的"设置对象显示、栅格、样式和约束的选项"窗口，在"对象显示设置"组中，选中或清除"显示约束"复选框，可控制约束符号的显示。

第 3 步，在"草绘器约束假设"组中，列出了用于实时约束的类型，默认情况下各约束条件前的复选框均为选中，单击复选框，可以选中或移除相应约束条件。

第 4 步，单击"确定"按钮，确认所做的设置。

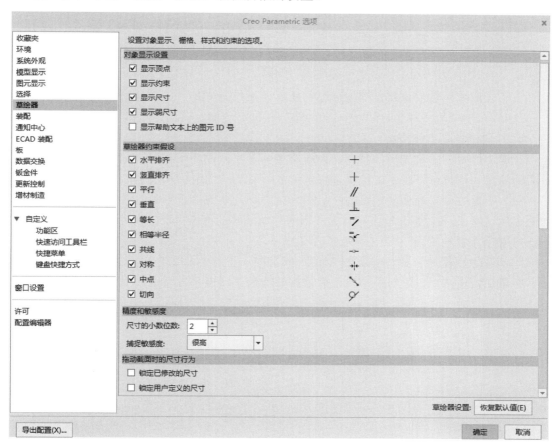

图 3-3 "Creo Parametric 选项"对话框的"草绘器"设置

第 5 步，系统弹出如图 3-4 所示的对话框，可以根据需要确定是否将所做的设置保存到配置文件。

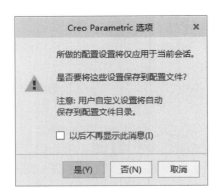

图 3-4　提示警告信息的"Creo Parametric 选项"对话框

注意：

（1）只有在"草绘器约束假设"选项中被选中的约束类型，才能在草绘过程中动态创建几何约束。

（2）单击"恢复默认值"按钮，可以恢复为默认的约束类型。

（3）单击图形工具栏中"草绘器显示过滤器"中的"显示约束"，也可以控制约束符号的显示。

（4）本书第 2 章各例均在草绘过程中动态创建几何约束。

（5）本章 3.2.2 节与 3.2.3 节均关闭"显示尺寸"功能。

3．几何约束条件的控制

草绘过程中，随着光标的移动，系统捕捉显示不同的约束类型，并以亮显约束符号表示活动约束。用户可以在单击鼠标进行定位前，对活动约束加以控制。

（1）锁定约束。当活动约束为"启用"状态时，如图 3-5（a）所示，右击后系统将自动锁定活动约束。如图 3-5（b）所示，将两点水平对正约束锁定，锁定的约束在约束符号右下角用 表示。

（2）禁止约束。当活动约束为"锁定"状态时，右击，即可禁用该约束，如图 3-5（c）所示，禁止使用两点水平对正约束。被禁用的约束在约束符号右下角用 表示。

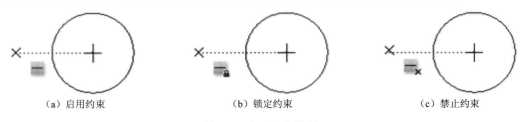

（a）启用约束　　　　　　　　（b）锁定约束　　　　　　　　（c）禁止约束

图 3-5　实时约束控制

（3）启用约束。当活动约束为"禁用"状态时，右击，可以重新启用活动约束。

（4）草绘时，当光标附近显示多个约束符号时，可以使用 Tab 键在各约束之间切换，亮显的约束符号为活动约束，单击确认活动约束为所需要的约束类型。

（5）禁止创建动态约束。如果草绘图元时按住 Shift 键，将不显示约束符号，即不使用系统提供的约束。

3.2.2 手动添加几何约束

一般情况下，绘制图元时的形状无需十分准确，只需先根据草图形状，动态创建几何约束，粗略地绘制几何图元，得到草图的初始图形，然后根据几何条件手动添加其他必要的几何约束。

可通过功能区调用命令，单击"草绘"选项卡"约束"面板中的"约束"按钮。

操作步骤如下。

第1步，单击某一个"约束"按钮，调用相应"约束"命令。

第2步，按照系统提示，单击选中需要添加约束条件的图元，系统按照所添加的约束条件更新草图。

第3步，重复上述第2步，为其他具有相同约束条件的图元添加该类约束条件。

第4步，单击鼠标中键结束命令。

注意：

（1）在上述第3步后，接着再单击"约束"面板中的另一个"约束"按钮可添加另一个几何约束条件。

（2）默认情况下，"约束"面板下拉菜单中的"解释"选项暗显，当选择某个约束符号后，"解释"选项亮显，如图3-6（a）所示，单击该选项，系统在信息区提供所选约束或尺寸的相应解释，并且突出显示选定的约束或尺寸的参考。如图 3-6（b）所示，选择 =1相等约束符号，系统显示"突出显示线段等长"的信息，且该约束的参考几何图元两条平行线红显。

（a）"解释"选项亮显　　　　　　　　　　（b）突出显示平行线

图3-6　"解释"选项亮显、突出显示所选约束

下面介绍各"约束"类型的含义及相应约束条件的添加方法。

1. 竖直和水平约束

第1步，单击 ┼ 或 ─ 按钮，调用"竖直"或"水平"约束命令。

第2步，系统提示"选择一直线或两点。"时，选中一条斜线或两个点。所选的斜线更新为竖直线或水平线，或使两点位于一条铅垂线或水平线上。

第3步，继续选择需要竖直或水平的其他直线或两点，直至单击鼠标中键结束命令。

2. 垂直约束

第1步，单击 ⊥ 按钮，调用"垂直"约束命令。

第2步，系统提示"选择两图元使它们正交。"时，选中两条线（包括圆弧）。被选择的两条线成为互相垂直的线条。

第3步，继续选择需要添加垂直约束的两图元，直至单击鼠标中键结束命令。垂直约束的三种情况如图 3-7 所示。

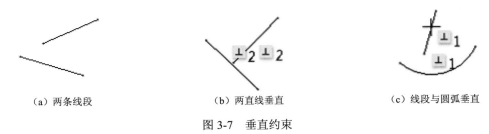

（a）两条线段　　　　　　　　（b）两直线垂直　　　　　　　（c）线段与圆弧垂直

图 3-7　垂直约束

注意： 直线与圆弧添加垂直约束后，直线将通过圆弧圆心，且直线垂直于其延长线与圆弧交点处的切线方向。

3. 平行约束

第 1 步，单击 ∥ 按钮，调用"平行"约束命令。

第 2 步，系统提示"选择两个或多个线图元使它们平行。"时，选中两条或多条线，单击鼠标中键。被选择的线段成为互相平行的线条，如图 3-8 所示。

第 3 步，系统继续提示"选择两个或多个线图元使它们平行。"时，继续选中其他线段使它们平行，或单击鼠标中键结束命令。

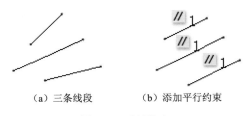

（a）三条线段　　　　　（b）添加平行约束

图 3-8　平行约束

4. 相切约束

第 1 步，单击 ✑ 按钮，调用"相切"约束命令。

第 2 步，系统提示"选择两图元使它们相切。"时，选中两个图元直线与圆或圆弧（或选择圆或圆弧），被选择的图元成为相切的图元。

第 3 步，继续选择两个需要添加相切约束的图元，结果如图 3-9 所示，直至单击鼠标中键结束命令。

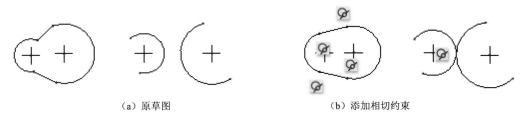

（a）原草图　　　　　　　　　　　　（b）添加相切约束

图 3-9　相切约束

5. 中点约束

第 1 步，单击 ✎ 按钮，调用"中点"约束命令。

第2步，系统提示"选择一点和一条线或弧。"时，分别选中一个点以及一条直线或圆弧，则所选的点将置于所选线段的中点。

第3步，继续选择点和线段，结果如图3-10所示，直至单击鼠标中键结束命令。

注意： 选择的点可以是点、线段端点、圆或圆弧的圆心。

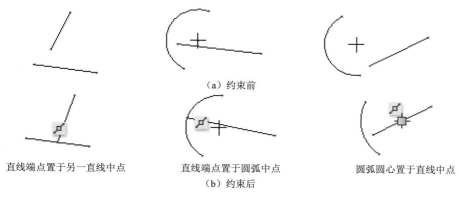

（a）约束前

直线端点置于另一直线中点　　　直线端点置于圆弧中点　　　圆弧圆心置于直线中点

（b）约束后

图3-10　中点约束

6. 重合约束

第1步，单击 ⇥ 按钮，调用"重合"约束命令。

第2步，系统提示"选中要对齐的两图元或顶点。"时，选择两个点或点与线段或两条直线段。

第3步，继续选择需要添加重合约束的图元，直至单击鼠标中键结束命令。

操作及选项说明如下。

（1）当选择两个点时，即直线 L 的下端点与直线 R 的左端点，则将所选的两点重合，如图3-11（b）所示。

（2）当选择点与线段时，即直线 L 的下端点与直线 R，则将点置于直线上，如图3-11（c）所示。

（3）当选择两条直线段时，即直线 L 与直线 R，则将两条直线设置为共线，如图3-11（d）所示。

（a）两条线段　　　（b）创建相同点　　　（c）图元上的点　　　（d）将两线共线

图3-11　重合约束

7. 对称约束

第1步，单击 ⊣⊢ 按钮，调用"对称"约束命令。

第2步，系统提示"选择中心线和两顶点来使它们对称。"时，选择对称中心线以及两个点。如图3-12所示，选择竖直中心线以及水平线段的左端点和右端点，则所选的两个端点关于铅直中心线对称。

第 3 步，继续选择中心线和两个点，添加其他图元的对称约束，直至单击鼠标中键结束命令。

注意：选择中心线和两点的顺序没有限定。

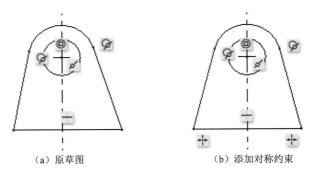

（a）原草图　　　　　　　　　　（b）添加对称约束

图 3-12　对称约束

8. 相等约束

第 1 步，单击 ═ 按钮，调用"相等"约束命令。

第 2 步，系统提示"选择两条或多条直线（相等段），两个或多个弧/圆/椭圆（等半径），一条样条与一条线或弧（等曲率）、两个或多个线性/角度尺寸（等尺寸）。"时，选中第一组图元，如图 3-13 所示，选择顶部左右两条水平线、中间凹槽水平线，使所选三条线段等长，约束符号 ═₁，单击鼠标中键。

第 3 步，继续选择第二组图元，如图 3-13 所示，选择顶部两条斜线等长，约束符号 ═₂，单击鼠标中键。

第 4 步，继续重复第 2 步，创建其他图元的相等约束，也可直接单击鼠标中键结束命令。

如图 3-13 所示，依次选中底部左右两个圆弧，使两圆弧等径，约束符号 ═₁；单击鼠标中键后，继续选择两个小圆，使它们等径，约束符号 ═₂，单击鼠标中键。

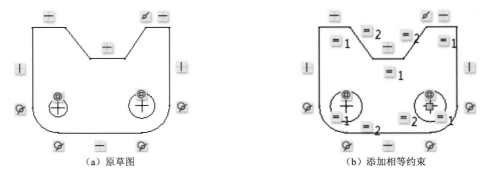

（a）原草图　　　　　　　　　　（b）添加相等约束

图 3-13　相等约束

操作及选项说明如下。

（1）约束前的草图如图 3-14（a）所示，当选择椭圆和圆或圆弧等径时，弹出如图 3-14（b）所示的"椭圆半径"对话框，并提示"选择将哪些半径设置为等于第二图元的半径。"，用户可以在对话框选择椭圆的长轴或短轴与圆或圆弧半径相等。如图 3-14（c）所示，椭圆的短轴半径与圆半径相等。

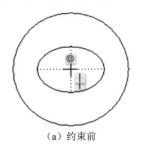  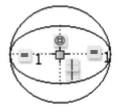

（a）约束前　　　　　　（b）"椭圆半径"对话框　　　　　（c）椭圆短轴与圆等径

图 3-14　椭圆与圆等径约束

　　注意：绘制椭圆时，先画的轴为长轴，而忽略两轴本身的长短。图 3-14 中，椭圆的竖直轴为长轴，水平轴为短轴。

　　（2）上述操作可以选择一组直线段，使直线段等长；也可以选择一组圆、圆弧、椭圆使它们等径。此外，还可选择若干尺寸，使尺寸相等，或选择若干样条曲线，使它们曲率半径相等。

　　注意：选择一组图元添加相等约束后，必须单击鼠标中键，才能选择第二组图元添加相等约束。

3.2.3　删除几何约束

　　几何约束条件虽然可以帮助用户准确定义草图，减少所标注的尺寸，但在某些情形下，草绘时动态创建的几何约束并不是用户所需要的，而在创建图元时又没有禁用该约束，那么在图元创建之后可以将该约束删除，而不是通过尺寸加以控制。

　　操作步骤如下。

　　第 1 步，在"草绘"选项卡的"操作"面板中单击 按钮。

　　第 2 步，选中需要删除的约束符号。

　　第 3 步，按 Del 键，删除所选中的约束条件。

　　删除一个约束条件，系统将自动添加一个尺寸。如图 3-15（a）所示，等长约束条件 1 为动态创建的约束，无法直接修改其尺寸，如果删除顶边的等长约束，则添加尺寸 1.47，如果删除两对等长约束，则系统自动添加两个尺寸：1.83 和 1.47，如图 3-15（b）所示。可以修改尺寸，如图 3-15（c）所示。

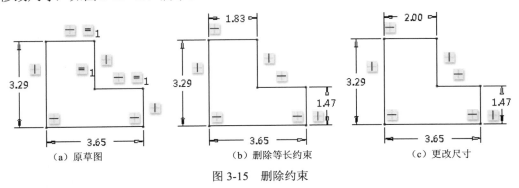

（a）原草图　　　　　　　　（b）删除等长约束　　　　　　　　（c）更改尺寸

图 3-15　删除约束

注意：选择需要删除的约束符号，右击，利用快捷菜单中的"删除"命令也可以删除约束条件。

3.3 尺 寸 约 束

在绘制几何图元后，系统会自动为其标注弱尺寸（默认为淡蓝色显示），以完全定义草图。但弱尺寸标注的基准无法预测，且有些弱尺寸往往不是用户所需要的，不能满足设计要求。要完成精确的二维草图，且能根据设计要求控制尺寸，在设置几何约束条件后，应该手动标注所需要的尺寸，即标注强尺寸。然后根据具体尺寸数值对各尺寸加以修改，系统便能再生出最终的二维草图。

3.3.1 标注一般尺寸

手动标注一般尺寸的类型有线性尺寸、径向尺寸、角度尺寸、弧长等。

调用命令的方式有以下两种。

（1）通过功能区调用：单击"草绘"选项卡"尺寸"面板中的 |↔| 按钮。

（2）通过快捷菜单调用：在草绘区右击，在快捷菜单中选择"尺寸"命令。

操作步骤如下。

第 1 步，单击 |↔| 按钮，调用"尺寸"命令。

第 2 步，单击选择需要标注的图元。

第 3 步，移动鼠标，在适当位置单击鼠标中键，确定尺寸的放置位置，弹出尺寸值文本框，按回车键接受当前尺寸值，或输入一个新值后按回车键。

第 4 步，重复上述第 2、3 步，标注其他尺寸。

第 5 步，单击鼠标中键，结束尺寸标注。

注意：

（1）如图 3-3 所示，默认设置下，"Creo Parametric 选项"对话框的"草绘器"选项组的"对象显示设置"组中，"显示尺寸"和"显示弱尺寸"两个复选框均被选中，系统显示所有尺寸（包括强尺寸和弱尺寸）。另外，单击图形工具栏中的"草绘器显示过滤器"的"显示尺寸"选项，可以控制尺寸的显示。

（2）弱尺寸不能手动删除，在添加强尺寸后，系统会自动删除不必要的弱尺寸和约束。

（3）尺寸位置不合适，可以单击选择尺寸，拖动鼠标，将尺寸移至合适位置。

系统根据选择的几何图元的类型和尺寸的放置位置判断标注类型，标注出相应尺寸。以下介绍各类尺寸的标注方法。

1. 线性标注

线性标注包括直线段的长度、两平行线的距离、点到直线的距离、两点之间的距离等，如图 3-16 所示。

（1）直线段的长度。启动命令后，单击选中需要标注长度的直线段或直线段的两个端点，以鼠标中键点取尺寸位置。

（2）两平行线的距离。启动命令后，单击选中需要标注距离的两条直线，以鼠标中键点取尺寸位置。

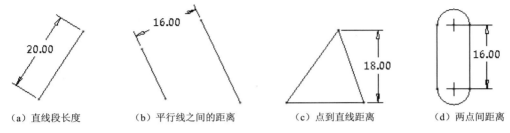

| （a）直线段长度 | （b）平行线之间的距离 | （c）点到直线距离 | （d）两点间距离 |

图 3-16　线性标注

（3）点到直线的距离。启动命令后，单击选中点以及直线，以鼠标中键点取尺寸位置。

（4）两点之间的距离。启动命令后，分别单击选中两个点（包括点图元、线的端点、圆或圆弧圆心），以鼠标中键点取尺寸位置。系统根据点取的尺寸位置，标注这两个点之间的距离、垂直距离或水平距离。

注意：

① 当选中如图 3-17 所示的直线段两端点后，若尺寸位置点取在以标注线段为对角线的矩形范围内，如图 3-17（b）所示的点×，则标注两点的距离；否则，标注线段两端点的垂直或水平距离，如图 3-17（c）所示，尺寸位置点取在×位置，则标注两点的垂直距离。

② 无法标注中心线的长度。

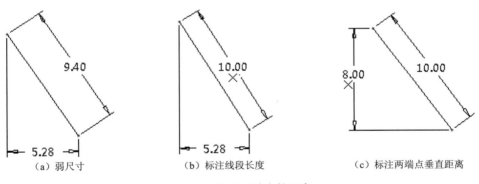

| （a）弱尺寸 | （b）标注线段长度 | （c）标注两端点垂直距离 |

图 3-17　标注两端点的距离

2．径向标注

径向标注是指圆或圆弧的半径尺寸或直径尺寸的标注。

（1）半径尺寸。启动命令后，单击选中需要标注半径的圆或圆弧，以鼠标中键点取尺寸位置，如图 3-18（a）所示。

单击半径尺寸，弹出如图 3-18（b）所示的浮动工具栏，单击 ⊘ 按钮，可将半径尺寸转化为直径尺寸，如图 3-18（c）所示；单击 ⊕ 按钮，可将半径尺寸转换为线性尺寸，如图 3-18（d）所示。

（2）直径。启动命令后，双击选中需要标注直径的圆或圆弧，以鼠标中键点取尺寸位置。同样，可以将直径尺寸转换为半径尺寸和线性尺寸。

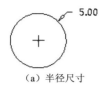
（a）半径尺寸

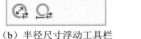
（b）半径尺寸浮动工具栏

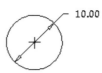
（c）转换为直径尺寸

（d）转换为线性尺寸

图 3-18　半径尺寸及其转换

3. 旋转直径/总角度标注

当需要标注用于旋转造型的二维截面的直径时，可以利用旋转直径标注。

启动命令后，在旋转截面的一个图元上单击，如图 3-19（a）所示，单击右侧点 1，再选中作为旋转轴的中心线，在图 3-19（a）所示的点 2 处单击中心线，再单击右侧点 1，最后以鼠标中键点取尺寸位置。如图 3-19（a）所示，标注尺寸 5.66。

注意：

（1）所选图元可以是点、与中心线平行的直线，如图 3-19（a）所示的尺寸 4.33，可以依次选择竖直直线、中心线、竖直直线。

（2）也可以依次选择中心线、图元、中心线，创建旋转直径。

（3）单击旋转直径，弹出浮动工具栏，可以选择将其转换为半径尺寸和线性尺寸，如图 3-19（b）所示，将直径尺寸转化为半径尺寸。

（4）如果所选的直线与中心线倾斜，则标注总角度，如图 3-20 所示。

（a）旋转直径

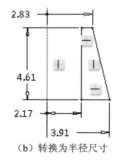
（b）转换为半径尺寸

图 3-19　旋转直径标注

图 3-20　总角度标注

4. 角度标注

角度尺寸是指两非平行直线之间的夹角以及圆弧的中心角。

（1）两直线的夹角。启动命令后，分别单击选中需要标注角度的两条非平行直线，以鼠标中键点取尺寸位置，如图 3-21 所示。

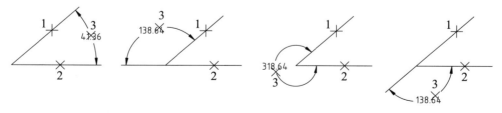

图 3-21　标注两直线的夹角

注意： 当标注两条直线的夹角时，点取尺寸的位置将影响标注的结果，如图 3-21 所示，点 3 的位置不同，则标注不同象限的角度。

（2）圆弧的中心角。启动命令后，依次选择圆弧一个端点、圆心、另一个端点，以鼠标中键点取尺寸位置，如图 3-22 所示。

5. 圆弧的弧长标注

启动命令后，依次选择圆弧、圆弧的两个端点，以鼠标中键点取尺寸位置，如图 3-23 所示。

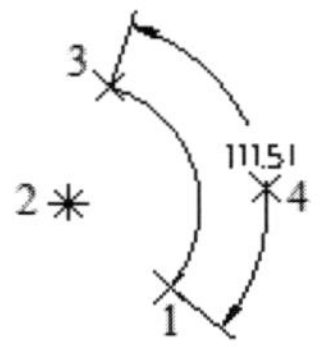

图 3-22　标注圆弧的中心角

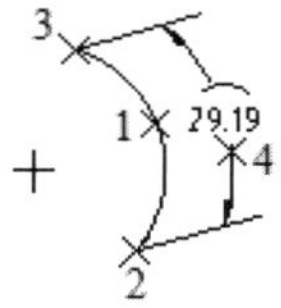

图 3-23　标注弧长

6. 圆或圆弧的位置标注

圆或圆弧的位置可以由以下尺寸确定。

（1）确定圆心位置。启动命令后，分别选择两个圆/圆弧的圆心（或圆/圆弧的圆心与参考图元），以鼠标中键点取尺寸位置，标注两圆心（或圆心与参考图元）之间的距离，如图 3-24（a）所示的下边两个尺寸（2.50）。

（2）由圆周确定位置和尺寸。启动命令后，分别选择圆/圆弧的圆周（或圆/圆弧的圆周与参考图元），以鼠标中键点取尺寸位置，标注两个圆周（或圆周与参考图元）之间的距离，如图 3-24（a）所示的上边两个尺寸（2.50 和 3.00）和图 3-24（b）、（c）的尺寸。

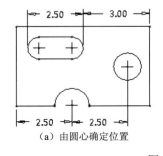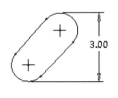

（a）由圆心确定位置　　（b）由圆周确定垂直尺寸　　（c）由圆周确定水平尺寸

图 3-24　确定圆或圆弧的位置

注意： 系统自动将尺寸界线与所选的圆/圆弧相切。当选择的两个图元均为圆/圆弧，则系统根据尺寸位置点取的位置，确定是水平或竖直尺寸，如图 3-24（b）、（c）所示。

7. 圆角顶点位置标注

在两条非平行的直线之间倒圆角时，若使用"圆形"命令创建，则生成构造线，可直接标注两圆角顶点之间的距离，如图 3-25（a）所示。若使用"圆形修剪"命令创建圆角，两直线从切点到交点之间的线段被修剪掉，如需要标注交点的位置，则在倒圆角之前，先利用"草绘"选项卡的"点"按钮，在交点处创建点图元，倒圆角后标注点图元与参考图元之间的距离，即可确定圆角顶点的位置，如图 3-25（b）所示，创建两个点图元，倒角后，标注两个点之间的距离。

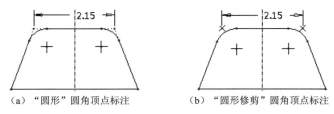

（a）"圆形"圆角顶点标注　　　　　（b）"圆形修剪"圆角顶点标注

图 3-25　标注圆角顶点位置

3.3.2　修改尺寸

设计时一般都需要修改弱尺寸或手动标注的强尺寸，进行设计变更。

1. 修改单个尺寸值

若仅需要修改个别尺寸，且当前尺寸值与实际的尺寸值偏离较小的情况下，可以通过双击尺寸，激活该尺寸的尺寸文本框，输入尺寸的新值，则相应的几何图元更新为新的尺寸。

注意：当弱尺寸值被修改后，则弱尺寸自动转换为强尺寸。

2. 拖动几何图元修改尺寸

单击并按住鼠标左键拖动某图元，则该图元本身和与之有约束关系的图元尺寸随之自动更新，保持约束关系，如图 3-26 所示。

注意：拖动圆心可以修改圆心位置。

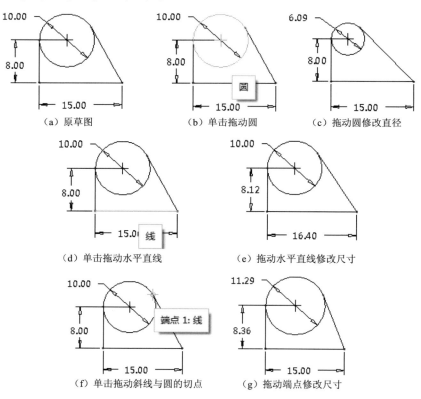

（a）原草图　　　　　（b）单击拖动圆　　　　　（c）拖动圆修改直径

（d）单击拖动水平直线　　　　　（e）拖动水平直线修改尺寸

（f）单击拖动斜线与圆的切点　　　　　（g）拖动端点修改尺寸

图 3-26　拖动图元修改尺寸

3. 拖动尺寸拖动器修改尺寸

当光标接近某些尺寸的空心箭头处，系统将显示尺寸拖动器，拖动尺寸拖动器可以修改尺寸，如图 3-27 所示。

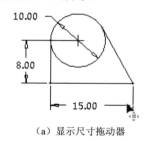 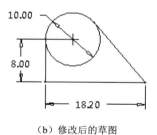

（a）显示尺寸拖动器　　　　　　　　　　　　（b）修改后的草图

图 3-27　拖动尺寸拖动器修改尺寸

4. 利用"修改尺寸"对话框修改尺寸值

若一次需要修改的尺寸较多，而当前尺寸值偏离实际尺寸较大，则应使用"修改尺寸"对话框修改几何图元的尺寸数值。

可通过功能区调用命令，单击"草绘"选项卡"编辑"面板中的⊒按钮。

操作步骤如下。

第 1 步，单击⊒按钮，调用"修改"命令。

第 2 步，选中需要修改的某个尺寸，弹出"修改尺寸"对话框。

第 3 步，按住 Ctrl 键继续选择其他需要修改的尺寸，则所有选择的尺寸均列在对话框中，如图 3-28 所示。

第 4 步，取消选中"重新生成"复选框。

第 5 步，依次在各尺寸的文本框中输入新的尺寸数值，按回车键。

第 6 步，单击"确定"按钮，关闭对话框，系统重新生成二维草图，并提示"尺寸修改成功完成。"。

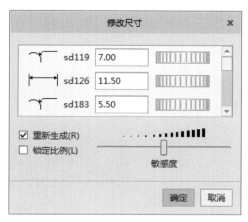

图 3-28　"修改尺寸"对话框

操作及选项说明如下。

（1）默认设置下，每输入一个新的数值并按回车键后，系统随即重新生成草图，致使草图形状发生变化，如果输入的数值不合适，则会造成计算失败。故一般在修改尺寸数值之前，执行上述第 4 步，取消勾选"重新生成"复选框，输入所有的尺寸数值并单击"确定"按钮后，系统才会再生草图。

（2）在"修改尺寸"对话框中，单击并拖动每个尺寸文本框右侧的旋转轮盘，或在旋转轮盘上使用鼠标滚轮，可动态修改尺寸数值。需要增大尺寸值，可以向右拖动相应的旋转轮盘，或在相应的旋转轮盘上使鼠标滚轮向上滚动；反之，则减少尺寸值。

（3）"锁定比例"复选框默认为不选中，一个尺寸发生变化，随即改变草图中的该尺寸值。当选中"锁定比例"复选框，一个尺寸数值改变后，被选择的尺寸将一起发生变化，保证尺寸数值之间的比例关系。

（4）用鼠标框选需要修改的尺寸，再单击 按钮，也可弹出"修改尺寸"对话框，则所有选择的尺寸直接列在对话框中。

5. 利用浮动工具栏修改尺寸

单击某个尺寸，弹出如图 3-29 所示的浮动工具栏。

（a）弱尺寸浮动工具栏　　（b）强尺寸浮动工具栏

图 3-29　尺寸浮动工具栏

操作及选项说明如下。

（1）将弱尺寸转换为强尺寸。单击选中如图 3-30（a）所示的弱尺寸 11.23，再单击图 3-29（a）所示浮动工具栏中的 按钮，所选的弱尺寸被激活，如图 3-30（b）所示，修改尺寸值，按回车键，单击鼠标中键，则弱尺寸转换为强尺寸 12.00，如图 3-30（c）所示。

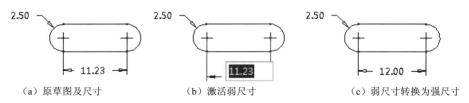

（a）原草图及尺寸　　　　（b）激活弱尺寸　　　　（c）弱尺寸转换为强尺寸

图 3-30　将弱尺寸转换为强尺寸

（2）由强尺寸创建参考尺寸。单击如图 3-31（a）所示的强尺寸，再单击如图 3-29（b）所示浮动工具栏中的 按钮，可以由选定的强尺寸创建参考尺寸，如图 3-31（b）所示。

（a）原草图及尺寸　　　　　　　　　　（b）强尺寸生成参考尺寸

图 3-31　由强尺寸创建参考尺寸

（3）替换尺寸。单击如图 3-32（a）所示的尺寸 12，再单击如图 3-29 所示浮动工具栏中的 按钮，系统提示"创建替换尺寸。"时，标注新的尺寸，例如分别选择左右两个圆弧的圆周，以鼠标中键点取尺寸位置，标注新尺寸 17，原尺寸 12 自动删除，如图 3-32（b）所示。

（a）原草图及尺寸　　　　　　　　　　（b）替换尺寸后的草图

图 3-32　替换尺寸

（4）修改尺寸。单击选中尺寸，再单击如图 3-29 所示浮动工具栏中的 按钮，弹出"修改尺寸"对话框，在尺寸文本框中输入新的尺寸数值，单击"确定"按钮，关闭对话框，系统再生二维草图。

（5）锁定/解锁尺寸。单击选中尺寸，再单击如图 3-29 所示浮动工具栏中的 按钮，所选的尺寸被锁定，且亮显。尺寸锁定后，用鼠标拖动顶点或图元时，保持该尺寸不变。在退出或重新进入草绘器模式时，尺寸的锁定状态仍然保留。单击锁定的尺寸，再次单击浮动工具栏的 按钮，可以解锁该锁定的尺寸。

注意：

① 可通过输入新的尺寸值修改锁定的尺寸及其相关图元。

② 在如图 3-3 所示的"Creo Parametric 选项"对话框的"草绘器"设置中选中"锁定用户定义的尺寸"，则创建或修改的所有尺寸都将被锁定。设置自动锁定之前创建的尺寸将保持其原有状况。

3.4　草绘图元的编辑

草绘的几何图元常常需要编辑、修改，得到需要的形状。

3.4.1　删除图元

操作步骤如下。

第 1 步，选中需要删除的图元。

第 2 步，按 Del 键，系统随即删除选定的图元。

3.4.2　拖动图元

鼠标拖动图元，系统将显示拖动器 ，随着鼠标的拖动可以改变图元的位置、大小。

1. 拖动移动图元

（1）选择直线段、样条曲线，按住鼠标并拖动，将选定的图元移动位置，直线段的方向和长度不变，样条曲线的形状和长度也不变。

（2）用鼠标按住并拖动圆或圆弧的圆心，改变圆或圆弧的位置。

（3）用鼠标按住并拖动圆的圆周，改变圆的半径，圆心位置不变。

（4）用鼠标按住并拖动圆弧的圆周，改变圆或圆弧的半径和圆心位置，端点位置不变。

2. 拖动直线段旋转

直接按住直线段图元拖动时，则靠近光标的端点位置发生改变，直线段可以绕固定端点旋转，而长度不变。

3. 直接拖动图元端点改变一端的位置

（1）移动鼠标至直线段、样条曲线的端点，并按住鼠标拖动，可以任意改变该端点的位置，而另一个端点（固定端点）的位置不变。此时，直线段、样条曲线可以绕固定端点旋转并伸缩。

（2）鼠标按住圆弧一个端点拖动，可以改变该端点和圆心位置，而半径不变。

（3）鼠标按住线段的端点，同时按住 Ctrl 键拖动该端点，如图 3-33 所示，拖动直线端点时，直线段在原方向上长度发生变化；拖动圆弧端点时，保证圆心位置和半径不变。拖动样条曲线端点时，只有该端点位置发生变化，其余各点位置不变。

（a）拖动直线段端点 1 至 2 点　　　　　（b）拖动圆弧端点 3 至 4 点

图 3-33　在直线段方向上拖动端点

注意： 按住 Ctrl 键拖动端点时，系统在该线段与其他图元的相交处自动显示其创建的约束，如图 3-34 所示。

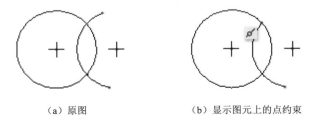

（a）原图　　　　　　　　（b）显示图元上的点约束

图 3-34　拖动圆弧端点至圆上

3.4.3　修剪图元

利用修剪功能可以将不需要的部分图元修剪掉。

1. 动态修剪图元

可通过功能区调用命令，单击"草绘"选项卡"编辑"面板中的 ![按钮] 按钮。

操作步骤如下。

第 1 步，单击 ![按钮] 按钮，调用"删除段"命令。

第 2 步，系统提示"选择图元或在图元上面拖动鼠标来修剪。"时，单击选中需要修剪的图元，系统将其突出显示，随即删除该图元。如图 3-35（b）所示，与水平线段相切的圆弧右侧被修剪。

第 3 步，继续选择要修剪的图元，或单击鼠标中键结束命令。

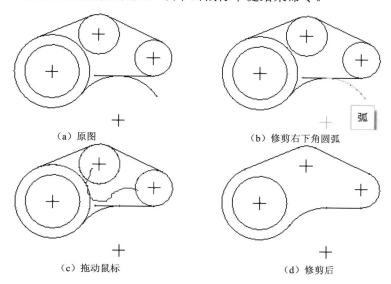

（a）原图　　　　　　　　　　　　（b）修剪右下角圆弧

（c）拖动鼠标　　　　　　　　　　（d）修剪后

图 3-35　动态修剪图元

注意：

（1）可以拖动鼠标绘出不规则的曲线，与该曲线相交的线段被选中并呈现红色，当松开鼠标左键后，这些线段被修剪，如图 3-35（c）、（d）所示。

（2）如果所选图元不与其他图元相交，则整个线段被删除；如果所选图元与其他图元相交（相切），则交点（切点）一侧被选中那一段图元被修剪。

2. 拐角修剪图元

可通过功能区调用命令，单击"草绘"选项卡"编辑"面板中的 ┤拐角 按钮。

操作步骤如下。

第 1 步，单击 ┤拐角 按钮，调用"拐角"命令。

第 2 步，系统提示"选择要修整的两个图元。"时，单击选中两条线，则系统自动修剪或延伸所选的两条线，如图 3-36 所示。

注意：如果线段被修剪，则应在保留的那一侧单击选择线段，如图 3-36（b）所示的 ×，选择圆弧的位置。

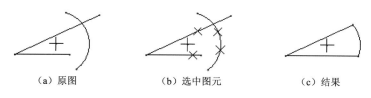

（a）原图　　　　　　（b）选中图元　　　　　　（c）结果

图 3-36　拐角修剪图元

3.4.4　分割图元

可通过功能区调用命令，单击"草绘"选项卡"编辑"面板中的 ⌐ 按钮。

操作步骤如下。

第 1 步，在草绘器中单击 按钮，调用"分割"命令。

第 2 步，系统提示"选择要分割的图元。"时，在需要分割的位置单击图元，则系统在指定位置将所选的图元分割成两段，如图 3-37 所示。

第 3 步，继续在要分割的位置单击图元，或单击鼠标中键结束命令。

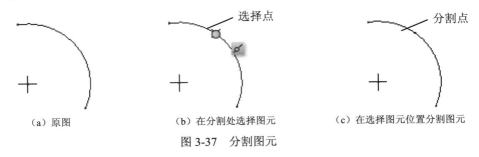

（a）原图　　　　　　（b）在分割处选择图元　　　　　　（c）在选择图元位置分割图元

图 3-37　分割图元

注意： 如果在两个图元的交点附近单击，系统则会自动捕捉交点，并将两个图元分别在交点处分割成两段。

3.5　镜　像　图　元

利用中心线作为对称线，将几何图元镜像复制到中心线的另一侧。对于对称的二维草图，可以只画对称中心线一侧的半个图形，然后使用镜像命令，复制得到另一侧图形，这样可以减少尺寸数。

可通过功能区调用命令，单击"草绘"选项卡"编辑"面板中的 按钮。

操作步骤如下。

第 1 步，选中需要镜像的几何图元。

第 2 步，单击 按钮，调用"镜像"命令。

第 3 步，系统提示"选择一条中心线。"时，选择中心线作为镜像线，系统将所选图元镜像至中心线的另一侧，如图 3-38 所示。

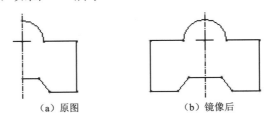

（a）原图　　　　　　（b）镜像后

图 3-38　镜像图元

第 4 步，单击，结束命令。

注意： 只能镜像几何图元，无法镜像尺寸、文本图元、中心线和参考图元。

3.6 缩放、旋转、移动图元

利用"旋转调整大小"命令可以将选定的图元缩放、旋转和移动。

调用命令的方式有以下两种。

（1）通过功能区调用：单击"草绘"选项卡"编辑"面板中的 ⟳ 按钮。

（2）通过浮动工具栏调用：选中几何图元，在弹出的浮动工具栏中选择 ⟳ 按钮。

操作步骤如下。

第1步，选中几何图元。

第2步，单击 ⟳ 按钮，调用"旋转调整大小"命令，打开如图 3-39 所示的"旋转调整大小"操控板。

图 3-39 "旋转调整大小"操控板

第3步，所选的几何图元上显示带有控制滑块句柄的虚线方框，以及在位置控制滑块 ⊗ 处表示水平与竖直移动正方向的箭头，如图 3-40（a）所示。

注意： 当打开"显示尺寸"时，则显示水平、垂直移动距离及缩放比例值，如图 3-40（a）所示。单击某个值，显示字段编辑文本框，输入相应的值。

第4步，在"旋转调整大小"操控板的"旋转角度"和"缩放比例"文本框中输入旋转角度以及缩放比例，图形按输入的值动态更新，如图 3-40（b）所示。

第5步，必要时，分别在"水平移动距离"和"垂直移动距离"文本框中输入水平和垂直方向的移动距离（也可用鼠标左键拖动位置控制滑块至新位置），图形更新至新位置，如图 3-40（c）所示。

第6步，单击 ✔ 按钮或单击鼠标中键，关闭操控板。

第7步，单击，结束命令。

注意：

（1）控制滑块含义及操作参见 2.13.1 节。

（2）角度为正，则所选图元逆时针旋转，否则顺时针旋转；移动距离为正，则所选图元沿箭头方向移动，否则沿箭头反方向移动。

（3）原位置的控制滑块句柄显示为灰色。

操作及选项说明如下。

（1）当需要指定旋转基点时，可以单击"旋转参考图元"收集器，在点图元、线的端点或坐标系处单击，则"旋转参考图元"收集器显示参考图元，且位置控制滑块移至指定点上；也可用鼠标右击位置控制滑块 ⊗，按住并拖动至参考点上。指定旋转参考图元后，"水平移动距离"和"垂直移动距离"文本框的距离值发生变化，如图 3-40（d）所示。

（2）当需要指定移动参考时，可以单击"移动参考图元"收集器，在直线图元或中心线上单击，则"移动参考图元"收集器显示参考图元，且位置控制滑块处的箭头方向发生相应变化，水平移动距离和垂直移动距离也发生相应变化。如图 3-40 所示，选择中心线，则"移动参考图元"收集器显示"中心线（构造）"，所选图元移动的距离显示如图 3-40（e）所示。

注意：用鼠标拖动控制滑块⊗时，移动距离值将显示水平距离与垂直距离，如图 3-40（f）所示。

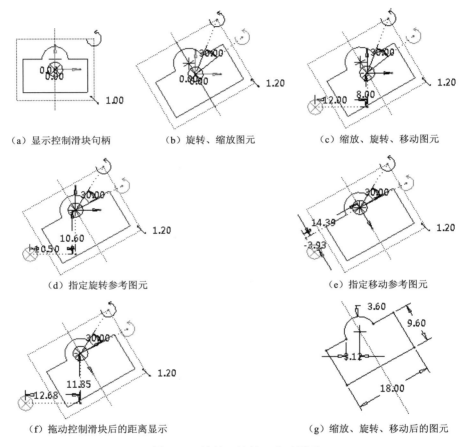

（a）显示控制滑块句柄 （b）旋转、缩放图元 （c）缩放、旋转、移动图元

（d）指定旋转参考图元 （e）指定移动参考图元

（f）拖动控制滑块后的距离显示 （g）缩放、旋转、移动后的图元

图 3-40 缩放、旋转、移动图元

3.7 复制、粘贴图元

通过复制操作可以将选定的对象置放于剪贴板中，再使用粘贴操作将复制到剪贴板中的对象粘贴到当前窗口的草绘器（活动草绘器）中。可以进行复制的对象有几何图元、中心线，以及与选定几何图元相关的强尺寸和约束等。允许多次使用剪贴板上复制或剪切的草绘几何。可以在多个草绘器窗口中通过复制、粘贴操作来移动某个草图对象。被粘贴的草绘图元可以平移、旋转或缩放。

3.7.1 复制图元

调用命令的方式有以下两种。

（1）通过功能区调用：在"草绘"选项卡的"操作"面板中单击 按钮。

（2）通过快捷菜单调用：在草绘器窗口内右击，在快捷菜单中选中"复制"命令。

操作步骤如下。

第1步，将需要进行复制操作的草绘器窗口激活为当前活动窗口。

第2步，选择需要复制的对象。

第3步，单击 按钮，调用"复制"命令，系统将选定的图元及其相关的强尺寸和约束一起复制到剪贴板上。

注意：使用 Ctrl+C 组合键也可以复制选定的对象。

3.7.2 粘贴图元

调用命令的方式有以下两种。

（1）通过功能区调用：在"草绘"选项卡的"操作"面板中单击 按钮。

（2）通过快捷菜单调用：在草绘区右击，在快捷菜单中选择"粘贴"命令。

操作步骤如下。

第1步，将需要进行粘贴操作的草绘器窗口激活为当前活动窗口。

第2步，单击 按钮，调用"粘贴"命令。

第3步，光标显示为 时，单击确定放置粘贴图元的位置。

第4步，打开"粘贴"操控板，同时被粘贴图元的中心位于指定位置，并显示带有控制滑块句柄的点画线方框。

第5～8步，与3.6节缩放、旋转、移动图元操作步骤的第4～7步相同。系统将创建附加的尺寸和几何约束。

注意：

（1）"粘贴"操控板与"旋转调整大小"操控板操作选项一致。

（2）使用 Ctrl+V 组合键也可以粘贴剪贴板上的对象。

（3）可在当前草绘器窗口中粘贴另一个草绘器中复制到剪贴板的图元，如图 3-41 所示。

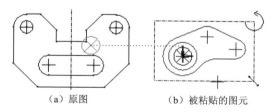

（a）原图　　　　　　　（b）被粘贴的图元

图 3-41　在当前草绘器窗口粘贴另一个草绘器中的图元

3.8　解决约束和尺寸冲突问题

有时在手动添加几何约束和尺寸时，如果有多余的约束或尺寸存在，就会与已有的强约束或强尺寸发生冲突，如图 3-42 所示，两条水平线已有水平约束和相切约束，且标注有强尺寸半径 4.34，如再标注宽度尺寸，就会发生约束和尺寸冲突，此时，"草绘器"系统会加亮显示冲突的约束和尺寸，同时弹出"解决草绘"对话框，如图 3-43 所示，提示用户相冲突的约束和尺寸，给出解决冲突的处理方法，用户必须使用一种方法，删除加亮的尺寸或约束之一。

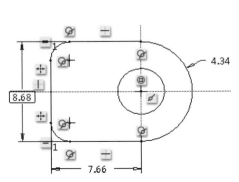

图 3-42　标注多余尺寸产生冲突

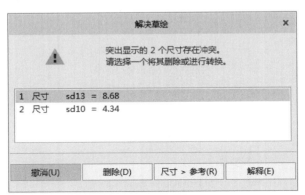

图 3-43　"解决草绘"对话框

操作及选项说明如下。

（1）单击"撤销"按钮，取消正在添加的约束或尺寸，回到导致冲突之前的状态。

（2）选中某个约束或尺寸，单击"删除"按钮，将其删除。

（3）当存在冲突尺寸时，"尺寸>参考"按钮亮显，选中一个尺寸，单击该按钮，将所选尺寸转换为参考尺寸，如图 3-44 所示的尺寸 8.68。

（4）选中一个约束，单击"解释"按钮，草绘器将加亮与该约束有关的图元。可以获取该约束的说明。

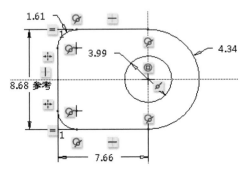

图 3-44　将选定的多余尺寸转换为参考尺寸

3.9　上机操作实验指导：绘制复杂二维草图

绘制如图 3-45 所示的平面图形，主要涉及"中心线"命令、"圆"命令、"斜矩形"命令、"圆弧"命令、"线链"命令、"镜像"命令、"删除段"命令、"复制"命令、"粘贴"命令、"约束"命令、"标注尺寸"命令、"修改尺寸"命令等。

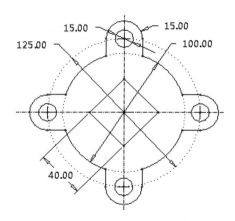

图 3-45 二维草图的绘制与编辑

操作步骤如下。

步骤 1：创建新文件

创建新文件 sketch5，进入草绘环境，操作过程略。

步骤 2：绘制水平和垂直中心线

用"中心线"命令绘制中心线，操作过程略。

步骤 3：以中心线交点为圆心，绘制圆

用"圆心和点"命令绘制圆，操作过程略，如图 3-46（a）所示。

步骤 4：绘制中间斜矩形

用"斜矩形"命令绘制中间斜矩形，操作过程略竖直，如图 3-46（a）所示。

步骤 5：绘制顶部小圆

用"圆心和点"命令绘制圆，圆心位于竖直中心线适当位置，操作过程略，如图 3-46（b）所示。

步骤 6：绘制顶部圆弧

用"同心"画弧命令绘制圆弧，操作过程略，如图 3-46（c）所示。

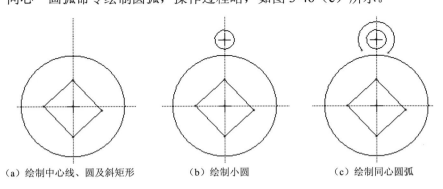

（a）绘制中心线、圆及斜矩形　　　　（b）绘制小圆　　　　（c）绘制同心圆弧

图 3-46 绘制中心线、圆、圆弧

步骤 7：绘制顶部圆弧两侧直线

第 1 步，用"线链"命令绘制左侧直线段，动态创建几何约束，如图 3-47（a）、（b）所示。确定直线起点位于圆弧左象限点，端点位于大圆上，绘制右侧相切竖直线段，如

图 3-47（c）所示，操作过程略。

第 2 步，用相同定点方式绘制右侧相切竖直线段，操作过程略。

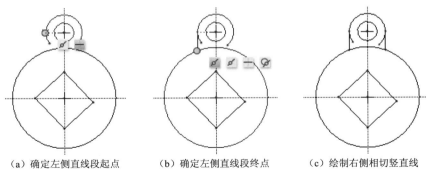

（a）确定左侧直线段起点　　（b）确定左侧直线段终点　　（c）绘制右侧相切竖直线

图 3-47　绘制相切竖直线

注意：可以两次右击禁用不需要的约束。

步骤 8：修剪圆弧

第 1 步，单击 按钮，调用"删除段"命令。

第 2 步，系统提示"选择图元或在图元上面拖动鼠标来修剪。"时，单击选中需要修剪的圆弧左侧与右侧多余部分，与左右两侧竖直线相切的圆弧被修剪，如图 3-48（a）所示。

第 3 步，单击鼠标中键结束命令。

步骤 9：分割大圆顶部成两段圆弧

第 1 步，在草绘器中单击 按钮，调用"分割"命令。

第 2 步，系统提示"选择要分割的图元。"时，在大圆与上端左侧直线交点处单击，如图 3-48（b）所示。

第 3 步，继续在大圆与上端右侧直线交点处单击大圆，则系统在指定两点处将大圆分割成两段圆弧。

第 4 步，单击鼠标中键结束命令。

步骤 10：将上端小圆弧转成构造圆弧

第 1 步，单击选择被分割的上端小圆弧，弹出如图 3-49 所示的浮动工具栏。

第 2 步，单击 按钮，所选圆弧转成构造线，如图 3-48（c）所示。

第 3 步，单击鼠标左键结束命令。

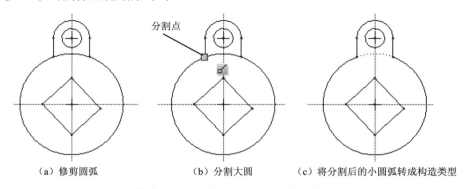

（a）修剪圆弧　　　　　（b）分割大圆　　　　（c）将分割后的小圆弧转成构造类型

图 3-48　修剪圆弧、分割圆、几何类型转成构造类型

图 3-49　圆弧浮动工具栏

步骤 11：复制、粘贴上端 U 形图

第 1 步，用框选方法选中顶部圆弧、小圆、两侧直线、构造线，系统在"状态"栏右下侧的"选定项"区域提示"选择了 5 项"。

第 2 步，单击 按钮，调用"复制"命令，将选定的图元及其相关的强尺寸和约束一起复制到剪贴板上，单击鼠标左键。

第 3 步，单击 按钮，调用"粘贴"命令，光标显示为 时，单击确定放置粘贴图元的位置。打开"粘贴"操控板，同时被粘贴图元的中心在指定位置，并显示带有控制滑块句柄的虚线方框。右击并拖动鼠标，将控制滑块移至构造线圆弧的中点，如图 3-50（a）所示，再拖动位置控制滑块⊗，移动粘贴的图元至大圆的左侧象限点，如图 3-50（b）所示。拖动并旋转控制滑块↻，将粘贴的图元旋转 90°，并确认缩放比率为 1，如图 3-50（c）所示。

第 4 步，单击 按钮或单击鼠标中键，关闭操控板，单击。

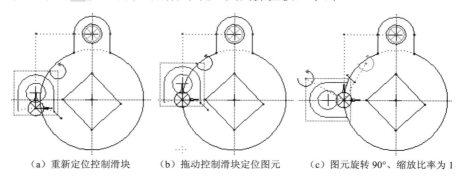

(a) 重新定位控制滑块　　　(b) 拖动控制滑块定位图元　　　(c) 图元旋转 90°、缩放比率为 1

图 3-50　复制、粘贴 U 形图元

步骤 12：镜像复制 U 形图

第 1 步，选中左侧 U 形图元（刚才复制操作后，如未单击鼠标左键，则复制的图元仍处于选中激活状态，可以省略此步骤）。

第 2 步，单击 按钮，调用"镜像"命令。

第 3 步，系统提示"选择一条中心线。"时，选中竖直中心线作为镜像线，得到右侧 U 形图，如图 3-51（a）所示。

第 4 步，继续以水平中心线为对称线，镜像复制上端 U 形图元至下侧，单击。操作过程略，如图 3-51（b）所示。

步骤 13：修剪大圆弧

第 1 步，单击 按钮，调用"删除段"命令。

第 2 步，系统提示"选择图元或在图元上面拖动鼠标来修剪。"时，按下鼠标左键并拖动，在经过左、右、下方三个 U 形图内的大圆弧上绘出不规则的曲线，曲线经过的圆弧段呈现红色，如图 3-52（a）所示。松开鼠标左键，即被修剪，如图 3-52（b）所示。

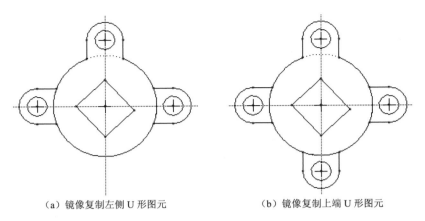

（a）镜像复制左侧 U 形图元 　　　　（b）镜像复制上端 U 形图元

图 3-51　镜像复制 U 形图元

第 3 步，单击鼠标中键结束命令。

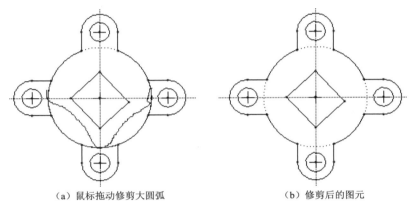

（a）鼠标拖动修剪大圆弧 　　　　（b）修剪后的图元

图 3-52　修剪图元

步骤 14：绘制构造圆

第 1 步，在"草绘"选项卡的"草绘"组中单击 按钮，启用"构造"模式。

第 2 步，调用"圆心和点"命令，以中心线交点，捕捉顶部小圆圆心，绘制构造圆。

注意：可以先画几何圆，再单击该几何圆，在浮动工具栏中单击 按钮，将其转换为构造圆。

步骤 15：手动添加几何约束

第 1 步，显示尺寸和约束。在绘图窗口顶部的图形工具栏中单击"草绘器显示过滤器"，在菜单中选择"显示尺寸""显示约束"，选择尺寸，单击并拖动鼠标，适当调整尺寸位置，草图如图 3-53 所示。

第 2 步，添加相等约束。

（1）单击 按钮，调用"相等"约束命令。

（2）系统提示"选择两条或多条直线（相等段），两个或多个弧/圆/椭圆（等半径），一条样条与一条线或弧（等曲率）、两个或多个线性/角度尺寸（等尺寸）。"时，依次选择外侧下端圆弧和右侧圆弧，单击鼠标中键使其半径相等，则减少右侧的半径尺寸 24.14。

（3）依次选择上端小圆和左侧小圆，单击鼠标中键使其半径相等，则减少左侧小圆的直径尺寸 26.29。

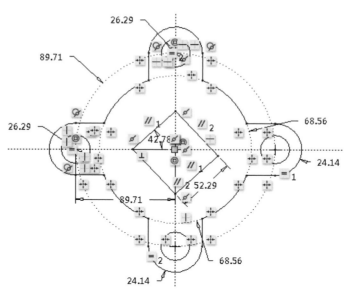

图 3-53　显示约束和尺寸

（4）依次选择右侧和下侧构造圆弧，则减少右侧构造弧半径尺寸 68.56。再选择左侧构造圆弧，弹出如图 3-54（a）所示的"解决草绘"对话框。同时系统亮显冲突的约束，如图 3-54（b）所示，默认选择第一个对称，单击"删除"按钮。再选择上端构造圆弧，在弹出的"解决草绘"对话框中默认选择第一个对称，单击"删除"按钮，单击鼠标中键。

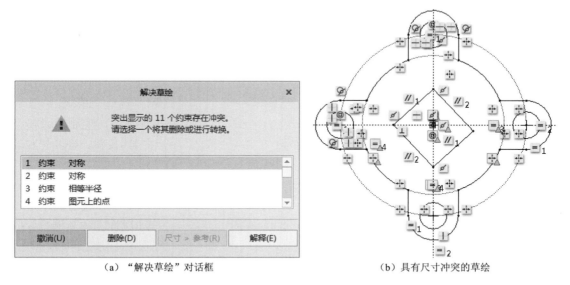

（a）"解决草绘"对话框　　　　　　　　　　（b）具有尺寸冲突的草绘

图 3-54　添加构造圆弧相等约束

第 3 步，创建相切约束。

（1）单击 ✐ 按钮，调用"相切"约束命令。

（2）系统提示"选择两图元使它们相切。"时，选中下方 U 形图左侧竖直直线与下端圆弧。

（3）继续添加其余 U 形图直线与圆弧的相切约束，出现冲突约束时，删除默认的第一个约束条件，直至单击鼠标中键结束命令。

注意：下端右侧直线与下端圆弧，以及右侧上侧水平直线与右侧圆弧添加相切约束时，分别发生冲突。

第 4 步，添加重合约束。

（1）单击 ━◼━ 按钮，调用"重合"约束命令。

（2）系统提示"选中要对齐的两图元或顶点。"时，选择斜矩形右端点水平中心线，使斜矩形右侧顶点位于水平中心线上，系统自动删除多余的角度尺寸 42.78。

（3）继续选择左侧小圆的圆心与构造圆，使左侧小圆圆心位于构造圆弧上，系统自动删除多余的尺寸 89.71，单击鼠标中键结束命令。

添加约束后的草图如图 3-55 所示。

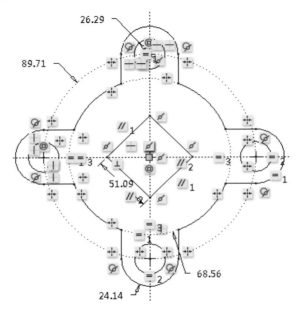

图 3-55　添加约束后的草图

步骤 16：标注尺寸

第 1 步，单击图形工具栏的"草绘器显示过滤器"，在菜单中取消选择"显示约束"，关闭约束的显示。

第 2 步，单击 |↔| 按钮，调用"尺寸"命令。

第 3 步，双击与构造圆弧等径的几何圆弧，用鼠标中键点取尺寸位置，系统自动标注直径 137.12，删除构造圆弧半径尺寸 68.56。

第 4 步，单击鼠标中键结束尺寸标注，如图 3-56（a）所示。

步骤 17：将构造圆半径转换成直径尺寸

单击构造圆半径尺寸 89.71，弹出浮动工具栏，单击 按钮，所选的弱尺寸被激活，文本框中将半径尺寸转化为直径尺寸，如图 3-56（b）所示。单击鼠标中键，单击，结束命令。

注意：构造圆的半径尺寸为弱尺寸，将其转为直径尺寸后即为强尺寸。

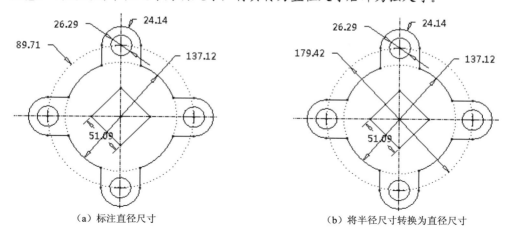

（a）标注直径尺寸　　　　　　　（b）将半径尺寸转换为直径尺寸

图 3-56　标注、转换尺寸

步骤 18：修改尺寸

第 1 步，在窗口框选需要修改的尺寸。

第 2 步，单击 按钮，调用"修改"命令，弹出"修改尺寸"对话框。

第 3 步，取消选中"重新生成"复选框，如图 3-57 所示。

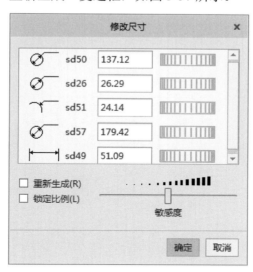

图 3-57　"修改尺寸"对话框

第 4 步，依次在各尺寸的文本框中输入新的尺寸数值，按回车键。

第 5 步，单击"确定"按钮，系统重新生成二维草图，并关闭对话框。

第 6 步，单击，完成二维草图的绘制与编辑。

步骤 19：保存图形

参见本书第 1 章，操作过程略。

3.10 上 机 题

1. 观察几何关系，按约束条件和尺寸绘制与编辑如图 3-58 和图 3-59 所示的两个二维草图。

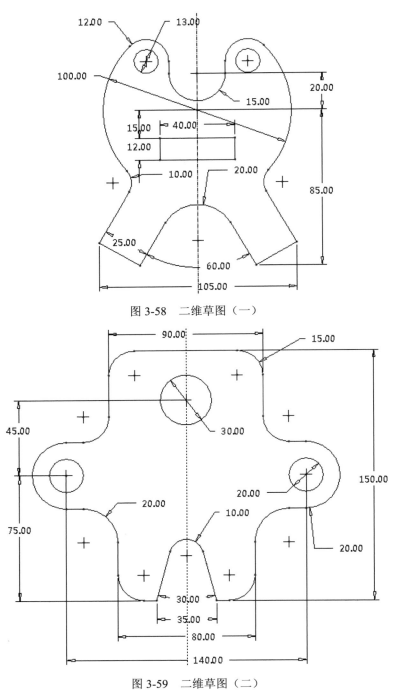

图 3-58 二维草图（一）

图 3-59 二维草图（二）

2. 使用复制、粘贴法，按约束条件和尺寸绘制与编辑如图 3-60 所示的二维草图。

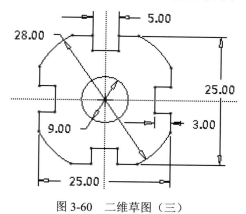

图 3-60　二维草图（三）

第4章 基准特征的创建

基准特征是三维建模的重要参照，在 Creo Parametric 4.0 中创建和放置其他特征时，往往需要用到基准特征精确定位或辅助参照。基准特征主要包括基准平面、基准轴、基准点、基准曲线和基准坐标系。

本章将介绍的内容如下。

（1）基准平面的创建。

（2）基准轴的创建。

（3）基准点的创建。

（4）基准曲线的创建。

（5）基准坐标系的创建。

4.1 基准平面的创建

基准平面为二维参考几何，系统将平面 FRONT、RIGHT、TOP 作为默认的基准平面，用户可以根据零件建模或三维装配的需要创建基准平面，作为特征的草绘平面或参考平面，或用作尺寸定位、约束参考等。

可通过功能区调用命令，在"模型"选项卡的"基准"面板中单击"平面"按钮 ▱。

4.1.1 创建基准平面的操作步骤

操作步骤如下。

第 1 步，单击 ▱ 按钮，弹出如图 4-1 所示的"基准平面"对话框，默认打开"放置"选项卡。

第 2 步，系统提示"选择 3 个参考(例如平面、曲面、边或点)以放置平面。"时，选择参考面、线或点。

第 3 步，从"约束"下拉列表中选择约束类型，并根据需要设置约束参数，当约束条件为"偏移"时，约束类型如图 4-2 所示。

注意：系统可实时预览基准平面，帮助用户确认或加以修改，操作灵活、方便。

第 4 步，按住 Ctrl 键，继续依次选择其他参考，指定约束类型和约束参数，直到基准平面被完全约束。

第 5 步，选定基准平面的方向，单击"基准平面"对话框中的"确定"按钮。

注意：仅当基准平面被完全约束，对话框的"确定"按钮亮显，才能完成操作。

操作及选项说明如下。

（1）操作过程中，系统根据选择的参考特征和约束条件，实时预览所创建的基准平面，以便用户修改。若需要删除某一个参考图元，可在"基准平面"对话框的"参考"收集器中右击该参考图元，在弹出的快捷菜单中选择"移除"选项。

（2）系统将所创建的基准平面依次命名为 DTM1、DTM2、DTM3 等，若需要重命名，可以在"基准平面"对话框中的"属性"选项卡"名称"文本框中输入新的名称。如果基准平面已经创建，则可以在模型树选中某一个基准平面，右击，在弹出的快捷菜单中选择"重命名"选项，在激活的文本框中输入新的名称，或在模型树中双击该基准平面的名称重命名。

图 4-1 "基准平面"对话框

图 4-2 设置约束类型

（3）基准平面具有方向性，箭头指向正方向。背向观察，基准平面灰色显示；正向观察，基准平面亮显。

（4）选择基准平面的常用方法包括在模型树中选择基准平面、选择基准平面框、选择基准平面标记。

（5）基准及基准标记的显示与否可以通过"视图"选项卡"显示"面板中相应的按钮加以控制，如图 4-3 所示。

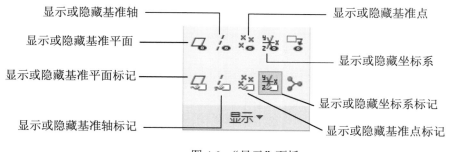

图 4-3 "显示"面板

4.1.2 创建基准平面的方法

创建基准平面时，"放置"选项卡"参考"收集器内即时显示所选的参考，如图 4-2 所示，其右侧随即显示"约束"下拉列表。表 4-1 列出了基准平面的约束类型以及所选的参考和约束条件。由表 4-1 所示的约束类型可知，创建基准平面的方式有多种，根据所选参考的不同，可以分为以下几种：

表 4-1　基准平面约束类型以及所选的参考和约束条件

约束类型	所选的参考	约束条件
穿过	平面、柱面、锥面	基准平面通过所选的参考平面、参考点、参考线，或者通过柱面或锥面的轴线
	实体边、轴线、曲线	
	实体顶点、点	
垂直	平面	基准平面与所选的参考平面、参考线垂直，或为曲线上选定点的法向
	轴线、边	
	曲线	
平行	平面	基准平面与参考平面平行
偏移	平面	基准平面与参考平面平移一段距离
	坐标系	基准平面法向于所选的坐标轴方向，并从原点平移偏移值
角度	平面	当选择参考轴线时，基准平面可绕所选参考平面旋转一定角度
相切	圆柱面	基准平面与参照圆柱面相切

1. 将一个平面平移创建基准平面

当选择一个参考平面（基准平面或实体平面），默认的约束类型为"偏移"，可以沿参考平面的法向平移一段距离创建基准平面。

如图 4-4（a）所示，选择底板底面为参考平面，"基准平面"对话框"参考"收集器内显示所选参考。如图 4-4（b）所示，在"平移"文本框内输入偏移值-20，模型显示如图 4-4（c）所示，创建如图 4-4（d）所示的基准平面 DIM1。

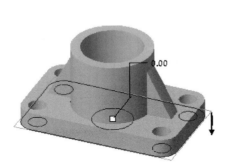

（a）选择底板底面为参考平面

（b）在"平移"文本框内输入偏移值

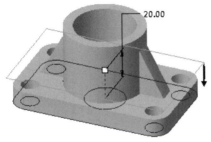

（c）创建基准平面预览

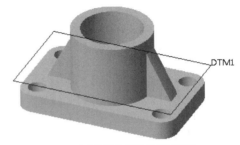

（d）由底面偏移创建的基准平面

图 4-4　通过一个平面创建基准平面

注意：

（1）如图 4-4（a）所示的箭头方向为基准平面的正方向。最初输入的偏移值为正，则基准平面沿箭头方向偏移，偏移值为负，沿箭头反方向偏移。如图 4-4（b）所示的对话框"平移"文本框中偏移值的偏移为 0 时，偏移值为-20，则相对于参考平面往上偏移 20，创建基准平面。

（2）修改基准平面偏移位置时，偏移值为正，基准平面沿其所在侧偏移改变位置；若偏移值为负，基准平面向参考平面的另一侧偏移改变位置。也可以将拖动控制句柄拖曳至某一位置，确定偏移距离。

2．平行参考平面与另一个参考柱面相切

当选择参考平面后，从"约束"下拉列表中选择"平行"约束类型，再按住 Ctrl 键，选择一个参考柱面，并选择"相切"约束类型，则创建的基准平面与所选参考平面平行，且与所选柱面相切。如图 4-5（a）、（b）、（c）所示，创建基准平面 DIM1。

如图 4-5（d）、（e）所示，在圆柱面上切割键槽所需要创建的基准平面，即是上述两种方法的应用。

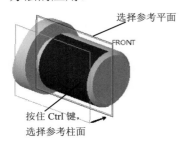

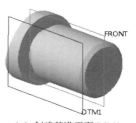

（a）选择参考平面　　　　（b）"参考"收集器列表及约束类型　　　　（c）创建基准平面 DIM1

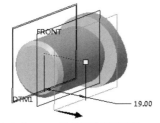
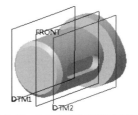

（d）将 DIM1 偏移创建基准平面 DIM2　　　　（e）以 DIM2 为草绘平面创建键槽

图 4-5　通过平面创建基准平面及其应用实例

注意：当选择参考平面后，"偏移"为默认约束类型，除了上述"偏移""平行"外，还可从如图 4-2 所示的"约束"下拉列表中选择"穿过"或"法向"。选择"穿过"约束，则创建与参考平面重合的基准平面；选择"平行"或"垂直"，则还需要选择另一个参考特征（如点、线）来创建与第一个参考平面平行或垂直的基准平面。

3．通过三点创建基准平面

利用"穿过"指定的三点创建一个基准平面，这是一种创建基准平面的基本方法。

如图 4-6（a）所示，选择点 *A* 作为创建基准平面的第 1 个参考点，再按住 Ctrl 键，依次选择点 *B*、*C* 为第 2、3 个参考点，约束类型如图 4-6（b）所示，创建的基准平面如

图 4-6（c）所示。

（a）选择参考点　　　　　　　（b）"参考"收集器列表　　　　　（c）创建的基准平面 DIM1

图 4-6　通过三点创建基准平面

4. 通过两条直线创建基准平面

利用空间两条共面或垂直直线（实体边或轴线）创建基准平面。

如图 4-7（a）所示，选择一条参考轴线，按住 Ctrl 键，选择另一条与其共面的参考直线，约束类型只能为"穿过"，创建基准平面。如图 4-7（b）所示，选择一条参考轴线，按住 Ctrl 键，选择另一条与其异面且垂直的参考直线，系统自动将约束类型设为"穿过"第一条参考线，"法向"于另外一条直线，创建基准平面。这两种方法均可创建如图 4-7（c）所示的基准面。

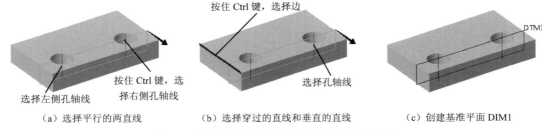

（a）选择平行的两直线　　　　（b）选择穿过的直线和垂直的直线　　（c）创建基准平面 DIM1

图 4-7　通过两条直线创建基准平面的两种方法

5. 通过一个点与一个面创建基准平面

通过指定点并与另一个参考平面平行、垂直或相切创建基准平面。

如图 4-8（a）所示，选择第一个参考点 A，按住 Ctrl 键，选择平面 B 面为参考平面，默认约束类型如图 4-8（b）所示，创建的基准平面如图 4-8（c）所示。

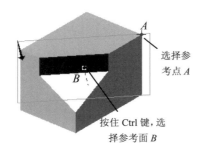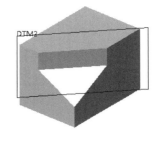

（a）选择参考点和参考面　　　　　（b）"参考"收集器列表　　　　　（c）创建的基准平面 DIM2

图 4-8　通过参考点与参考面平行创建基准平面

注意：如果选择的参考面为圆柱面，可设置约束类型为"穿过""相切""垂直"，创建的基准平面如图 4-9 所示。

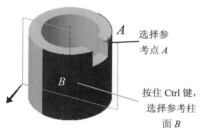

（a）穿过参考点和参考柱面　　　（b）穿过参考点与参考柱面相切　　　（c）穿过参考点与参考柱面垂直

图 4-9　通过参考点与参考柱面创建基准平面

6. 通过两个点与一个面创建基准平面

通过指定的两个参考点并与一个参考面平行或垂直。

如图 4-10 所示，选择参考点 A，按住 Ctrl 键，选择参考点 B，继续按住 Ctrl 键选择顶面 C 为参考平面（约束类型默认为"法向"）。如图 4-10（a）所示，两参考点连线与参考面相交，仅能创建穿过两个参考点而垂直于参考面的基准平面；两参考点连线与参考面平行，基准面可以默认为"垂直"参考面，如图 4-10（b）所示，也可以创建"平行"于参考面的基准平面，如图 4-10（c）所示。

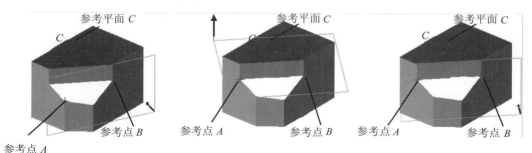

（a）穿过参考点垂直于参考面　　（b）穿过参考点垂直于参考面　　（c）穿过参考点平行于参考面

图 4-10　通过两个参考点与一个参考面创建基准平面

注意：如图 4-11 所示，如果选择两个半圆柱面分界线上的顶点 A、B、C、D 中的任意两个顶点和圆柱面作为参照，则可以创建通过这两个参照点并与圆柱面相交的基准平面。

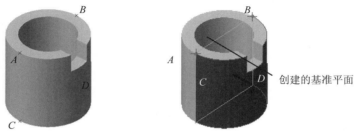

（a）圆柱曲面分界线上的点　　　　　（b）创建的基准面

图 4-11　通过两个参考点与一个参考圆柱面创建基准平面

7. 通过一条直线和平面创建基准平面

通过指定一条直线（实体边线或轴线）与参考平面呈一定角度创建基准平面。

如图 4-12（a）所示，选择左孔轴线，并默认为"穿过"，按住 Ctrl 键，选择基准平面 FRONT 为参考平面，在对话框的"旋转"文本框中输入旋转角度值，如图 4-12（b）所示，创建的基准平面如图 4-12（c）所示。

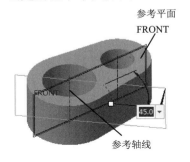

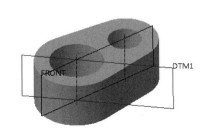

（a）选择参考直线和参考面　　　　（b）"参考"收集器列表　　　　（c）创建的基准平面 DIM1

图 4-12　通过一条参考线与一个参考平面创建基准平面

"约束类型"选项说明如下。

（1）参考平面约束类型有三种，默认为"偏移"，创建的基准平面与参考平面可以呈指定角度；若选择"平行"，则创建的基准平面与参考平面平行；若选择"垂直"，则创建的基准平面与参考平面垂直，如图 4-13 所示。

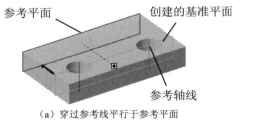
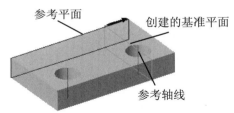

（a）穿过参考线平行于参考平面　　　　　　　　（b）穿过参考线垂直于参考平面

图 4-13　通过一条参考线与一个参考圆柱面创建基准平面

（2）如果选择的参考面是圆柱面，则可以创建通过指定直线且"穿过"圆柱面轴线或"相切"于圆柱面的基准平面，如图 4-14 所示。

（a）穿过参考线和参考圆柱面　　　　　　　　（b）穿过参考线且相切于参考圆柱面

图 4-14　通过一条参考线与一个参考圆柱面创建基准平面

4.1.3 调整基准平面的显示尺寸

基准平面的大小不受限制。创建基准平面时，系统根据模型的大小自动调整其显示尺寸，如果默认显示的大小妨碍建模过程中的观察，可以根据实际需要自定义基准平面显示尺寸。"显示"选项卡中的"调整轮廓"复选框允许调整基准平面显示尺寸。

操作步骤如下。

第1步，单击 ☐ 按钮，调用"平面"命令，弹出"基准平面"对话框。

第2步，选择"显示"选项卡，如图4-15（a）所示，选中"调整轮廓"复选框，然后选择"大小"选项，在"宽度"和"高度"文本框中输入相应的数值。

注意：

（1）如图4-15（b）所示，可以利用拖动控制句柄手动调整基准面显示大小。

（2）在"大小"下拉列表中选择"参考"选项，可调整基准平面与选定的参考基准平面相拟合。

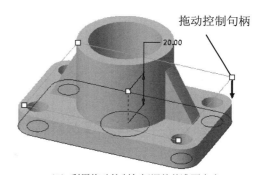

（a）"显示"选项卡调整基准面大小　　　　　（b）利用拖动控制句柄调整基准面大小

图4-15　调整基准平面的显示大小

4.2 基准轴的创建

在 Creo Parametric 4.0 中，基准轴主要作为柱体、旋转体以及孔特征等的中心轴线，也可以在创建特征或三维装配时用作定位参考，以及作为轴阵列的旋转轴等。

注意：拉伸圆柱、创建旋转特征和孔特征时，系统会自动生成回转体轴线。

可通过功能区调用命令，在"模型"选项卡的"基准"组中单击"轴"按钮 ╱。

4.2.1 创建基准轴的操作步骤

操作步骤如下。

第1步，单击 ╱ 按钮，弹出如图4-16所示的"基准轴"对话框，默认打开"放置"选项卡。

第 2 步，系统提示"选择 2 个参考(例如平面、曲面、边或点)以放置轴。"时，选择参考面、线或点。

第 3 步，设置约束类型，并根据需要设置约束参数。

第 4 步，按住 Ctrl 键，继续依次选择其他参考，指定约束类型和约束参数，直到基准轴被完全约束。

第 5 步，单击"基准轴"对话框中的"确定"按钮。

注意：系统将所创建的基准轴依次命名为 A_1、A_2、A_3 等，用户可以根据需要在左边的模型树中对其进行重命名。

4.2.2 创建基准轴的方法

"基准轴"对话框的结构与"基准平面"对话框类似，"参考"收集器内显示所选的参考，并可从参考右侧的"约束"下拉列表中选择约束类型，如图 4-17 所示。表 4-2 列出了基准轴的约束类型以及所选的参考和约束条件。

图 4-16 "基准轴"对话框

图 4-17 选择参考特征及其约束类型

表 4-2 基准轴约束类型以及所选的参考和约束条件

约束类型	所选的参考	约束条件
穿过	实体边	基准轴通过所选的参考边
	实体顶点、点	基准轴通过参考点
	平面	基准轴通过参考平面
	柱面、锥面	基准轴通过柱面、锥面的轴线
法向	平面	基准轴与所选的参考平面垂直
相切	曲线	基准轴与参考曲线在指定点处相切

可见，创建基准轴的方式也有多种，下面介绍常用的几种方法。

1. 通过两个点创建基准轴

通过指定的两个点创建一个基准轴。

如图 4-18（a）所示，选择 A 点作为第一个参考点，按住 Ctrl 键，选择 B 点作为第二个参考点，"参考"收集器如图 4-18（b）所示，创建的基准轴如图 4-18（c）所示。

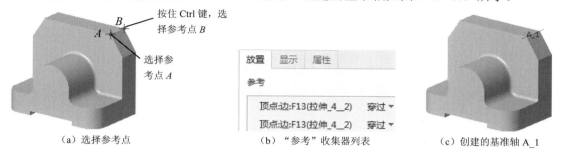

（a）选择参考点　　　　　　　（b）"参考"收集器列表　　　　　（c）创建的基准轴 A_1

图 4-18　通过两个点创建基准轴

2. 通过一个点与一个平面创建基准轴

创建通过指定的参考点（实体顶点、基准点等）并与参考平面垂直的基准轴。

如图 4-19（a）所示，选择点 A 为参考点，按住 Ctrl 键选择参考面 B，系统自动设置约束类型，如图 4-19（b）所示，创建的基准轴如图 4-19（c）所示。

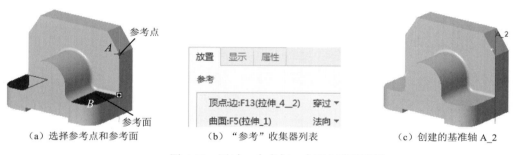

（a）选择参考点和参考面　　　（b）"参考"收集器列表　　　　（c）创建的基准轴 A_2

图 4-19　通过一个点与一个面创建基准轴

3. 通过两个不平行平面创建基准轴

通过空间两个平面的交线创建基准轴，相交的两个面包括两平面延长后相交，或平面与圆弧面的相切。

如图 4-20（a）所示，选择模型顶面 A 为第一个参考平面，按住 Ctrl 键选择基准平面 RIGHT 为第二个参考面，系统自动设置约束类型为"穿过"，如图 4-20（b）所示，创建的基准轴如图 4-20（c）所示。

（a）选择参考面　　　　　　　（b）"参考"收集器列表　　　　　（c）创建的基准轴 A_3

图 4-20　通过两个不平行平面创建基准轴

4. 通过柱面创建基准轴

通过回转面的轴线创建基准轴。

如图 4-21（a）所示，选择 U 形体顶部圆柱面为参考面，系统自动设置约束类型为"穿过"，如图 4-21（b）所示，创建的基准轴如图 4-21（c）所示。

（a）选择参考点和参考面　　　　（b）"参考"收集器列表　　　　（c）创建的基准轴 A_4

图 4-21　通过柱面创建基准轴

5. 通过圆弧创建基准轴

对于模型中的倒圆角、圆弧过渡等特征，可以根据实体的圆弧创建出与圆弧轴线同轴的基准轴。

如图 4-22（a）所示，选择圆角圆弧边线，"参考"收集器中，自动设置约束类型为"中心"，如图 4-22（b）所示，创建的基准轴如图 4-22（c）所示。

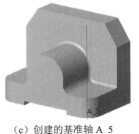

（a）选择参考弧线　　　　（b）"参考"收集器列表　　　　（c）创建的基准轴 A_5

图 4-22　通过圆弧创建基准轴

6. 通过垂直平面创建基准轴

当选择一个参考面时，基准轴将法向于该参考面，其位置需要由偏移参考确定。

如图 4-23（a）所示，选择参考面 A，系统自动设置约束类型为"法向"，且在参考面的选择点处出现两个拖动句柄；单击"基准轴"对话框中的"偏移参考"收集器，选择顶边，按住 Ctrl 键选择左侧边，如图 4-23（b）所示；在"偏移参考"收集器中修改偏移值分别为 15 和 16，如图 4-23（c）所示，创建的基准轴如图 4-23（d）所示。

注意：可以分别拖动两个拖动控制句柄至偏移参考特征上，"偏移参考"收集器中自动显示参考特征。

7. 通过曲线上一点并相切于曲线创建基准轴

创建通过曲线（圆、圆弧以及样条曲线等）上一点并与曲线相切的基准轴。

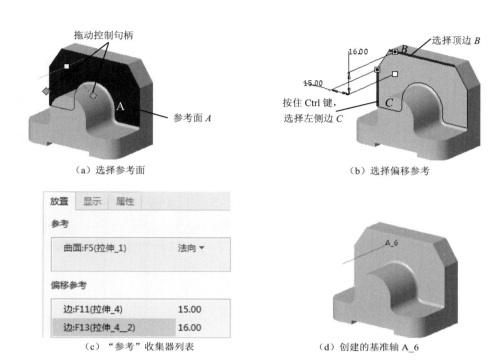

（a）选择参考面　　　　　　　　　　　　（b）选择偏移参考

（c）"参考"收集器列表　　　　　　　　　（d）创建的基准轴 A_6

图 4-23　通过垂直平面创建基准轴

如图 4-24（a）所示，选择点 A 作为参考点，按住 Ctrl 键选择曲线 B 为参考曲线，系统根据选择的两个参考特征，自动设置约束类型如图 4-24（b）所示，创建的基准轴如图 4-24（c）所示。

（a）　选择参考面　　　　　　（b）"参考"收集器列表　　　　（c）创建的基准轴 A_1

图 4-24　通过曲线上一点并相切于曲线创建基准轴

注意：基准轴的显示长度可以在"基准轴"对话框的"显示"选项卡中调整。

4.3　基准点的创建

基准点不仅可以用于构成其他基本特征，还可以作为创建拉伸、旋转等基础特征时的终止参考，以及作为创建孔特征、筋特征的放置和偏移参考对象。基准点包括草绘基准点、放置基准点、偏移坐标系基准点和域基准点，本节介绍前两种。

4.3.1 草绘基准点的创建

在 Creo Parametric 4.0 中，草绘基准点就是在所选中的草绘平面上创建的基准点，一般可以用于分割图元或作为修改节点。

可通过功能区调用命令，在"草绘"选项卡的"基准"面板中单击"点"按钮 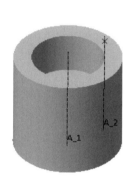。

【例 4-1】 利用草绘基准点，在如图 4-25 所示的模型上创建基准轴 A_2。

操作步骤如下。

步骤 1：进入草绘环境

第 1 步，打开文件 Ch4-25.prt。

第 2 步，单击 按钮，弹出如图 4-26 所示的"草绘"对话框。

第 3 步，选择如图 4-27 所示的圆柱顶面作为草绘平面，采用系统默认参照和方向，单击"草绘"按钮，进入草绘模式。

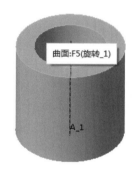

图 4-25 创建基准点和基准轴　　　图 4-26 "草绘"对话框　　　图 4-27 选择草绘平面

步骤 2：创建构造圆

第 1 步，单击 按钮，开启"构造"模式。

第 2 步，单击 按钮，调用"圆心和点"命令，绘制如图 4-28（a）所示的构造圆，直径尺寸为 25。

步骤 3：创建草绘基准点

第 1 步，单击 按钮，调用"点"命令。

第 2 步，在构造圆与直线参考相交处单击，创建草绘点，如图 4-28（b）所示。

第 3 步，单击"草绘"选项卡"关闭"面板中的 按钮，完成草绘点的创建，如图 4-28（c）所示。

步骤 4：创建草绘基准轴

第 1 步，单击 按钮，调用"轴"命令，弹出"基准轴"对话框，默认打开"放置"选项卡。

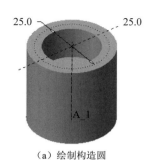

（a）绘制构造圆

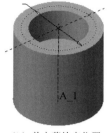

（b）单击草绘点位置

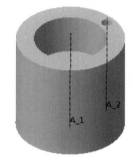

（c）创建草绘点 PNT0

图 4-28　创建草绘点

第 2 步，系统提示"选择 2 个参考（例如平面、曲面、边或点）以放置轴。"时，选择刚创建的草绘点，约束类型默认为"穿过"。

第 3 步，按住 Ctrl 键，选择顶面，约束类型默认为"法向"。

第 4 步，单击"基准轴"对话框中的"确定"按钮。创建如图 4-25 所示的基准轴 A_2。

注意：利用"孔"命令，由基准轴 A_2 在圆柱顶面挖孔，如图 4-29 所示。

图 4-29　由基准轴 A_2 创建孔

4.3.2　放置基准点的创建

创建放置基准点的方法与创建基准平面和基准轴的方法类似。

可通过功能区调用命令，在"模型"选项卡的"基准"组中单击 点 下拉按钮。

启动命令后，弹出如图 4-30 所示的"基准点"对话框，默认打开"放置"选项卡，然后定义放置参考，再选择"偏移参考"确定基准点的定位尺寸，直至基准点完全被约束，单击"确定"按钮，如图 4-31 所示。可以通过多种方式来创建放置基准点。

图 4-30　"基准点"对话框

图 4-31　定义放置参考和偏移参考

注意：系统将所创建的基准点依次命名为 PNT0、PNT1、PNT3 等，用户可以根据需要在左边的模型树中对其进行重命名。

1．在曲线或边线上创建基准点

在曲线或实体的边线上创建基准点包括"曲线末端"和"参考"两种模式。

操作步骤如下。

第 1 步，打开文件 Ch4-32.prt。

第 2 步，单击 ✕✕ 按钮，调用"点"命令，弹出"基准点"对话框。

第 3 步，系统提示"选择 3 个参考（例如曲面、曲线、边或点）以放置点。"时，在模型中选择一条参考边线，如图 4-32（a）所示的参考边线 A，约束类型为"在其上"。

第 4 步，在对话框的"放置"选项卡中选择"曲线末端"单选按钮。

第 5 步，默认偏移方式为"比率"，并在"偏移值"文本框中输入比率值 0.6，如图 4-32（b）所示。

第 6 步，单击"确定"按钮，完成基准点的创建，结果如图 4-32（c）所示的 PNT0。

(a) 选择参考边　　　　　(b)"参考"收集器的设置　　　　　(c) 创建的基准点 PNT0

图 4-32　通过曲线或边线"曲线末端"方式创建基准点

操作及选项说明如下。

（1）"偏移参考"类型默认为"曲线末端"，此时，偏移类型默认为"比率"，"偏移"文本框中输入的数值可以为 0～1 的数。如果选择"实际值"，则可输入基准点与指定的曲线末端之间的距离。"曲线末端"为所选参考线的端点，可单击"下一端点"按钮，确定参考线的端点。

注意：如图 4-33（a）所示，参考边线 A 右边的小方框处的端点表示曲线末端。

（2）选择"参考"方式，则需要再选中一个平面作为偏移参考，这个平面必须与曲线或实体边线在空间中相交，而设置的偏移距离为基准点到该平面的垂直距离，如图 4-33 所示。

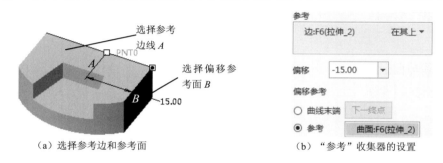

(a) 选择参考边和参考面　　　　　(b)"参考"收集器的设置

图 4-33　通过曲线或边线"参考"方式创建基准点

注意： 可通过偏移值的正负确定参考点在偏移方向上沿哪一侧偏移。

2. 在两曲线的交点处创建基准点

在曲线的交点处创建基准点需要用到空间中相交或相异的两条曲线或实体边线。

操作步骤如下。

第1、2步，与在曲线或边线上创建基准点的操作步骤的第1、2步相同。

第3步，系统提示"选择3个参考（例如曲面、曲线、边或点）以放置点。"时，选择第一条参考曲线，如图4-34（a）所示的边线 A，默认约束类型为"在其上"。

第4步，按住 Ctrl 键，选择第二条参考曲线，如图4-34（a）所示的边线 B，默认约束类型为"在其上"，如图4-34（b）所示。

第5步，单击"确定"按钮，创建如图4-34（c）所示的基准点 PNT1。

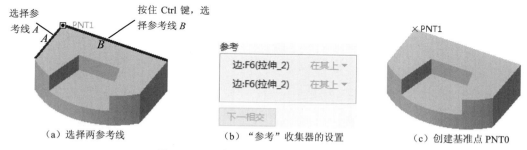

（a）选择两参考线　　　　（b）"参考"收集器的设置　　　　（c）创建基准点 PNT0

图 4-34　通过两曲线交点创建基准点

操作及选项说明如下。

（1）若两参考曲线相交，则在交点处创建基准点；若两参考曲线相异，则会在第一条曲线上创建基准点，基准点的位置在两条曲线的最短距离处，如图4-35所示。

（2）如果两参考曲线有多个交点，可以单击"参考"收集器下的"下一相交"按钮，切换交点。

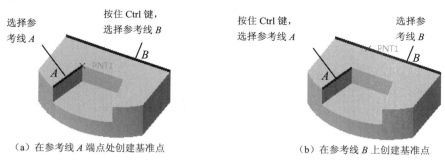

（a）在参考线 A 端点处创建基准点　　　　（b）在参考线 B 上创建基准点

图 4-35　通过两相异曲线创建基准点

3. 在曲线与曲面的交点处创建基准点

可以在相交的曲线（曲线或实体边线）与曲面（曲面或实体表面）的交点处创建基准点。

操作步骤如下。

第1、2步，与在曲线或边线上创建基准点的操作步骤的第1、2步相同。

第3步，系统提示"选择3个参考（例如曲面、曲线、边或点）以放置点。"时，选择参考曲线，如图4-36（a）所示的曲线 A，默认设置约束类型为"在其上"。

第4步，按住 Ctrl 键，选择参考面，如图4-36（a）所示的曲面，默认约束类型为"在其上"，如图4-36（b）所示。

第5步，单击"确定"按钮，创建如图4-36（c）所示的基准点 PNT2。

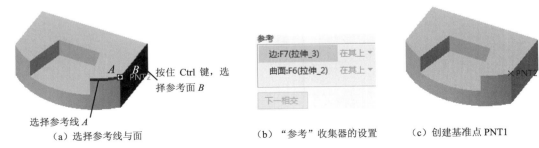

(a) 选择参考线与面　　　　　(b) "参考"收集器的设置　　　　　(c) 创建基准点 PNT1

图 4-36　通过曲线与曲面的交点创建基准点

4. 在圆的中心创建基准点

如果参考特征为圆弧，约束类型默认为"在其上"，则在圆弧上创建基准点；如果约束类型设置为"居中"，则创建的基准点在圆心处。

操作步骤如下。

第1、2步，与在曲线或边线上创建基准点的操作步骤的第1、2步相同。

第3步，系统提示"选择3个参考（例如曲面、曲线、边或点）以放置点。"时，选择参考曲线圆弧，如图4-37（a）所示的底部圆弧 A。

第4步，设置其约束类型为"居中"，如图4-37（b）所示，基准点更新于圆弧的圆心位置，如图4-37（c）所示。

第5步，单击"确定"按钮，创建基准点 PNT3。

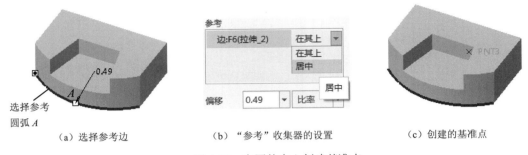

(a) 选择参考边　　　　　(b) "参考"收集器的设置　　　　　(c) 创建的基准点

图 4-37　在圆的中心创建基准点

5. 通过偏移点创建基准点

通过一点（各种类型的点）偏移创建基准点。指定参考点后，还需要选择辅助参考，确定偏移方向，然后设置沿指定方向的偏移距离。辅助参考可以是实体边线、曲线、平面的法线方向，以及坐标系中的坐标轴。

操作步骤如下。

第 1、2 步，与在曲线或边线上创建基准点的操作步骤的第 1、2 步相同。

第 3 步，系统提示"选择 3 个参考（例如曲面、曲线、边或点）以放置点。"时，选择偏移参照点，如图 4-38（a）所示的点 A。

第 4 步，按住 Ctrl 键，选择辅助参考线，如图 4-38（a）所示的实体边线 B，系统自动设置约束类型为与参考点"偏移"、与参考边"平行"，如图 4-38（b）所示。

第 5 步，在"偏移"文本框中输入偏移值 6，按回车键，如图 4-38（b）所示，同时基准点沿参考边平行偏移，如图 4-38（c）所示。

第 6 步，单击"确定"按钮，创建基准点 PNT4。

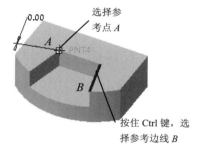
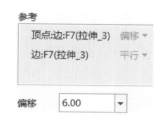
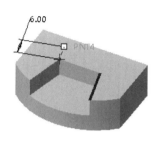

（a）选择参考线与面　　　　　　（b）"参考"收集器的设置　　　　　　（c）基准点沿参考边平行偏移

图 4-38　通过偏移点创建基准点

6. 通过三个相交面创建基准点

在三个相交面的交点处创建基准点，相交的面可以是曲面，也可以是平面。如果相交处有多个点，可以单击基准点对话框中的"下一相交"按钮来进行切换。

操作步骤如下。

第 1、2 步，与在曲线或边线上创建基准点的操作步骤的第 1、2 步相同。

第 3 步，系统提示"选择 3 个参考（例如曲面、曲线、边或点）以放置点。"时，选择第一个参考曲面，如图 4-39（a）所示的曲面 A，默认约束类型为"在其上"模式。

第 4 步，按住 Ctrl 键，依次选择第二、三个参考曲面，如图 4-39（a）所示的曲面 B、C，默认约束类型为"在其上"模式，如图 4-39（b）所示。

第 5 步，单击"确定"按钮，创建如图 4-39（c）所示的基准点 PNT5。

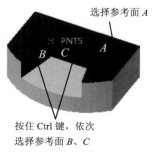

（a）选择参考线与面　　　　（b）"参考"收集器的设置　　　　（c）创建基准点

图 4-39　通过三个相交曲面创建基准点

7．在曲面上或偏移曲面创建基准点

选择一个曲面后，有两种约束类型。默认约束类型为"在其上"，该约束类型需要继续选择两个面或两条实体边线作为定位参考，用于确定基准点的位置。当选择"偏移"约束时，除需选择两个平面或实体边线作为定位参考外，还需设置偏移的距离值。

操作步骤如下。

第1、2步，与在曲线或边线上创建基准点的操作步骤的第1、2步相同。

第3步，系统提示"选择3个参考（例如曲面、曲线、边或点）以放置点。"时，选择一个参考面，如图4-40（a）所示的顶面 A，默认约束类型为"在其上"。

第4步，单击"基准点"对话框的"偏移参考"收集器，将其激活。

第5步，选择第一个偏移参考面，如图 4-40（b）所示的边 B，并输入其偏移值 12，如图 4-40（c）所示。

第6步，按住 Ctrl 键，选择第二个偏移参考面，如图 4-40（b）所示的边 C，并设置其偏移值为 8。

第7步，单击"确定"按钮，创建基准点 PNT6。

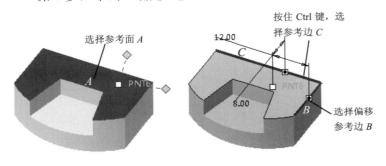
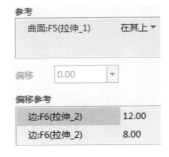

（a）选择参考平面　　　（b）显示与偏移参考的偏移值　　　（c）"参考"收集器的设置

图 4-40　在曲面上创建基准点

注意：若第 3 步中设置约束类型为"偏移"，则可以在"偏移"文本框中输入偏移值，如输入 18，如图 4-41 所示。

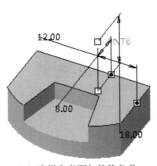
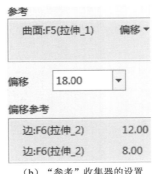

（a）选择参考面与偏移参考　　（b）"参考"收集器的设置　　（c）创建基准点

图 4-41　从曲面偏移创建基准点

4.4 基准曲线的创建

在 Creo Parametric 4.0 中，基准曲线可用于创建和修改曲面，并作为扫描轨迹线或截面轮廓来创建其他特征。创建基准曲线的方式也有多种，本节介绍其中常见的几种。

4.4.1 绘制基准曲线

绘制基准曲线是在草绘环境下通过各种方式绘制的几何曲线，包括直线、圆弧、一般曲线等。

操作步骤如下。

第 1 步，打开文件 Ch4-42.prt，如图 4-42 所示。

第 2 步，在"模型"选项卡的"基准"组中单击"草绘"按钮 ⚬，弹出"草绘"对话框。

第 3 步，选择如图 4-42 所示实体前侧面为草绘平面，默认参考平面 RIGHT，其正方向向右，"草绘"对话框的设置如图 4-43 所示，单击"确定"按钮，进入草绘环境。

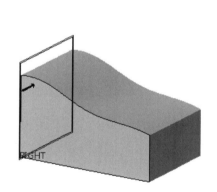

图 4-42 草绘基准曲线

图 4-43 定义草绘平面

第 4 步，单击 ⚬ 按钮，调用"样条"命令。

第 5 步，在草绘平面上绘制一条曲线，如图 4-44（a）所示。

注意：可以单击"草绘"选项卡的"设置"组中的按钮 ⊞ 草绘视图，使草绘平面与屏幕平行。

第 6 步，单击"草绘"选项卡的"关闭"面板中的 ✔ 按钮，完成基准曲线的创建，如图 4-44（b）所示。

4.4.2 投影创建基准曲线

投影创建基准曲线即通过"投影"命令将一个面上的曲线投影到选定的面上，创建基准曲线。

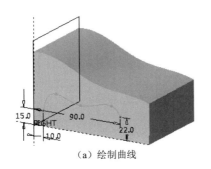
（a）绘制曲线

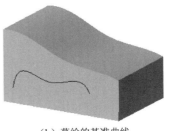
（b）草绘的基准曲线

图 4-44　绘制基准曲线

可通过功能区调用命令，单击"模型"选项卡"编辑"面板中的 ⚞投影 按钮。

操作步骤如下。

第 1 步，打开文件 Ch4-42.prt，在模型树中右击"曲线 1"，在弹出的快捷菜单中选择"取消隐藏"，如图 4-45 所示。

第 2 步，选择刚显示的曲线，单击 ⚞投影 按钮，调用"投影"命令，模型显示如图 4-46 所示，并打开如图 4-47 所示的"投影曲线"操控板，默认激活"曲面"的"选择项"收集框。

图 4-45　原始模型

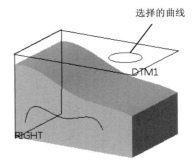
图 4-46　选择投影曲线

| 文件 | 模型 | 分析 | 注释 | 工具 | 视图 | 柔性建模 | 应用程序 | 投影曲线 |

曲面 ● 选择项　　方向 沿方向 ▾ 1个平面 ⟋ ‖ ⊘ 👓 ✔ ✘

参考　属性

图 4-47　"投影曲线"操控板

第 3 步，单击实体顶部曲面，采用操控板上默认的设置，模型显示如图 4-48 所示。

第 4 步，单击 ✔ 按钮，创建的基准曲线如图 4-49 所示。

注意：在"投影曲线"操控板中，默认的"方向"设置是"沿方向"选项，表示沿指定的方向投影。单击 ⟋ 按钮可以改变投影方向。如果在"方向"下拉列表中选择"垂直于曲面"选项，则表示垂直于曲线平面或指定的平面、曲面投影，如图 4-50（a）所示，选择顶面曲面为垂直曲面的参考，则创建的投影曲线如图 4-50（b）所示。

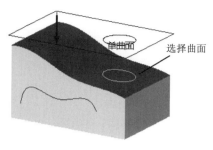

图 4-48　选择曲面为投影面

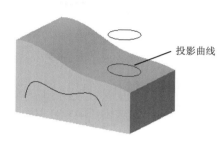

图 4-49　创建投影基准曲线

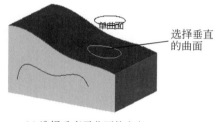

(a) 选择垂直于曲面的参考

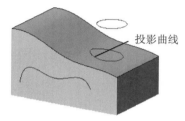

(b) 垂直于曲面的投影曲线

图 4-50　创建垂直于曲面的投影曲线

4.4.3　使用"基准曲线"命令创建基准曲线

可通过功能区调用命令,在"模型"选项卡的"基准"面板中单击 ∿ 曲线 按钮。

如图 4-51 所示,"曲线"命令提供了 3 种创建基准曲线的方法。若选择"来自横截面的曲线",则可以直接选中横截面的边界线创建基准曲线,也可以利用横截面与零件轮廓的交线来创建。本节主要介绍前 2 种方法的基本操作。

1. 经过点创建基准曲线

经过预先定义好的曲线上的若干点:起始点、若干中间点、末点,并定义点的连接类型,创建基准曲线。

操作步骤如下。

第 1 步,打开文件 Ch4-52.prt,如图 4-52 所示。

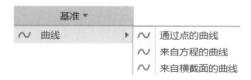

图 4-51　基准曲线菜单

图 4-52　原始模型

第 2 步,单击 ∿ 曲线 按钮,选中 ∿ 通过点的曲线 选项,打开如图 4-53 所示的"曲线:通过点"操控板。

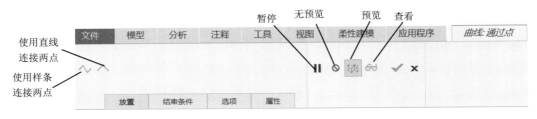

图 4-53 "曲线:通过点"操控板

第 3 步,依次选择基准曲线所经过的点,并确定在两点之间是使用样条曲线连接,还是使用直线连接。

第 4 步,单击"结束条件"选项卡,在"曲线侧"选择起点或终点,在如图 4-54 所示的"结束条件"下拉列表中选择结束条件类型。起点相切于曲面 *A* 与终点相切于平面 *B* 分别如图 4-55(a)、(b)所示。

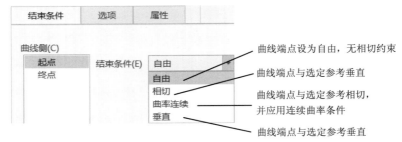

图 4-54 设置起点和终点的终止条件

第 5 步,单击 ✔ 按钮,创建的基准曲线如图 4-55(c)所示。

操作及选项说明如下。

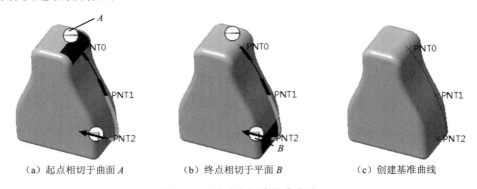

(a)起点相切于曲面 *A*   (b)终点相切于平面 *B*   (c)创建基准曲线

图 4-55 通过点创建基准曲线

(1)当选择两点后,如图 4-53 所示的操控板中,默认选中 ∿,即选择点与前一点之间使用样条连接;单击 ⌃,选择点与前一点使用直线连接,同时弹出"添加圆角"按钮 ⤵,单击该按钮,使用圆角过渡曲线,可在圆角半径文本框中输入圆角半径值。

(2)"放置"选项卡的点集列表列出所选的点,如图 4-56 所示。选择某个点时,会显示该点的收集器以及相关设置,可以设置与修改点之间的连接类型,也可以通过 ⬆ 和 ⬇ 将列表中选定的点重新排序。

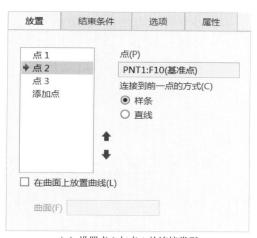

（a）设置点 2 与点 1 的连接类型

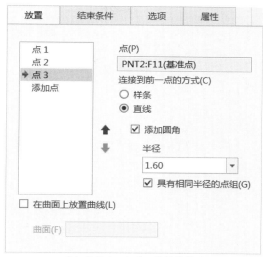

（b）设置点 3 与点 2 的连接类型

图 4-56　设置起点和终点的放置条件

（3）"结束条件"选项卡中，起点和终点的结束条件默认为"自由"，当选择"相切"时，弹出"相切于"收集器，选择并显示在选择点处与曲线相切的轴、边、曲线、平面或曲面，如图 4-57 所示设置起点为"相切"。当选定的相切参考是曲面或平面时，使曲线端点垂直于选定边。当选择"垂直"时，弹出"垂直于"收集器，可选择曲线在选择点处所垂直的轴、边、曲线、平面或曲面，如图 4-58 和图 4-59 所示。

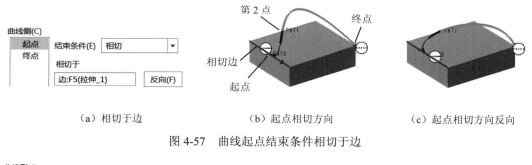

（a）相切于边　　　　　　　（b）起点相切方向　　　　　　（c）起点相切方向反向

图 4-57　曲线起点结束条件相切于边

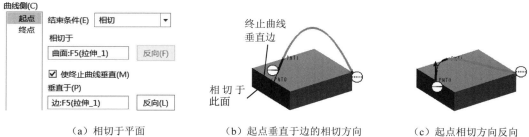

（a）相切于平面　　　　（b）起点垂直于边的相切方向　　　（c）起点相切方向反向

图 4-58　曲线起点结束条件相切于平面端点且垂直于选定边

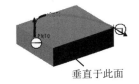

（a）"垂直"结束条件　　　　　（b）终点垂直于平面的方向　　　（c）终点垂直方向反向

图 4-59　曲线终点的结束条件垂直于面

注意："结束条件"为相切时，"反向"按钮只有当选择了边时才可使用。

2. 由方程创建基准曲线

由方程创建基准曲线需要用到数学公式，主要用于创建一些具有特定形状的模型特征。操作步骤如下。

第 1 步，在"模型"选项卡的"基准"组中单击 ∿ 曲线 按钮，选择 ∿ 来自方程的曲线，打开如图 4-60 所示的"曲线：从方程"操控板。

图 4-60　"曲线：从方程"操控板

第 2 步，在坐标系类型下拉列表中选择坐标系类型，默认为"笛卡儿"。

第 3 步，系统提示"选择方程要参考的坐标系。"时，选择坐标系 PRT_CSYS_DEF。

第 4 步，单击"方程"按钮，系统打开"方程"编辑器窗口，在该窗口中输入曲线方程，如图 4-61 所示。单击"确定"按钮，关闭"方程"编辑器窗口。

第 5 步，单击 ✔ 按钮，创建的基准曲线如图 4-62 所示。

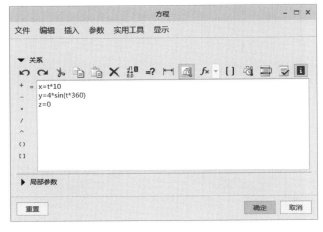

图 4-61　输入曲线方程

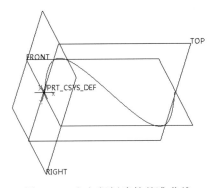

图 4-62　由方程创建的基准曲线

4.5 基准坐标系的创建

在 Creo Parametric 4.0 中,坐标系可添加到零件组件中作为参考特征,常用的基准坐标系类型有笛卡儿坐标系、柱坐标系和球坐标系,其中笛卡儿坐标系为系统默认的基准坐标系。在进行三维建模时,通常使用默认坐标系。可以利用"坐标系"命令创建基准坐标系。

可通过功能区调用命令,单击"模型"选项卡"基准"组中的 ※坐标系 按钮。

4.5.1 创建基准坐标系的操作步骤

操作步骤如下。

第 1 步,打开文件 Ch4-63.prt,如图 4-63 所示。

第 2 步,单击 ※坐标系 按钮,调用"坐标系"命令,弹出"坐标系"对话框。

第 3 步,系统提示"选择 3 个参考(例如平面、边、坐标系或点)以放置坐标系。"时,选择第一个参考图元,按住 Ctrl 键,选择第二、第三个参考图元,如图 4-64 所示。"参考"收集器中的显示如图 4-65(a)所示。

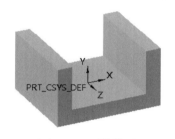

图 4-63 原始模型

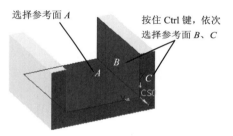

图 4-64 选择参考图元

第 4 步,如需要更改坐标轴名称、调整坐标轴方向,单击"方向"选项卡,如图 4-65(b)

(a)"原点"选项卡

(b)"方向"选项卡

图 4-65 "坐标系"对话框

所示。单击"使用"收集器,在其下的"确定"或"投影"收集器的坐标轴下拉列表中选择坐标轴名称,单击"反向"按钮,可以将所对应的坐标轴方向反向。

第5步,单击"坐标系"对话框中的"确定"按钮,完成坐标系的创建,如图4-66所示的CS0。

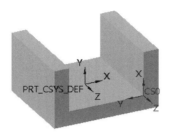

图4-66　创建坐标系CS0

注意:创建完坐标系后,系统将依次把所创建的坐标系命名为CS0、CS1、CS2、CS3等,可以在模型树中对其进行重命名,也可以在"坐标系"对话框的 "属性"选项卡中重命名。

4.5.2　创建基准坐标系的方法

创建基准坐标系时,根据选择参照的不同,可以选择以下几种方法。

1. 通过三个面

通过三个面创建基准坐标系的方法与4.5.1节创建CS0相同。坐标轴的方向分别垂直于三个参考面,第一个参考面默认确定坐标轴 X 方向,第二个参考面默认确定坐标轴 Y 方向,系统将根据右手定则自动确定 Z 方向。也可根据需要,使用4.5.1节第3步的方法重新定向。

2. 通过两条直线

在模型上依次选择两实体边线、轴线或曲线作为参考边分别确定坐标轴 X、Y 方向,创建坐标系,它们的交点或最短距离处为坐标系原点,且原点位于选择的第一条直线上,如图4-67所示。

3. 通过一个点与两条直线

先在模型上选择一个点作为创建坐标系的原点,然后单击"方向"选项卡,激活"使用"收集器,选择两直线作为两个方向上的轴向,如图4-68所示。

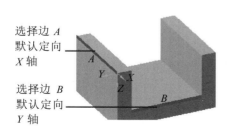

图4-67　通过两条直线创建坐标系CS1

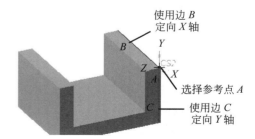

图4-68　通过一个点和两条直线创建坐标系CS2

4. 通过偏移或旋转现有坐标系

选择一个现有坐标系，然后在对话框中设置偏移值，如图 4-69 所示。或选择现有坐标系后单击"方向"选项卡，再在其中设置各轴向的旋转角度，如图 4-70 所示。

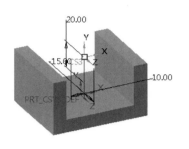
（a）显示偏移值和坐标系

（b）设置偏移值

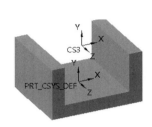
（c）创建坐标系 CS3

图 4-69　通过偏移创建坐标系

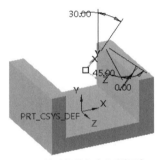
（a）显示旋转角度和坐标系

（b）设置旋转角度

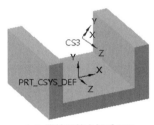
（c）旋转后的坐标系 CS3

图 4-70　旋转坐标系

操作选项及说明如下。

在"坐标系"对话框中，包含"原点""方向"和"属性"三个选项卡。

1. "原点"选项卡

"原点"选项卡用于定义坐标原点，包含的选项如下。

（1）参考：用于收集模型上的参考图元，需要调整已选参照时，可在其上右击，在弹出的快捷菜单中选择"移除"。

（2）偏移类型：如果使用偏移坐标系方法创建基准坐标系，则弹出该选项，如图 4-69（b）所示。可从"偏移类型"下拉列表中选择坐标系的偏移类型，并设置相应的偏移值。偏移类型包含"笛卡儿""圆柱状""球状"和"自文件"等方式。

2. "方向"选项卡

"方向"选项卡用于设置坐标系的位置，包含的选项如下。

（1）参考选择：如果"通过三面""通过两线""通过一点两线"方法创建基准坐标系，则需要使用该选项，如图 4-65（b）所示，选择参考确定坐标轴方向。

（2）选定的坐标系轴：该选项用来设置与原坐标系各轴向之间的旋转角度，如图 4-70（b）所示。

3. "属性" 选项卡

略。

4.6 上机操作实验指导：创建基准特征

根据创建基准特征的相关知识，在模型上创建如图 4-71 所示的基准特征，主要涉及"平面"命令、"轴"命令和"点"命令。

（a）原始模型

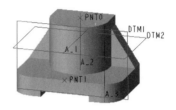

（b）创建基准特征

图 4-71　在三维模型上创建基准特征

操作步骤如下。

步骤 1：打开文件

参见本书第 1 章，打开文件 Ch4-71.prt。

步骤 2：创建基准平面 DIM1

第 1 步，单击"模型"选项卡"基准"面板中的 ⬜ 按钮，弹出 "基准平面"对话框。

第 2 步，系统提示"选择 3 个参考（例如平面、曲面、边或点）以放置平面。"时，选择在如图 4-71（a）所示的圆柱面上右击，待亮显底面，如图 4-72（a）所示，单击，选择后表面，如图 4-72（b）所示。

第 3 步，按住 Ctrl 键，继续选择圆柱面，在约束类型下拉列表中设置约束类型。

第 4 步，设置两个参考的约束类型分别为与后表面"平行"、与原柱面"相切"，如图 4-72（c）所示，约束后的基准平面预览如图 4-72（d）所示。

第 5 步，单击"确定"按钮，创建如图 4-71（b）所示的基准平面 DIM1。

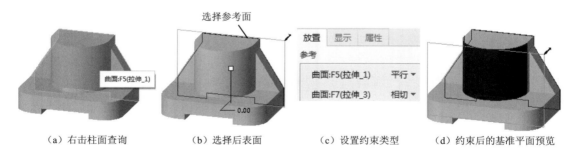

（a）右击柱面查询　　　（b）选择后表面　　　（c）设置约束类型　　　（d）约束后的基准平面预览

图 4-72　创建基准平面 DIM1

步骤 3：创建基准平面 DIM2

调用"平面"命令，选择模型底面为参考平面，默认约束类型为"偏移"，向上拖动控制句柄，输入偏移值 25，如图 4-73 所示，创建如图 4-71（b）所示的基准平面 DIM2。

 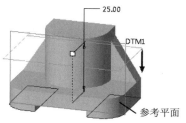

（a）输入偏移值　　　　　　　　　　　（b）由参考平面偏移的基准平面

图 4-73　创建基准平面 DIM2

步骤 4：创建基准轴 A_1

第 1 步，单击"模型"选项卡"基准"组中的 ⚡ 按钮，弹出"基准轴"对话框。

第 2 步，系统提示"选择 2 个参考（例如平面、曲面、边或点）以放置轴。"时，选择基准面 DIM2 作为第一个参考平面。

第 3 步，按住 Ctrl 键选择基准平面 RIGHT 作为第二个参考面，系统根据选择的两个参考面，自动设置约束类型为"穿过"，如图 4-74（b）所示。

第 4 步，单击"基准轴"对话框中的"确定"按钮，创建如图 4-71（b）所示的基准轴 A_1。

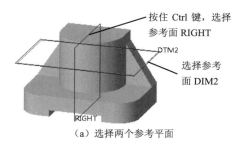

（a）选择两个参考平面　　　　　　　　（b）"参考"收集器列表

图 4-74　创建基准轴 A_1

步骤 5：创建基准轴 A_2

调用"轴"命令，如图 4-75 所示，选择 U 形体的圆柱面，默认约束类型为"穿过"，创建如图 4-71（b）所示的基准轴 A_2。

步骤 6：创建基准轴 A_3

调用"轴"命令，如图 4-76 所示，选择底板右侧倒角圆弧边，约束类型自动设为"中心"，创建如图 4-71（b）所示的基准轴 A_3。

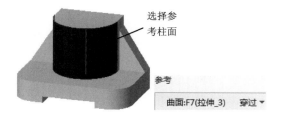 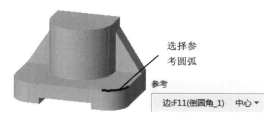

图 4-75　创建基准轴 A_2　　　　　　　图 4-76　创建基准轴 A_3

步骤 7：创建基准点 PNT0

第 1 步，单击"模型"选项卡"基准"组中的 按钮，弹出"基准点"对话框。

第 2 步，系统提示"选择 3 个参考(例如曲面、曲线、边或点)以放置点。"时，选择 U 形体顶部圆弧边，并设置其约束类型为"居中"，如图 4-77 所示。

第 3 步，单击"确定"按钮，创建如图 4-71（b）所示的基准点 PNT0。

步骤 8：创建基准点 PNT1

调用"点"命令，如图 4-78 所示，选择底板上表面边线，默认约束类型为"在其上"，偏移比率值为 0.50，创建如图 4-71（b）所示的基准点 PNT1。

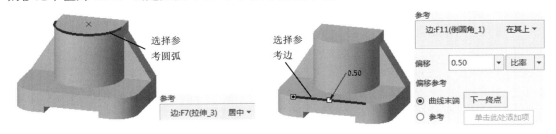

图 4-77　创建基准点 PNT0　　　　　图 4-78　创建基准点 PNT1

步骤 9：保存图形

参见本书第 1 章，操作过程略。

4.7　上　机　题

根据基准特征创建的相关知识，利用"平面"和"轴"命令，创建如图 4-79 所示的基准特征。

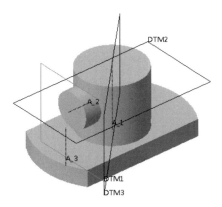

图 4-79　创建基准特征

操作提示如下。

（1）打开文件 Ch4-78.prt。

（2）创建基准平面 DTM2。选择基准平面 TOP 为参考面，采用默认的"偏移"模式，偏移距离为 35。

（3）创建基准平面DTM3。选择零件模型中的轴线A_1和FRONT作为参考，其中轴线采用默认约束类型"穿过"，FRONT平面默认约束类型为"偏移"。在"偏移"文本框中输入旋转角度值45。

（4）创建基准轴 A_3。选择零件底板的上表面为参考，偏移参考分别为 FRONT 和 RIGHT 基准面，并设置偏移 FRONT 基准面为 0，偏移 RIGHT 基准面为 35。

第 5 章　基础特征的创建

基础特征是 Creo Parametric 4.0 三维建模的最基本的特征之一，也是最重要的特征之一。与其他工程类三维 CAD 软件类似，基础特征都是对二维特征截面经过不同处理后形成的特征。在建模过程中，可以增加材料也可以移除材料，可以创建实体特征和薄壳也可以创建曲面特征。

本章将介绍的内容如下。

（1）拉伸特征的创建。

（2）旋转特征的创建。

（3）扫描特征的创建。

（4）混合特征的创建。

5.1　拉伸特征的创建

拉伸特征是将二维特征截面沿垂直于草绘平面的方向拉伸而生成的特征。

可通过功能区调用命令，单击"模型"选项卡"形状"面板中的"拉伸"按钮 。

5.1.1　创建增加材料拉伸特征

利用"拉伸"命令可以创建增加材料拉伸特征。

操作步骤如下。

第 1 步，单击"拉伸"按钮 ，打开"拉伸"操控板，如图 5-1 所示。

图 5-1　"拉伸"操控板

第 2 步，在该操控板中，单击"拉伸为实体"按钮 （此为默认设置）。

注意：这里如果单击"拉伸为曲面"按钮 ，则可以创建曲面。

第 3 步，单击"放置"选项卡，弹出"放置"下滑面板，如图 5-2 所示，单击"定义"按钮，弹出"草绘"对话框，如图 5-3 所示。

第 4 步，选择 TOP 基准平面为草绘平面，RIGHT 基准平面为参考平面，参考平面方向为向右（此为默认设置），如图 5-3 所示，单击"草绘"按钮，进入草绘模式。

注意：草绘平面即绘制二维特征截面或轨迹线的平面，可以选择基准平面或实体上的平面。参考平面即选择一个与草绘平面垂直的平面，作为草绘平面放置位置的参考。参考平面可以选择基准平面或实体上的平面，或者也可以利用"基准平面"命令临时创建一个基准平面。

图 5-2 "放置"下滑面板

图 5-3 "草绘"对话框

第 5 步，单击"草绘"选项卡的"设置"面板中的"草绘视图"按钮 ![按钮]，使 TOP 基准平面与屏幕平行。

第 6 步，草绘二维特征截面并修改草绘尺寸值，如图 5-4 所示，待重生成草绘截面后，单击 ✔ 按钮，回到零件模式，如图 5-5 所示。

第 7 步，在"拉伸"操控板中，以指定的深度值拉伸（此为默认设置），输入"深度值"为 100，如图 5-6 所示，单击 ✔ 按钮。

注意：深度值也可以在图 5-5 中直接双击数值，在弹出的文本框中修改。

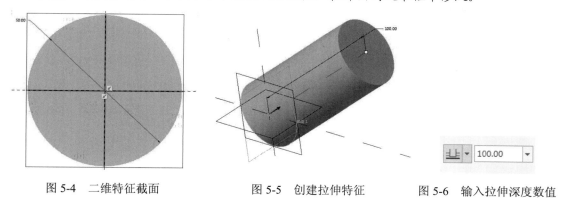

图 5-4 二维特征截面　　　　图 5-5 创建拉伸特征　　　图 5-6 输入拉伸深度数值

5.1.2 创建移除材料拉伸特征

利用"拉伸"命令可以创建移除材料拉伸特征。

操作步骤如下。

第 1～3 步，与 5.1.1 节创建增加材料拉伸特征操作步骤的第 1～3 步相同。

第 4 步，选择零件上表面为草绘平面，RIGHT 基准平面为参考平面，参考平面方向为向右（此为默认设置），如图 5-7 所示，单击"草绘"按钮，进入草绘模式。

第 5 步，单击"草绘"选项卡的"设置"面板中的"草绘视图"按钮 ![按钮]，使零件上表面与屏幕平行。

第 6 步，草绘二维特征截面并修改草绘尺寸值，如图 5-8 所示，待重新生成草绘截面后，单击 ✔ 按钮，回到零件模式。

第 7 步，在"拉伸"操控板中单击"移除材料"按钮 ▱。

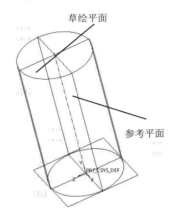

图 5-7 选择草绘平面和参考平面

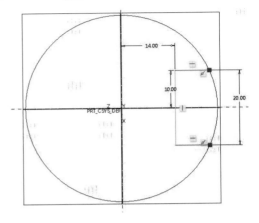

图 5-8 二维特征截面

注意：如果移除材料的一侧为默认，则三维模型如图 5-9 所示。如果单击"移除材料为草绘另一侧"按钮 ▱，则生成的三维模型如图 5-10 所示。

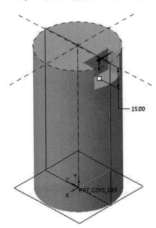

图 5-9 移除材料为默认一侧

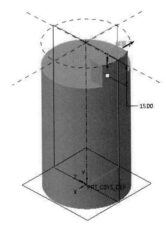

图 5-10 移除材料为草绘的另一侧

第 8 步，在"拉伸"操控板中，以指定的深度值拉伸（此为默认设置），输入"深度值"15，单击 ✔ 按钮。

操作及选项说明如下。

1. 定义二维特征截面的方法

（1）在激活"拉伸"命令前选中一条草绘的基准曲线。

（2）在"拉伸"命令调用过程中，单击"拉伸"操控板中的"基准"按钮 ⚟。

（3）激活"拉伸"命令并选中一条已有的草绘基准曲线。

（4）激活"拉伸"命令并草绘截面。

2．指定拉伸特征深度的方法

在"拉伸"操控板中，单击 ![]下拉按钮，就可以指定拉伸特征深度所用的方法。

（1）盲孔 ![]：以指定深度值拉伸二维特征截面。

注意： 指定一个负的深度值可以改变拉伸深度方向。

（2）对称 ![]：在草绘平面两侧分别以指定深度值的一半对称拉伸二维特征截面，如图 5-11 所示。

（3）穿至 ![]：将二维特征截面拉伸，使其与选定曲面或平面相交，如图 5-12 所示。

（4）到下一个 ![]：将二维特征截面拉伸至下一个平面，如图 5-13 所示。

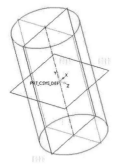

图 5-11　对称

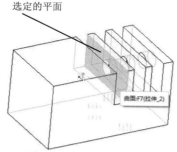

图 5-12　穿至

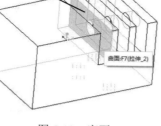

图 5-13　到下一个

（5）穿透 ![]：拉伸二维特征截面，使之与所有曲面相交，如图 5-14 所示。

（6）到选定项 ![]：将二维特征截面拉伸至一个选定点、曲线、平面或曲面，如图 5-15 所示。

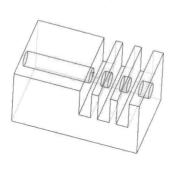

图 5-14　穿透

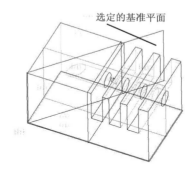

图 5-15　到选定项

3．其他选项说明

（1）![]：将拉伸的深度方向更改为草绘的另一侧。

（2）![]：为截面轮廓指定厚度创建薄壳特征，如图 5-16 所示，建模过程可以参考 5.1.1 节创建增加材料拉伸特征。

（3）![]：分别为无预览、分离方式预览、连接方式预览、校验方式预览要生成的拉伸特征。

（4）![]：暂停模式。

（5）**×**：取消特征创建或重定义。

（6）"选项"：单击该选项卡，弹出如图 5-17 所示"选项"下滑面板，在该下滑面板中可以重定义草绘平面一侧或两侧拉伸特征的深度。"封闭端"复选框可以设置创建的曲面拉伸特征端口是否封闭，但在创建实体特征时不可用。"添加锥度"复选框可以设置创建的曲面或实体带有的锥度，范围为 −89.9°～89.9°。

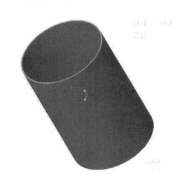

图 5-16　薄壳特征

图 5-17　"选项"下滑面板

4．参考平面方向的设置

在 Creo Parametric 4.0 中，创建草绘特征必须选中或创建草绘平面和参考平面，草绘平面用于绘制二维特征截面，而参考平面用于为草绘平面定向。系统总是按"草绘"对话框中设置的参考平面的方向，将草绘平面转至与屏幕平行的位置，然后再进行二维草绘。参考平面的方向可以有 4 种，以图 5-18 所示的三维实体模型为例，分别是上（如图 5-19 所示）、下（如图 5-20 所示）、左（如图 5-21 所示）、右（如图 5-22 所示）。

图 5-18　三维实体模型

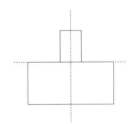

图 5-19　参考平面方向为"上"

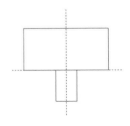

图 5-20　参考平面方向为"下"

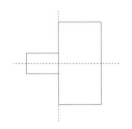

图 5-21　参考平面方向为"左"

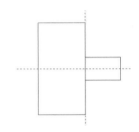

图 5-22　参考平面方向为"右"

5.2　旋转特征的创建

旋转特征是将二维特征截面绕中心轴旋转生成的特征。

可通过功能区调用命令，单击"模型"选项卡"形状"面板中的 ✿ 旋转 按钮。

5.2.1　创建增加材料旋转特征

利用"旋转"命令可以创建增加材料旋转特征。

操作步骤如下。

第 1 步，单击 ✿ 旋转 按钮，打开"旋转"操控板，如图 5-23 所示。

图 5-23　"旋转"操控板

第 2 步，在该操控板中单击"旋转为实体"按钮 □（此为默认设置）。

注意：这里如果单击"旋转为曲面"按钮 ◻，则可以创建曲面特征。

第 3 步，单击"放置"选项卡，弹出"放置"下滑面板，单击"定义"按钮，弹出"草绘"对话框。

第 4 步，选择 FRONT 基准平面为草绘平面，RIGHT 基准平面为参考平面，参考平面方向为向右（此为默认设置），单击"草绘"按钮，进入草绘模式。

第 5 步，草绘二维特征截面并修改草绘尺寸值，如图 5-24 所示。待重新生成草绘截面后，单击 ✔ 按钮，回到零件模式，如图 5-25 所示。

注意：二维特征截面中必须包括一条绕其旋转的中心线。

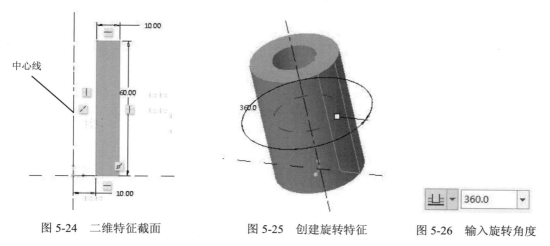

图 5-24　二维特征截面　　　　图 5-25　创建旋转特征　　　　图 5-26　输入旋转角度

第 6 步，在"旋转"操控板中，自草绘平面以指定的角度值旋转（此为默认设置），输

入旋转 角度值 360，如图 5-26 所示，单击 ✔ 按钮。

5.2.2 创建移除材料旋转特征

利用"旋转"命令可以创建移除材料旋转特征。

操作步骤如下。

第 1～4 步，与 5.2.1 小节创建增加材料旋转特征操作步骤的第 1～4 步相同。

第 5 步，草绘二维特征截面并修改草绘尺寸值，如图 5-27 所示。待重新生成草绘截面后，单击 ✔ 按钮，回到零件模式。

第 6 步，在"旋转"操控板中，单击"移除材料"按钮 ⬜。

第 7 步，在"旋转"操控板中，以指定的角度值旋转（此为默认设置），输入旋转 角度值 90，单击 ✔ 按钮，生成的三维实体模型如图 5-28 所示。

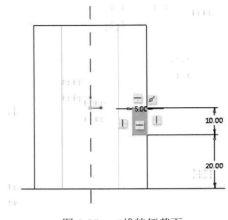

图 5-27　二维特征截面

图 5-28　三维实体模型

操作及选项说明如下。

1．指定旋转角度的方法

在"旋转"操控板中，单击 ⬛ ▾ 下拉按钮，可以指定旋转特征旋转角度的方法。

（1）变量 ⬛：以指定的角度值旋转二维特征截面。

（2）对称 ⬚：在草绘平面的两个方向上分别以指定角度值的一半，在草绘平面的双侧旋转二维特征截面。

（3）到选定项 ⬛：将二维特征截面旋转至选定点、平面或曲面，如图 5-29 所示。

2．其他选项说明

（1） ⬛：将旋转的角度方向更改为草绘的另一侧。

（2） ⬛：为截面轮廓指定厚度创建薄壳特征。

（3） ⬛：指定旋转轴。

（4）"选项"：单击该选项卡，弹出如图 5-30 所示"选项"下滑面板，在该下滑面板中可以重定义草绘平面一侧或两侧的旋转角度。"封闭端"复选框可以设置创建的曲面旋转特征端口是否封闭，但在创建实体特征时不可用。

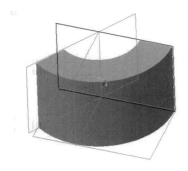

图 5-29　二维特征截面旋转至指定基准面　　　　　　图 5-30　"选项"下滑面板

注意:

（1）旋转实体特征的截面必须是封闭的，旋转曲面特征的截面可以是不封闭的。

（2）二维特征截面必须在中心线的一侧。

（3）如果二维特征截面中包含多条中心线，则系统默认以第一条中心线为旋转轴，用户也可以指定一条中心线为旋转轴。

5.3　扫描特征的创建

扫描特征是将一个二维特征截面沿指定的轨迹曲线进行扫描而生成的特征。

可通过功能区调用命令，单击"模型"选项卡"形状"面板中的 扫描 按钮，利用"扫描"命令创建增加材料扫描特征。

操作步骤如下。

第 1 步，单击 扫描 按钮，打开"扫描"操控板，如图 5-31 所示。

图 5-31　"扫描"操控板

第 2 步，单击"扫描为实体"按钮 □（此为默认设置）。

第 3 步，单击"恒定截面扫描"按钮 ⊢（此为默认设置）。

第 4 步，单击"扫描"操控板右端的 按钮，选择 TOP 基准平面为草绘平面，选择 RIGHT 基准平面为参考平面，参考平面方向为向右，单击"草绘"按钮，进入草绘模式，绘制扫描轨迹如图 5-32 所示，单击 ✔ 按钮，回到零件模式。

注意: 这里可以绘制扫描轨迹，也可以直接选中已有曲线作为扫描轨迹。

第 5 步，单击 ▶ 按钮，系统自动选中上一步绘制的曲线，如图 5-33 所示。

第 6 步，单击"扫描"操控板上的 按钮，进入草绘模式，绘制截面草图如 5-34 所示，单击 ✔ 按钮，回到零件模式。

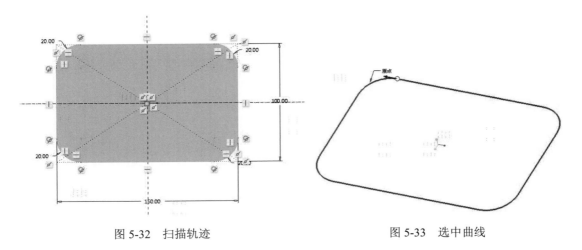

图 5-32　扫描轨迹　　　　　　　　　　　　图 5-33　选中曲线

第 7 步，单击 ✔ 按钮，完成扫描特征的创建，如图 5-35 所示。

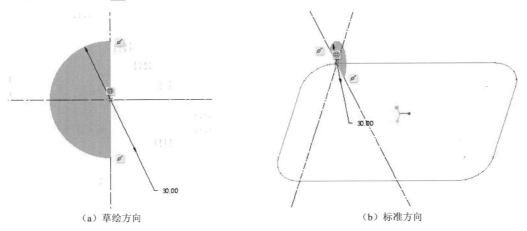

（a）草绘方向　　　　　　　　　　　　（b）标准方向

图 5-34　截面草图

图 5-35　创建扫描特征

操作及选项说明如下。

1. 设置连接方式属性

若扫描截面为恒定，存在开放的平面轨迹，截平面控制选择的是"垂直于轨迹"，水平/竖直控制选择的是"自动"，邻近项至少包含一个实体特征时，则创建的扫描特征与已有特征连接有两种不同的连接方式。单击"选项"选项卡，弹出如图5-36所示"选项"下滑面板。

（1）选中"合并端"复选框：如图5-37（a）所示，两实体连接时完全融合，即将实体扫描特征的端点连接到邻近的实体曲面而不留间隙。

注意：扫描端点必须在实体曲面上。

（2）取消选中"合并端"复选框：如图5-37（b）所示，两实体连接时相互不融合。

图 5-36　"选项"下滑面板

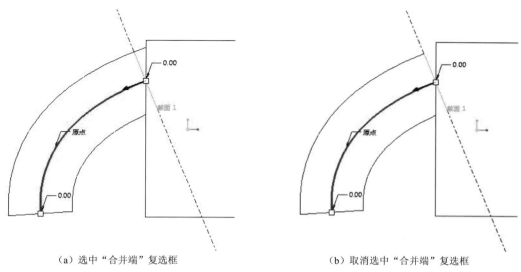

（a）选中"合并端"复选框　　　　　　（b）取消选中"合并端"复选框

图 5-37　连接方式

2. 其他选项说明

（1） └ ：创建可变截面扫描。

（2） □ ：创建薄壳扫描特征。

（3） ◿ ：创建移除材料扫描特征。

（4） ✎ ：打开"草绘器"创建或编辑扫描截面。

（5） ◖ ：创建曲面扫描特征。

注意：

（1）轨迹线不能自交。

（2）相对于扫描截面的大小，扫描轨迹线中的弧或样条曲线的半径不能太小，否则扫描会失败。

5.4　混合特征的创建

混合特征是将至少两个以上的平面截面在其边处用过渡曲面连接生成的连续特征。

可通过功能区调用命令，单击"模型"选项卡"形状"面板中的 ◢ 混合 按钮，利用"混合"命令创建增加材料混合特征。

操作步骤如下。

第1步，单击 ♂ 混合 按钮，打开"混合"操控板，如图 5-38 所示。

图 5-38 "混合"操控板

第2步，单击"混合为实体"按钮 □（此为默认设置）。

第3步，单击"选项"选项卡，弹出"选项"下滑面板，如图 5-39 所示，选择"平滑"单选按钮（此为默认设置）。

图 5-39 "选项"下滑面板   图 5-40 "截面"下滑面板

第4步，单击"截面"选项卡，弹出"截面"下滑面板，如图 5-40 所示，选择"草绘截面"单选按钮（此为默认设置）。

第5步，单击"定义"按钮，在弹出的"草绘"对话框中选择 TOP 基准平面为草绘平面，选择 RIGHT 基准平面为参考平面，参考平面方向为向右，单击"草绘"按钮进入草绘模式。

第6步，绘制如图 5-41 所示第一个二维截面。单击 ✔ 按钮，回到零件模式。

第7步，在"截面"下滑面板中，在"截面 1"文本框中设置偏移距离为"150.00"。

第8步，单击"草绘"按钮，绘制如图 5-42 所示第二个二维截面。单击 ✔ 按钮，回到零件模式。

第9步，在"截面"下滑面板中，单击"插入"按钮，在"截面 2"文本框中输入偏移距离 150。

第10步，单击"草绘"按钮，绘制如图 5-43 所示第三个二维截面。单击 ✔ 按钮，回到零件模式。此时，"截面"下滑面板如图 5-44 所示。

第11步，单击 ✔ 按钮，完成"平滑"混合特征的创建，如图 5-45 所示。

注意：如果第3步中选择"直"单选按钮，则完成的混合特征如图 5-46 所示。

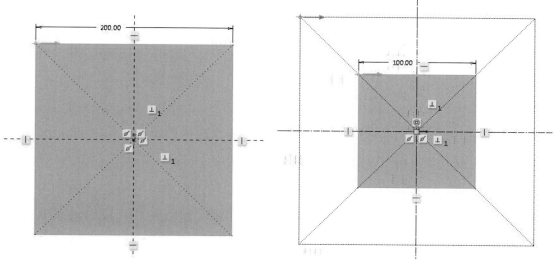

图 5-41　第一个二维截面　　　　　　　　　　图 5-42　第二个二维截面

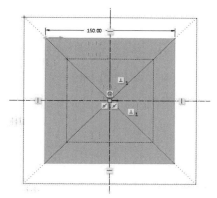

图 5-43　第三个二维截面

图 5-44　"截面"下滑面板

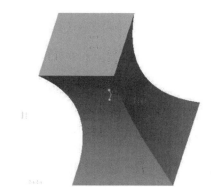

图 5-45　"平滑"混合

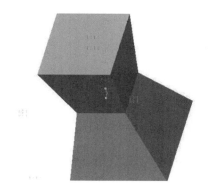

图 5-46　"直"混合

操作及选项说明如下。

1. 不同类型的混合

（1）平行混合：所有混合截面位于截面草绘中的多个平行平面上。

（2）旋转混合：混合截面绕 Y 轴旋转，最大角度可达 120°。每个截面都单独草绘并用截面坐标系对齐。

（3）一般混合：混合截面可以绕 X 轴、Y 轴和 Z 轴旋转，也可以沿这三个轴平移。每个截面都单独草绘，并用截面坐标系对齐。

2. 创建混合特征的要点

（1）修改起点的方法。如果起点不一致，如图 5-47 所示，则会生成如图 5-48 所示扭曲的混合特征。修改起点的操作步骤如下。

第 1 步，在"截面"下滑面板中选中截面 1，单击"编辑"按钮，切换到如图 5-41 所示的第一个二维截面。

第 2 步，选中第一个二维截面的左下角点，右击，在弹出的快捷菜单中选择"起点"命令。

注意：如果要改变起点箭头方向，可以再右击，在弹出的快捷菜单中选择"起点"命令。

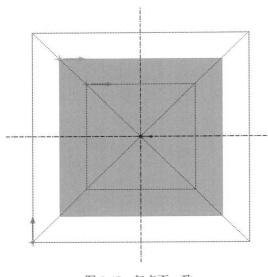

图 5-47　起点不一致

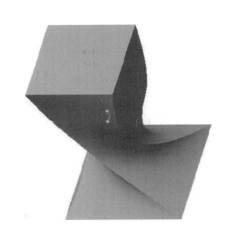

图 5-48　扭曲的混合特征

（2）混合截面图元数不同处理的方法。因为 Creo Parametric 4.0 要求每个混合截面必须有相同数目的图元，当图元数不同时，可以根据建模的要求采用以下两种处理方法。

① 加入混合顶点。如图 5-49 所示，第一个截面有 4 个图元，第二个截面有 3 个图元，则必须加入 1 个混合顶点增加 1 个图元，操作步骤如下。

第 1 步，在"截面"下滑面板中选中截面 2，单击"草绘"按钮，切换到第二个二维截面（如果第二个截面为选中状态，则可以省略该步）。

第 2 步，混合顶点，右击，弹出如图 5-50 所示快捷菜单，选择"混合顶点"命令。生成混合特征，如图 5-51 所示。

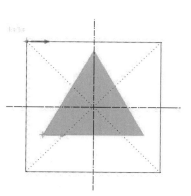

图 5-49　加入混合顶点

图 5-50　快捷菜单

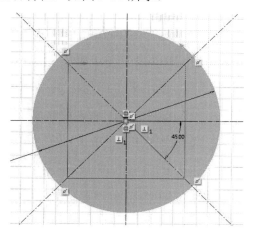

图 5-52　加入分割点

图 5-53　分割点后生成的混合特征

图 5-51　混合特征

② 加入分割点。如图 5-52 所示，第一个截面有 4 个图元，第二个截面有 1 个图元，可以在第二个截面上加入 4 个分割点，操作步骤如下。

第 1 步，在"截面"下滑面板中选中截面 2，单击"草绘"按钮，切换到第二个二维截面（如果第二个截面为选中状态，则可以省略该步）。

第 2 步，绘制两条中心线与圆相交，单击 ⚡分割 按钮，分割中心线与圆的 4 个交点。生成混合特征，如图 5-53 所示。

3. 其他选项说明

（1）▭：创建薄壳混合特征。

（2）◿：创建移除材料混合特征。

（3）☑：打开"草绘器"草绘或编辑混合截面。

（4）∿：选定截面来创建混合特征。

（5）⬜：创建曲面混合特征。

5.5　上机操作实验指导：支座和沐浴露瓶建模

1. 根据如图 5-54 所示的支座三视图创建该零件的三维实体模型，主要涉及"拉伸"命令和"旋转"命令。

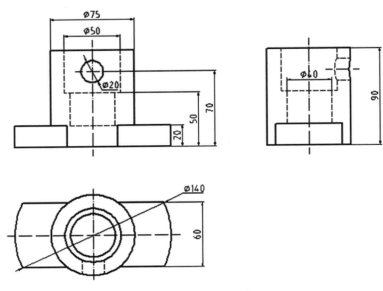

图 5-54　支座三视图

操作步骤如下。

步骤 1：创建新文件

参见本书第 1 章，操作过程略。

步骤 2：创建带孔圆柱体旋转特征

第 1 步，在零件模式中，单击 ⬦ 旋转 按钮，打开"旋转"操控板。

第 2 步，在该操控板中单击"旋转为实体"按钮 ▭。

第 3 步，单击"放置"下滑面板中的"定义"按钮，弹出"草绘"对话框。

第 4 步，选择 FRONT 基准平面为草绘平面，RIGHT 基准平面为参考平面，参考平面方向为向右，单击"草绘"按钮，进入草绘模式。

第 5 步，绘制如图 5-55 所示带孔圆柱二维特征截面，单击 ✔ 按钮，回到零件模式。

第 6 步，在"旋转"操控板中，指定旋转的方法为"变量"（此为默认设置），输入"旋转角度值"360，单击 ✔ 按钮，完成三维模型，如图 5-56 所示。

步骤 3：创建底板增加材料拉伸特征

第 1 步，单击 ▱ 按钮，打开"拉伸"操控板。

第 2 步，在该操控板中单击"拉伸为实体"按钮 ▭（此为默认设置）。

第 3 步，单击"放置"下滑面板中的"定义"按钮，弹出"草绘"对话框。

第 4 步，选择带孔圆柱下底面为草绘平面，RIGHT 基准平面为参考平面，参考平面方向为向右（此为默认设置），单击"草绘"按钮，进入草绘模式。

第 5 步，底板二维特征截面如图 5-57 所示，单击 ✔ 按钮，回到零件模式。

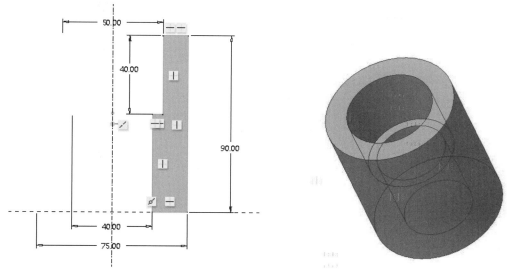

图 5-55　带孔圆柱二维特征截面　　　　　图 5-56　带孔圆柱特征

第 6 步，在"拉伸"操控板中，以指定的深度值拉伸（此为默认设置），输入"深度值"20，单击 ✔ 按钮，完成三维模型，如图 5-58 所示。

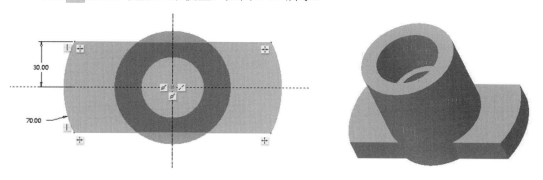

图 5-57　底板二维特征截面　　　　　　图 5-58　底板特征

步骤 4：创建孔移除材料拉伸特征

第 1~3 步，与步骤 3 创建底板增加材料拉伸特征的第 1~3 步相同。

第 4 步，选择 FRONT 为草绘平面，RIGHT 基准平面为参考平面，参考平面方向为向右（此为默认设置），单击"草绘"按钮，进入草绘模式。

第 5 步，草绘一个圆并修改草绘尺寸值，待重新生成草绘截面后，单击 ✔ 按钮，回到零件模式。

第 6 步，在"拉伸"操控板中，单击"移除材料"按钮 ⬜。

第 7 步，在"拉伸"操控板中，指定拉伸特征深度的方法为"穿透"，单击 ✔ 按钮，完成三维模型，如图 5-59 所示。

步骤 5：保存图形

参见本书第 1 章，操作过程略。

2. 创建如图 5-60 所示的沐浴露瓶模型。主要涉及"旋转"命令、"拉伸"命令、"扫描"命令和"混合"命令。

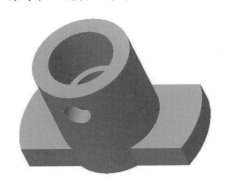

图 5-59　支座三维模型

图 5-60　沐浴露瓶模型

操作步骤如下。

步骤 1：创建新文件

参见本书第 1 章，操作过程略。

步骤 2：创建瓶体旋转特征

第 1 步，单击 旋转 按钮，打开"旋转"操控板。

第 2 步，在该操控板中，单击"旋转为实体" □ 按钮。

第 3 步，单击"放置"选项卡，弹出"放置"下滑面板，单击"定义"按钮，弹出"草绘"对话框。

第 4 步，选择 FRONT 基准平面为草绘平面，RIGHT 基准平面为参考平面，参考平面方向为向右,单击"草绘"按钮，进入草绘模式。

第 5 步，草绘二维特征截面，如图 5-61 所示，单击 ✔ 按钮，回到零件模式。

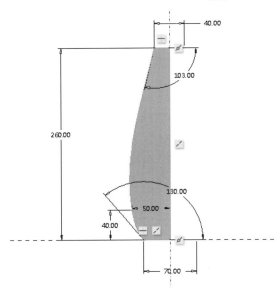

图 5-61　二维特征截面

第 6 步，在"旋转"操控板中，以自草绘平面以指定的角度值旋转（此为默认设置），输入旋转角度值 360，如图 5-62 所示，单击 ✔ 按钮。

第 7 步，对瓶体倒圆角，底面倒圆角，半径为 10，顶面倒圆角，半径为 2，如图 5-63 所示。

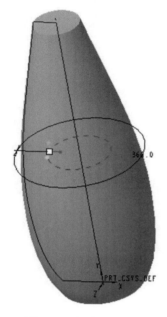

图 5-62　创建旋转特征

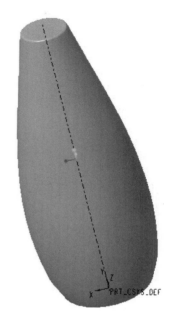

图 5-63　瓶体倒圆角

步骤 3：创建瓶颈混合特征 1

第 1 步，单击"模型"选项卡"形状"面板中的 🔗 混合 按钮，打开"混合"操控板。

第 2 步，单击"选项"选项卡，弹出"选项"下滑面板，在"混合曲面"选项组中选择"直"单选按钮。

第 3 步，单击"截面"选项卡，弹出"截面"下滑面板，选择"草绘截面"单选按钮（此为默认设置）。

第 4 步，单击"定义"按钮，在弹出"草绘"对话框，选择瓶子顶面为草绘平面，选择 RIGHT 基准平面为参考平面，参考平面方向为向右，单击"草绘"按钮，进入草绘模式。

第 5 步，绘制如图 5-64 所示第一个二维截面。单击 ✔ 按钮，回到零件模式。

第 6 步，在"截面"下滑面板中，"截面 1"文本框中输入偏移距离 3。

第 7 步，单击"草绘"按钮，绘制如图 5-65 所示第二个二维截面。单击 ✔ 按钮，完成混合截面的绘制。

第 8 步，单击 ✔ 按钮，完成混合特征 1 的创建，如图 5-66 所示。

步骤 4：创建瓶颈混合特征 2

第 1~3 步，同步骤 3 中的第 1~3 步。

第 4 步，单击"定义"按钮，在弹出"草绘"对话框，选择步骤 3 中创建的混合特征 1 的顶面为草绘平面，选择 RIGHT 基准平面为参考平面，参考平面方向为向右，单击"草绘"按钮，进入草绘模式。

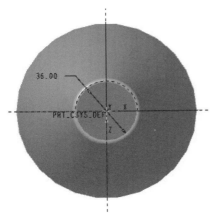

图 5-64　第 1 个二维截面

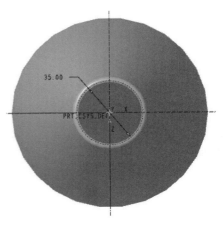

图 5-65　第 2 个二维截面

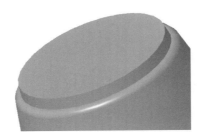

图 5-66　创建混合特征 1

第 5 步，绘制如图 5-67 所示第一个二维截面。单击 ✔ 按钮，回到零件模式。

第 6 步，在"截面"下滑面板中，"截面 1"文本框中输入偏移距离为 17。

第 7 步，单击"草绘"按钮，绘制如图 5-68 所示第二个二维截面。单击 ✔ 按钮，完成混合截面的绘制。

第 8 步，单击 ✔ 按钮，完成混合特征 2 的创建，如图 5-69 所示。

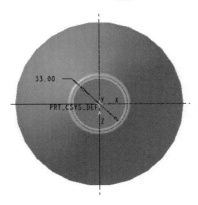

图 5-67　第 1 个二维截面

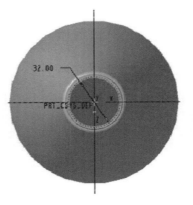

图 5-68　第 2 个二维截面

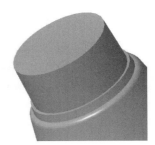

图 5-69　创建混合特征 2

第 9 步，对瓶颈混合特征 2 倒圆角，顶面半径值为 3。对瓶颈混合特征 1 倒圆角，顶面半径值为 1。

步骤5：　创建瓶盖旋转特征

第1步，单击 ✛ 旋转 按钮，打开"旋转"操控板。

第2步，在该操控板中，单击"旋转为实体" ▢ 按钮。

第3步，单击"放置"选项卡，弹出"放置"下滑面板，单击"定义"按钮，弹出"草绘"对话框。

第4步，选择FRONT基准平面为草绘平面，RIGHT基准平面为参考平面，参考平面方向为向右，单击"草绘"按钮，进入草绘模式。

第5步，绘制如图5-70所示二维特征截面，单击 ✔ 按钮，回到零件模式。

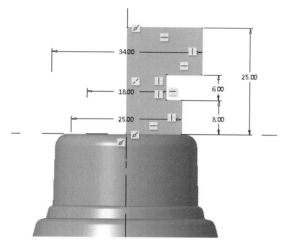

图5-70　瓶盖二维特征截面

图5-71　创建旋转特征

第6步，在"旋转"操控板中，输入旋转角度值360，单击 ✔ 按钮，完成旋转特征创建，如图5-71所示。

第7步，对瓶盖顶面倒圆角，半径为3。

步骤6：　创建导流管扫描特征

第1步，单击 🖉 扫描 按钮，打开"扫描"操控板。

第2步，单击"扫描为实体" ▢ 按钮（此为默认设置）。

第3步，单击"恒定截面扫描" ⊨ 按钮（此为默认设置）。

第4步，单击"扫描特征"操控板右端的 〰 下拉式按钮，再单击 〰 按钮，弹出"草绘"对话框，选择FRONT基准平面为草绘平面，RIGHT基准平面为参考平面，方向为向右（此为默认设置），单击"草绘"按钮，进入草绘模式。

第5步，绘制如图5-72所示扫描轨迹线，单击 ✔ 按钮，回到零件模式。

第6步，单击 ▶ 按钮，系统自动选取上步绘制的曲线。

第7步，单击"扫描"操控板上的 📝 按钮，进入草绘模式，绘制如图5-73所示的截面草图，单击 ✔ 按钮，回到零件模式。

第8步，单击 ✔ 按钮，完成扫描特征的创建，如图7-74所示。

第9步，相贯线倒圆角，半径为1，如图7-75所示。

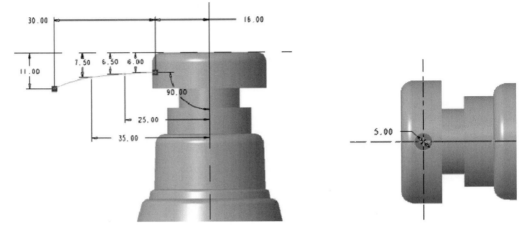

图 5-72　草绘扫描轨迹线　　　　　　　　　　　　图 5-73　绘制扫描截面

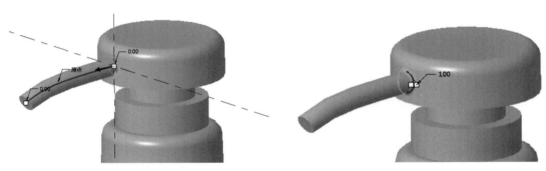

图 5-74　创建扫描特征　　　　　　　　　　　　图 5-75　相贯线倒圆角

步骤 7：创建抽壳特征

第 1 步，单击 ■壳 按钮，打开"壳"操控板，系统以默认的方式对模型进行抽壳。

第 2 步，单击"参考"选项卡，弹出"参考"下滑面板，激活"移除的曲面"收集器，选择扫描特征表面作为移除参考，如图 5-76 所示。

第 3 步，在"壳"操控板中，在"厚度"文本框中输入壳体的厚度值为 1。

第 4 步，单击 ✔ 按钮，完成抽壳特征的创建，如图 5-77 所示。

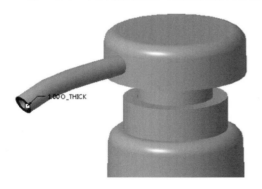

图 5-76　选中移除参考

图 5-77　创建抽壳特征

步骤 8：创建瓶底拉伸特征

第 1 步，单击拉伸 ![按钮] 按钮，打开"特征"操控板。

第 2 步，在该操控板中，单击"拉伸为实体" ![] 按钮（此为默认设置）。

第 3 步，单击"放置"选项卡，弹出"放置"下滑面板，单击"定义"按钮，弹出"草绘"对话框。

第 4 步，选择瓶子底面为草绘平面，RIGHT 基准平面为参考平面，参考平面方向为向右（此为默认设置），单击"草绘"按钮，进入草绘模式。

第 5 步，草绘二维特征截面如图 5-78 所示，单击 ✓ 按钮，回到零件模式。

第 6 步，在"拉伸"操控板中，以指定的深度值拉伸（此为默认设置），输入"深度值"为 2，单击 ✓ 按钮，完成拉伸特征，如图 5-79 所示。

第 7 步，底边倒圆角，半径为 0.5，如图 5-80 所示。

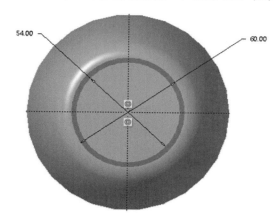

图 5-78　二维特征截面

图 5-79　创建拉伸特征

图 5-80　底边倒圆角

步骤 9：保存图形

参见本书第 1 章，操作过程略。

5.6 上 机 题

1. 利用"拉伸"命令、"旋转"命令、"倒角"命令和"螺旋扫描"命令创建如图 5-81 所示 M16 螺母三维模型。

建模步骤提示如下。

（1）利用"拉伸"命令创建螺母六棱柱，边长为 16，高为 12.8。

（2）利用"旋转"命令移除材料，旋转截面如图 5-82 所示。

（3）利用"拉伸"命令创建孔，直径为 13.6。

（4）利用"倒角"命令对孔倒角 C2。

（5）利用"螺旋扫描"命令创建螺距为 1.55 的内螺纹。

图 5-81 螺母三维模型

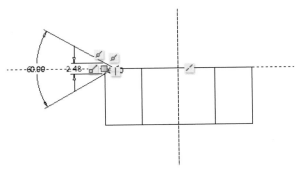

图 5-82 旋转截面

2. 创建如图 5-83 所示的组合体零件模型，三视图如图 5-84 所示，主要涉及"拉伸"命令和"旋转"命令。

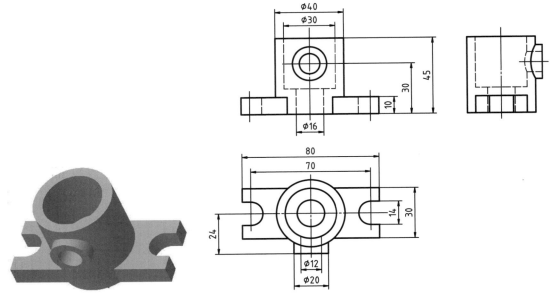

图 5-83 组合体零件模型

图 5-84 组合体三视图

建模步骤提示如下。

（1）创建底座拉伸特征。选择 TOP 平面为草绘平面，采用默认的参考和方向设置。

（2）创建拉伸圆柱体特征。仍选择 TOP 平面为草绘平面，采用默认的参考和方向设置，完成三维模型如图 5-85 所示。

（3）创建旋转移除材料特征。以 FRONT 平面为草绘平面，采用默认的参考和方向设置，绘制的二维截面如图 5-86 所示。在"旋转"操控板上单击"移除材料"按钮 △，完成三维模型如图 5-87 所示。

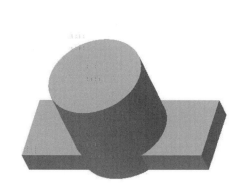

图 5-85　创建拉伸圆柱体特征

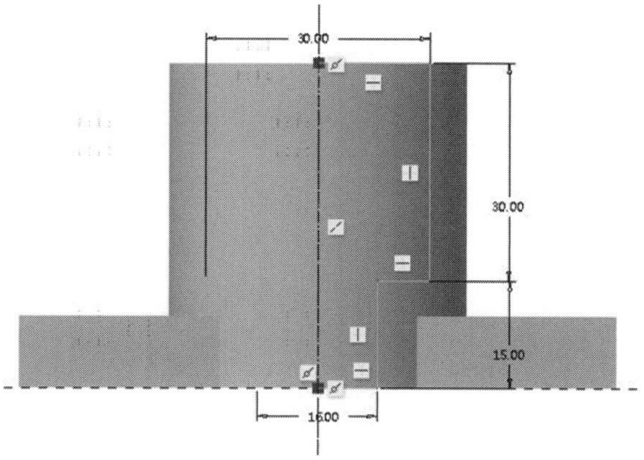

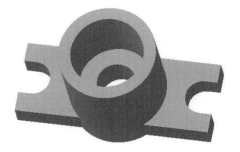

图 5-86　绘制旋转截面

（4）创建拉伸移除材料特征。分别对拉伸底板的两端进行拉伸移除材料操作，完成三维模型如图 5-88 所示。

图 5-87　创建旋转移除材料特征

图 5-88　创建拉伸移除材料特征

（5）创建基准平面。以 FRONT 平面为偏移参考，偏移距离为 24，创建一个基准平面 DTM1，如图 5-89 所示。

（6）创建拉伸特征。以新创建的基准平面 DTM1 为草绘平面，草绘一个直径为 20 的圆作为特征截面，采用默认的参考和方向设置。指定拉伸特征深度为"拉伸到选定的点、曲线、平面或曲面"方式，并选中第（2）步中圆柱体的外表面作为拉伸的终止面。创建的拉伸特征如图 5-90 所示。

（7）创建拉伸移除材料特征。创建方法与上一步相似，草绘一个直径为 12 的圆作为特征截面，在"拉伸"操控板上选中"移除材料"按钮 △。选择圆柱体的内表面作为拉伸的终止面。

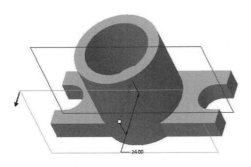

图 5-89　创建基准平面

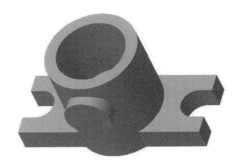

图 5-90　创建拉伸特征

3. 创建如图 5-91 所示的杯子模型，主要涉及"混合""抽壳""倒圆角""扫描"和"拉伸"命令。

图 5-91　杯子模型

建模步骤提示如下。

（1）创建混合特征。在"混合"操控板中打开"截面"面板，选择"草绘截面"单选按钮。单击"定义"按钮，弹出"草绘"对话框，选择 TOP 基准平面为草绘平面，RIGHT 基准平面为参考平面，参考平面方向为向右，单击"草绘"按钮，进入草绘模式，绘制第一个二维截面。同理，绘制第二个二维截面（需要加入分割点），偏移值为 80，如图 5-92 所示。单击 ✓ 按钮，完成的混合特征如图 5-93 所示。

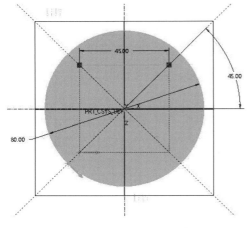

图 5-92　混合特征截面尺寸图

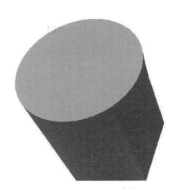

图 5-93　创建混合特征

（2）创建倒圆角特征。选择模型边线进行倒圆角操作，侧边倒圆角半径为10，底边倒圆角半径为5，如图5-94所示，完成的三维模型如图5-95所示。

图5-94　选择倒圆角边线

图5-95　创建倒圆角特征

（3）创建壳特征。选择模型顶面为移除的曲面，设置抽壳厚度为2，如图5-96所示，完成的三维模型如图5-97所示。

图5-96　选择移除的曲面

图5-97　创建壳特征

（4）杯口创建倒圆角特征，半径为1，如图5-98所示，完成的三维模型如图5-99所示。

图5-98　选择倒圆角边线

图5-99　创建倒圆角特征

（5）创建扫描特征。

第 1 步，打开"扫描"操控板，选择 FRONT 基准平面为草绘平面，RIGHT 基准平面为参考平面，参考平面方向为向右，绘制如图 5-100 所示的图形作为扫描的轨迹线，单击 ✔ 按钮，完成扫描轨迹线的绘制，如图 5-101 所示。

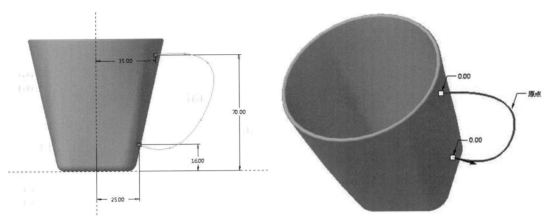

图 5-100　草绘扫描轨迹线　　　　　　　　图 5-101　完成扫描轨迹线的绘制

第 2 步，在"扫描"操控板中单击 ☑ 按钮，进入草绘模式，绘制如图 5-102 所示的扫描截面。单击 ✔ 按钮，完成扫描截面的绘制。

第 3 步，单击 ✔ 按钮，完成扫描特征的创建，如图 5-103 所示。

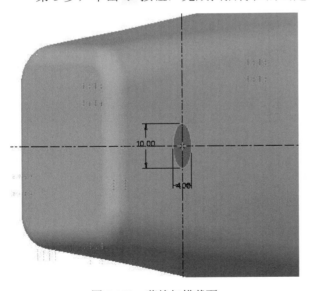

图 5-102　草绘扫描截面　　　　　　　　　图 5-103　创建扫描特征

（6）创建拉伸特征。打开"拉伸"操控板，选择杯身底部曲面为草绘平面，RIGHT 基准平面为参考平面，参考平面方向为向右，绘制如图 5-104 所示的图形作为拉伸二维特征截面，拉伸为实体，深度值设置为 3，单击"加厚草绘"按钮 ⬜，设置厚度值为 2，单击 ✔ 按钮，完成拉伸特征的创建，如图 5-105 所示。

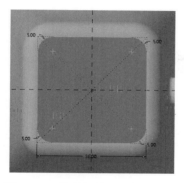

图 5-104　草绘拉伸二维特征截面

图 5-105　创建拉伸特征

（7）杯子把手根部倒圆角，半径值为 1.5，完成杯子模型的创建，如图 5-91 所示。

第6章　工程特征的创建

工程特征是基于工程实践中建模的需要建立起来的一种重要的三维实体特征。与基础特征及其他实体特征不同，工程特征都是在已有特征的基础之上对其进行增加材料或移除材料而创建的特征。

本章将介绍的内容如下。

（1）孔特征的创建。

（2）圆角特征的创建。

（3）自动倒圆角特征的创建。

（4）倒角特征的创建。

（5）抽壳特征的创建。

（6）拔模特征的创建。

（7）筋特征的创建。

6.1　孔特征的创建

孔特征是在现有实体模型的基础上，通过预先指定孔的放置平面、定位尺寸、直径、深度等一系列参数而生成的特征。

可通过功能区调用命令，单击"模型"选项卡"工程"面板中的"孔"按钮 孔。

6.1.1　简单孔特征的创建

利用"孔"命令可以创建简单孔特征。

操作步骤如下。

第1步，在零件模式中，单击 按钮，以 TOP 基准平面为草绘平面，采用默认参考和方向设置，绘制二维特征截面，如图6-1所示，设置拉伸深度为200，创建拉伸实体特征，如图6-2所示。

第2步，单击"孔"按钮 孔，打开"孔"操控板，如图6-3所示。

第3步，在该操控板中单击"创建简单孔"按钮 （此为默认设置）。

第4步，单击"放置"选项卡，弹出如图6-4所示"放置"下滑面板，在该下滑面板中激活"放置"收集器，选择正方体的上表面作为孔的放置平面，如图6-5所示。

第5步，在"放置"下滑面板中，设置孔的定位方式的"类型"为线性，并激活"偏移参考"收集器，按住 Ctrl 键，依次选中正方体上表面的两条相邻边作为孔的定位基准，如图6-6所示。

注意：选择偏移参考作为孔的定位基准，也可以直接用鼠标拖动两个定位句柄至指定的边或者面，这样的方法可以让操作变得更加快捷。

第6步，在该下滑面板中，修改"偏移参考"收集器中孔的定位尺寸，如图6-7所示。

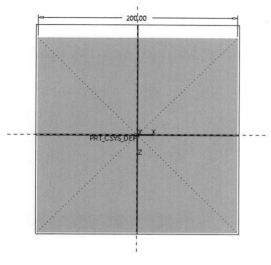

图 6-1　二维特征截面

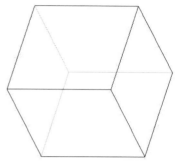

图 6-2　拉伸实体特征

图 6-3　"孔"操控板

图 6-4　"放置"下滑面板

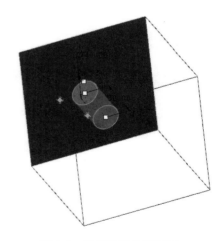

图 6-5　选择孔的放置平面

注意： 修改孔的定位尺寸也可以直接在绘图区中显示的相应的尺寸上双击进行修改，这样的方法同时也适用于定义钻孔的直径和深度。

第 7 步，单击"形状"选项卡，弹出"形状"下滑面板，选择"盲孔"方式以设置钻孔的深度，输入孔的深度 100，直径为 150，如图 6-8 所示。单击 ✔ 按钮，生成的简单孔特征如图 6-9 所示。

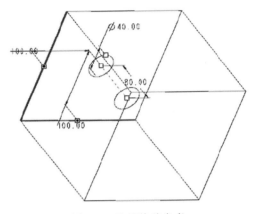

图 6-6　选择偏移参考

图 6-7　修改孔的定位尺寸

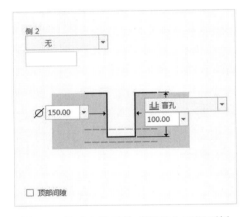

图 6-8　修改参数后的"形状"下滑面板

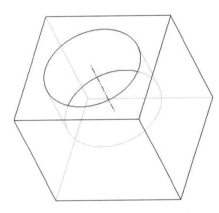

图 6-9　完成简单孔特征的创建

6.1.2　草绘孔特征的创建

利用"孔"命令可以创建草绘孔特征。

操作步骤如下。

第 1～6 步，与 6.1.1 节简单孔特征的创建操作步骤的第 1～6 步相同。

第 7 步，在"孔"操控板中，单击▦按钮，选中"使用草绘定义钻孔轮廓"，如图 6-10 所示，再单击▦按钮，系统进入草绘模式。

注意：单击▦按钮之后，在其右侧会出现两个按钮，单击▣按钮，打开现有的草绘轮廓；单击▦按钮，直接进入草绘模式，创建二维特征截面。

图 6-10　选中"使用草绘定义钻孔轮廓"

第 8 步，草绘二维特征截面并修改尺寸值，如图 6-11 所示，待重新生成草绘截面后，单击 ✔ 按钮，回到零件模式。

注意：绘制孔特征的截面必须具有垂直的旋转轴，至少有一个图元垂直于旋转中心，所有图元位于旋转轴的一侧，且截面必须为封闭环。

第 9 步，单击 ✔ 按钮，完成草绘孔特征的创建，如图 6-12 所示。

注意：回到零件模式后，再次单击 按钮，可直接对草绘的特征截面进行修改。

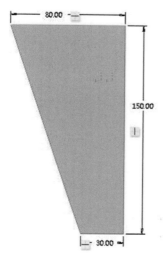

图 6-11　二维特征截面

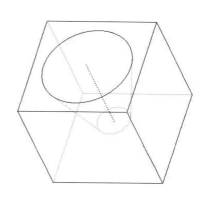

图 6-12　完成草绘孔特征的创建

6.1.3　标准孔特征的创建

利用"孔"命令可以创建标准孔特征。

操作步骤如下。

第 1~6 步，与 6.1.1 节简单孔特征的创建操作步骤的第 1~6 步相同。

第 7 步，在"孔"操控板中，单击 按钮，创建标准孔，如图 6-13 所示。

图 6-13　创建标准孔

第 8 步，在该操控板中，单击"添加攻丝"按钮 （此为默认设置），创建具有螺纹特征的标准孔，指定标准孔的螺纹类型为 ISO，输入螺钉的尺寸为 M64×6，指定钻孔深度的类型为"盲孔"（此为默认设置），单击 按钮，并输入直到孔尖端的钻孔深度 150，设置参数后的操控板如图 6-14 所示，此时绘图区中的模型如图 6-15 所示。

注意：螺纹类型包括 ISO、UNC、UNF 三个标准，其中 ISO 标准符合我国的标准。在使用 ISO 标准时，如果使用其他单位配置，会出现无法创建正常标准孔的情况。所以在新建项目之初，不要选中"使用默认模板"，选择 mmns_part_solid 或者在选项配置许可器中修改默认模板选项为 mmns_part_solid 均可。

图 6-14　设置参数后的操控板

第 9 步，单击"形状"选项卡，弹出"形状"下滑面板，输入螺纹的深度 120，钻孔顶角的值 120，如图 6-16 所示。

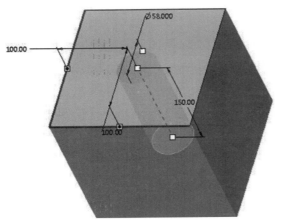

图 6-15　设置参数后的模型显示

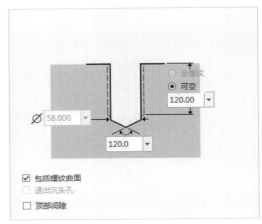

图 6-16　"形状"下滑面板

第 10 步，在"孔"操控板中，单击 M 按钮，为标准孔添加"沉头孔"，并在"形状"下滑面板中定义相应的参数值，如图 6-17 所示。单击 ✔ 按钮，完成标准孔特征的创建，如图 6-18 所示。

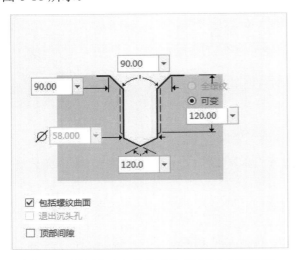

图 6-17　设置相应参数值后的"形状"下滑面板

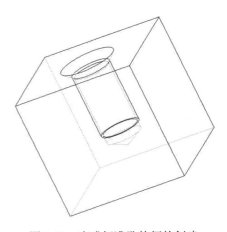

图 6-18　完成标准孔特征的创建

操作及选项说明如下。

1．孔的定位方式的类型

在"放置"下滑面板中，可以指定孔的定位方式的类型。

（1）线性：使用两个线性尺寸，通过预先指定的偏移参考来确定孔的中心线的坐标位置。

（2）径向：使用一个线性尺寸和一个角度尺寸，通过预先指定的参考轴和参考平面来确定孔的中心线的极坐标位置，如图 6-19 所示。

（3）直径：和径向定位方式类似，不同的是其用直径标注极坐标，如图 6-20 所示。

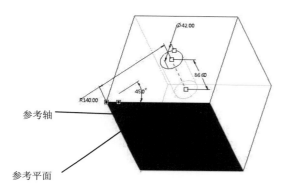

图 6-19　孔的径向定位方式　　　　图 6-20　孔的直径定位方式

2．其他选项说明

（1）🔧：选中该按钮可以创建具有螺纹特征的孔，同时使用该选项可以在螺纹或锥孔和间隙孔或钻孔之间切换，系统默认状态下会选择此项"攻丝"。

（2）🔲：指定到肩末端的钻孔深度。

（3）🔲：指定到孔尖端的钻孔深度。

（4）Y：允许用户创建锥孔。

（5）🔲：允许用户创建间隙孔。

6.2　圆角特征的创建

圆角特征是一种通过向一条或多条边、边链或在曲面之间添加半径而形成的一种边处理特征，其中的曲面可以是实体模型曲面，也可以是零厚度的面组或曲面。

可通过功能区调用命令，单击"模型"选项卡"工程"面板中的 🔘倒圆角 按钮。

6.2.1　恒定倒圆角特征的创建

利用"倒圆角"命令可以创建恒定倒圆角特征。

操作步骤如下：

第 1 步，打开文件 Ch6-2.prt。

第 2 步，单击 🔘倒圆角 按钮，打开"倒圆角"操控板，如图 6-21 所示。

图 6-21　"倒圆角"操控板

第 3 步，选中正方体的一条边作为倒圆角参考，如图 6-22 所示，并输入恒定倒圆角的半径 80，如图 6-23 所示。单击 ✔ 按钮，完成恒定倒圆角特征的创建，如图 6-24 所示。

注意：拖动半径句柄可以动态修改尺寸。

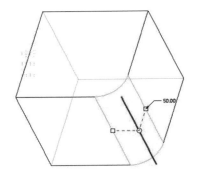

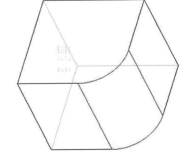

图 6-22　选中倒圆角参考　　图 6-23　输入倒圆角半径值　图 6-24　完成恒定倒圆角特征的创建

6.2.2　完全倒圆角特征的创建

利用"倒圆角"命令可以创建完全倒圆角特征。

操作步骤如下。

第 1、2 步，与 6.2.1 节恒定倒圆角特征的创建操作步骤的第 1、2 步相同。

第 3 步，按住 Ctrl 键，选中正方体上表面两侧的两条边线作为完全倒圆角的参考，如图 6-25 所示。

注意：完全倒圆角是将两条参考边线或者两个曲面之间的模型表面全部转化为圆角，因此不能选中相邻的边线或者曲面作为参考，否则完全倒圆角特征将无法生成。

第 4 步，单击"集"选项卡，弹出"集"下滑面板，如图 6-26 所示。单击"完全倒圆角"按钮，此时的模型显示如图 6-27 所示。

第 5 步，在"倒圆角"操控板中单击 ✔ 按钮，完成完全倒圆角特征的创建，如图 6-28 所示。

6.2.3　可变倒圆角特征的创建

利用"倒圆角"命令可以创建可变倒圆角特征。

操作步骤如下。

第 1、2 步，与 6.2.1 节恒定倒圆角特征的创建操作步骤的第 1、2 步相同。

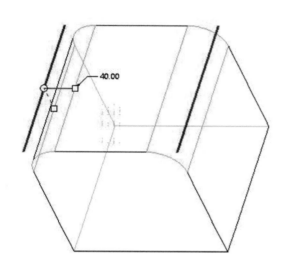

图 6-25　选中倒圆角参考

图 6-26　"集"下滑面板

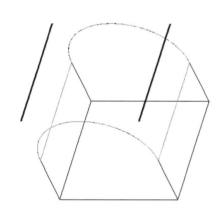

图 6-27　完全倒圆角操作

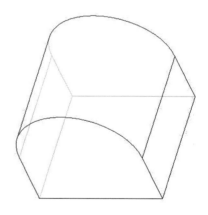

图 6-28　完成完全倒圆角特征的创建

第 3 步，选中正方体的一条边作为倒圆角参考，如图 6-29 所示。

注意：可变倒圆角也可以在多条边或边链上创建半径发生变化的圆角，但一般情况下只应用于一条边。

第 4 步，在绘图区中，将鼠标移至半径数字或半径句柄处并右击，在弹出的快捷菜单中选择"添加半径"选项，如图 6-30 所示，为圆角添加一个新的半径，此时的模型显示如图 6-31 所示。

注意：也可以在"集"下滑面板的"半径"栏中右击，可以在弹出的快捷菜单中选择"添加半径"选项，另外选择"成为常数"选项会去除该半径。

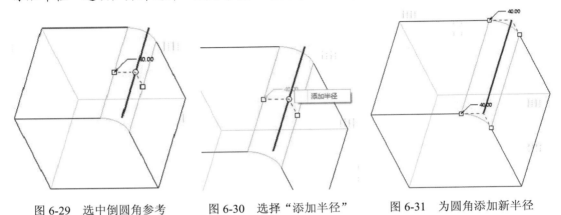

图 6-29　选中倒圆角参考　　图 6-30　选择"添加半径"　　图 6-31　为圆角添加新半径

第 5 步，在模型中利用相同的方法为圆角再添加一个新的半径，在绘图区中双击相应的半径值修改其尺寸，如图 6-32 所示，单击 ✔ 按钮，完成可变倒圆角特征的创建，如图 6-33 所示。

注意：在"集"下滑面板中也可以设置相应的半径值、位置值。其中数值 0.50 表示相应的圆角控制点在圆角片上的位置比例。

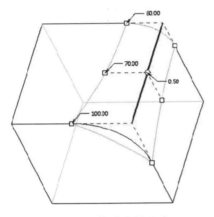

图 6-32　修改半径尺寸

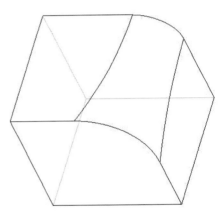

图 6-33　完成可变倒圆角特征的创建

操作及选项说明如下。

1．选中倒圆角参考的方式

（1）在创建恒定倒圆角特征的过程中，也可选中多条边、边链或相邻的两个曲面作为倒圆角参考，如图 6-34～图 6-36 所示。

（2）在创建完全倒圆角特征的过程中，也可选中两个曲面作为参考，利用驱动曲面决定完全倒圆角特征，如图 6-37 所示。

2．其他选项说明

（1） 激活"集"模式，用来处理倒圆角集，系统默认状态下会选中此项。

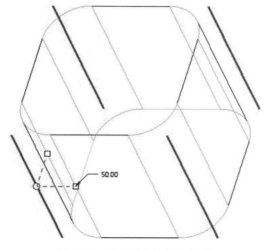

图 6-34 选中多条边作为参考

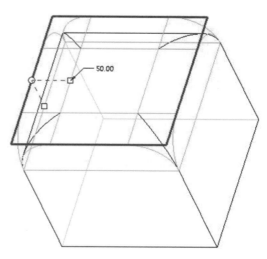

图 6-35 选中边链作为参考

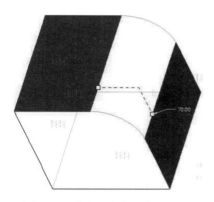

图 6-36 选中两个曲面作为参考

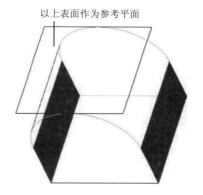

图 6-37 驱动曲面决定完全倒圆角

（2）![icon]：激活"过渡"模式，利用该模式可以定义倒圆角特征的所有过渡。

（3）"集"：在该面板上可以定义圆角的类型及各种参数，同时可查看并编辑倒圆角参考及其属性。

（4）"过渡"：激活"过渡"模式后可使用此项，该栏列出所有除默认过渡之外的用户定义的过渡。

（5）"段"：利用该下滑面板可查看倒圆角特征的全部倒圆角集，查看当前倒圆角集中的全部倒圆角段，修剪、延伸或排除这些倒圆角段，以及处理放置模糊问题。

（6）"选项"：可在下滑面板中定义实体圆角或曲面圆角。

6.3 自动倒圆角特征的创建

自动倒圆角特征是通过排除边线的方式，系统自动选中其他所有的边线创建圆角而生成的一种倒圆角特征，其中被选中的排除边线保持不变。

可通过功能区调用命令，单击"模型"选项卡"工程"面板中的  自动倒圆角 按钮。

操作步骤如下。

第 1 步，在零件模式中，单击 按钮，以 TOP 基准平面为草绘平面，创建一个边长为 200 的正方体实体特征，如图 6-38 所示。再以正方体的上表面为草绘平面，创建一个边长为 150 的正方体移除材料拉伸特征，如图 6-39 所示。

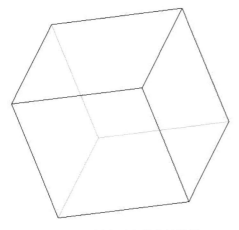

图 6-38　创建正方体实体特征

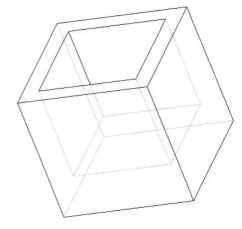

图 6-39　创建移除材料拉伸特征

第 2 步，单击 自动倒圆角 按钮，打开"自动倒圆角"操控板，如图 6-40 所示。

图 6-40　"自动倒圆角"操控板

第 3 步，单击"范围"选项卡，弹出"范围"下滑面板，如图 6-41 所示，选择"实体几何"单选按钮，并选中"凸边"复选框和"凹边"复选框（均为默认设置）。

注意：对实体几何上的边自动倒圆角，应选择"实体几何"单选按钮；对曲面组上的边自动倒圆角，应选择"面组"单选按钮；不通过排除边的方式，仅对选中的边或边链倒圆角，应选择"选定的边"单选按钮；仅对"凸边"倒圆角，应选中"凸边"复选框；仅对"凹边"倒圆角，应选中"凹边"复选框。

第 4 步，单击"排除"选项卡，弹出"排除"下滑面板，如图 6-42 所示。激活"排除的边"收集器，按住 Ctrl 键依次选中实体特征上表面的 4 条边作为排除参考，如图 6-43 所示。

注意：也可以直接在绘图区模型中选中排除参考，选中的结果将会在"排除"下滑面板中显示。

第 5 步，在"自动倒圆角"操控板中，输入凸边的半径 10 和凹边的半径 5，如图 6-44 所示。单击 按钮，完成自动倒圆角特征的创建，如图 6-45 所示。

图 6-41 "范围"下滑面板

图 6-42 "排除"下滑面板

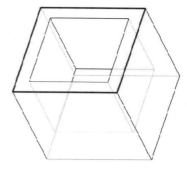

图 6-43 选中排除参考

注意：如果设置的凸边或凹边的半径值过大，将导致部分凸边或凹边不能形成倒圆角特征。

图 6-44 设置凸边和凹边的半径值

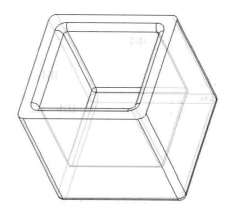

图 6-45 完成自动倒圆角特征的创建

6.4 倒角特征的创建

倒角特征是对边或拐角进行斜切削而生成的一种特征。在 Creo Parametric 4.0 中可以创建两种类型的倒角特征：边倒角和拐角倒角。

6.4.1 边倒角特征的创建

利用"倒角"命令可以创建边倒角特征。

可通过功能区调用命令，单击"模型"选项卡"工程"面板中的 倒角 按钮。

操作步骤如下。

第 1 步，打开文件 Ch6-2.prt。

第 2 步，单击 倒角 按钮，打开"边倒角"操控板，如图 6-46 所示。

图 6-46 "边倒角"操控板

第 3 步，按住 Ctrl 键依次选中正方体的三条相邻的边作为倒角参考，如图 6-47 所示，在"边倒角"操控板中，指定边倒角的类型为"D×D"（此为默认设置），输入倒角的 D 值 50，如图 6-48 所示。

注意：也可以直接双击如图 6-47 所示的数值，在文本框中修改倒角的 D 值。

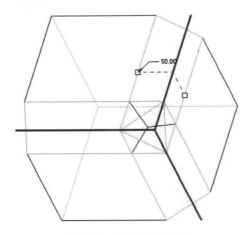

图 6-47 选中倒角参考

图 6-48 指定倒角类型并设置 D 值

第 4 步，在"边倒角"操控板中，单击 按钮，激活"过渡"模式，单击倒角边相交区域，激活该操控板中"过渡类型"下拉列表。在该下拉列表中指定过渡类型为"拐角平面"，如图 6-49 所示。单击 按钮，完成边倒角特征的创建，如图 6-50 所示。

图 6-49 选中过渡类型

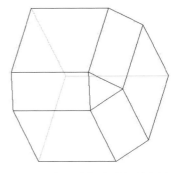

图 6-50 完成边倒角特征的创建

6.4.2 拐角倒角特征的创建

利用"拐角倒角"命令可以创建拐角倒角特征。

可通过功能区调用命令，单击"模型"选项卡"工程"面板中的  按钮。

操作步骤如下。

第1步，打开文件 Ch6-2.prt。

第2步，单击 拐角倒角 按钮，打开"拐角倒角"操控板，如图 6-51 所示。

图 6-51　"拐角倒角"操控板

第3步，在绘图区中选择要创建拐角倒角的顶点，如图 6-52 所示。

第4步，在"拐角倒角"操控板中分别输入 D1 值 50，D2 值 70，D3 值 100，如图 6-53 所示，效果如图 6-54 所示。单击 ✔ 按钮，完成拐角倒角特征的创建，如图 6-55 所示。

注意：系统默认拐角边的顺序为逆时针，用户将按照此顺序依次定义每条拐角边的长度值。

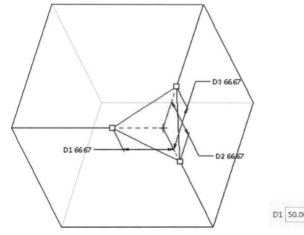

图 6-52　选择要创建拐角倒角的顶点

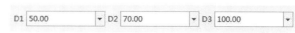

图 6-53　设置 D1、D2、D3 的值

操作及选项说明如下。

1．边倒角的类型

在"边倒角"操控板中，可以选择不同的边倒角类型。

（1）D×D：可以创建倒角边两侧的倒角距离相等的倒角特征。

（2）D1×D2：可以创建倒角边两侧的倒角距离不相等的倒角特征，如图 6-56 所示。

（3）角度×D：可以创建通过一个倒角距离和一个倒角角度定义的倒角特征，如图 6-57 所示。

注意：在"边倒角"操控板中，单击 ⟋ 按钮，可以切换角度使用的参考曲面。

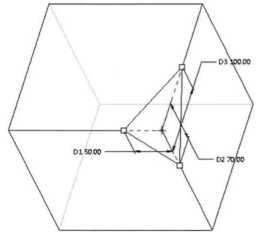

图 6-54　设置拐角倒角参数

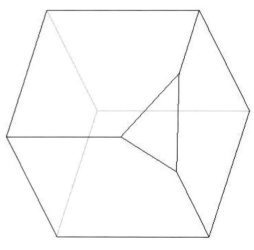

图 6-55　完成拐角倒角特征的创建

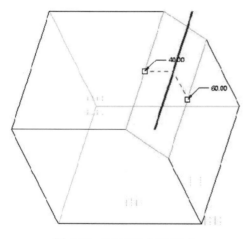

图 6-56　D1×D2 标注形式

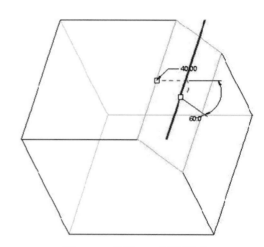

图 6-57　角度×D 标注形式

（4）45×D：仅限在两正交平面相交处的边线上创建倒角特征，系统将默认倒角的角度为 45°，如图 6-58 所示。

2．过渡的几种类型

在"边倒角"操控板中，单击 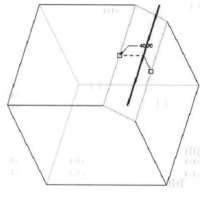 按钮，激活"过渡"模式，可以定义倒角特征的过渡类型。

（1）默认（相交）：倒角过渡处将按照系统默认的方式进行处理，如图 6-59 所示。

（2）曲面片：在选中参考曲面后，对于 3 个倒角相交形成的过渡，可以创建能够设置相对于参考曲面的圆角参数的曲面片；对于 4 个倒角相交形成的过渡，则创建系统默认的曲面片，如图 6-60 所示。

（3）拐角平面：对倒角过渡处进行平面处理。

图 6-58　45×D 标注形式

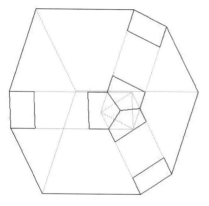

图 6-59　默认（相交）的过渡

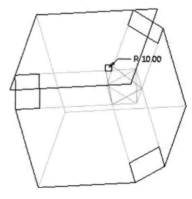

图 6-60　曲面片的过渡

6.5　抽壳特征的创建

抽壳特征是通过将实体内部掏空只留一个特定壁厚的壳而生成的特征。

可通过功能区调用命令，单击"模型"选项卡"工程"面板中的 壳 按钮。

6.5.1　单一厚度抽壳特征的创建

利用"壳"命令可以创建单一厚度抽壳特征。

操作步骤如下。

第 1 步，打开文件 Ch6-2.prt。

第 2 步，单击 壳 按钮，打开"壳"操控板，如图 6-61 所示。系统按照默认的方式对模型进行抽壳处理，此时的模型显示如图 6-62 所示。

图 6-61　"壳"操控板

第 3 步，单击"参考"选项卡，弹出"参考"下滑面板，如图 6-63 所示。激活"移除的曲面"收集器，按住 Ctrl 键依次选中正方体的上表面和一个侧面作为移除参考，如图 6-64 所示。

注意：如果未选中要移除的曲面，则会创建一个如图 6-62 所示的"封闭"壳，整个零件内部被掏空，且空心部分没有入口；如果要移除参考曲面，则可以在"移除的曲面"收集器中右击选择的曲面，选择"移除"选项即可。

第 4 步，在"壳"操控板"厚度"文本框中设置壳体的厚度值为 30，如图 6-65 所示。

第 5 步，单击 ✓ 按钮，完成单一厚度抽壳特征的创建，如图 6-66 所示。

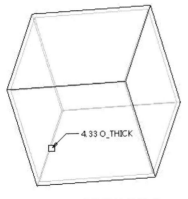

图 6-62　系统默认的抽壳

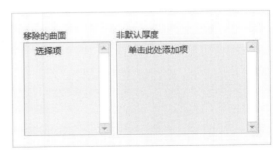

图 6-63　"参考"下滑面板

注意：单击"壳"操控板上的 按钮或将壳体的厚度值定义为负值，壳厚度将被添加到零件的外部。

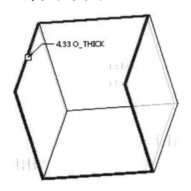

图 6-64　选中移除参考

图 6-65　输入厚度值 30

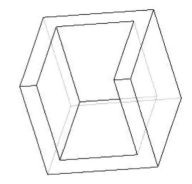

图 6-66　完成单一厚度抽壳特征的创建

6.5.2　不同厚度抽壳特征的创建

利用"壳"命令可以创建不同厚度抽壳特征。

操作步骤如下。

第 1～4 步，与 6.5.1 节单一厚度抽壳特征的创建操作步骤的第 1～4 步相同。

第 5 步，在"参考"下滑面板中，激活"非默认厚度"收集器，选中正方体的底面，以修改该面的抽壳厚度，如图 6-67 所示。

第 6 步，在该收集器中，设置已选的不同厚度曲面的厚度值 60，如图 6-68 所示。在"壳"操控板中，单击 ✓ 按钮，完成不同厚度抽壳特征的创建，如图 6-69 所示。

注意：Creo Parametric 4.0 在创建抽壳特征时，会将之前添加到实体的所有特征掏空，因此使用"壳"命令时，特征创建的次序特别重要，一般最后创建抽壳特征会避免出现壳体不均匀的缺陷。

操作及选项说明如下。

原始模型如图 6-70 所示，在创建抽壳特征的过程中，可以单击"选项"选项卡，打开下滑面板并激活"排除的曲面"收集器，如图 6-71 所示。在绘图区中选中要排除的曲面，使其不被壳化，如图 6-72 所示，最终创建的抽壳特征如图 6-73 所示。

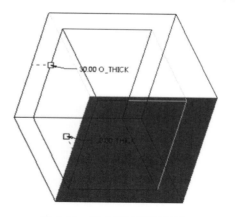

图 6-67　选中不同厚度曲面

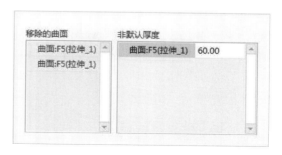

图 6-68　输入厚度值 60

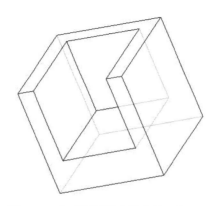

图 6-69　完成不同厚度抽壳特征的创建

图 6-70　原始模型

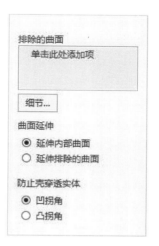

图 6-71　"选项"下滑面板

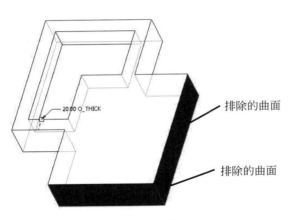

排除的曲面

排除的曲面

图 6-72　选中排除的曲面

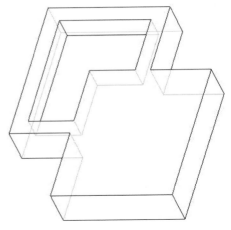

图 6-73　最终创建的抽壳特征

6.6　拔模特征的创建

拔模特征是向单独曲面或一系列曲面中添加一个-30°～30°的拔模斜度而形成的一种特征。

可通过功能区调用命令，单击"模型"选项卡"工程"面板中的 拔模 按钮。

6.6.1　基本拔模特征的创建

利用"拔模"命令可以创建基本拔模特征。

操作步骤如下。

第 1 步，在零件模式中，单击 按钮，以 TOP 基准平面为草绘平面，采用默认参考和方向设置，指定拉伸特征深度的方式为"对称"，创建一个边长为 200 的正方体实体模型，如图 6-74 所示。

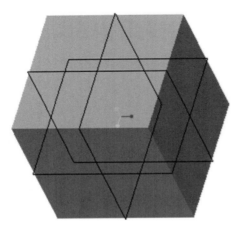

图 6-74　正方体实体模型

第2步，单击 拔模 按钮，打开"拔模"操控板，如图 6-75 所示。

图 6-75 "拔模"操控板

第3步，单击"参考"选项卡，弹出"参考"下滑面板，如图 6-76 所示。激活"拔模曲面"收集器，选中正方体的前表面作为拔模曲面，如图 6-77 所示。

注意：单个曲面或曲面组都可以作为拔模曲面的参考。

第4步，激活"拔模枢轴"收集器，选中正方体的上表面作为拔模枢轴参考，如图 6-78 所示。

注意：选中上表面作为拔模枢轴后，系统会默认上表面为拖拉方向参考。拖拉方向也称拔模方向，是用于测量拔模角度的方向，在"拖拉方向"收集器中右击，在快捷菜单中选择"移除"选项，可重新定义拖拉方向参考。

图 6-76 "参考"下滑面板

图 6-77 选中拔模曲面

图 6-78 选中拔模枢轴参考

第5步，在该操控板中，输入拔模的角度值 15，如图 6-79 所示。单击 ✓ 按钮，完成基本拔模特征的创建，如图 6-80 所示。

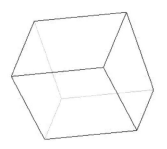

图 6-79 输入拔模角度值

图 6-80 完成基本拔模特征的创建

6.6.2　分割拔模特征的创建

利用"拔模"命令可以创建分割拔模特征。

操作步骤如下。

第1~3步，与6.6.1节基本拔模特征的创建操作步骤的第1~3步相同。

第4步，单击"参考"选项卡，激活"参考"下滑面板中的"拔模枢轴"收集器，选择TOP基准平面作为拔模枢轴参考，如图6-81所示。

第5步，单击"分割"选项卡，弹出如图6-82所示"分割"下滑面板，选择"根据拔模枢轴分割"选项，如图6-83所示。

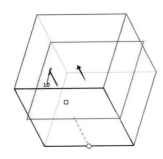 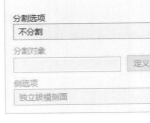 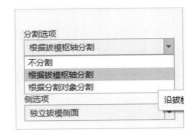

　图6-81　选中拔模枢轴参考　　　图6-82　"分割"下滑面板　　　图6-83　选择"根据拔模枢轴分割"

第6步，在"拔模"操控板中，分别输入拔模的角度值10和30，如图6-84所示。单击 ✓ 按钮，完成分割拔模特征的创建，如图6-85所示。

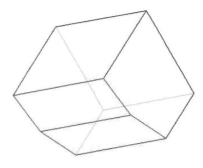

　图6-84　输入拔模角度值　　　　　　　　图6-85　完成分割拔模特征的创建

6.7　筋特征的创建

筋特征是在相邻两曲面间形成薄翼或腹板伸出项的一种增加材料特征。

可通过功能区调用命令，单击"模型"选项卡"工程"面板中的 ⼈ 轮廓筋 按钮，也可以利用"筋"命令创建筋特征。

操作步骤如下。

第1步，在零件模式中，单击 ⬚ 按钮，以TOP基准平面为草绘平面，创建一个长为

200，宽为 200，高为 30 的长方体，如图 6-86 所示。再以长方体的上表面为草绘平面创建一个直径为 100，高为 80 的圆柱体，如图 6-87 所示。

第 2 步，单击 轮廓筋 按钮，打开"轮廓筋"操控板，如图 6-88 所示。

第 3 步，单击"参考"下滑面板中的"定义"按钮，如图 6-89 所示，选择 FRONT 基准平面为草绘平面，接受系统默认的 RIGHT 基准平面为参考平面，方向向右，单击"草绘"按钮，进入草绘模式。

第 4 步，绘制如图 6-90 所示的截面直线，绘制时注意必须使截面直线两端点与相邻两图元相交，单击 ✔ 按钮，回到零件模式。

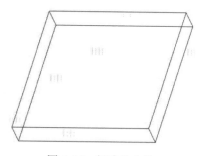

图 6-86　创建长方体

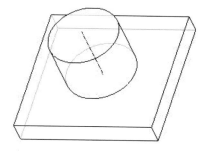

图 6-87　创建圆柱体

图 6-88　"轮廓筋"操控板

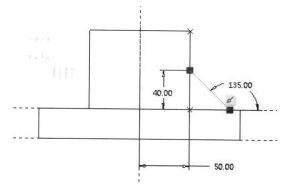

草绘 ●选择 1 个项　定义…　反向

图 6-89　"参考"下滑面板

图 6-90　绘制截面直线

第 5 步，在"筋"操控板中，输入筋的厚度值 30，如图 6-91 所示。单击 ✔ 按钮，完成筋特征的创建，如图 6-92 所示。

注意：若发现材料的生成方向不正确，如图 6-93 所示，可单击"参考"下滑面板中的"反向"按钮，或直接单击图形上的方向指示箭头。

图 6-91 输入筋厚度值

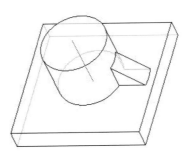

图 6-92 完成筋特征的创建

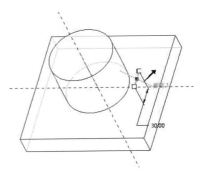

图 6-93 筋的生成方向不正确

6.8 上机操作实验指导：烟灰缸建模

根据工程特征创建的相关知识，创建如图 6-94 所示的烟灰缸模型，主要涉及"拔模"命令、"孔"命令、"倒圆角"命令和"壳"命令。

图 6-94 烟灰缸模型

操作步骤如下。

步骤 1：创建新文件

参见本书第 1 章，操作过程略。

步骤 2：创建基本拔模特征

第 1 步，以 TOP 基准面为草绘平面，采用默认参考和方向设置，绘制如图 6-95 所示的圆形封闭曲线。

第 2 步，在零件模式中，单击 按钮，选中圆形封闭曲线作为二维特征截面，设置"深度值"为 100，创建拉伸实体特征，如图 6-96 所示。

第 3 步，单击 按钮，打开"拔模"操控板，并选中拉伸实体的侧面作为拔模曲面，如图 6-97 所示。

第 4 步，在该操控板中，激活"拔模枢轴"收集器，并选中拉伸实体的上表面作为拔模枢轴参考，如图 6-98 所示。

第 5 步，输入拔模的角度值 10，单击 按钮，完成基本拔模特征的创建，如图 6-99 所示。

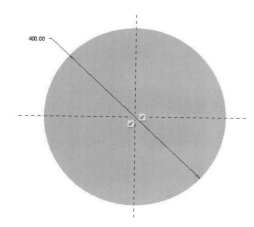

图 6-95　绘制圆形封闭曲线

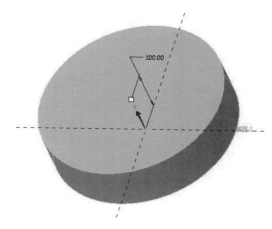

图 6-96　创建拉伸实体特征

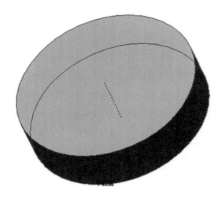

图 6-97　选中拔模曲面参考

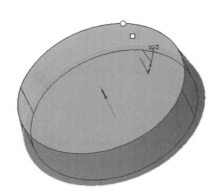

图 6-98　选中拔模枢轴参考

图 6-99　完成基本拔模特征的创建

步骤 3：创建草绘孔特征

第 1 步，单击 创孔 按钮，打开"孔"操控板。

第 2 步，在该操控板中，单击"放置"选项卡，弹出"放置"下滑面板，激活"放置
参考"收集器，选中拔模特征的上表面和拉伸实体特征的中心轴 A1 作为放置参考，如
图 6-100 所示。

第 3 步，在"孔"操控板中，单击█按钮，选中"草绘"定义孔轮廓，再单击█按钮，系统进入草绘模式，绘制如图 6-101 所示的二维特征截面，然后单击✔按钮，回到零件模式。

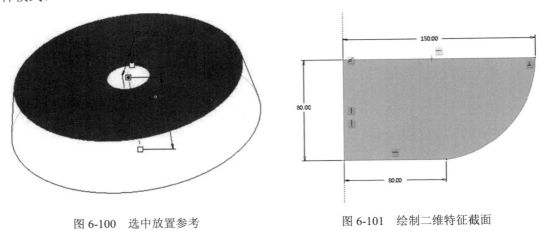

图 6-100　选中放置参考　　　　　　图 6-101　绘制二维特征截面

第 4 步，单击✔按钮，完成草绘孔特征的创建，如图 6-102 所示。

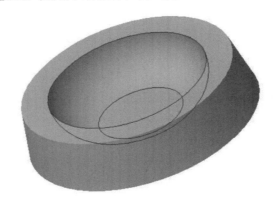

图 6-102　完成草绘孔特征的创建

步骤 4：创建恒定倒圆角特征

第 1 步，单击█倒圆角按钮，打开"圆角"操控板。

第 2 步，依次选中实体表面的两条边线作为倒圆角参考，如图 6-103 所示。

第 3 步，在"圆角"操控板中，设置恒定倒圆角的半径值为 10。

第 4 步，单击✔按钮，完成恒定倒圆角特征的创建，如图 6-104 所示。

步骤 5：创建凹槽移除材料拉伸特征

参见本书第 5 章，以 RIGHT 基准面为草绘平面，TOP 基准平面为参考平面，方向向上。绘制如图 6-105 所示的圆形封闭曲线，输入深度值 300，创建移除材料拉伸特征，最终模型显示如图 6-106 所示。

步骤 6：创建圆角特征和阵列特征

第 1 步，与步骤 4 创建恒定倒圆角特征的第 1 步相同。

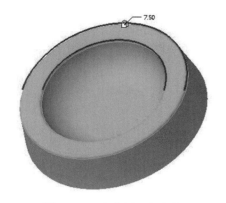

图 6-103　选中倒圆角参考

图 6-104　步骤 4 创建恒定倒圆角特征

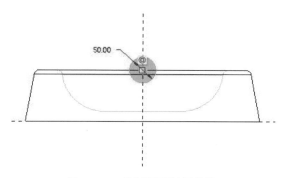

图 6-105　绘制圆形封闭曲线

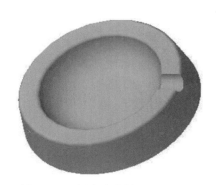

图 6-106　创建移除材料拉伸特征

　　第 2 步，选中凹槽的边线作为倒圆角参考，输入半径 10，创建恒定倒圆角特征，如图 6-107 所示。

　　第 3 步，按住 Ctrl 键，在模型树中选择拉伸 2 特征和倒圆角 2 特征，在弹出的快捷菜单中选择"分组"按钮 。

　　第 4 步，在模型树中，选择上一步创建的组，创建阵列特征，如图 6-108 所示。

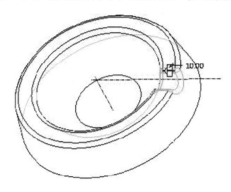

图 6-107　步骤 6 创建恒定倒圆角特征

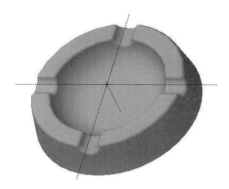

图 6-108　创建阵列特征

步骤 7：创建抽壳特征

第 1 步，单击 按钮，打开"壳"操控板，系统以默认的方式对模型进行抽壳处理，此时的模型显示如图 6-109 所示。

第 2 步，选中底面作为移除参考，如图 6-110 所示，在"壳"操控板中输入壳体的厚度值 10。

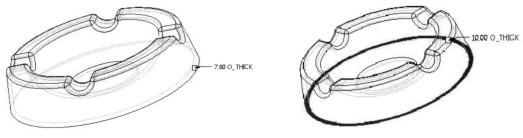

图 6-109　抽壳　　　　　　　　　　　　　图 6-110　选中移除参考

第 3 步，单击 ✔ 按钮，完成抽壳特征的创建，如图 6-111 所示。

步骤 8：创建底部移除材料旋转特征

以 FRONT 基准平面为草绘平面，采用默认参考和方向设置，绘制如图 6-112 所示的圆形封闭曲线作为旋转特征的二维特征截面，以拉伸实体特征的中心轴 A1 为旋转轴，创建移除材料旋转特征，输入凹槽的边线倒圆角半径 2，完成烟灰缸模型的创建，如图 6-94 所示。

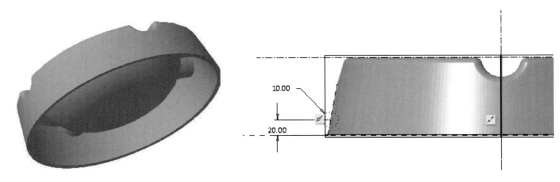

图 6-111　完成抽壳特征的创建　　　　　图 6-112　创建底部移除材料旋转特征

步骤 9：保存图形

参见本书第 1 章，操作过程略。

6.9　上　机　题

根据附录图 A-6（e）所示千斤顶底座的视图，创建该零件的三维模型。

建模提示如下。

第 1 步，以 FRONT 基准面为草绘平面，采用默认参考和方向设置，绘制如图 6-113 所示的二维特征截面，创建如图 6-114 所示的旋转实体特征。

第 2 步，分别选中旋转实体特征顶部的两条边线作为倒角参考，分别输入 D 值为 2 和 1 创建边倒角特征，如图 6-115 和图 6-116 所示，最终模型如图 6-117 所示。

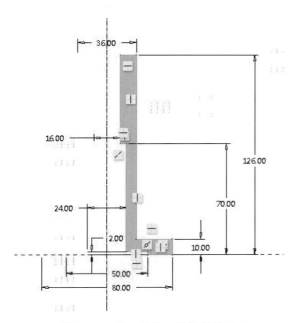

图 6-113　第 1 步的二维特征截面

图 6-114　旋转实体特征

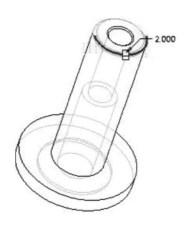

图 6-115　创建边倒角特征 1

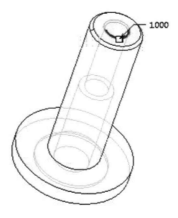

图 6-116　创建边倒角特征 2

图 6-117　模型显示

第 3 步，以 FRONT 基准面为草绘平面，采用默认参考和方向设置，绘制如图 6-118 所示的二维特征截面，输入厚度值 6，创建筋特征，如图 6-119 所示。

第 4 步，选中筋特征的边线作为倒圆角参考，分别输入半径值 1、2、3，创建恒定倒圆角特征，如图 6-120 所示。

第 5 步，创建阵列特征，此时模型显示如图 6-121 所示。

第 6 步，选中底部边线作为倒圆角参考，输入半径值 2，创建恒定倒圆角特征，如图 6-122 所示。

第 7 步，创建螺旋扫描特征，如图 6-123 所示，完成底座三维实体模型的创建，如图 6-124 所示。

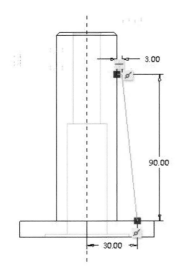

图 6-118　第 3 步的二维特征截面

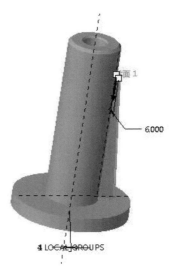

图 6-119　创建筋特征

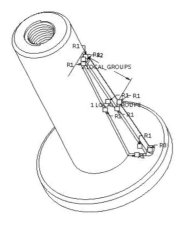

图 6-120　第 4 步的创建恒定倒圆角特征

图 6-121　创建阵列特征

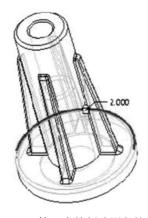

图 6-122　第 6 步的创建圆角特征

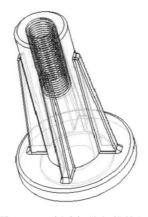

图 6-123　创建螺旋扫描特征

图 6-124　底座三维模型

第7章 特征的编辑

在实际建模过程中，用户经常会遇到具有相同特征的模型，如果重复建模非常烦琐，也没有必要，这时便可以利用特征的编辑命令对其进行复制、镜像、阵列等操作，大大地提高了工作效率。

本章将介绍的内容如下。

（1）创建复制与粘贴特征的方法和步骤。

（2）创建镜像复制特征的方法和步骤。

（3）创建移动复制特征的方法和步骤。

（4）创建阵列特征的方法和步骤。

7.1 复制与粘贴特征

特征的复制与粘贴是通过重新定义特征的参考和参数来复制源特征。

可通过功能区调用命令，单击"模型"选项卡"操作"面板中的 复制 按钮，再单击 粘贴 按钮，重新定义特征来完成命令。

操作步骤如下。

第 1 步，打开文件 Ch7-1.prt。

第 2 步，在模型中选择欲编辑的源特征，如图 7-1 所示。

第 3 步，单击"操作"面板中的 复制 按钮，再单击 粘贴 按钮，打开"拉伸"操控板，如图 7-2 所示。

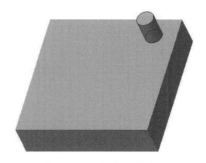

图 7-1 选中源特征

图 7-2 "拉伸"操控板

第 4 步，单击"放置"选项卡，在弹出的下滑面板中单击"编辑"按钮，弹出"草绘"对话框，如图 7-3 所示。选择模型上表面为草绘平面，RHIGHT 基准平面为参考平面，方向向右（此为默认设置），单击"草绘"按钮，进入草绘模式。

第 5 步，移动控制截面到指定位置，模型如图 7-4 所示，如果需要，可以修改新截面约束。

图 7-3　"草绘"对话框

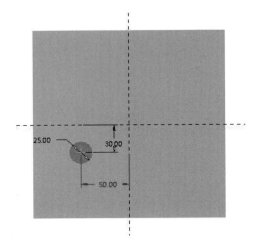

图 7-4　移动控制截面到指定位置

第 6 步，单击 ✔ 按钮，完成草绘截面绘制，回到零件模式，如图 7-5 所示。

第 7 步，如果需要，可以在"拉伸"操控板中做相应的修改，完成特征编辑，单击 ✔ 按钮，模型如图 7-6 所示。

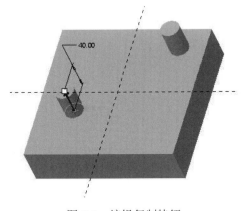

图 7-5　编辑复制特征

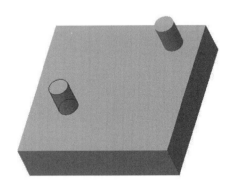

图 7-6　完成特征复制

7.2　镜像复制特征

镜像复制特征用于创建与源特征相互对称的特征模型，该特征模型的形状和大小与源特征相同，为源特征副本。本书第 11 章亦有应用，可作参考。

可通过功能区调用命令，单击"编辑"面板中的 ⎚⎚镜像 按钮，打开"镜像"操控板来执行"镜像"命令复制特征。

注意：还可以在模型树中单击欲编辑的源特征，在弹出的快捷菜单中选择"镜像"按钮。

操作步骤如下。

第1步，打开文件 Ch7-1.prt。

第2步，在模型中选择欲编辑的源特征，如图7-7所示。

第3步，单击"编辑"面板中的 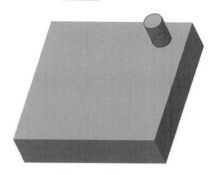 镜像按钮，打开"镜像"操控板，如图7-8所示。

图 7-7 选中源特征

图 7-8 "镜像"操控板

第4步，单击"参考"选项卡，选择 RIGHT 平面作为镜像平面，如图7-9所示。

第5步，单击"选项"选项卡，弹出"选项"下滑面板，选择"完全从属于要改变的选项"单选按钮，如图7-10所示。

第6步，单击 ✓ 按钮，完成镜像特征创建，如图7-11所示。

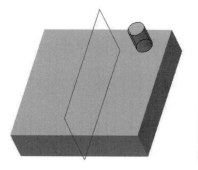

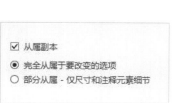

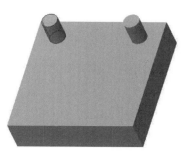

图 7-9 选中镜像平面   图 7-10 "选项"下滑面板   图 7-11 完成特征的镜像复制

7.3 移动复制特征

移动复制特征可以将源特征复制到另外一个位置，移动复制包括平移和旋转两种复制方式。

可通过功能区调用命令，选择欲编辑的特征后，单击"操作"面板中的 [复制] 按钮，再单击 [粘贴▾] 下拉按钮，选择 [选择性粘贴]，弹出"选择性粘贴"对话框，如图 7-12 所示，单击"确定"按钮，可对特征进行选择性粘贴。如果选中"对副本应用移动/旋转变换"复选框，再单击"确定"按钮，系统将打开"移动（复制）"操控板，如图 7-13 所示，可以对特征进行移动复制和旋转复制。

注意： 进行平移复制特征创建时，可既进行移动复制又进行旋转复制。每次创建新平移都可自由选择平移类型。

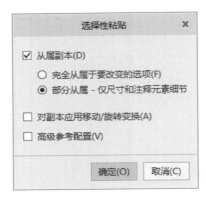

图 7-12 "选择性粘贴"对话框

图 7-13 "移动（复制）"操控板

7.3.1 平移复制特征的创建

特征的平移复制可以将源特征沿着一个平面垂直方向移动（或是沿边线、轴、坐标系）移动一定的距离来创建特征副本。

利用"选择性粘贴"操作的"移动复制"命令来创建平移复制特征。

操作步骤如下。

第 1 步，打开文件 Ch7-1.prt。

第 2 步，在模型中选择欲编辑的源特征，如图 7-14 所示。

第 3 步，单击 [复制] 按钮，再单击 [粘贴▾] 下拉按钮，选择 [选择性粘贴]，弹出"选择性粘贴"对话框，选中"对副本应用移动/旋转变换"复选框，单击"确定"按钮，系统将打开"移动（复制）"操控板。

第 4 步，单击"平移复制"按钮 ↔（此为默认设置），单击"变换"选项卡，弹出如图 7-15 所示"变换"下滑面板，平移特征设置为"移动"（此为默认设置），在该下滑面板中激活"移动列表"收集器，选择基准坐标系的 Z 轴正方向为移动 1 方向参考，模型显示如图 7-16 所示。

图 7-14　选中源特征

图 7-15　"变换"下滑面板

第 5 步，在该下滑面板中，输入平移值 80，如图 7-17 所示。模型显示如图 7-18 所示。

注意：复制特征的平移值也可以直接在绘图区中显示的相应尺寸上双击进行修改。

图 7-16　选中移动 1 方向参考

图 7-17　设置平移值

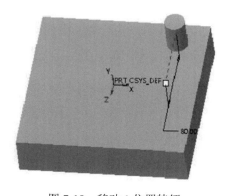

图 7-18　移动 1 位置特征

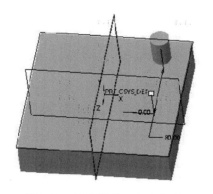

图 7-19　选中移动 2 方向参考

第 6 步，单击"变换"下滑面板中的"新移动"，创建名为"移动 2"的新平移，激活"移动列表"收集器，选择基准平面 RIGHT 平面为方向参考，模型显示如图 7-19 所示。

第 7 步，在该下滑面板中，输入平移值–70，模型显示如图 7-20 所示。

第 8 步，单击 ✔ 按钮，完成平移复制特征的创建，如图 7-21 所示。

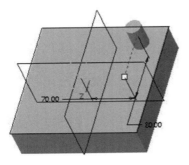

图 7-20 移动 2 位置特征

图 7-21 完成平移复制特征的创建

7.3.2 旋转复制特征的创建

特征的旋转复制可以通过将源特征沿曲面、轴或边线旋转一定的角度来创建源特征副本。

操作步骤如下。

第 1～3 步，与 7.3.1 节平移复制特征的创建操作步骤的第 1～3 步相同。

第 4 步，单击"旋转复制"按钮 ⟳，单击"变换"选项卡，在该下滑面板中激活"移动列表"收集器，选择边 F5 为移动 1 参考方向，模型显示如图 7-22 所示。

注意：除了单击操作板上的 ⟳ 按钮，亦可以在"变换"选项卡中选择平移类型完成旋转复制操作。

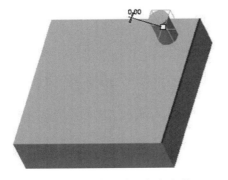

图 7-22 选中移动 1 方向参考

图 7-23 设置旋转角度值

第 5 步，在该下滑面板中，输入旋转角度值 90，如图 7-23 所示。模型显示如图 7-24 所示。

第 6 步，单击"变换"下滑面板中的"新移动"，创建名为"移动 2"的新平移，激活"移动列表"收集器，选择创建的基准轴 A2（选择基准平面 FRONT 作为第一参考面，基准平面 RIGHT 作为第二参考面，创建的基准轴）为方向参考，模型显示如图 7-25 所示。

第 7 步，在该下滑面板中，输入旋转值 180，模型显示如图 7-26 所示。

第 8 步，单击 ✔ 按钮，完成旋转复制特征的创建，如图 7-27 所示。

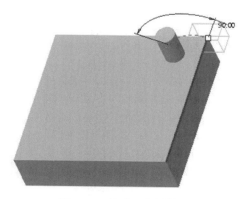

图 7-24　移动 1 位置特征

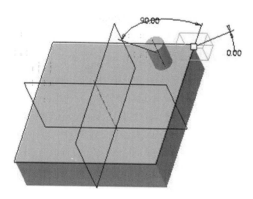

图 7-25　选中移动 2 方向参考

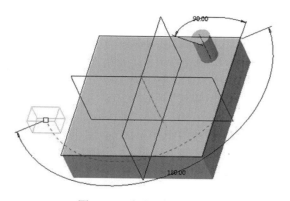

图 7-26　移动 2 位置特征

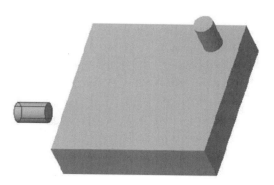

图 7-27　完成旋转复制特征的创建

在进行移动复制的过程中，会激活"移动列表"收集器，可选择的方向参考项说明如下。

（1）平面：在"平移"方式中表示沿平面的法向平移某一距离，而在"旋转"方式中则表示选择平面的法向（需要选中一个平面及一点来确定）作为旋转中心。

（2）曲线/边/轴：表示以选择的曲线/边/轴作为指定的平移参考或旋转中心。

（3）坐标系：表示选择坐标系的某一个轴向作为平移的参考或旋转中心，选择该选项后，需要先选择一个坐标系，然后再选择轴向。

7.4　阵　列　特　征

阵列特征是指按照一定的规律创建多个特征副本，具有重复性、规律性和高效率的特点，阵列特征是复制生成特征的快捷方式，主要包括尺寸阵列、轴阵列、曲线阵列和填充阵列等多种类型。

可通过功能区调用命令，单击"模型"选项卡"编辑"面板中的 ▦ 按钮。

7.4.1　创建尺寸阵列

尺寸阵列是通过定义选择特征的定位尺寸和方向来进行阵列复制的阵列方式。在尺寸阵列过程中，可以是单向阵列，也可以是双向阵列，还可以按角度来进行尺寸阵列。

利用"尺寸阵列"方式阵列特征的操作步骤如下。

第1步，打开文件 Ch7-28.prt，如图 7-28 所示。

第2步，在模型中选择进行阵列操作的特征，如图 7-29 所示。

注意：可以在模型树中，单击欲编辑的源特征，在弹出的快捷菜单中单击"阵列"按钮 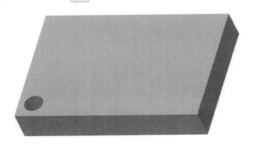，或者在绘图区单击选择欲编辑源特征的特征曲面或边线，也会弹出快捷菜单，单击"阵列"按钮 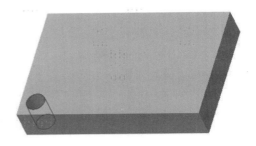。

| 图 7-28 源文件图形 | 图 7-29 选中源特征 |

第3步，单击"编辑"面板中的"阵列"按钮 ▦，打开"尺寸阵列"操控板，如图 7-30 所示。

图 7-30 "尺寸阵列"操控板

第4步，单击阵列操控板上"1"后面的收集器，并在模型中选择某一方向的尺寸，如选择水平方向的 125.00，使其变为可编辑状态，将其值修改为 –50，按回车键确认，如图 7-31 所示。

第5步，同理，单击"2"后面的收集器，并选择尺寸值 75.00，将其修改为–50.00，按回车键确认。

注意：在进行第4步和第5步操作时，也可以单击操控板上的"尺寸"选项卡，弹出"尺寸"下滑面板，分别选择两个方向的数值进行编辑，结果同上。"尺寸"下滑面板如图 7-32 所示。

第6步，在操控板中"1"后面的文本框中输入数值5，系统将创建5列这样的特征。

第7步，在操控板中"2"后面的文本框中输入数值4，将创建4行这样的特征，如图 7-33 所示。

第8步，单击操控板中的 ✔ 按钮，完成尺寸阵列的创建，如图 7-34 所示。

7.4.2 创建轴阵列

轴阵列也称旋转阵列，是指特征围绕指定的旋转轴在圆周上创建的阵列特征。运用该

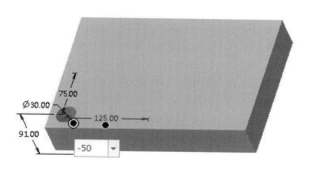

图 7-31　选择驱动尺寸

图 7-32　"尺寸"下滑面板

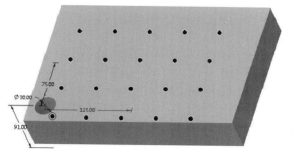

图 7-33　尺寸阵列预显示

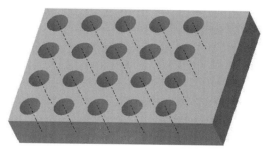

图 7-34　矩形尺寸阵列的创建

方式创建阵列特征时，系统允许用户在两个方向上进行阵列操作，第一方向上的尺寸用来定义圆周方向上的角度增量，第二方向上的尺寸用来定义阵列的径向增量。

利用"轴阵列"方式阵列特征的操作步骤如下。

第 1 步，打开文件 Ch7-35.prt，如图 7-35 所示。

第 2 步，在模型中选择进行阵列操作的特征，此处选择模型中的小圆柱孔特征，如图 7-36 所示。

第 3 步，单击"编辑"面板中的"阵列"按钮 ，打开"尺寸阵列"操控板。

第 4 步，在阵列类型下拉列表中选择阵列类型为"轴"类型，打开"轴阵列"操控板，如图 7-37 所示。

第 5 步，在"轴阵列"操控板上单击"1"后面的收集器，然后在模型中选择中心轴 A_1，并在该收集器后面的文本框中输入数值 3，在其后的文本框中输入阵列角度值 120。

图 7-35　轴阵列源文件

图 7-36　选中源特征

图 7-37　"轴阵列"操控板

第 6 步，单击"轴阵列"操控板中"2"后面的文本框，输入数值 2，在其后的文本框中输入阵列尺寸 50，此时模型如图 7-38 所示。

第 7 步，单击 ✓ 按钮，完成轴阵列的创建，如图 7-39 所示。

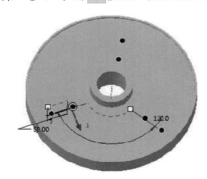

图 7-38　轴阵列预显示

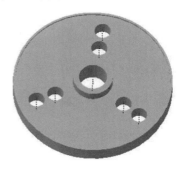

图 7-39　完成轴阵列创建

7.4.3　创建曲线阵列

使用"曲线阵列"可以沿着草绘的曲线或基准曲线创建特征实例，操作步骤如下。

第 1～3 步，与 7.4.1 节创建尺寸阵列操作步骤的第 1～3 步相同。

第 4 步，在阵列类型下拉列表中选择阵列类型为"曲线"类型，打开曲线阵列操控板，如图 7-40 所示。

第 5 步，单击"参考"选项卡，弹出"参考"下滑面板，单击其中的"定义"按钮，弹出"草绘"对话框。

第 6 步，选择 TOP 基准平面为草绘平面，采用默认参考和方向设置，单击"草绘"按钮，进入草绘模式。

图 7-40 "曲线阵列"操控板

第 7 步，在绘图区绘制阵列轨迹曲线，如图 7-41 所示。

第 8 步，单击 ✔ 按钮，结束曲线的绘制。

第 9 步，单击操控板中的"指定成员间距"按钮 ⚏，并在其后的文本框中输入数值 40，此时模型如图 7-42 所示。

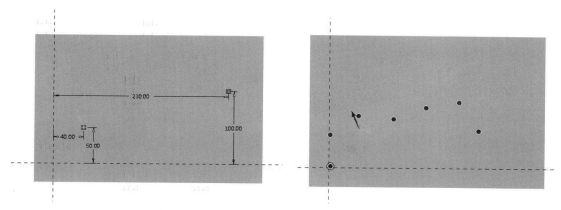

图 7-41 曲线尺寸

图 7-42 阵列分布

注意："指定成员间距" ⚏ 与"指定成员数目" ⚏ 是两个相关联的选项，也就是说，一定的间距值与一定的数目相对应。当其中一个被激活时，另一个处于灰色不可选状态。例如，上面间距为"40.00"时，成员数为 7，若单击"指定成员数目"按钮 ⚏ 并设置值为 5 时，原先的间距值会自动发生变化，如图 7-43 所示。

第 10 步，单击 ✔ 按钮，完成曲线阵列的创建，如图 7-44 所示。

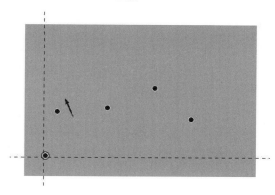

图 7-43 修改阵列成员数

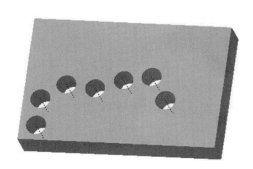

图 7-44 完成曲线阵列创建

7.4.4 创建填充阵列

填充阵列可以在选定区域的表面生成均匀的阵列特征，它主要是通过栅格定位的方式创建阵列特征来填充选定区域的。

操作步骤如下。

第1~3步，与7.4.1节创建尺寸阵列操作步骤的第1~3步相同。

第4步，在阵列类型下拉列表中选择阵列类型为"填充"类型，打开"填充阵列"操控板，如图7-45所示。

图7-45　"填充阵列"操控板

第5步，单击"参考"选项卡，弹出"参考"下滑面板，单击"定义"按钮，弹出"草绘"对话框。

第6步，选择TOP基准平面为草绘平面，采用默认的参考和方向设置，单击"草绘"按钮，进入草绘模式。

第7步，在绘图区绘制如图7-46所示的矩形，然后单击 ✔ 按钮，此时模型如图7-47所示。

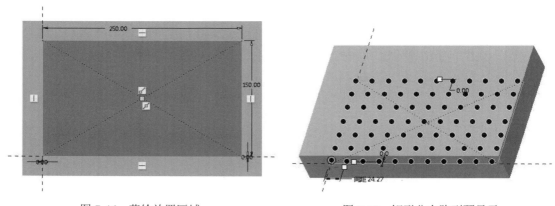

图7-46　草绘放置区域　　　　　图7-47　矩形分布阵列预显示

第8步，单击操控板中 ⊞ ▾ 按钮的下拉按钮，在打开的下拉列表中选择"菱形"选项（系统默认为正方形）。

第9步，在操控板的 ⋮⋮ 按钮后的文本框中输入成员间的间距值40，其他选项采用默认设置，模型如图7-48所示。

第10步，单击 ✔ 按钮，完成填充阵列的创建，如图7-49所示。

注意：

（1）在"填充阵列"操控板中，可以在"栅格类型"按钮 ⊞ 后的下拉列表中选择栅

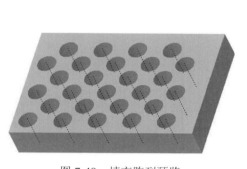

图 7-48　填充阵列预览

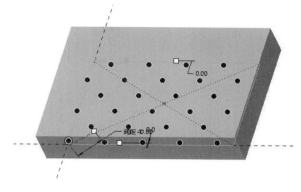

图 7-49　填充阵列效果

格类型，包括方形、菱形、六边形、同心圆、螺旋线和草绘曲线 6 种。可在"阵列间隔"按钮 ▦ 后的文本框中设置阵列成员间的间隔值，也可以在图形窗口中拖动控制柄。"最小距离"按钮 ▨ 后的文本框中可设置阵列外围成员的中心距离草绘边界的值，设置负值可使中心位于草绘的外面。在"旋转角度"按钮 ◿ 后的文本框中可以指定栅格绕原点的旋转角度，操作方法是输入一个数值或拖动控制柄。单击"径向间隔"按钮 ⟋，可在文本框中可以设置圆形栅格的径向间隔。

（2）"选项"下滑面板中选择"跟随曲面形状"复选框，然后在模型中选择一曲面，可以创建随曲面变化的填充阵列。

操作选项及说明如下。

1. 创建尺寸阵列的特殊方式

通过特殊方式创建尺寸阵列的操作步骤如下。

第 1～3 步，与 7.4.1 节创建尺寸阵列操作步骤的第 1～3 步相同。

第 4 步，单击操控板上"1"后面的收集器，并在模型中输入距离 125.00，使其变为可编辑状态，输入修改值-60，按回车键。

第 5 步，按住 Ctrl 键，继续选择模型中的距离尺寸 75.00，并修改新值为-50，按回车键。

第 6 步，在"1"后的文本框中输入阵列数值 4，按回车键，此时模型如图 7-50 所示。

第 7 步，单击 ✓ 按钮，完成阵列创建，如图 7-51 所示。

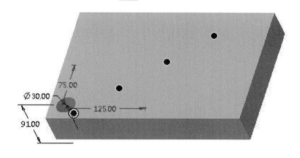

图 7-50　尺寸阵列预显示

图 7-51　特殊尺寸阵列方式

2. 设置单个取消阵列特征的方法

在阵列过程中，如果在预显示图中单击模型上显示的黑点，使其变成白色，则可以单个取消阵列特征。如创建尺寸阵列的特殊方式操作步骤中进行完第 6 步之后，模型变成图 7-50 所示，单击右上角的黑点，使其变成白色显示，如图 7-52 所示，则最终得到的结果如图 7-53 所示。

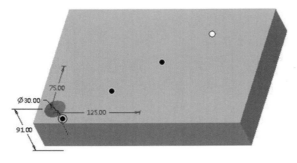

图 7-52　单个取消阵列预显示

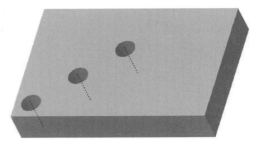

图 7-53　修改后的尺寸阵列

3．"选项"下滑面板说明

在阵列操控板的"选项"下滑面板中，"重新生成选项"有以下 3 种。

（1）相同：选择该选项时，阵列的特征与源特征的大小和尺寸相同，且创建的成员不能相交或打断零件的边。

（2）可变：选择该选项时，阵列的特征与源特征的大小和尺寸可以有所变化，但阵列的成员之间不能存在相交的现象，可以打断零件的边。

（3）常规：该选项为默认设置，选择该选项时，阵列的特征和源特征可以不同，成员之间也可以相交或打断零件的边。

7.5　上机操作实验指导：纸篓建模

根据特征编辑操作的相关知识，创建如图 7-54 所示的纸篓模型，主要涉及"旋转"命令、"拉伸"命令和"阵列"命令等。

图 7-54　纸篓模型

操作步骤如下。

步骤 1：创建新文件

参见本书第 1 章，操作过程略。

步骤 2：创建旋转特征

创建旋转特征。在定义旋转截面时，选择 FRONT 平面为草绘平面，采用默认的参考和方向设置，绘制如图 7-55 所示的草绘截面。绘制完成后单击 ✔ 按钮，回到"旋转"操控板。输入旋转角度值 360，单击 ✔ 按钮完成操作，如图 7-56 所示。

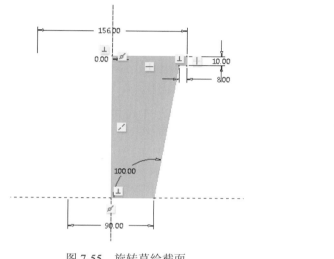

图 7-55　旋转草绘截面

图 7-56　创建的旋转体

步骤 3：创建倒圆角特征

输入倒圆角的半径值 3，选择模型底部的边线进行倒圆角操作，如图 7-57 所示。单击 ✔ 按钮，完成操作。

输入倒圆角半径值 2，选择如图 7-58 所示的边线倒圆角，然后单击 ✔ 按钮完成操作。

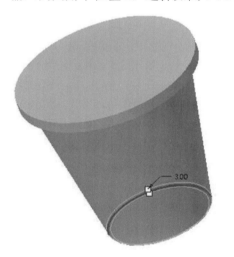

图 7-57　底部倒圆角

图 7-58　上部边线倒圆角

步骤 4：创建壳特征

创建壳特征，输入壳的厚度值 2，创建模型如图 7-59 所示。

步骤 5：创建去除材料拉伸特征

以 RIGHT 平面为草绘平面，采用默认的参考及方向设置，绘制如图 7-60 所示的截面草图。绘制完成后单击 ✔ 按钮，返回"拉伸"操控板。设置拉伸为 6，注意选中操控板中的"移除材料"按钮 ◿。结果如图 7-61 所示。

图 7-59　创建壳特征

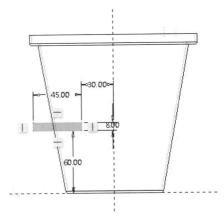

图 7-60　绘制拉伸截面

步骤 6：创建轴阵列特征

第 1 步，选中步骤 5 中创建的拉伸特征。

第 2 步，单击"编辑"面板中的"阵列"按钮 ▦，打开"阵列"操控板。

第 3 步，在阵列类型下拉列表中选择阵列类型为"轴"类型，打开"轴阵列"操控板。

第 4 步，在"轴阵列"操控板上单击"1"后面的收集器，然后在模型中选择中心轴 A_1，并在该收集器后面的文本框中输入数值 24，在其后的文本框中输入阵列角度值 15。

第 5 步，单击 ✔ 按钮完成操作，如图 7-62 所示。

图 7-61　移除材料后的壳体

图 7-62　轴阵列

步骤 7：创建尺寸阵列特征

第 1 步，在模型树中选中步骤 6 中创建的轴阵列特征。

第 2 步，单击"编辑"面板中的"阵列"按钮 ▦，打开"尺寸阵列"操控板。

第 3 步，单击"尺寸阵列"操控板上"1"后面的收集器，并在模型中选择竖直方向的尺寸 60.00，使其变为可编辑状态，将其值修改为 15，按回车键。将这一方向的阵列成员数设置为 5。此时模型如图 7-63 所示。

第 4 步，单击 ✔ 按钮，完成尺寸阵列操作。最终结果如图 7-64 所示。

图 7-63　第一方向设置后预显示

图 7-64　两个方向设置完后预显示

步骤 8：保存图形

参见本书第 1 章，操作过程略。

7.6　上　机　题

1. 根据特征编辑操作的相关知识，按照如图 7-65 所示相关尺寸，创建如图 7-66 所示的零件三维模型。

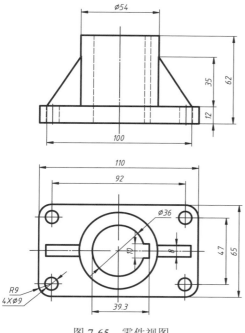

图 7-65　零件视图

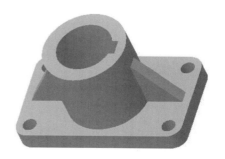

图 7-66　零件三维模型

建模提示如下。

（1）创建底座拉伸特征。

（2）以底座的上表面为草绘平面创建拉伸圆柱体特征。

（3）创建圆柱体内部的拉伸移除材料特征，设置拉伸类型为"穿透"，如图 7-67 所示。

（4）创建筋特征，完成三维模型，如图 7-68 所示。

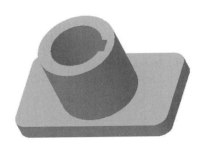

图 7-67　创建拉伸特征

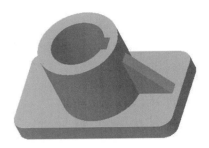

图 7-68　创建筋特征

（5）进行镜像复制特征的操作，将筋特征复制到另一侧。

（6）在底座上创建一个移除材料的拉伸圆柱体特征。

（7）选择上一步所创建的拉伸特征，进行尺寸阵列的操作。

2．根据附录图 A-6（c）所示的千斤顶顶盖视图，创建该零件三维模型，如图 7-69 所示。

建模提示如下。

（1）根据视图尺寸，创建旋转特征。

（2）在顶面创建一个移除材料拉伸特征。

（3）将（2）中创建的特征进行轴阵列，并设置阵列个数为 20，成员间角度值为 18。

3．根据特征编辑操作的相关知识，创建如图 7-70 所示的蓝牙耳机三维模型。

图 7-69　千斤顶顶盖

图 7-70　蓝牙耳机三维模型

建模提示如下。

（1）创建混合特征。单击"形状"面板中的 ⚙混合 按钮。在弹出的"混合"操控板中单击"截面"下滑面板，选择"草绘截面"单选按钮，单击"定义"按钮，弹出"草绘"对话框，选择 TOP 平面为截面的草绘平面，其他选项选择默认设置，进入草绘模式。首先绘制一个边长为 80 的正方形作为第一个截面，再绘制一个直径为 70 的圆形作为第二个截面，接下来再绘制一个点为第三个截面，如图 7-71 所示。

绘制截面完成后，输入截面 2 的深度为 10 和截面 3 的深度为 5。完成的混合特征如图 7-72 所示。

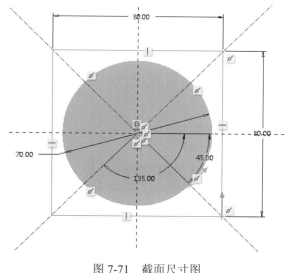

图 7-71　截面尺寸图

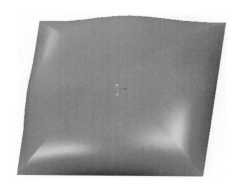

图 7-72　创建的混合特征

（2）创建实体拉伸特征。选择 TOP 平面为草绘平面，采用默认的参考和方向设置，绘制如图 7-73 所示的拉伸截面。输入拉伸的深度值 10。完成的实体拉伸特征如图 7-74 所示。

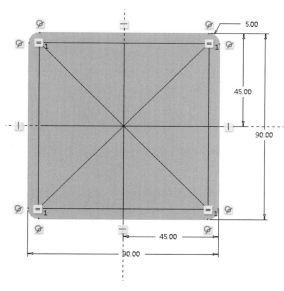

图 7-73　绘制拉伸截面

图 7-74　创建拉伸特征

（3）创建倒圆角特征。分别对拉伸实体的上下边进行倒圆角，输入上边的圆角半径值 5，下边的圆角半径值 2，如图 7-75 所示。完成的倒圆角特征如图 7-76 所示。

（4）创建旋转移除材料特征。在设置旋转草绘对话框时，选择 FRONT 平面为草绘平面，以 RIGHT 平面为草绘参考平面，方向为顶。绘制的旋转二维特征截面尺寸如图 7-77

所示。完成的旋转移除材料特征如图 7-78 所示。

图 7-75　选中倒圆角边

图 7-76　创建倒圆角特征

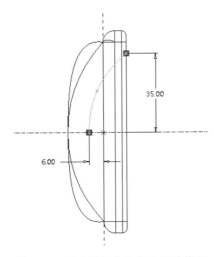

图 7-77　草绘样条曲线作为旋转截面

图 7-78　创建旋转移除材料特征

（5）创建倒圆角特征。选择图 7-79 所示的边进行倒圆角，输入圆角半径值 3，完成的倒圆角特征如图 7-80 所示。

图 7-79　选择倒圆角边

图 7-80　创建倒圆角特征

（6）创建拉伸移除材料特征。以 TOP 平面为草绘平面，采用默认的参考和方向设置，绘制如图 7-81 所示的圆孔，输入半径 3。输入拉伸的深度 8.5，完成的拉伸移除材料特征如图 7-82 所示。

图 7-81　绘制拉伸截面

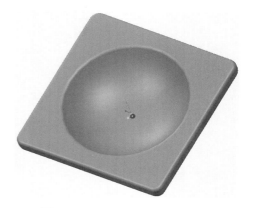

图 7-82　创建拉伸移除材料特征

（7）创建填充阵列。选择（6）中创建的拉伸特征进行填充阵列操作。在绘制填充区域时，以 TOP 平面为草绘平面，采用默认的参考和方向设置，绘制如图 7-83 所示的圆形填充区域。

在"填充阵列"操控板中，设置栅格类型为圆，输入阵列间隔 8，输入阵列成员中心距草绘边界的距离 2，输入栅格关于原点的旋转角度 0，输入阵列成员径向间隔 6。在"选项"下滑面板中选中"跟随曲面形状"复选框，并在模型上选择（4）中切出的曲面。完成的填充阵列如图 7-84 所示。

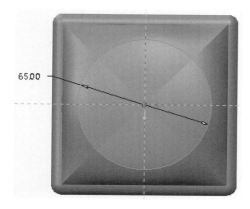

图 7-83　绘制填充区域

图 7-84　创建填充阵列

（8）创建倒圆角特征并阵列。对（6）中创建的拉伸特征的上边缘进行倒圆角操作，输入圆角半径 0.1，如图 7-85 所示。完成后选择该倒圆角特征，对其进行参考阵列操作，如图 7-86 所示。

（9）创建拉伸特征。选择模型的上顶面为草绘平面，选择 RIGHT 平面为参考平面，方向为顶，绘制如图 7-87 所示的拉伸截面。输入拉伸的深度 5，创建的拉伸特征如图 7-88 所示。

图 7-85　倒圆角操作

图 7-86　"参考阵列"操作

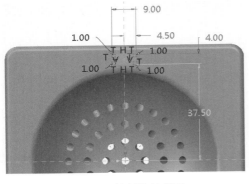

图 7-87　绘制拉伸截面

图 7-88　创建拉伸特征

（10）创建扫描特征。"形状"面板中的 扫描 按钮，进行扫描特征的创建。选中（9）中创建的拉伸特征的上表面为草绘平面，采用默认的参考和方向设置，绘制如图 7-89 所示的轨迹线。横截面的尺寸如图 7-90 所示。完成的扫描特征如图 7-91 所示。

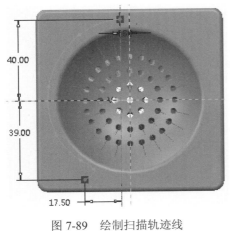

图 7-89　绘制扫描轨迹线

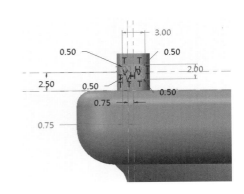

图 7-90　绘制扫描截面

（11）创建倒圆角特征。对（9）中创建的拉伸特征的上边缘、拉伸特征与（10）中创建的扫描特征的连接处，以及扫描特征的后端进行倒圆角，输入前两处的圆角半径 0.1，输入扫描特征后端的圆角半径 0.75，如图 7-92 所示。完成的蓝牙耳机三维模型如图 7-70 所示。

图 7-91　创建扫描特征

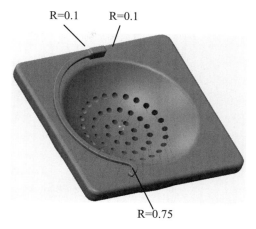

图 7-92　创建倒圆角特征

第8章　高级特征的创建

Creo Parametric 4.0 提供了一些高级实体特征建模工具，可建立较为复杂的模型。所谓高级实体特征，是指某些较复杂形状的实体用一般的建模工具无法实现或者实现起来非常烦琐、困难，而使用高级实体特征命令可以较轻松地实现的特征。

本章将介绍的内容如下。

（1）可变截面扫描特征的创建。

（2）扫描混合特征的创建。

（3）螺旋扫描特征的创建。

8.1　可变截面扫描特征的创建

Pro/ENGINEER 升级到 Creo 后，扫描命令合并了可变截面扫描，使界面简洁、操作方便。默认情况下，扫描截面垂直于轨迹线且截面的形状恒定不变，但是许多零件的截面与轨迹线并不垂直且截面的形状将随着轨迹线和轮廓线的变化而变化，此时用可变截面扫描的方式来创建该类实体特征。

可变截面扫描是用一个截面及若干条轨迹线来创建的特征。

可通过功能区调用命令，单击"模型"选项卡"形状"面板中的 扫描 按钮。

8.1.1　创建可变截面扫描特征的方法

利用"扫描"命令可以创建变截面的扫描体，操作步骤如下。

第1步，打开文件 Ch8-1.prt，如图 8-1 所示。

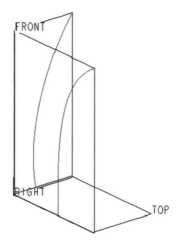

图 8-1　三条基准曲线作为轨迹线

第2步，在零件模式中，单击  扫描按钮，打开"扫描"操控板，如图8-2所示。

图8-2 "扫描"操控板

第3步，在该操控板中，单击 □ 按钮（此为默认设置）扫描创建实体。

注意： 这里如果单击 ☐ 按钮，则扫描为曲面。

第4步，在操控板中，单击 ∠ 按钮创建可变截面扫描。

注意： 默认设置为 ⊢ 按钮，创建恒定截面扫描。

第5步，选中第一条轨迹线，曲线上显示"原点"，称为原点轨迹线。按住 Ctrl 键选中其他轨迹线，曲线上显示"链1""链2"，称为辅助轨迹线，如图8-3所示。

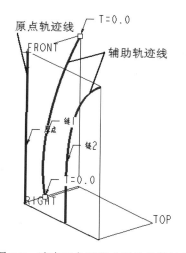

图8-3 选中三条基准曲线作为轨迹线

第6步，在原始轨迹线上出现一个箭头，指向扫描将要跟随的路径。单击原点轨迹线箭头亮显，再单击该箭头，将轨迹的起点更改到原点轨迹线的另一个端点。

第7步，单击"参考"选项卡，弹出"参考"下滑面板，可以改变截面定位方式，默认截面定位方式为"垂直于轨迹"。

第8步，在该操控板中，单击"创建或编辑扫描截面"按钮 ☑，进入草绘模式，草绘扫描截面，如图8-4所示，单击 ✔ 按钮，完成草绘。

注意： 绘制的截面矩形的三个顶点分别落在原点轨迹线以及辅助轨迹线与草绘平面的交点上，扫描时，矩形的三个顶点将受到该三条轨迹线的拖动。

第9步，单击 ∞ 按钮，预览生成的特征，单击 ✔ 按钮，完成可变截面扫描特征创建，如图8-5所示。

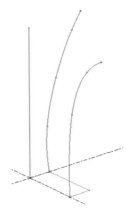

图 8-4　绘制截面

图 8-5　完成的可变截面扫描实体

8.1.2　使用关系式创建可变截面扫描

以可变截面扫描的方式进行实体或曲面的创建时，截面的造型变化除了受到各种轨迹线控制外，也可使用带 trajpar 参数的关系式来控制截面参数的变化。

操作步骤如下。

第 1 步，打开文件 Ch8-2.prt，如图 8-6 所示。

第 2 步，在零件模式中，单击 圖扫描 按钮，打开"扫描"操控板。

第 3 步，在该操控板中，单击"扫描为实体"按钮 □（此为默认设置）。

第 4 步，在操控板中，单击 ☑ 按钮，创建可变截面扫描。

第 5 步，单击选中第一条轨迹线，曲线上显示"原点"，称为原点轨迹线。按住 Ctrl 键选中另一条轨迹线，曲线上显示"链 1"，如图 8-7 所示。

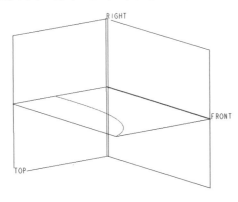

图 8-6　两条基准曲线作为轨迹线

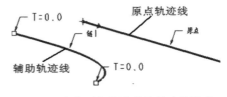

图 8-7　选中两条基准曲线作为轨迹线

第 6 步，单击"参考"选项卡，弹出"参考"下滑面板，选择截面默认定位方式"垂直于轨迹"。

第 7 步，在该操控板中，单击"创建或编辑扫描截面"按钮 ☑，进入草绘模式，绘制矩形二维特征截面，如图 8-8（a）所示。

第 8 步，单击"工具"选项卡"模型意图"面板中的 d=关系 按钮，打开"关系"对话框，同时截面草图切换到如图 8-8（b）所示的符号状态。

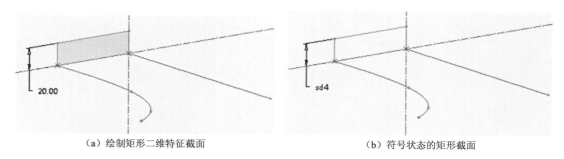

（a）绘制矩形二维特征截面　　　　　　　　　　　（b）符号状态的矩形截面

图 8-8　可变截面扫描

第 9 步，输入带 trajpar 参数的截面关系 sd4=20+10*sin (trajpar*360*2)，使草绘截面可变，如图 8-9 所示，单击"确定"按钮。

注意：trajpar 函数是一个在 0 ~ 1 的值，10*sin (trajpar*360*2)的值为−10 ~ 10 并有 2 个周期，20+10*sin (trajpar*360*2)的值为 10 ~ 30 并有 2 个周期。

第 10 步，单击"草绘"选项卡，单击 ✔ 按钮，退出草绘器。

第 11 步，单击 👓 按钮预览生成的特征，单击 ✔ 按钮，完成可变截面扫描特征创建，如图 8-10 所示。

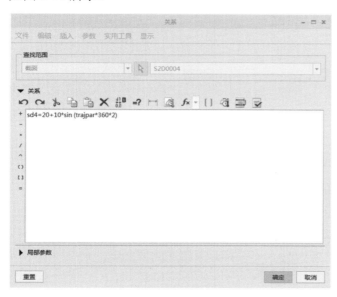

图 8-9　"关系"对话框

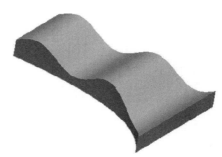

图 8-10　完成的可变截面扫描实体

操作及选项说明如下。

（1）截面定位的方式。在"扫描"操控板中，单击"参考"下滑面板，在"截面控制"下拉列表中选中截面定位的方式，如图 8-11 所示。

① 垂直于轨迹：绘制的截面在扫描过程中与指定的轨迹线垂直。

② 垂直于投影：截面在扫描过程中垂直于某轨迹线在指定平面上的投影线。

③ 恒定法向：截面的法向在扫描过程中平行于指定方向。

图 8-11   "参考"下滑面板

（2）其他选项说明如下。

① ✏：沿扫描移除材料，以便为实体特征创建切口或为曲面特征创建面组修剪。

② ☐：为草绘添加厚度以创建薄实体、薄实体切口或薄曲面修剪。

③ ∞：预览要生成的可变截面扫描特征以进行校验。

④ ▮▮：暂停模式。

⑤ ✖：取消特征创建或重定义。

8.2   扫描混合特征的创建

扫描混合特征既有扫描的特征又有混合的特征。

可通过功能区调用命令，单击"模型"选项卡"形状"面板中的 ✏扫描混合 按钮。

"扫描混合"命令创建扫描混合特征时，需要指定一条轨迹线和至少两个扫描混合截面。

操作步骤如下。

第 1 步，打开文件 Ch8-3.prt，如图 8-12 所示。

第 2 步，在零件模式中，调用"扫描混合"命令，打开"扫描混合"操控板，如图 8-13 所示。

第 3 步，在该操控板中，单击"扫描为实体"按钮 ☐（此为默认设置）。

注意：这里如果单击"扫描为曲面"按钮 ⌓，则可以创建曲面。

第 4 步，单击选中用于扫描混合的轨迹线，如图 8-14 所示。

第 5 步，单击"参考"选项卡，弹出"参考"下滑面板，改变截面定位方式，默认截面定位方式为"垂直于轨迹"。

第 6 步，单击"选项"选项卡，弹出"选项"下滑面板，可设置扫描混合面积和周长控制选项，默认设置为"无混合控制"。

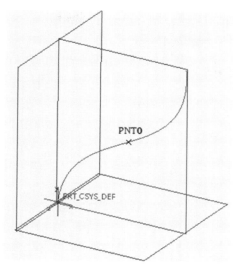

图 8-12   以一条基准曲线作为轨迹线为例

图 8-13   "扫描混合"操控板

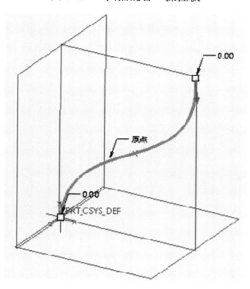

图 8-14   选中一条基准曲线作为轨迹线

第 7 步，单击"截面"选项卡，弹出"截面"下滑面板，如图 8-15 所示。可选择横截面的类型为草绘截面或选定截面，默认类型为"草绘截面"。

第 8 步，单击选中轨迹线上端点，然后单击"草绘"按钮，进入草绘模式，绘制 60×60 的正方形截面，如图 8-16 所示，单击 ✔ 按钮，完成截面 1 的绘制。

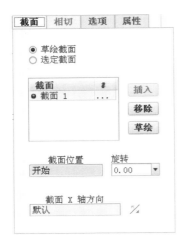

图 8-15　"开始"位置的"截面"下滑面板

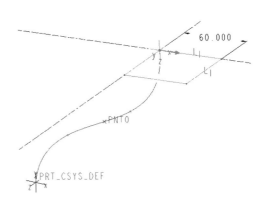

图 8-16　绘制截面

第 9 步，单击"插入"按钮，选中基准点 PNT0，接着在"旋转"文本框中输入截面旋转角度 30，然后单击"草绘"按钮，进入草绘模式，绘制 40×40 的正方形截面，单击 ✔ 按钮，完成截面 2 的绘制。

第 10 步，单击"插入"按钮，单击轨迹线下端点，接着在"旋转"文本框中输入截面旋转角度 15，然后单击"草绘"按钮，进入草绘模式，正向绘制 20×20 的正方形截面，单击 ✔ 按钮，完成截面 3 的绘制。"截面"下滑面板如图 8-17 所示。

第 11 步，单击"相切"选项卡，弹出"相切"下滑面板，定义扫描混合特征的端点和相邻模型几何间的相切关系，这里选择"自由端"（此为默认设置）。

第 12 步，单击 ∞ 按钮预览生成的特征，单击 ✔ 按钮，完成扫描混合特征创建，如图 8-18 所示。

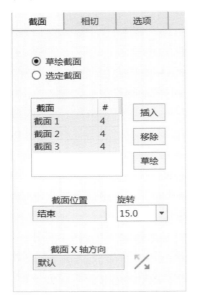

图 8-17　"结束"位置的"截面"下滑面板

图 8-18　完成的扫描混合体

注意：执行"扫描混合"命令前，要在轨迹线上预先绘制基准点，以确定扫描混合截面的位置。

操作及选项说明如下。

1. 截面定位的方式

在"扫描混合"操控板中，单击"参考"选项卡，弹出"参考"下滑面板，在"截面控制"下拉列表中选择截面定位的方式，如图 8-19 所示。

（1）垂直于轨迹：绘制的截面在扫描过程中与指定的轨迹线垂直。

（2）垂直于投影：截面在扫描过程中垂直于某轨迹线在指定平面上的投影线。

（3）恒定法向：截面的法向在扫描过程中平行于指定方向。

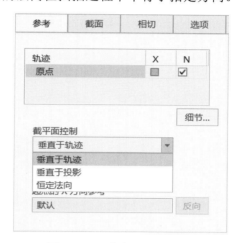

图 8-19　"参考"下滑面板

2. 截面创建的方式

在"扫描混合"操控板中，单击"截面"选项卡，弹出"截面"下滑面板，选择截面创建的方式：草绘截面和选定截面。

（1）草绘截面。选择"草绘截面"的方式，在轨迹上选中一个位置点，并单击"草绘"按钮，绘制扫描混合特征的截面，"开始"位置的"截面"下滑面板如图 8-15 所示。继续单击"插入"按钮，在轨迹上选中另一个位置点，并单击"草绘"按钮，绘制另一个截面。

"截面"列表：扫描混合特征定义的截面列表。每次只有一个截面是活动的，当将截面添加到列表时，会按时间顺序对其进行编号和排序。标记为 # 的列中显示草绘截面中的图元数。

"插入"按钮：单击可激活新收集器。新截面为活动截面。

"移除"按钮：单击可删除表格中的选定截面。

"草绘"按钮：打开"草绘器"，进入草绘模式创建截面。

"截面位置"选项：激活可收集链端点、顶点或基准点以定位截面。

"旋转"选项：指定截面的旋转角度（−120°～120°）。

（2）选定截面。选择"选定截面"的方式，如图 8-20 所示。选择先前定义的截面为扫描混合截面，继续单击"插入"按钮，选择先前定义的另一个截面为扫描混合新截面。

图 8-20 "选定截面"的"截面"下滑面板

"截面"列表：扫描混合定义的截面表。

"插入"按钮：单击可激活新收集器。新截面为活动截面。

"移除"按钮：单击可删除表格中的选定截面。

"细节"按钮：单击打开"链"对话框以修改选定链的属性。

注意：所有截面的图元数必须相同。

3．其他选项说明

（1） ⟁ ：沿扫描混合移除材料，以便为实体特征创建切口或为曲面特征创建面组修剪。

（2） ⊏ ：为草绘添加厚度以创建薄实体、薄实体切口或薄曲面修剪。此选项不适用于从选定截面创建的扫描混合。

（3） ∞ ：预览要生成的拉伸特征以进行校验。

（4） ⏸ ：暂停模式。

（5） ✖ ：取消特征创建或重定义。

（6）相切：单击该选项卡，打开"相切"下滑面板，允许设置由开始或终止截面图元和元件曲面生成的几何间定义相切关系。

● "自由"选项：开始或终止截面是自由端。

● "相切"选项：设置边界和曲面参考相切。选中相切曲面后，"图元"收集器会自动前进到下一个图元。

● "垂直"选项：扫描混合特征的起点或终点垂直于截面。"图元"收集器不可用并且无须参考。

（7）选项：单击该选项卡，打开"选项"下滑面板，此下滑面板可启用特定设置选项，用于控制扫描混合特征的截面之间部分的形状。

● "封闭端"选项：用曲面封闭端点。

● "无混合控制"选项：不设置混合控制。

● "设置周长控制"选项：将混合的周长设置为在截面之间线性地变化。
● "设置横截面面积控制"选项：在扫描混合特征的指定位置指定横截面面积。

8.3 螺旋扫描特征的创建

螺旋扫描特征是将二维特征截面沿着螺旋轨迹线扫描创建螺旋扫描体。

可通过功能区调用命令，单击"模型"选项卡"形状"面板中的  螺旋扫描 按钮。

利用"螺旋扫描"命令可以创建恒定螺距值的螺旋扫描体。

操作步骤如下。

第1步，在零件模式中，调用"螺旋扫描"命令，打开"螺旋扫描"操控板，如图 8-21 所示。

第2步，选择或草绘螺旋扫描轮廓和旋转轴。

图 8-21 "螺旋扫描"操控板

单击"参考"选项卡，弹出"参考"下滑面板，如图 8-22 所示。单击"定义"按钮，在草绘器中选中 TOP 基准平面为草绘平面，默认 RIGHT 基准平面为定位参考面，单击"草绘"按钮，进入草绘环境。绘制螺旋扫描轮廓线和旋转轴，如图 8-23（a）所示。

图 8-22 "参考"下滑面板

注意：

（1）草绘轮廓时，必须绘制中心线以定义旋转轴。螺旋扫描轮廓线必须形成一个开放环。

（2）轮廓的起点定义了扫描轨迹的起点。在螺旋扫描轮廓的两个端点间切换螺旋扫描的起点，单击"反向"按钮（在草绘轮廓结束后亮显）。

第3步，单击 ✔ 按钮，退出草绘环境。

第 4 步，单击"参考"选项卡，弹出"参考"下滑面板，设置相对于螺旋扫描轮廓线的截面方向，默认截面方向为"穿过旋转轴"。

第 5 步，单击 按钮，进入草绘环境，在扫描起点（十字叉丝）处绘制螺旋扫描横截面，即直径为 8.00 的圆。如图 8-23（b）所示。单击 ✔ 按钮，退出草绘环境。

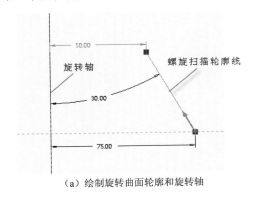

（a）绘制旋转曲面轮廓和旋转轴　　　　　　（b）绘制螺旋扫描横截面

图 8-23　草绘

第 6 步，输入螺距值 16。

第 7 步，单击 按钮，使用右手定则定义右旋螺旋线。

第 8 步，单击 ✔ 按钮，完成螺旋扫描特征创建，如图 8-24 所示。

图 8-24　螺旋扫描特征

操作及选项说明如下。

1．截面方向的选择

在"螺旋扫描"操控板中，单击"参考"选项卡，弹出"参考"下滑面板，在"截面方向"选项组中选择截面方向。

（1）"穿过旋转轴"单选按钮：将截面方向设置为位于穿过旋转轴的平面内。

（2）"垂直于轨迹"单选按钮：将截面方向设置为垂直于扫描轨迹。

2．其他选项说明

（1）：打开草绘器以创建或编辑扫描横截面。

（2）：沿扫描移除材料，以便为实体特征创建切口或为曲面特征创建面组修剪。

（3）：为草绘添加厚度以创建薄实体、薄实体切口或薄曲面修剪。

（4）：设置螺距值。

（5）：使用左手定则设置扫描方向。

（6）：使用右手定则设置扫描方向。

（7）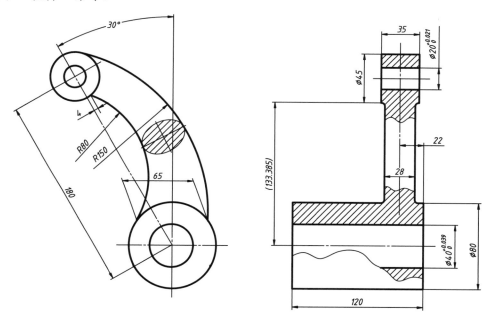：预览要生成的螺旋扫描特征以进行校验。

（8）：暂停模式。

（9）：取消特征创建或重定义。

8.4　上机操作实验指导：弯臂和吊钩建模

1. 根据如图 8-25 所示弯臂的二视图，创建该零件的三维实体模型，主要涉及"扫描"命令和"拉伸"命令。

图 8-25　弯臂二视图

操作步骤如下。

步骤 1：创建新文件

参见本书第 1 章，操作过程略。

步骤 2：创建直径为 80 的圆柱体拉伸特征

第 1 步，在零件模式中，单击"模型"选项卡"形状"面板中的按钮，打开"拉伸"操控板。

第 2 步，在该操控板中，单击"拉伸为实体"按钮。

第 3 步，单击"放置"选项卡，弹出"放置"下滑面板，单击"定义"按钮，弹出"草绘"对话框。

第 4 步，选择 FRONT 基准平面为草绘平面，RIGHT 基准平面为参考平面，参考平面方向为向右，单击"草绘"按钮，进入草绘模式。

第 5 步，绘制如图 8-26 所示二维特征截面，单击按钮，回到零件模式。

第 6 步，在"拉伸"操控板中，输入拉伸长度值 120，单击按钮，完成三维模型。

步骤 3：创建新基准平面 DTM1

单击"模型"选项卡"基准"组中的 ▱ 按钮，弹出"基准平面"对话框。选择 FRONT 基准平面为参考平面，输入"偏距"平移值为 22。单击"确定"按钮，完成 DTM1 基准平面的创建。

步骤 4：创建直径为 45 的圆柱体拉伸特征

第 1 步，单击"模型"选项卡"形状"面板中的 ▦ 按钮，打开"拉伸"操控板。

第 2 步，在该操控板中，单击"拉伸为实体"按钮 ▢（此为默认设置）。

第 3 步，单击"放置"选项卡，弹出"放置"下滑面板，单击"定义"按钮，弹出"草绘"对话框。

第 4 步，选择 DTM1 基准平面为草绘平面，RIGHT 基准平面为参考平面，参考平面方向为向右（此为默认设置），单击"草绘"按钮，进入草绘模式。

第 5 步，草绘两条相互垂直的中心线及二维特征截面，如图 8-27 所示，单击 ✔ 按钮，回到零件模式。

第 6 步，在"拉伸"操控板中，单击 ⬇ 按钮右侧的下拉按钮，指定拉伸特征的深度方式为 ⬒ 对称，输入深度值 35。单击 ✔ 按钮，完成三维模型。

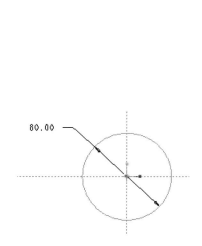

图 8-26　直径为 80.00 的圆柱二维特征截面

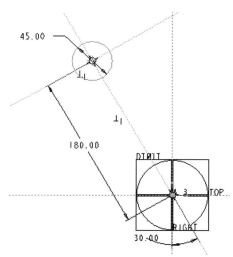

图 8-27　直径为 45.00 的圆柱二维特征截面

步骤 5：创建新基准平面 DTM2

单击"模型"选项卡"基准"组中的 ▱ 按钮，弹出"基准平面"对话框。选择小圆柱体的轴为参考轴，参考约束类型为"穿过"，按住 Ctrl 键，选择 RIGHT 基准平面为参考平面，选择约束类型为"平行"平移。单击"确定"按钮，完成 DTM2 基准平面的创建。创建的 DMT1 和 DMT2 基准平面如图 8-28 所示。

步骤 6：创建两条轨迹线

第 1 步，单击"模型"选项卡"基准"组中的 ∿ 按钮，弹出"草绘"对话框，选择基准平面 DTM1 为草绘平面，RIGHT 基准平面为参考平面，参考平面方向为向右（此为默认设置），单击"草绘"按钮，进入草绘模式。

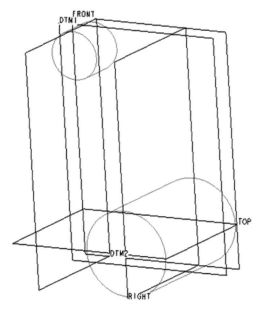

图 8-28　创建的 DMT1 和 DMT2 基准平面

第 2 步，草绘两条轨迹线，如图 8-29 所示。单击 ✔ 按钮，完成"草绘"命令。

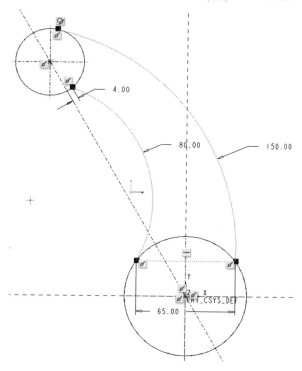

图 8-29　草绘两条轨迹线

步骤 7：创建可变截面扫描体

第 1 步，在零件模式中，单击 🔲扫描 按钮，打开"扫描"操控板。

第 2 步，在该操控板中，单击"扫描为实体"按钮 □ 再单击"可变截面"按钮 ⌐。

第 3 步，单击选中 R150 弧为原点轨迹线，按住 Ctrl 键选中 R80 弧为辅助轨迹线，如图 8-30 所示。

第 4 步，在该操控板中，单击"创建或编辑扫描截面"按钮 ▥，进入草绘模式，沿选定轨迹线草绘扫描截面，绘制的椭圆截面的左极限点在起始轨迹线上，而右极限点在辅助轨迹线上（扫描时，左、右两个极限点将受到两条轨迹线的拖动），如图 8-31 所示。

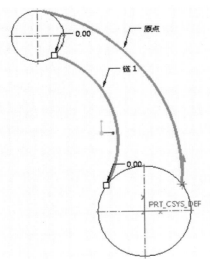

图 8-30　选择轨迹线

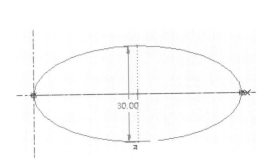

图 8-31　沿选定轨迹线草绘扫描截面

第 5 步，单击 ✔ 按钮，退出草绘模式。

第 6 步，在"扫描"操控板中，单击"参考"选项卡，弹出"参考"下滑面板，单击"细节"按钮，弹出"链"对话框，如图 8-32（a）所示。

第 7 步，单击对话框中的"原点"选项卡，选择"端点 1"下拉列表中的"延伸至参考"，在绘图区选择大圆柱下半圆柱面，如图 8-32（b）所示。

第 8 步，单击对话框中的"链 1"选项，在"选项"选项卡中选择"端点 2"下拉列表中的"延伸至参考"，如图 8-33（a）所示，在绘图区选择小圆柱上半圆柱面，如图 8-33（b）所示，单击"确定"按钮，关闭"链"对话框。

第 9 步，单击 ✔ 按钮，结束"扫描特征"命令，完成可变截面扫描特征如图 8-34 所示。

步骤 8：创建孔去除材料拉伸特征

第 1 步，单击"模型"选项卡"形状"面板中的 ▱ 按钮，打开"拉伸"操控板。

第 2 步，在该操控板中，单击"拉伸为实体"按钮 □。

第 3 步，选择大圆柱体端面为草绘平面，RIGHT 基准平面为参考平面，参考平面方向为向右（此为默认设置），单击"草绘"按钮，进入草绘模式。

第 4 步，草绘一个直径为 40 的圆，单击 ✔ 按钮，回到零件模式。

第 5 步，在"拉伸"操控板中，单击"去除材料"按钮 ▱。

(a) "原点"的"链"对话框

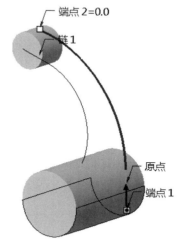

(b) 原点轨迹线长度调整

图 8-32 "链"对话框之原点轨迹线长度设置

(a) "链1"的"链"对话框

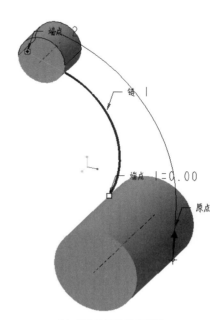

(b) 辅助轨迹线长度调整

图 8-33 "链"对话框之辅助轨迹线长度设置

第 6 步，在该操控板中，指定拉伸特征深度的方法为"拉伸至与所有曲面相交"，单击 ✔ 按钮，回到零件模式。

第 7 步，同理，在小圆柱内挖一个直径为 20 的孔。完成的零件三维实体模型如图 8-35 所示。

图 8-34　完成可变截面扫描特征

图 8-35　完成的三维实体模型

步骤 9：保存图形

参见本书第 1 章，操作过程略。

2．根据图 8-36 所示吊钩二维视图创建三维模型，主要涉及"扫描混合"命令、"螺旋扫描"命令、"拉伸"命令、"旋转"命令和"倒角"命令。

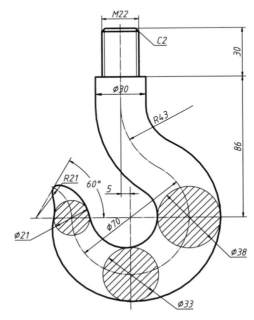

图 8-36　吊钩二维视图

操作步骤如下。

步骤 1：创建新文件

参见本书第 1 章，操作过程略。

步骤 2：创建轨迹线

第 1 步，单击"模型"选项卡"基准"组中的"草绘"按钮 ，弹出"草绘"对话框，选择 FRONT 基准平面为草绘平面，RIGHT 基准平面为参考平面，参考平面方向为向右（此为默认设置），单击"草绘"按钮，进入草绘模式。

第 2 步，如图 8-37 所示，在草绘环境中绘制轨迹线。

第 3 步，单击"草绘"选项卡"编辑"面板中的"分割"按钮 ，将直径为 70 的圆弧按如图 8-37 所示位置打断。

第 4 步，单击 ✔ 按钮，回到零件模式。

步骤 3：创建基准点

第 1 步，单击"模型"选项卡"基准"组中的 点按钮，打开"基准点"对话框，如图 8-38 所示。

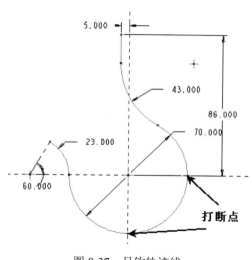

图 8-37　吊钩轨迹线

图 8-38　"基准点"对话框

第 2 步，在绘图区连续选中如图 8-39 所示的 6 个基准点。

步骤 4：创建"扫描混合"特征

第 1 步，在零件模式中，单击"模型"选项卡"形状"面板中的 扫描混合按钮，打开"扫描混合"操控板。

第 2 步，在该操控板中，单击"扫描为实体"按钮 。

第 3 步，单击选中轨迹线，起始点为 PNT0 点。

注意：直接单击起始点箭头，可修改起始点位置。

第 4 步，单击"截面"选项卡，弹出"截面"下滑面板，在绘图区选中基准点 PNT0，再在"截面"下滑面板中单击"草绘"按钮，进入草绘环境。

第 5 步，以 PNT0 点为圆心，绘制一个直径为 30 的圆，如图 8-40 所示。单击 ✔ 按钮，完成截面 1 的绘制。

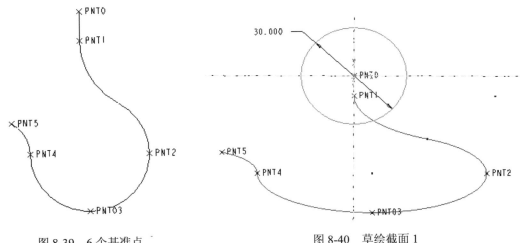

图 8-39　6 个基准点　　　　　　　　　　图 8-40　草绘截面 1

第 6 步，单击"插入"按钮，选中基准点 PNT1，再单击"草绘"按钮，进入草绘环境。

第 7 步，以 PNT1 点为圆心，做一个直径为 30 的圆。单击 ✔ 按钮，完成截面 2 的绘制。

第 8 步，单击"插入"按钮，选中基准点 PNT2，再单击"草绘"按钮，进入草绘环境。

第 9 步，以 PNT2 点为圆心，做一个直径为 38 的圆。单击 ✔ 按钮，完成截面 3 的绘制。

第 10 步，单击"插入"按钮，选中基准点 PNT3，再单击"草绘"按钮，进入草绘环境。

第 11 步，以 PNT3 点为圆心，做一个直径为 33 的圆。单击 ✔ 按钮，完成截面 4 的绘制。

第 12 步，单击"插入"按钮，选中基准点 PNT4，再单击"草绘"按钮，进入草绘环境。

第 13 步，以 PNT4 点为圆心，做一个直径为 21 的圆。单击 ✔ 按钮，完成截面 5 的绘制。

第 14 步，单击"插入"按钮，选中基准点 PNT5，再单击"草绘"按钮，进入草绘环境。

第 15 步，单击 ✖ 点 按钮，在基准点 PNT5 处创建一个点。单击 ✔ 按钮，完成截面 5 的绘制。

第 16 步，单击"相切"选项卡，弹出"相切"下滑面板，修改"终止截面"的边界条件为"平滑"，如图 8-41 所示。

第 17 步，单击 ✔ 按钮，完成扫描混合特征创建，如图 8-42 所示。

相切	选项	属性

边界	条件
开始截面	自由
终止截面	平滑 ▾
	尖点
	平滑

图 8-41　"相切"下滑面板　　　　　　图 8-42　完成扫描混合特征创建

步骤 5：创建"拉伸"特征

第 1 步，单击"模型"选项卡"形状"面板中的 🔲 按钮，打开"拉伸"操控板。

第 2 步，在该操控板中，单击"拉伸为实体"按钮 ▢。

第 3 步，单击"放置"选项卡，弹出"放置"下滑面板，单击"定义"按钮，弹出"草绘"对话框。

第 4 步，选择如图 8-42 所示的上端面圆为草绘平面，RIGHT 基准平面为参考平面，参考平面方向为向右，单击"草绘"按钮，进入草绘模式。

第 5 步，草绘直径为 22 的圆，如图 8-43 所示，单击 ✔ 按钮，退出草绘模式。

第 6 步，在"拉伸"操控板中，输入深度值 30，单击 ✔ 按钮，完成拉伸特征创建，如图 8-44 所示。

步骤 6：创建"倒角"特征

第 1 步，单击"模型"选项卡"工程"面板中的 倒角 按钮，打开"倒角"操控板。

第 2 步，在该操控板中，单击选择定义倒角的方式为"D×D"，设置倒角尺寸 D 为 2。

第 3 步，在绘图区选择图 8-44 所示的顶面圆弧，单击 ✔ 按钮，完成倒角特征创建。

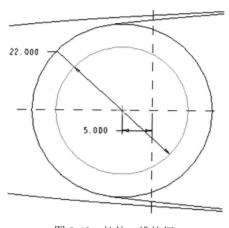

图 8-43　拉伸二维特征

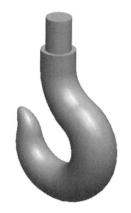

图 8-44　完成拉伸特征创建

步骤 7：创建"旋转"特征

第 1 步，单击"模型"选项卡"形状"面板中的 旋转 按钮，打开"旋转"操控板。

第 2 步，在该操控板中，单击"作为实体旋转"按钮 ▢ 和"去除材料"按钮 ◿。

第 3 步，单击"放置"选项卡，弹出"放置"下滑面板，单击"定义"按钮，弹出"草绘"对话框。

第 4 步，选择 FRONT 为草绘平面，RIGHT 基准平面为参考平面，参考平面方向为向右，单击"草绘"按钮，进入草绘模式。

第 5 步，草绘如图 8-45 所示的旋转中心和 2×2 的正方形截面，单击 ✔ 按钮，回到零件模式。

第 6 步，在操控板的文本框中输入旋转角度值 360，单击 ✔ 按钮，完成旋转去除材料特征的创建，如图 8-46 所示。

步骤 8：创建"螺纹"特征

第 1 步，在零件模式中，单击"模型"选项卡"形状"面板中的 螺旋扫描 按钮，弹出"螺旋扫描"操控板。

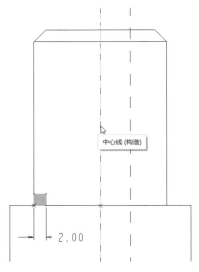

图 8-45　旋转二维特征　　　　　　　　　图 8-46　完成旋转去除材料特征创建

第 2 步，在该操控板中，单击"作为实体旋转"按钮 □ 、"去除材料"按钮 ⬚ 和"使用右手定则"按钮 ⬚ 。

第 3 步，单击"参考"选项卡，弹出"参考"下滑面板，单击"定义"按钮，弹出"草绘"对话框。选择 FRONT 基准平面为草绘平面，RIGHT 基准平面为参考平面，参考平面方向为向右，单击"草绘"按钮，进入草绘环境。

第 4 步，草绘螺旋扫描轮廓线和旋转轴，如图 8-47 所示。

第 5 步，单击 ✔ 按钮，退出草绘环境。

第 6 步，输入螺距值 2.5。单击 ⬚ 按钮，进入草绘环境。

第 7 步，按国家标准提供的螺纹横截面尺寸绘制螺旋扫描截面，如图 8-48 所示。单击 ✔ 按钮，退出草绘环境。

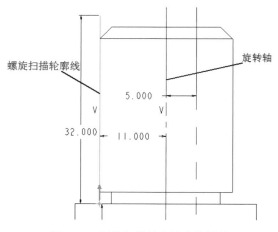

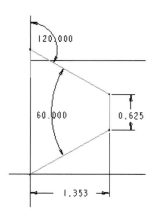

图 8-47　螺旋扫描轮廓线和旋转轴　　　　　　图 8-48　螺旋扫描截面

第8步，单击 ✔ 按钮，完成螺旋扫描特征创建。最终的吊钩三维模型如图 8-49 所示。

图 8-49　吊钩三维模型

步骤 9：保存图形

参见本书第 1 章，操作过程略。

8.5　上　机　题

1. 创建如图 8-50 所示螺钉 GB/T 68 M10×35，螺钉的螺距为 1.5，主要涉及"扫描混合"命令、"螺旋扫描"命令、"拉伸"命令、"旋转"命令和"倒角"命令。

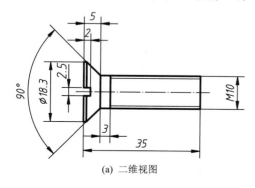

(a) 二维视图

(b)　三维模型

图 8-50　螺钉

建模提示如下。

（1）使用"螺旋扫描"命令创建螺纹时，根据国家标准绘制旋转曲面轮廓和旋转轴，如图 8-51 所示。

（2）根据国家标准绘制螺纹截面，如图 8-52 所示。

2. 创建如图 8-53 所示的水龙头三维模型，主要涉及"扫描混合"命令和"扫描"命令。

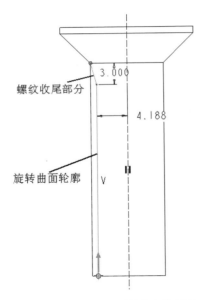

图 8-51 旋转曲面轮廓和旋转轴

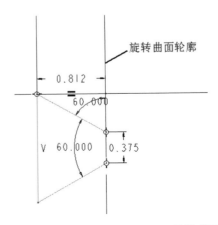

图 8-52 螺钉 GB/T 68 M10×35 的横截面

图 8-53 水龙头三维模型

建模提示如下。

（1）创建扫描混合实体特征。在草绘扫描轨迹时，以 FRONT 基准平面为草绘平面，采用默认的参考和方向设置。绘制如图 8-54 所示的二维轨迹线（由两段圆弧和一段直线相切连接组成）。然后在轨迹线上创建基准点，单击"模型"选项卡"基准"组中的 ⬚点 按钮，在弹出的"基准点"对话框中选择"在其上"模式，并在"偏移"选项中选择"比率"模式。创建第一个基准点 PNT0 为两圆弧连接切点，第二个基准点 PNT1 的偏移比率的值为 0.30，第三个基准点 PNT2 的偏移比率的值 0.60，第四个基准点 PNT3 为圆弧端点，创建的基准点如图 8-55 所示。

单击"扫描混合"操控板，在"参考"下滑面板中选择"垂直于轨迹"方式。接下来绘制剖面时，分别选择轨迹线的下端点、PNT0、PNT1、PNT2 和 PNT3 作为插入点。绘制的剖面如图 8-56 所示。完成扫描混合特征如图 8-57 所示。

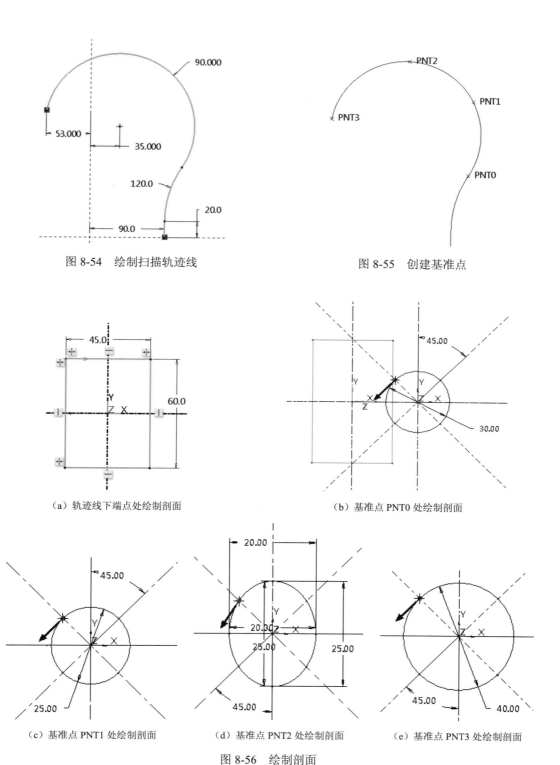

图 8-54 绘制扫描轨迹线   图 8-55 创建基准点

（a）轨迹线下端点处绘制剖面   （b）基准点 PNT0 处绘制剖面

（c）基准点 PNT1 处绘制剖面   （d）基准点 PNT2 处绘制剖面   （e）基准点 PNT3 处绘制剖面

图 8-56   绘制剖面

图 8-57 创建扫描混合特征

（2）创建旋转特征。首先创建一个基准平面 DTM1 通过扫描混合特征上端底面，如图 8-58 所示。同理，创建一个基准轴 A_6 通过扫描混合特征上端底面圆心并和基准平面 DTM1 法向，如图 8-59 所示。

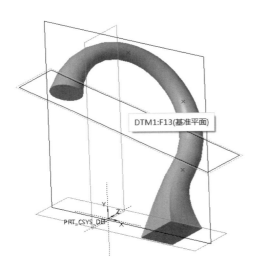

图 8-58 选择创建基准平面

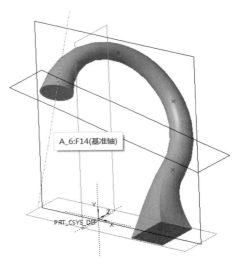

图 8-59 选择创建基准轴

接下来创建旋转特征，FRONT 基准平面为草绘平面，选择基准平面 DTM1 和 A_1 轴作为参考面和参考轴，绘制如图 8-60 所示的二维旋转截面。创建的旋转特征如图 8-61 所示。

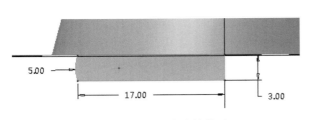

图 8-60 绘制二维旋转截面

图 8-61 创建旋转特征

（3）创建底部拉伸特征。选择扫描混合特征末端底面作为草绘平面，采用默认的参考和方向设置，绘制如图 8-62 所示的带圆角六边形拉伸截面。指定拉伸特征深度的方法为"指定深度" 🔲 方式，输入拉伸的深度 16，创建的拉伸特征如图 8-63 所示。

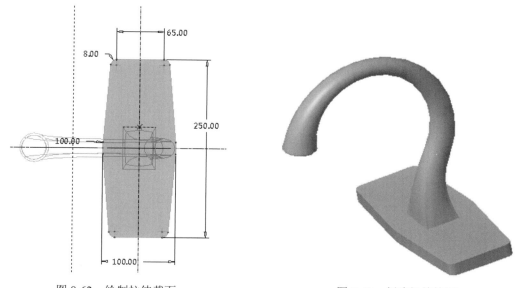

图 8-62　绘制拉伸截面　　　　　　　　　　　　　图 8-63　创建拉伸特征

（4）创建扳手处拉伸实体特征。以 FRONT 基准平面为草绘平面，添加轨迹线圆弧为"参考"，绘制一条与水平方向呈 45º 的直线，如图 8-64 所示。然后再通过该直线创建一个基准平面 DTM2，选择直线和 FRONT 基准平面作为参考，分别设置它们的约束类型为"穿过"模式和"偏移"模式，如图 8-65 所示。

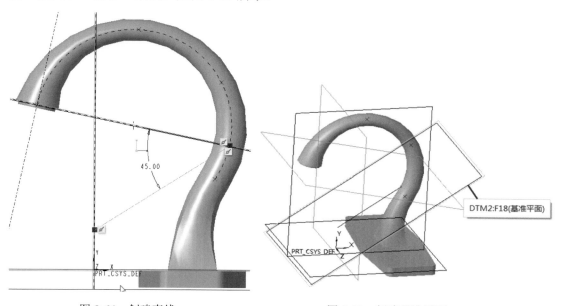

图 8-64　创建直线　　　　　　　　　　　　　图 8-65　创建基准平面 DTM2

选择 FRONT 基准平面为草绘平面,采用默认的参考和方向设置,添加 DTM1 和 DTM2 为参考,绘制如图 8-66 所示的二维拉伸截面直径为 10 的圆。指定拉伸特征深度的方法为 "对称" ⊟ 方式,输入拉伸的深度值 32,完成三维模型如图 8-67 所示。

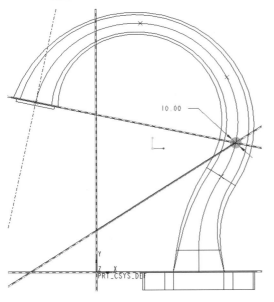

图 8-66　绘制拉伸截面　　　　　图 8-67　创建拉伸实体特征后的三维模型

（5）创建可变截面扫描特征。以基准平面 DTM2 为草绘平面,以 FRONT 基准平面为参考平面,方向向下,利用"样条曲线"命令绘制第一条轨迹曲线,起点为上一步创建的拉伸体圆柱体的端面圆心,如图 8-68 所示。

创建基准平面 DTM3。选择基准平面 DTM2 为参考,设置约束类型为"偏移"模式,并在"偏距"文本框中输入平移值 2,创建的基准平面如图 8-69 所示。

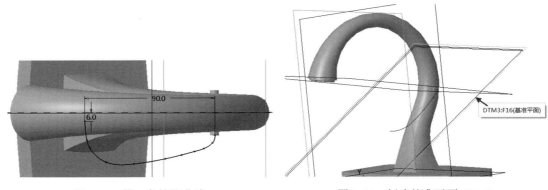

图 8-68　第一条轨迹曲线　　　　　图 8-69　创建基准平面 DTM3

接下来以基准平面 DTM3 为草绘平面,以 FRONT 基准平面为参考平面,方向向下,绘制第二条轨迹曲线,如图 8-70 所示。

选择绘制的第一条轨迹曲线进行镜像操作,以基准平面 DTM3 为镜像平面,镜像出第三条轨迹曲线,如图 8-71 所示。

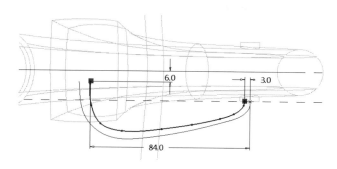

图 8-70　第二条轨迹曲线

图 8-71　镜像第三条轨迹曲线

　　接下来进行可变截面扫描操作。单击"扫描"按钮 ⬀扫描，并在模型中选择创建的第一条轨迹曲线作为原点轨迹线，其他两条作为链轨迹，如图 8-72 所示。绘制的扫描截面如图 8-73 所示，圆角半径皆为 0.5。最后得到可变截面扫描特征，如图 8-74 所示。

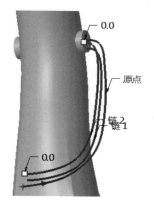

图 8-72　轨迹曲线的选择

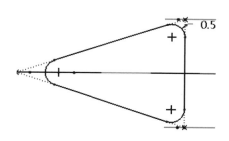

图 8-73　绘制扫描截面

　　创建镜像可变截面扫描特征。以 FRONT 基准平面为镜像平面，对前面创建的可变截面扫描特征进行镜像操作，完成三维模型如图 8-75 所示。

图 8-74　创建可变截面扫描特征

图 8-75　创建镜像可变截面扫描特征后的三维模型

（6）创建旋转去除材料特征。首先创建一个基准平面，通过底板中心并和 FRONT 平面平行。创建的基准平面 DTM4 如图 8-76 所示。然后在绘制旋转截面时，以创建的基准平面 DTM4 为草绘平面，采用 FRONT 基准平面为参考，方向为右，绘制的旋转截面如图 8-77 所示。在"旋转"操控板上选中"去除材料"按钮 ◿。创建的旋转去除材料特征如图 8-78 所示。

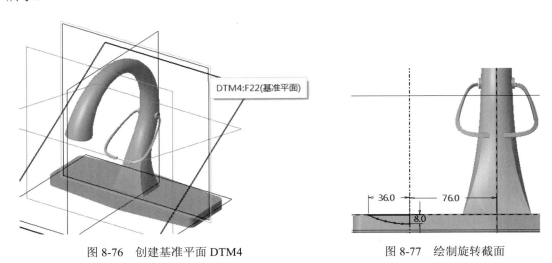

图 8-76　创建基准平面 DTM4　　　　　　图 8-77　绘制旋转截面

　　　创建镜像旋转特征。选择创建的旋转去除材料特征，以 FRONT 基准平面为镜像平面进行镜像，完成三维模型如图 8-79 所示。
　　（7）创建圆角特征。如图 8-79 所示，与 A 对应的 4 条边圆角半径为 10，与 B 对应的 4 条边圆角半径为 2。

图 8-78　创建旋转去除材料特征

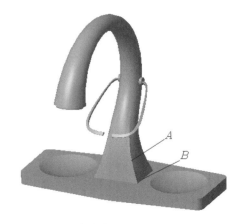

图 8-79　创建镜像旋转特征后的三维模型

第 9 章　特征的操作

特征的操作是对已经建立的特征或者特征与特征之间的关系进行重新构建。在 Creo Parametric 4.0 中，熟练掌握相关特征的操作方法是合理而快速建模的有效手段。在建模过程中，可以重新编辑特征的尺寸以及特征的二维草绘截面，也可以重新定义特征的先后顺序等。另外，Creo Parametric 4.0 中的"层"工具可以将不同的对象和特征进行有效的管理，有利于模型的显示和编辑，提高工作效率。

本章将介绍的内容如下。

（1）重定义特征的方法和步骤。

（2）特征排序的方法和步骤。

（3）隐含和恢复特征的方法和步骤。

（4）插入特征的方法和步骤。

（5）尺寸编辑的方法和步骤。

（6）删除特征的方法和步骤。

（7）特征成组的方法和步骤。

（8）隐藏特征的方法和步骤。

（9）层的概念及操作。

9.1　重定义特征

利用"编辑定义"命令可以对已有特征进行重新构建，即重定义特征。

可通过功能区调用命令，单击"模型"选项卡"操作"面板中的 <kbd>编辑定义</kbd> 按钮。操作步骤如下。

第 1 步，打开文件 Ch9-1.prt，模型如图 9-1 所示。

第 2 步，在模型树中，单击"拉伸 3"特征，在弹出的快捷菜单中单击"编辑定义"按钮 ，如图 9-2 所示，此时，模型显示如图 9-3 所示。

注意：执行"编辑定义"命令之后，系统会再次打开"拉伸"操控板。也可在绘图区单击选中欲编辑定义的特征，在弹出的快捷菜单中单击 按钮。

第 3 步，在"拉伸"操控板中，单击"加厚草绘"按钮 ，设置"厚度值"为 5，此时的模型显示如图 9-4 所示。

图 9-1　原始模型

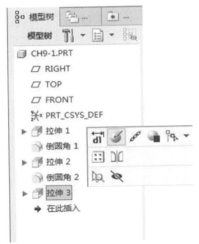

图 9-2　模型树

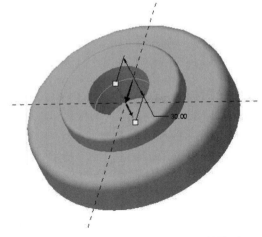

图 9-3　执行"编辑定义"命令后的模型

第 4 步，单击 ✔ 按钮，完成特征的重定义操作，如图 9-5 所示。

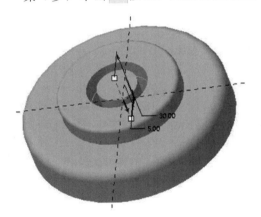

图 9-4　重定义后的模型

图 9-5　完成特征的重定义操作

9.2　特　征　排　序

特征排序是对模型树中特征的序列进行重新排列，从而改变特征在整个实体模型中创建的先后顺序的一种特征操作方法。利用"重新排序"命令可以重新排列模型树中特征的序列。

可通过功能区调用命令，单击"模型"选项卡"操作"面板中的"重新排序"按钮。操作步骤如下。

第 1 步，打开文件 Ch9-1.prt，模型如图 9-1 所示。

第 2 步，单击模型树上方的"设置"按钮 ⊤↓ ▾ ，在下拉菜单中选择 ⊞ 树列(C)... 按钮，弹出"模型树列"对话框，选择"特征号"选项，然后单击 >> 按钮，将"特征号"添加到"显示"列表中，如图 9-6 所示。单击"确定"按钮，此时模型树显示如图 9-7 所示。

图 9-6 添加"特征号"至"显示"列表

图 9-7 显示"特征号"的模型树

第 3 步，单击"模型"选项卡"操作"面板中的"重新排序"按钮，弹出"特征重新排序"对话框，如图 9-8 所示。

第 4 步，激活"要重新排序的特征"收集器，在模型树中选中"拉伸 3"特征为要重新排序的特征，在"新建位置"选项组中选择"之前"单选按钮，激活"目标特征"收集器，选中"拉伸 2"特征为目标特征，完成"特征重新排序"对话框的设置，如图 9-9 所示。

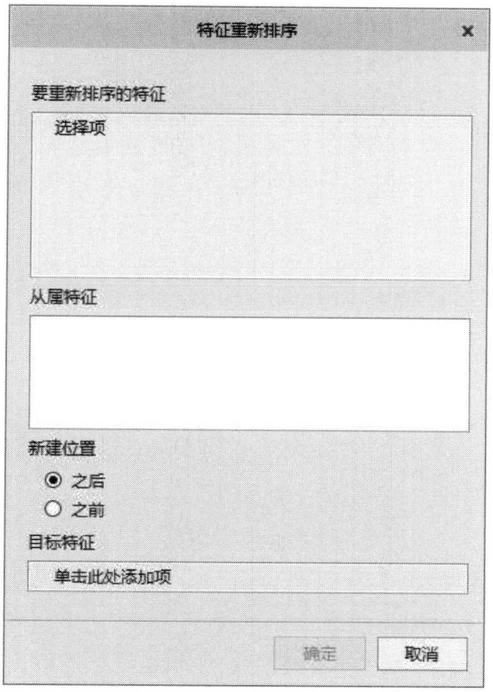

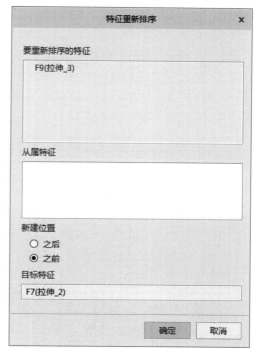

图 9-8 "特征重新排序"对话框

图 9-9 完成设置

第 5 步，单击"确定"按钮，完成特征的重新排序操作，此时的模型树如图 9-10 所示，模型显示如图 9-11 所示。

注意： 在特征排序过程中，应保证特征的序列发生改变后不会影响特征之间的父子关系，否则特征的重新排序将会发生错误。另外，重新排序会影响特征在实体模型中生成的先后顺序，因此模型外观可能会随之发生变化。此外，在模型树中可直接通过鼠标拖动相应的特征至新位置以达到重新排序的目的，此种方法更为简洁，但容易发生错误。

图 9-10　重新排序后的模型树

图 9-11　重新排序后的模型

9.3　隐含和恢复特征

隐含和恢复特征是将一个或多个特征暂时从再生中删除，并且可以随时恢复已隐含特征的一种特征操作方法，是提高建模效率极为有效的手段之一。利用"隐含"和"恢复"命令可以暂时删除特征并且随时恢复已隐含的特征。

可通过功能区调用命令，单击"模型"选项卡"操作"面板中的 ![隐含] 隐含 按钮或"恢复"按钮。

操作步骤如下。

第 1 步，打开文件 Ch9-1.prt，模型如图 9-1 所示。

第 2 步，在模型树中，单击"拉伸 3"特征，在弹出的快捷菜单中单击"隐含"按钮 ![icon]，如图 9-12 所示，弹出"隐含"对话框，如图 9-13 所示。

注意： 在模型树或绘图区中，按住 Ctrl 键可以依次选中多个特征作为隐含的对象，在弹出的快捷菜单中可以单击"隐含"按钮 ![icon]。

第 3 步，单击"确定"按钮，完成特征的隐含操作，此时的模型显示如图 9-14 所示。

第 4 步，单击模型树上方的"设置"按钮 ![icon]，在下拉菜单中选择 ![icon] 树过滤器(F)...，弹出"模型树项"对话框，如图 9-15 所示。在"显示"选项组中，选中"隐含的对象"复选框，然后单击"确定"按钮，模型树中将显示被隐含的特征，如图 9-16 所示。

图 9-12　选择"隐含"按钮

图 9-13　"隐含"对话框

图 9-14　隐含特征后的模型

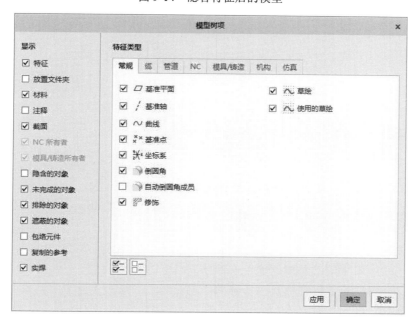

图 9-15　"模型树项"对话框

注意：一般情况下，模型树上是不会显示被隐含的特征的，只有执行第 4 步的操作之后，被隐含的特征才会显示在模型树中。

第 5 步，在模型树中，再次右击被隐含的"拉伸 3"特征，在弹出的快捷菜单中单击"恢复" 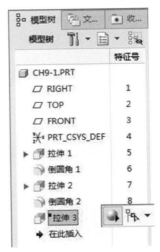 按钮，如图 9-17 所示，完成被隐含特征的恢复操作，此时的模型显示如图 9-18 所示。

图 9-16　模型树中显示被隐含的特征

图 9-17　选择"恢复"命令

图 9-18　恢复特征后的模型

9.4　插 入 特 征

插入特征是在已有特征前面建立新特征的一种特征操作方法。

可在模型树中调用命令，选中欲在其之后插入新特征的特征，右击，在弹出的快捷菜单中选择"在此插入"命令。

操作步骤如下。

第 1 步，打开文件 Ch9-1.prt，模型如图 9-1 所示。

第 2 步，在模型树中选择欲在其之后插入新特征的特征，右击，在弹出的快捷菜单中选择"在此插入"命令，如图 9-19 所示。此时的模型树如图 9-20 所示，模型如图 9-21 所示。

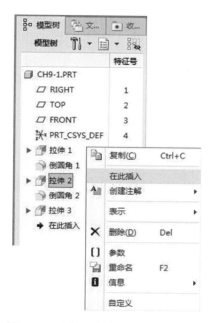

图 9-19　选择"在此插入"命令

注意：新特征之后的已有特征将暂时被隐含，并不会在模型中显示，但是会在模型树中显示出来。

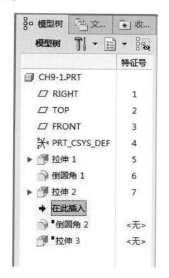

图 9-20　插入操作后的模型树

图 9-21　插入特征后的模型

第 3 步，对两圆柱交接处的边线进行倒圆角处理，此时的模型如图 9-22 所示，模型树如图 9-23 所示。

第 4 步，在模型树中右击"在此插入"命令，在弹出的快捷菜单中选择"退出插入模式"选项，如图 9-24 所示，此时，弹出如图 9-25 所示"确认"对话框，单击"是"按钮，完成特征的插入操作。

图 9-22　倒圆角处理

图 9-23　插入圆角特征后的模型树

注意：在实际操作过程中，也可以直接通过鼠标拖动"在此插入"至新位置以达到插入特征的目的。

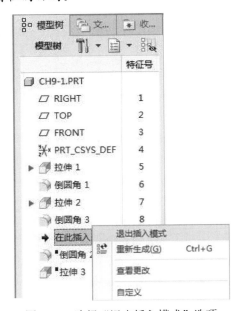

图 9-24　选择"退出插入模式"选项

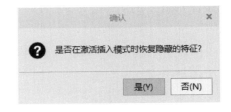

图 9-25　"确认"对话框

9.5　尺　寸　编　辑

尺寸编辑是对特征的尺寸值以及相关的尺寸属性进行修改和设置的一种特征操作方法。利用"尺寸编辑"命令可以修改特征的尺寸和公差。

操作步骤如下。

第 1 步，打开文件 Ch9-1.prt，模型如图 9-1 所示。

第 2 步，在模型树中单击"倒圆角 1"特征，在弹出的快捷菜单中选择"尺寸编辑"按钮 ⛶，如图 9-26 所示，此时的模型如图 9-27 所示。

注意：与"编辑定义"命令不同，执行"尺寸编辑"命令之后，系统不会打开"拉伸"操控板，在此，"尺寸编辑"命令仅能修改尺寸值以及相关的属性，并不能对特征进行重新构建。

第 3 步，在绘图区双击尺寸 R5.00，并将其数值修改为 10，然后单击"操作"面板中的"重新生成"按钮 🔄 ，完成特征尺寸值的修改，此时的模型如图 9-28 所示。

注意：在绘图区双击需要编辑的特征也会显示该特征的尺寸值，然后双击尺寸值可进行修改。

图 9-26 选择"尺寸编辑"按钮

图 9-27 "尺寸编辑"命令下的模型

图 9-28 完成特征尺寸值的修改

第 4 步，执行"文件"|"选项"菜单命令，弹出如图 9-29 所示"Creo Parametric 选项"对话框，在"图元显示"选项中，选中"显示尺寸公差"复选框，单击"确定"按钮，特征尺寸将带公差显示。

第 5 步，重复第 2 步的操作进入编辑状态，此时的模型如图 9-30 所示，双击绘图区中的尺寸，弹出"尺寸"操控板，如图 9-31 所示。

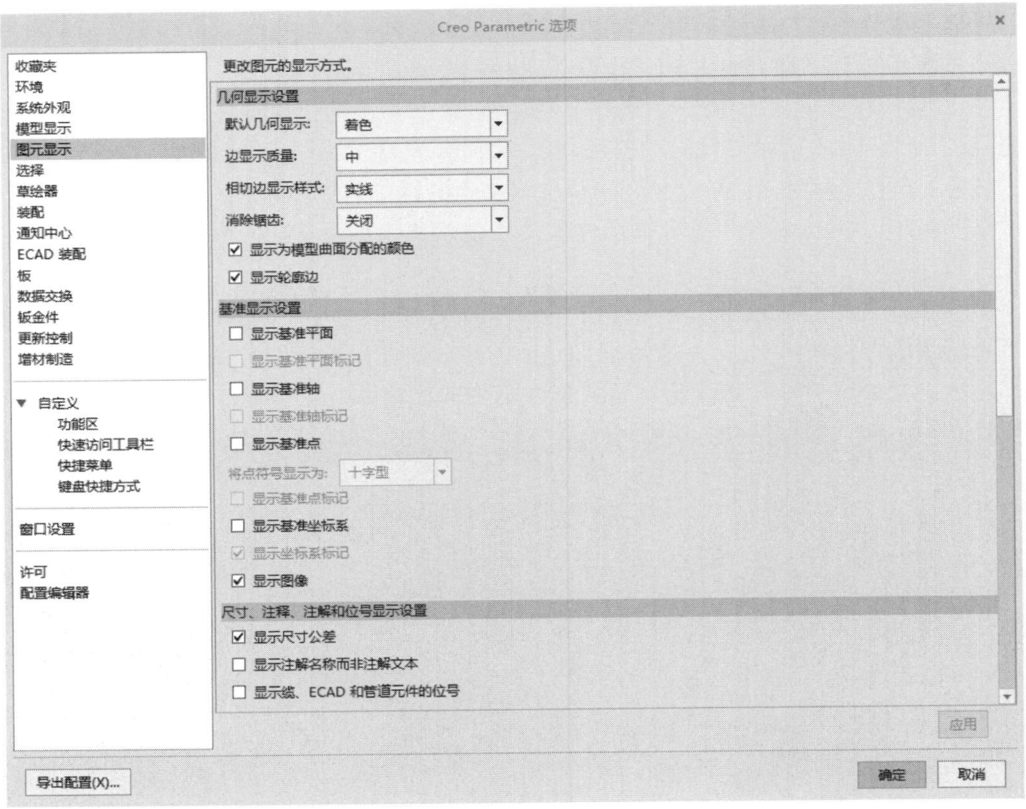

图 9-29 "Creo Parametric 选项"对话框

图 9-30 特征尺寸带公差显示

图 9-31 "尺寸"操控板

第 6 步，在"尺寸"操控板中的"公差"面板中，将"上公差"和"下公差"文本框中的值分别修改为 10.02 和 9.98，如图 9-32 所示，然后单击"操作"面板中的"重新生成"按钮  ，完成特征尺寸值的修改，此时的模型如图 9-33 所示。

注意： 在"尺寸"操控板中，也可以修改尺寸的其他相关属性，如尺寸的小数位数、尺寸的名称等。

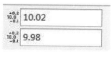

图 9-32　修改公差值

图 9-33　完成特征公差值的修改

9.6　删 除 特 征

删除特征是将一个或多个特征从模型树和绘图区中永久删除的一种特征操作方法。

可通过功能区调用命令，单击"模型"选项卡"操作"面板中的"删除" ✕ 删除 按钮。操作步骤如下。

第 1 步，打开文件 Ch9-1.prt，模型如图 9-1 所示。

第 2 步，在模型树中右击"拉伸 3"特征，在弹出的快捷菜单中选择"删除"选项，如图 9-34 所示，弹出"删除"对话框，如图 9-35 所示。

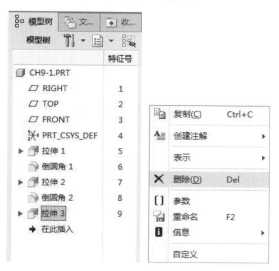

图 9-34　选择"删除"特征

注意： 若要删除的特征存在子特征，将弹出如图 9-36 所示的"删除"对话框，同时该特征及其子特征将在模型树和绘图区中加亮显示，单击"选项"按钮，在弹出的"子项处理"对话框中可以对子特征进行处理。

图 9-35 "删除"对话框之一

图 9-36 "删除"对话框之二

第 3 步,在"删除"对话框中单击"确定"按钮,完成特征的删除操作,此时的模型树如图 9-37 所示,模型如图 9-38 所示。

图 9-37 删除特征后的模型树

图 9-38 完成特征的删除操作

9.7 特 征 成 组

特征成组是将多个已有特征建成一个特征组,方便管理和编辑。成组不会对源特征造成影响,特征之间的层级关系也不会被改变。

可通过功能区调用命令,单击"模型"选项卡"操作"面板中的"分组"按钮。

操作步骤如下。

第 1 步,打开文件 Ch9-39.prt,模型如图 9-39 所示。

第 2 步,按住 Ctrl 键,在模型树中选择欲成组的特征,在弹出的快捷菜单中单击"分组"按钮,如图 9-40 所示。成组后的模型树如图 9-41 所示,模型如图 9-42 所示。

注意:若要取消已经生成的组,在模型树中单击组名称,在弹出的快捷菜单中单击"取消分组"按钮即可。

图 9-39 原始模型

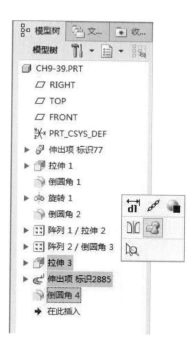

图 9-40 选择欲成组的特征

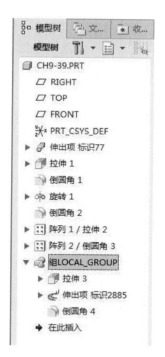

图 9-41 成组后的模型树

图 9-42 成组后的模型

9.8 隐 藏 特 征

隐藏特征是使一个或多个特征暂时不可见的一种特征操作方法。

可通过功能区调用命令，单击"视图"选项卡"可见性"面板中的 ◥ 隐藏 按钮。

操作步骤如下。

第 1 步，打开文件 Ch9-43.prt，模型如图 9-43 所示。

第 2 步，在模型树中单击"扫描混合 1"特征，在弹出的快捷菜单中单击"隐藏"按钮 ◥，如图 9-44 所示。完成隐藏后的模型树如图 9-45 所示，模型显示如图 9-46 所示。

图 9-43　原始模型

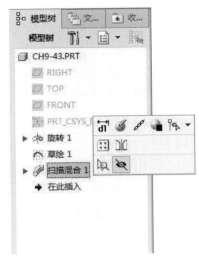

图 9-44　选择"隐藏"特征

图 9-45　隐藏特征后的模型树

图 9-46　隐藏特征后的模型

注意：如果要取消隐藏的特征，可以在模型树中单击隐藏的特征名，在弹出的快捷菜单中选择"显示"按钮 ◉。

9.9 层的概念及操作

在 Creo Parametric 4.0 中，为了有效地组织和管理模型的特征、基准面、基准线及装配中的零件等要素，引入了层的概念。通过控制图层中要素、项目的显示状况，可提高可视化程度，大大提高建模效率。

9.9.1 创建新层

可通过功能区调用命令，单击"视图"选项卡"可见性"面板中的  按钮。

操作步骤如下。

第 1 步，打开文件 Ch9-43.prt，在模型树导航窗口中单击 下拉按钮，选择"层树"命令，便可在导航窗口中显示层树，如图 9-47 所示。

第 2 步，单击 下拉按钮，弹出"层"下拉菜单，如图 9-48 所示。

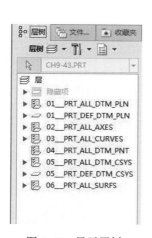

图 9-47 显示层树

图 9-48 "层"下拉菜单

第 3 步，在"层"下拉菜单中选择"新建层"命令，弹出"层属性"对话框，如图 9-49 所示。

第 4 步，在"层属性"对话框中输入新层的名称，也可接受默认的新层名称，"层标识"文本框中可以输入"层标识"号，单击"确定"按钮后，新建层后的层树如图 9-50 所示。

9.9.2 将项目添加到层

层中可以包含基准线、基准平面、曲面、曲线等项目要素，这些统称层的项目，可以向层中添加项目。

图 9-49 "层属性"对话框

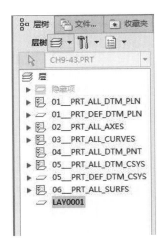

图 9-50 新建层后的层树

操作步骤如下。

第 1～3 步，与 9.9.1 节创建新层操作步骤的第 1～3 步相同。

第 4 步，在层树中选中 LAY0001 层，右击，弹出如图 9-51 所示的快捷菜单。选择"层属性"命令，弹出"层属性"对话框，如图 9-52 所示。

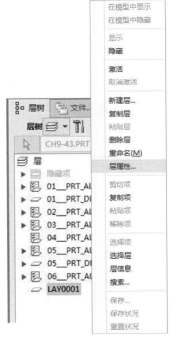

图 9-51 选择添加项目的层

图 9-52 "层属性"对话框

第 5 步，单击模型相应的项目，即可将模型中的项目添加到层中，此时"层属性"对话框如图 9-53 所示。

第 6 步，单击"确定"按钮，完成项目添加，此时层树如图 9-54 所示。

图 9-53　添加项目后的"层属性"对话框

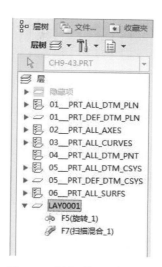

图 9-54　添加项目后的层树

注意：向层中添加项目时，"层属性"对话框中的"包括"按钮需要处于被按下状态。若要将项目从层中排除，可单击对话框中的"排除"按钮，再选中项目列表中的相应项目，如图 9-55 所示。如果要将项目从层中完全删除，则要先选中项目列表中的相应项目，再单击"移除"按钮，移除后"层属性"对话框如图 9-56 所示。

图 9-55　将项目从层中排除

图 9-56　将项目从层中移除

9.9.3　层的隐藏

在 Creo Parametric 4.0 中，可以将某个层设置为"隐藏"状态，这样层中的项目将在模型中不可见。

操作步骤如下。

第 1～6 步，与 9.9.2 节将项目添加到层操作步骤的第 1～6 步相同。

第 7 步，在"层树"中选中"LAY0001"层，右击，在弹出的快捷菜单中选择"隐藏"命令，如图 9-57 所示。

注意：若取消层的隐藏，可以右击被隐藏的层，从弹出的快捷菜单中选择"显示"命令，如图 9-58 所示。

图 9-57　隐藏层

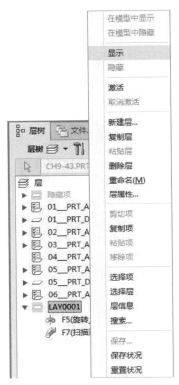

图 9-58　取消层隐藏

9.10　上机操作实验指导：编辑烟灰缸模型

根据特征操作的相关命令，创建如图 9-59 所示的烟灰缸模型，主要涉及"编辑定义"命令、"尺寸编辑"命令和"删除"命令等。

操作步骤如下。

步骤 1：打开已有文件

打开文件 Ch9-60.prt，模型如图 9-60 所示，操作过程参见本书第 1 章。

图 9-59　烟灰缸模型

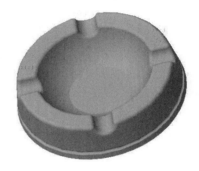

图 9-60　原始烟灰缸模型

步骤 2：编辑拔模特征

第 1 步，在模型树中右击"拔模斜度 1"特征，在弹出的快捷菜单中单击"尺寸编辑"按钮 🔲。

第 2 步，在绘图区双击尺寸 10，并将其尺寸修改为 15，如图 9-61 所示。

第 3 步，单击"操作"面板中的"重新生成"按钮 🔲，完成拔模特征的尺寸编辑，此时的模型显示如图 9-62 所示。

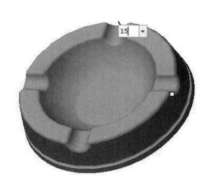

图 9-61　修改尺寸值

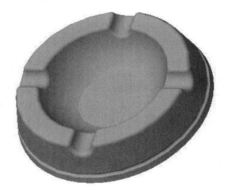

图 9-62　完成拔模特征的尺寸编辑

步骤 3：编辑定义孔特征

第 1 步，在模型树中右击"孔 1"特征，在弹出的快捷菜单中单击"编辑定义"按钮 🔲，系统打开"孔"操控板。

第 2 步，在"孔"操控板中单击 🔲 按钮，系统进入草绘模式。

第 3 步，修改草绘尺寸值并调整样条曲线的控制点，此时的二维特征截面如图 9-63 所示，单击 ✔ 按钮，回到零件模式。

第 4 步，单击 ✔ 按钮，完成孔特征的重定义操作，如图 9-64 所示。

步骤 4：删除阵列特征并重新阵列组特征

第 1 步，在模型树中右击"阵列 1"特征，在弹出的快捷菜单中选择"删除阵列"按钮，此时模型显示如图 9-65 所示。

第 2 步，在模型树中单击"组"特征，在弹出的快捷菜单中选择"阵列"按钮 🔲，系统弹出"阵列"操控板。

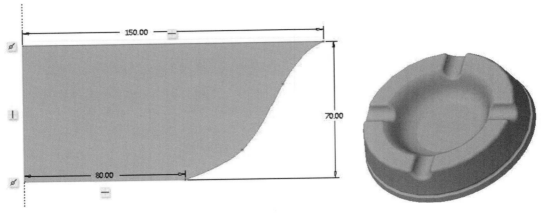

图 9-63 修改后的二维特征截面   图 9-64 完成孔特征的重定义操作

第 3 步，在该操控板中设置阵列的"类型"为轴，输入阵列成员间的角度值 120，阵列成员数为 3，单击 ✔ 按钮，完成组特征的重新阵列操作，此时模型如图 9-66 所示。

图 9-65 "删除阵列"操作后的模型

图 9-66 重新阵列操作后的模型

步骤 5：删除底部凹槽旋转特征

第 1 步，在模型树中右击"旋转 1"特征，在弹出的快捷菜单中单击 ✖ 删除 按钮。

第 2 步，在弹出的"删除"对话框中单击"确定"按钮，系统将删除"旋转 1"特征及其子特征"倒圆角 7"特征，完成底部凹槽旋转特征的删除操作，最终的模型如图 9-59 所示。

步骤 6：保存图形

参见本书第 1 章，操作过程略。

9.11 上 机 题

根据特征操作的有关知识，创建如图 9-67 所示的节能灯模型。

建模提示如下。

（1）打开文件 Ch9-68.prt，模型如图 9-68 所示。

图 9-67　节能灯模型

图 9-68　原始模型

（2）在模型树中右击"草绘 2"特征，在弹出的快捷菜单中单击"编辑定义"按钮 🖌，在绘图区中重新定义草绘特征，如图 9-69 所示。

（3）单击 ✔ 按钮，完成草绘特征尺寸的编辑，如图 9-70 所示。

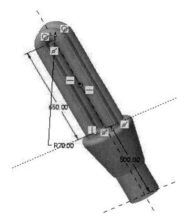

图 9-69　重新定义草绘特征

图 9-70　完成草绘特征尺寸的编辑

（4）在模型树中，右击"扫描 1"特征，在弹出的快捷菜单中单击"编辑尺寸"按钮 🖫，单击"截面 1"，激活后修改扫描截面的直径值为 100，如图 9-71 所示。

（5）单击"操作"面板中的 🗐 按钮，完成扫描特征截面尺寸的编辑，如图 9-72 所示。

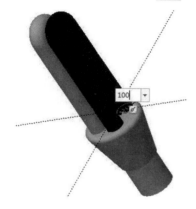

图 9-71　修改尺寸值

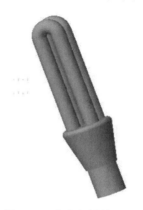

图 9-72　完成扫描特征编辑

（6）在模型树中右击"草绘 1"特征，在弹出的快捷菜单中单击"编辑定义"按钮 🖉，重定义"旋转 1"特征的二维特征截面，如图 9-73 所示。

（7）单击 ✔ 按钮，完成"旋转 1"特征的二维特征截面，即"草绘 1"特征的重定义操作，重新生成后的模型如图 9-74 所示。

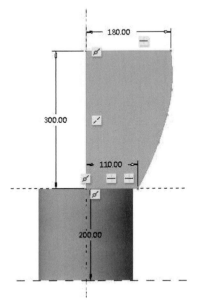

图 9-73　重定义二维特征截面

图 9-74　完成旋转特征的重定义操作

（8）在模型树中，拖动"在此插入"至"拉伸 1"特征之下，如图 9-75 所示，此时的模型如图 9-76 所示。

图 9-75　插入特征操作后的模型树

图 9-76　插入特征操作后的模型

（9）创建"螺旋扫描"特征，绘制旋转轮廓线如图 9-77 所示，绘制螺旋扫描截面如

图 9-78 所示，输入螺距值 35，三维模型如图 9-79 所示。

图 9-77　绘制旋转轮廓线

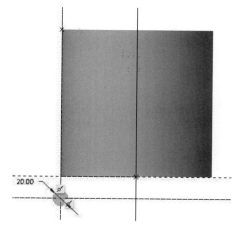

图 9-78　绘制螺旋扫描截面

（10）选中模型中的边线作为倒圆角参考，输入半径值为 5，完成圆角特征的创建，此时的模型如图 9-80 所示。

图 9-79　完成螺旋扫描特征创建的三维模型

图 9-80　完成圆角特征创建的三维模型

（11）在模型树中右击"在此插入"命令，在弹出的快捷菜单中选择"退出插入模式"命令，单击"是"按钮，完成特征的插入操作，完成三维模型，如图 9-67 所示。

第 10 章　曲面的创建

在 Creo Parametric 4.0 中，曲面特征是一种没有厚度和质量的几何特征，它是创建复杂外观模型的有效工具。曲面可以分为基本曲面和复杂曲面，基本曲面主要包括平面、拉伸曲面、旋转曲面、扫描曲面和混合曲面，而复杂曲面则需要创建特征曲线，通过扫描、扫描混合、边界混合等方法创建。

本章将介绍的内容如下。

（1）平面的创建。

（2）边界混合曲面的创建。

（3）基本曲面的创建。

（4）通过曲面创建曲线。

10.1　平面的创建

利用"填充"命令可以创建平面特征。

可通过功能区调用命令，单击"模型"选项卡"曲面"面板中的 □填充 按钮。

操作步骤如下。

第 1 步，在零件模式中，单击 □填充 按钮，打开"填充"操控板，如图 10-1 所示。

图 10-1　"填充"操控板

第 2 步，单击"参考"下滑面板中的"定义"按钮，如图 10-2 所示，弹出"草绘"对话框。

图 10-2　"参考"下滑面板

第 3 步，选择 TOP 基准平面为草绘平面，RIGHT 基准平面为参考平面，方向向右（此为默认设置），单击"草绘"按钮，进入草绘模式。绘制一条封闭圆曲线，如图 10-3 所示，单击 ✔ 按钮，完成二维特征截面的创建，回到零件模式。

第 4 步，单击 ✔ 按钮，完成圆平面特征的创建，如图 10-4 所示。

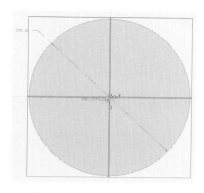

图 10-3　绘制封闭圆曲线

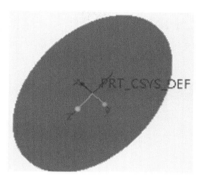

图 10-4　完成平面特征的创建

10.2　边界混合曲面的创建

边界混合特征是由单个方向上或者两个方向上的参考来定义而形成的曲面特征，其中曲面的边界、实体的边界、曲线、基准点、基准线、线面上的端点等都可以作为定义曲面特征的参考。

可通过功能区调用命令，单击"模型"选项卡"曲面"面板中的"边界混合"按钮 [图标]。

10.2.1　单个方向上的边界混合

可以利用"边界混合"命令通过单个方向上的边界混合创建特征曲面。

操作步骤如下。

第 1 步，在零件模式中，单击"草绘"按钮 [图标]，选择 TOP 基准平面为草绘平面，RIGHT 基准平面为参考平面，方向向右（此为默认设置），单击"草绘"按钮，绘制一条半圆曲线，半径值为 100，如图 10-5 所示。

第 2 步，单击 [图标] 按钮，以 FRONT 基准平面为草绘平面，RIGHT 基准平面为参考平面，方向向右，单击"草绘"按钮，进入草绘模式。

第 3 步，单击"草绘"选项卡的"设置"面板中的 [图标] 参考 按钮，选择第 1 步绘制的半圆曲线作为参考曲线，在当前的草绘模式中绘制另外一条半圆曲线，如图 10-6 所示。

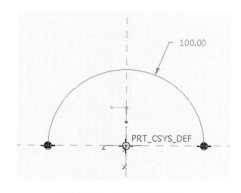

图 10-5　绘制半圆曲线

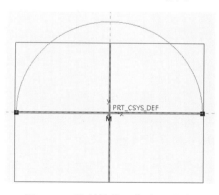

图 10-6　绘制另外一条半圆曲线

注意：设置参考曲线可使当前曲线的端点捕捉到已有曲线，因此在绘制完当前曲线之后，无尺寸显示。

第 4 步，创建边界混合曲面，单击  按钮，打开"边界混合"操控板，如图 10-7 所示。

图 10-7 "边界混合"操控板

第 5 步，激活操控板下的"第一方向链"收集器，如图 10-8 所示按住 Ctrl 键依次选中前面绘制的两条特征曲线作为边界混合的两条链，如图 10-9 所示。

注意：在该操控板中，单击"曲线"下滑面板中"第一方向"选项组的"细节"按钮，弹出"链"对话框，利用"添加"按钮也可以依次选中用作边界混合的两条链。

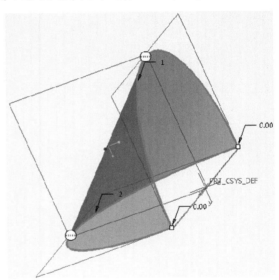

图 10-8 激活"第一方向链"收集器　　　图 10-9 依次选中边界混合的链

第 6 步，在"边界混合"操控板中，控制混合曲面与基准平面垂直的方法是"约束"，单击"约束"选项卡，弹出如图 10-10 所示"约束"下滑面板。

第 7 步，在"约束"下滑面板中，设置边界的"条件"为垂直，如图 10-11 所示，此时的特征曲面如图 10-12 所示，单击 ✓ 按钮，完成特征曲面的创建。

注意：设置特征曲面的边界条件之后，需指定图元的参考曲面。在这里，参考曲面为系统默认的基准平面，单击"约束"下滑面板中默认的基准平面可以替换参考。

10.2.2　两个方向上的边界混合

可以利用"边界混合"命令通过两个方向上的边界混合创建特征曲面。

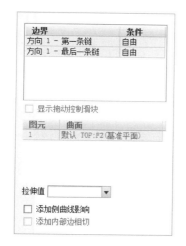

图 10-10 "约束"下滑面板

图 10-11 设置边界的条件

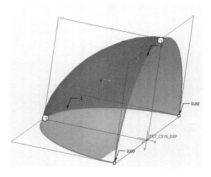

图 10-12 设置约束后的特征曲面

操作步骤如下。

第 1~3 步，与 10.2.1 节单个方向上的边界混合操作步骤的第 1~3 步相同。

第 4 步，单击 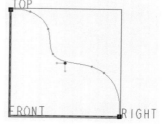 按钮，选择 RIGHT 基准平面为草绘平面，TOP 基准平面为参考平面，方向向顶，单击"草绘"按钮，进入草绘模式。

第 5 步，设置前面绘制的两条半圆曲线为参考曲线并创建另外一条样条曲线，如图 10-13 所示，单击 ✔ 按钮，回到零件模式。

第 6 步，创建边界混合曲面，单击 按钮，打开"边界混合"操控板。

第 7 步，激活操控板下的"第一方向链"收集器，依次选中两条半圆曲线作为边界混合第一方向下的两条链，再激活"第二方向链"收集器，如图 10-14 所示。选中第 5 步绘制的特征曲线作为第二方向下的一条链，如图 10-15 所示，单击 ✔ 按钮，完成边界混合曲面的创建。

图 10-13 创建样条曲线

图 10-14 激活"第二方向链"收集器

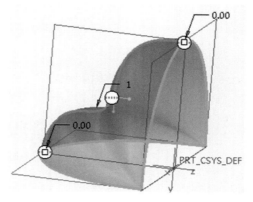

图 10-15 选中第二方向下的链

注意：在该操控板中，单击"曲线"按钮，选中"第一方向"下两条链之后，单击"第二方向"下的"细节"按钮，同样可以选中第 5 步草绘的特征曲线作为第二方向下的链。

操作及选项说明如下。

1. 参考图元的使用规则

（1）每个方向上可选中多条链定义特征曲面，链的数量越多，创建的特征曲面就越精确。

（2）选择每个方向上参考图元，必须按照连续的顺序依次选择用于边界混合的链。

（3）在两个方向上定义特征曲面，必须保证外部边界是封闭的环，否则无法生成特征曲面。

2. 控制边界混合特征曲面的方法

在"边界混合"操控板中，单击"约束"按钮，可以在所选中链的"条件"中控制最终生成的特征曲面。

（1）自由：特征曲面沿边界不设置任何约束，系统生成默认特征曲面，如图 10-16 所示。

（2）相切：特征曲面沿边界与参考曲面或基准平面相切，如图 10-17 所示。

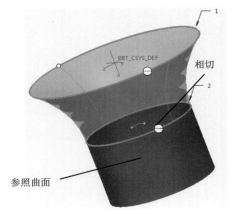

图 10-16　约束条件为自由　　　　　　　　图 10-17　约束条件为相切

（3）曲率：特征曲面沿边界保持曲率的连续性，如图 10-18 所示。

（4）垂直：特征曲面沿边界与参考曲面或基准平面垂直，如图 10-19 所示。

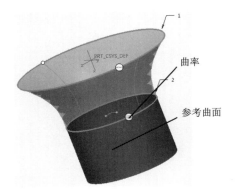
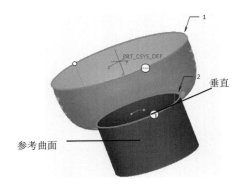

图 10-18　约束条件为曲率　　　　　　　　图 10-19　约束条件为垂直

3. 其他选项说明

单击"选项"选项卡，弹出如图 10-20 所示"选项"下滑面板，在该下滑面板中可以通过设置另外一条影响曲线、改变曲面自身的平滑度等来进一步完善所构建的曲面。总体来说，"选项"选项卡对曲面的改变不会太大，而仅仅作为曲面后期处理的工具。

图 10-20 "选项"下滑面板

10.3 基本曲面的创建

基本曲面的创建包括拉伸曲面、旋转曲面、扫描曲面和混合曲面，其创建方法与实体特征的创建类似。下面仅以拉伸曲面和旋转曲面为例介绍。

10.3.1 创建拉伸曲面

利用"拉伸"命令可以创建拉伸曲面特征。

可通过图标调用命令，单击功能区"模型"选项卡"形状"面板中的"拉伸"按钮 。操作步骤如下。

第 1 步，在零件模式中，单击 按钮，打开"拉伸"操控板，如图 10-21 所示。

图 10-21 "拉伸"操控板

第 2 步，在"拉伸"操控板中，单击"拉伸为曲面"按钮 。

第 3 步，单击"放置"下滑面板中的"定义"按钮，弹出"草绘"对话框。选择 TOP 基准平面为草绘平面，RIGHT 基准平面为参考平面，方向向右，单击"草绘"按钮，进入草绘模式。

第 4 步，单击"草绘"选项卡的"设置"面板中的"草绘视图"按钮 ⚏，使 TOP 基准平面与屏幕平行。

第 5 步，绘制样条曲线，如图 10-22 所示，单击 ✔ 按钮，完成二维特征截面的创建，回到零件模式。

第 6 步，在"拉伸"操控板中，选择"盲孔"以指定深度值进行拉伸，设置"深度值"为 100，旋转查看拉伸效果，如图 10-23 所示，单击 ✔ 按钮，完成特征曲面的创建。

注意：拉伸深度值也可以通过拖动句柄来调整，如图 10-23 所示。

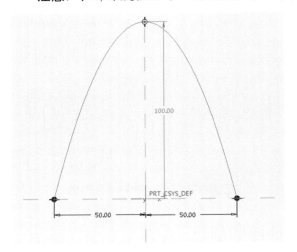

图 10-22　绘制样条曲线

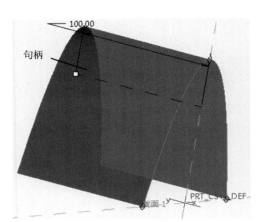

图 10-23　创建拉伸曲面

10.3.2　创建旋转曲面

利用"旋转"命令可以创建旋转曲面特征。

可通过功能区调用命令，单击"模型"选项卡"形状"面板中的 ⚭ 旋转 按钮。

操作步骤如下。

第 1 步，在零件模式中，单击 ⚭ 旋转 按钮，打开"旋转"操控板，如图 10-24 所示。

图 10-24　"旋转"操控板

第 2 步，在"旋转"操控板中，单击"作为曲面旋转"按钮 ⊡。

第 3 步，单击"放置"下滑面板中的"定义"按钮，弹出"草绘"对话框。选择 FRONT 基准平面为草绘平面，RIGHT 基准平面为参考平面，方向向右，进入草绘模式。

第 4 步，单击"草绘"选项卡的"设置"面板中的"草绘视图"按钮 ⚏，使 FRONT 基准平面与屏幕平行。

第5步，绘制样条曲线，单击"模型"选项卡"基准"组中的 <kbd>⋮中心线</kbd> 按钮，绘制中心线，如图 10-25 所示，单击 ✔ 按钮，完成二维特征截面的创建，回到零件模式。

第6步，在"旋转"操控板中，输入系统默认的旋转角度 360°，如图 10-26 所示，单击 ✔ 按钮，完成旋转特征曲面的创建。

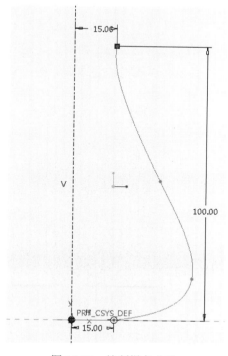

图 10-25　绘制样条曲线

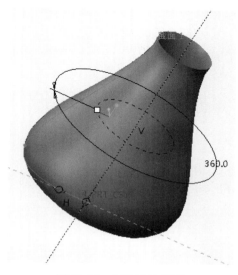

图 10-26　创建旋转曲面

操作及选项说明如下。

创建拉伸曲面特征，二维特征截面可以是开放的也可以是封闭的，同时也允许该截面含有多个嵌套的封闭图元（不能自交），若草绘截面为封闭图元，如图 10-27 所示。"选项"下滑面板中的"封闭端"复选框将被激活，如图 10-28 所示。如果选中"封闭端"复选框，则将封闭拉伸特征两侧，如图 10-29 所示。

图 10-27　草绘截面为封闭图元

图 10-28　"选项"下滑面板

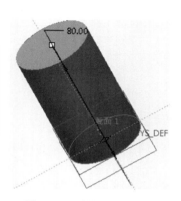

图 10-29　封闭拉伸特征

10.4　通过曲面创建曲线

创建曲线是为曲面搭建框架，除了前面章节介绍的创建方法外，在 Creo Parametric 4.0 中还可以通过曲面创建曲线。

10.4.1　相交曲线的创建

利用"相交"命令可以在两相交曲面或者曲线（假设两曲线拉伸为曲面）的相交位置处创建曲线。

可通过功能区调用命令，单击"模型"选项卡"编辑"面板中的 相交 按钮。

操作步骤如下。

第 1 步，打开文件 Ch10-30，如图 10-30 所示。

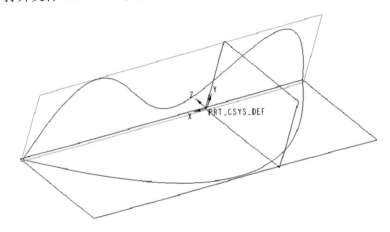

图 10-30　原始曲线

第 2 步，选择 FRONT 基准平面上的曲线，单击 相交 按钮，打开"曲线相交"操控板，如图 10-31 所示。

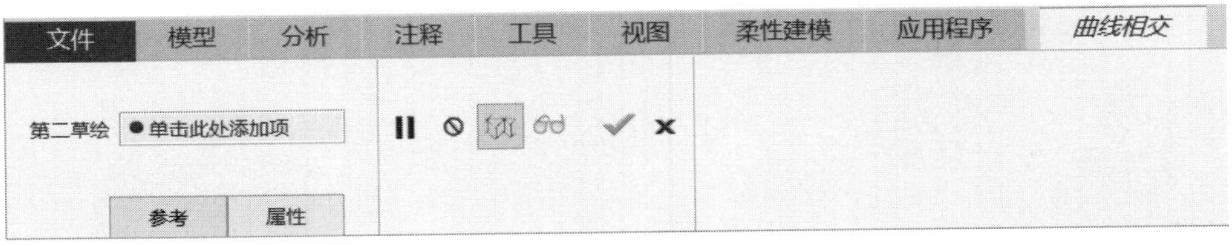

图 10-31　"曲线相交"操控板

第 3 步，在"曲线相交"操控板中，单击"参考"选项卡，如图 10-32 所示。选择 TOP 基准平面上的曲线作为"第二草绘"，单击 ✔ 按钮，创建如图 10-33 所示的相交曲线。

注意：也可以直接选择其中一条曲线，再按住 Ctrl 键选择另一条曲线，然后单击"相交"按钮。

10.4.2 投影曲线的创建

利用“投影”命令可以选定曲线或者草绘曲线投影至选定的曲面上创建曲线。

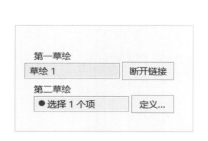

第一草绘
草绘 1
断开链接
第二草绘
● 选择 1 个项
定义...

图 10-32 “参考”下滑面板

Z
Y
X
PRT_CSYS_DEF

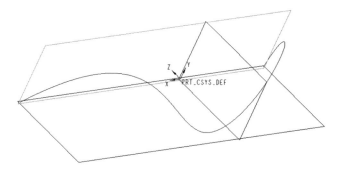

图 10-33 创建相交曲线

可通过功能区调用命令，单击“模型”选项卡“编辑”面板中的 投影 按钮。

1. 选择曲线创建投影曲线

操作步骤如下。

第 1 步，打开文件 Ch10-34.prt，如图 10-34 所示。

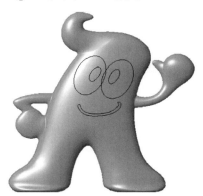

图 10-34 原始模型

第 2 步，单击 投影 按钮，打开“投影曲线”操控板，如图 10-35 所示。

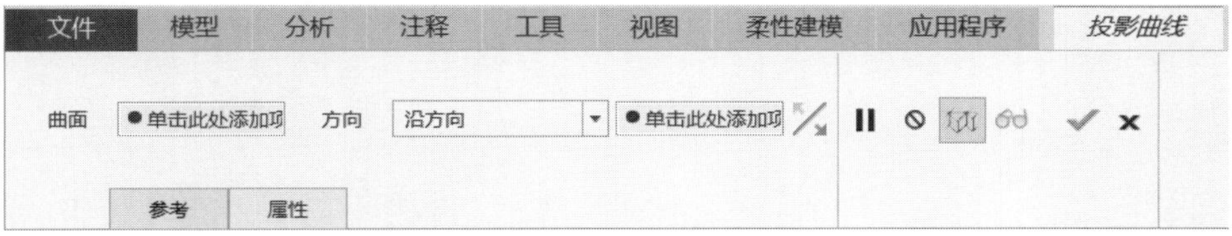

文件
模型
分析
注释
工具
视图
柔性建模
应用程序
投影曲线
曲面
● 单击此处添加项
方向
沿方向
● 单击此处添加项
参考
属性

图 10-35 “投影曲线”操控板

第 3 步，在“投影曲线”操控板中，单击“参考”选项卡，如图 10-36 所示。在下拉列表中选择“投影链”，在“链”选择项中选择所要投影的曲线（按住 Ctrl 可以加选曲线），在“曲面”选择项中选择要投影的曲面，在“方向参考”选择项中选择投影的参考面，此处选择 FRONT 基准平面作为参考面。

第 4 步，单击 ✔ 按钮，完成如图 10-37 所示投影曲线。

图 10-36 "参考"下滑面板

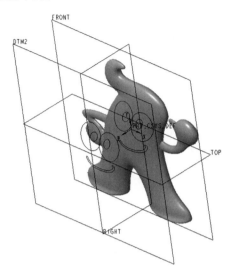

图 10-37 创建投影曲线

操作及选项说明如下。

（1）链：欲投影的曲线或边链。

（2）曲面：欲在其上投影的曲面组。

（3）方向参考：投影方向参考。

2. 草绘曲线创建投影曲线

操作步骤如下。

第 1 步，单击 ✎ 投影 按钮，打开"投影曲线"操控板，单击"参考"选项卡，在下拉列表中选择"投影草绘"，如图 10-38 所示。

第 2 步，单击"定义"按钮，弹出"草绘"对话框，选择 FRONT 基准平面为草绘平面，采用默认的参考和方向设置，绘制二维草图，如图 10-39 所示。

图 10-38 选择"投影草绘"

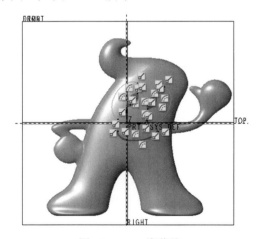

图 10-39 二维草绘

第 3 步，单击 ✔ 按钮，回到零件模式，选择图 10-40 所示曲面作为投影曲面，选择 FRONT 基准平面作为方向参考。

第 4 步，单击 ✔ 按钮，完成如图 10-41 所示投影曲线。

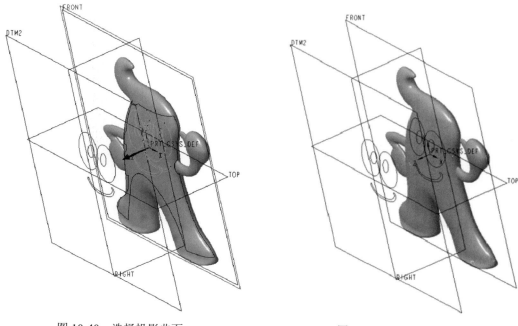

图 10-40　选择投影曲面　　　　　　　图 10-41　创建投影曲线

10.4.3　修剪曲线的创建

利用"修剪"命令可以修剪曲面或者曲线。

可通过功能区调用命令，单击"模型"选项卡"编辑"面板中的 🔾修剪 按钮。

操作步骤如下。

第 1 步，打开文件 Ch10-42，如图 10-42 所示。

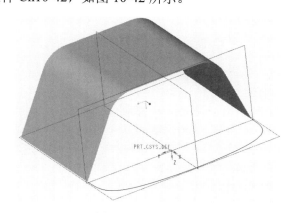

图 10-42　原始模型

第 2 步，选择需要被修剪的曲线，单击 🔾修剪 按钮，打开"曲线修剪"操控板，如

图 10-43 所示。

图 10-43 "曲线修剪"操控板

第 3 步,选择 TOP 平面作为修剪对象,则在曲线与平面相交处显示曲线修剪保留方向,单击 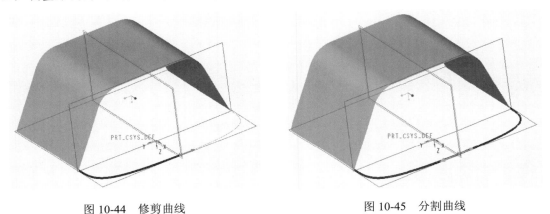 按钮可以修改箭头方向。

第 4 步,单击 ✔ 按钮,如图 10-44 所示。

注意:如果不对曲线修剪,只需分割曲线,分割后保留两侧曲线,那么只要单击 按钮,调整方向为两侧,如图 10-45 所示。

图 10-44　修剪曲线　　　　　　　　　图 10-45　分割曲线

10.5　上机操作实验指导:吹风机建模

创建如图 10-46 所示的吹风机模型,主要涉及"边界混合"命令、"阵列"命令、"拉伸"命令、"修剪"命令、"填充"命令和"圆角"命令等。

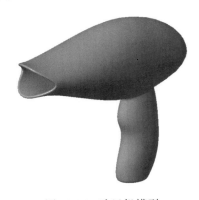

图 10-46　吹风机模型

操作步骤如下。

步骤 1：创建新文件

参见本书第 1 章，操作过程略。

步骤 2：创建主体边界混合曲面

第 1 步，以 FRONT 基准面为参考，以"偏距"为 100 分别向前、向后创建基准面 DTM1 和 DTM2，并以这两个基准面和 FRONT 基准面为草绘平面，采用默认参考和方向设置，分别绘制椭圆和圆，如图 10-47～图 10-49 所示。

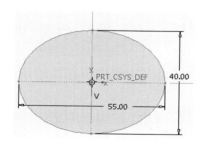
图 10-47 DTM1 平面上的椭圆

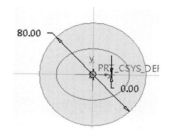
图 10-48 FRONT 平面上的圆

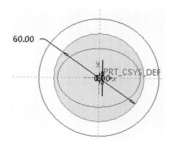
图 10-49 DTM2 平面上的圆

第 2 步，单击"草绘"按钮 ，以 RIGHT 基准面为草绘平面，以 TOP 基准面为参考平面，方向为上，进入草绘模式。单击"草绘"选项卡的"设置"面板中的"参考"按钮 ，选中第 1 步中绘制的 3 条曲线作为参考，绘制如图 10-50 所示的基准曲线。

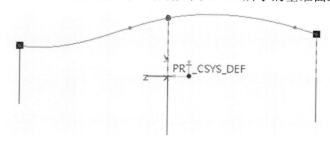
图 10-50 在 RIGHT 基准面上绘制边界混合的侧面基准曲线

第 3 步，选中第 2 步中绘制的基准曲线，单击"模型"选项卡中 "编辑"面板中的 镜像按钮，打开"镜像"操控板，选中 TOP 平面作为镜像平面，单击 按钮，完成镜像操作，如图 10-51 所示。

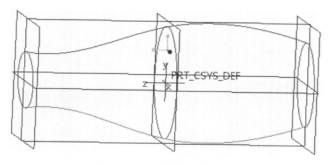
图 10-51 完成镜像操作

第4步，单击"模型"选项卡"曲面"面板中的"边界混合"按钮 ⬚，打开"边界混合"操控板，第一方向链收集器中选择第1步中绘制的椭圆和圆，第二方向链收集器选择侧面的两条样条曲线，如图10-52所示。单击 ✔ 按钮，完成吹风机主体边界混合操作，如图10-53所示。

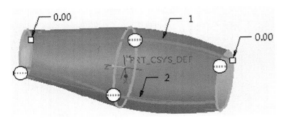

图10-52　选中边界混合曲线

图10-53　完成主体边界混合

步骤3：创建头部移除材料拉伸曲面特征

第1步，单击"模型"选项卡"形状"面板中的"拉伸"按钮 ⬚，打开"拉伸"操控板。

第2步，单击"放置"选项卡，弹出下滑面板，选择RIGHT基准面为草绘平面，进入草绘模式，绘制如图10-54所示的样条曲线，单击 ✔ 按钮，完成样条曲线的绘制。

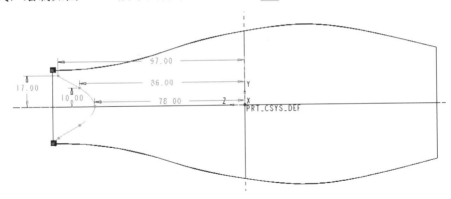

图10-54　绘制样条曲线

第3步，在"拉伸"操控板中，单击"拉伸为曲面"按钮 ⬚，再单击"对称拉伸方向"按钮 ⬚，向两侧拉伸，设置拉伸深度为80，单击"移除材料"按钮 ⬚，并选中主体模型作为修剪面组，单击 ✗ 按钮，调整修剪方向，如图10-55所示。单击 ✔ 按钮，完成移除材料拉伸曲面特征，如图10-56所示。

图10-55　创建移除材料拉伸曲面

图10-56　完成移除材料拉伸曲面

步骤 4：创建尾部混合曲面特征

第 1 步，以 FRONT 基准面为参考，设置"偏距"为 120 向前创建基准面 DTM3。

第 2 步，单击"模型"选项卡"形状"面板中的"混合"按钮 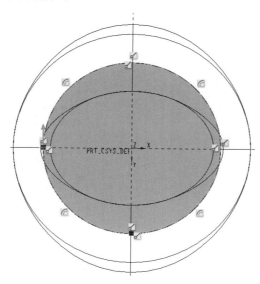 混合 ，打开"混合"操控板。

第 3 步，单击"混合为曲面"按钮 。

第 4 步，单击"截面"选项卡，弹出"截面"下滑面板，再单击"定义"按钮，在弹出的"草绘"对话框中，选择 DTM2 基准平面为草绘平面，选择 RIGHT 基准平面为参考平面，参考平面方向为向右，进入草绘模式。

第 5 步，绘制如图 10-57 所示第一个二维截面（必须用"投影"命令投影创建该 $\phi 60$ 圆）。单击 ✔ 按钮，回到零件模式。

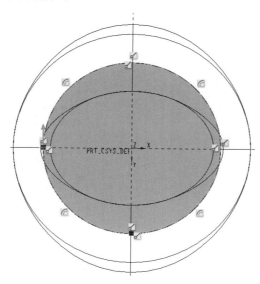

图 10-57　第一个二维截面

第 6 步，单击"截面"选项卡，弹出"截面"下滑面板。"截面"选为"截面 2"，"草绘平面位置定义方式"选为"参考"，"穿过"选为"DTM3 基准平面"，如图 10-58 所示。

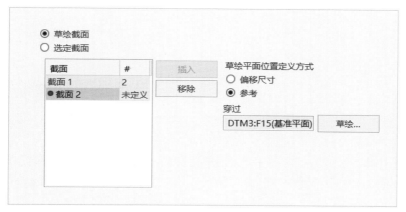

图 10-58　"截面"下滑面板

第7步，单击"草绘"按钮，在坐标原点绘制点，如图10-59所示。单击 ✔ 按钮，回到零件模式。

第8步，单击"相切"选项卡，弹出"相切"下滑面板，如图10-60所示，开始截面条件选择"相切"，图元2选择"吹风机"主体曲面。终止截面条件选择"平滑"。

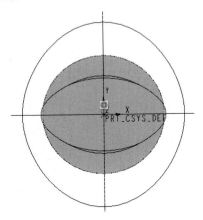

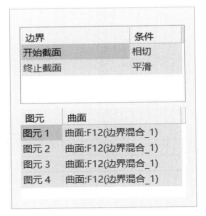

边界	条件
开始截面	相切
终止截面	平滑

图元	曲面
图元 1	曲面:F12(边界混合_1)
图元 2	曲面:F12(边界混合_1)
图元 3	曲面:F12(边界混合_1)
图元 4	曲面:F12(边界混合_1)

图 10-59　绘制点作为第 2 个二维截面　　　　图 10-60　"相切"下滑面板

第9步，单击 ✔ 按钮，完成尾部混合曲面特征的创建，如图10-61所示。

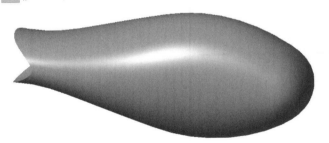

图 10-61　完成尾部混合曲面特征的创建

步骤 5：创建尾部进风口

第1步，以DTM2基准平面为参考平面，偏移30，创建DTM4基准平面，如图10-62所示。

第2步，单击"模型"选项卡"形状"面板中的"拉伸"按钮 ，打开"拉伸"操控板。

第3步，单击"放置"选项卡，弹出下滑面板，选择DTM4基准平面为草绘平面，绘制直径为5的圆，如图10-63所示。单击 ✔ 按钮，完成圆的绘制。

第4步，在"拉伸"操控板中，单击"拉伸为曲面"按钮 ，指定深度值拉伸，拉伸深度为27，选择"移除材料"按钮 ，并选中尾部模型作为修剪面组，单击 按钮，调整修剪方向，如图10-64所示。单击 ✔ 按钮，完成移除材料拉伸曲面特征，如图10-65所示。

第5步，同以上第2～4步，在DTM4基准平面中绘制如图10-66所示的椭圆，并拉伸如图10-67所示。

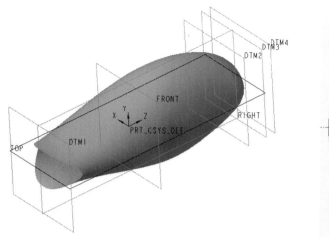

图 10-62　创建 DTM4 基准曲面平面

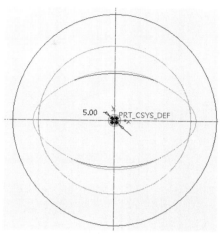

图 10-63　绘制尾部中心孔拉伸的圆

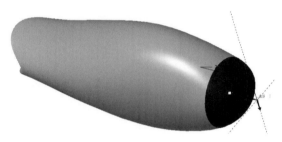

图 10-64　创建移除拉伸材料

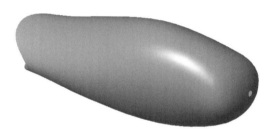

图 10-65　完成中心孔的创建

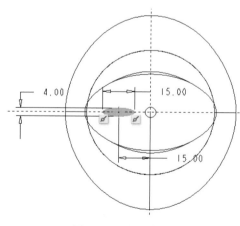

图 10-66　绘制椭圆

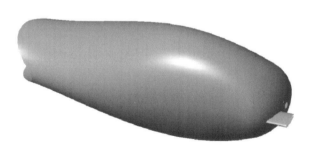

图 10-67　拉伸椭圆

　　第 6 步，选中第 5 步中拉伸的椭圆曲面，单击"模型"选项卡中"编辑"面板中的"阵列"按钮 ▦，打开"阵列"操控板，设置阵列类型为轴阵列，选中 Z 轴作为轴阵列的中心轴，输入阵列成员数为 12，角度值 30，如图 10-68 所示。单击 ✔ 按钮，完成轴阵列操作，如图 10-69 所示。

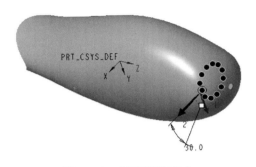

图 10-68　轴阵列预显示

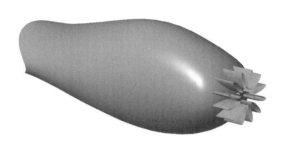

图 10-69　完成轴阵列操作

第 7 步，选中第 4 步中旋转创建的尾部曲面，单击"模型"选项卡"编辑"面板中的 修剪按钮，打开"修剪"操控板。选择第 5 步中创建的椭圆拉伸曲面作为修剪曲面。单击操控板中的"选项"选项卡，弹出下滑面板，取消选中"保留修剪曲面"复选框，如图 10-70 所示。单击 ✔ 按钮，调整方向，如图 10-71 所示。单击 ✔ 按钮，完成修剪，如图 10-72 所示。

图 10-70　取消选中"保留修剪曲面"复选框

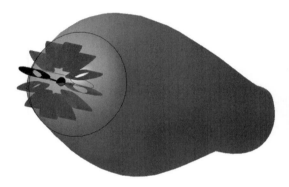

图 10-71　曲面修剪

注意：这一步选择修剪曲面时，一定要选择最原始的用拉伸命令创建的曲面，不能选择用阵列命令创建的曲面，否则会影响后面的操作。

第 8 步，在模型树中右击第 7 步完成的修剪，在弹出的快捷菜单中选择"阵列"命令，打开"阵列"操控板，保持默认选项，单击 ✔ 按钮，完成阵列，完成尾部进风口的建模，如图 10-73 所示。

图 10-72　完成修剪

图 10-73　完成吹风机主体建模

步骤 6：创建把手的边界混合特征

第 1 步，以 TOP 基准平面为参考平面，分别向上偏移 30、90.4、150，创建基准平面 DTM5、DTM6、DTM7。

第 2 步，以 DTM5 为草绘平面，绘制如图 10-74 所示的椭圆；以 DTM6 为草绘平面，绘制如图 10-75 所示的椭圆；以 DTM7 为草绘平面，绘制如图 10-76 所示的椭圆。

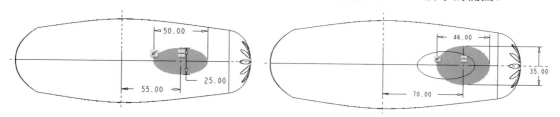

图 10-74　以 DTM5 为草绘平面绘制的椭圆　　　　图 10-75　以 DTM6 为草绘平面绘制的椭圆

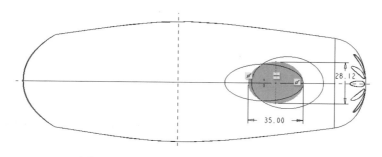

图 10-76　以 DTM7 为草绘平面绘制的椭圆

第 3 步，以 RIGHT 基准面为草绘平面，采用默认参考和方向设置，选择第 2 步绘制的椭圆作为参考曲线。绘制如图 10-77 所示的样条曲线。

第 4 步，同第 3 步，以 RIGHT 基准面为草绘平面，采用默认参考和方向设置，绘制如图 10-78 所示的另一条样条曲线。

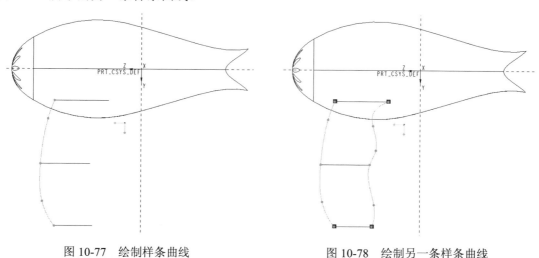

图 10-77　绘制样条曲线　　　　　　　　图 10-78　绘制另一条样条曲线

第 5 步，单击"模型"选项卡中"曲面"面板中的"边界混合"按钮 ⬜，打开"边界混合"操控板，在"第一方向链"收集器中选择第 2 步中绘制的三个椭圆，在"第二方向链"收集器中选择侧面的两条样条曲线，如图 10-79 所示。单击 ✓ 按钮，完成吹风机主体边界混合操作，如图 10-80 所示。

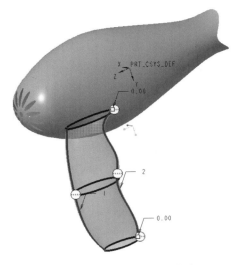

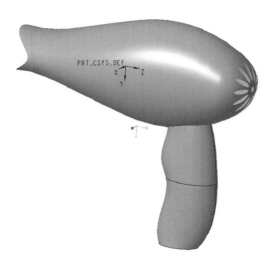

图 10-79　选中边界混合曲线　　　　　　　　　　图 10-80　完成把手边界混合

步骤 7：合并曲面

第 1 步，选中步骤 3 中创建的吹风机主体曲面，以及步骤 6 中创建的把手曲面，单击"模型"选项卡"编辑"面板中的 ⬜合并 按钮，打开"合并"操控板，调整要保留的曲面，如图 10-81 所示。单击 ✓ 按钮，完成曲面合并操作。

第 2 步，选中第 1 步中合并的曲面和吹风机尾部曲面合并，如图 10-82 所示。

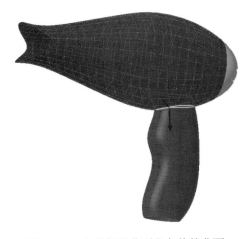

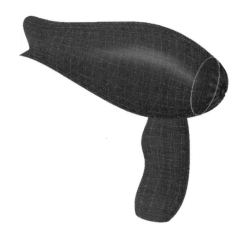

图 10-81　合并把手曲面和主体的曲面　　　　　　图 10-82　与尾部曲面合并

步骤 8：填充把手底部

第 1 步，单击"模型"选项卡"曲面"面板中的 ⬜填充 按钮，打开"填充"操控板。

第 2 步，单击"参考"选项卡，在弹出的下滑面板中选择 DTM7 作为草绘平面，进入草绘模式。在"草绘"选项卡的"草绘"组中单击 □ 投影 按钮，选择把手尾部曲线，如图 10-83 所示。单击 ✔ 按钮，完成草绘，单击 ✔ 按钮，完成填充，如图 10-84 所示。

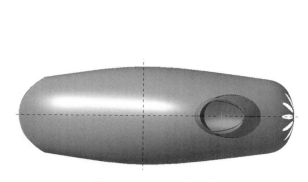
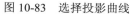

图 10-83　选择投影曲线

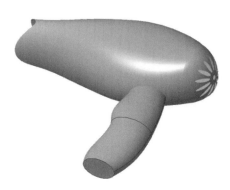

图 10-84　完成填充

步骤 9：曲面合并、加厚并创建圆角特征

对吹风机主体及步骤 8 中填充的曲面进行合并。合并完成后，将吹风机加厚 3。对吹风机前嘴倒圆角，半径为 1.5；主体与把手连接处倒圆角，半径为 4.5；把手底端倒圆角，半径为 4.5；对吹风机尾部进风口边缘倒圆角，半径为 0.5。完成吹风机模型，如图 10-46 所示。

步骤 10：保存图形

参见本书第 1 章，操作过程略。

10.6　上　机　题

利用曲面创建的相关命令，创建如图 10-85 所示的入耳式耳机模型。

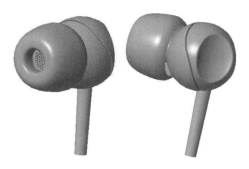

图 10-85　入耳式耳机模型

建模提示如下。

（1）以 FRONT 基准面为草绘平面，采用默认参考和方向设置，绘制如图 10-86 所示的二维特征截面，创建如图 10-87 所示的旋转曲面。

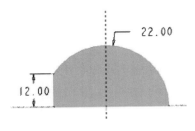

图 10-86　绘制二维特征截面（一）

图 10-87　旋转曲面（一）

（2）以 FRONT 基准面为草绘平面，采用默认参考和方向设置，绘制如图 10-88 所示的样条曲线，创建如图 10-89 所示的旋转曲面。

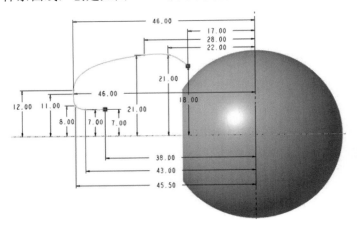

图 10-88　绘制样条曲线

图 10-89　旋转曲面（二）

（3）对如图 10-89 所示旋转曲面进行加厚，加厚值为 1.5，方向向内。

（4）以 FRONT 基准面为草绘平面，采用默认参考和方向设置，绘制如图 10-90 所示的二维特征截面，创建如图 10-91 所示的旋转曲面。

（5）对图 10-91 所示旋转曲面进行加厚，加厚值为 0.9，方向向内。

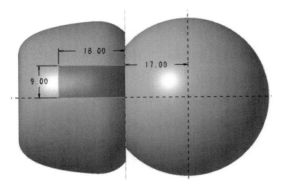

图 10-90　绘制二维特征截面（二）

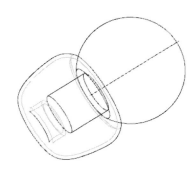

图 10-91　旋转曲面（三）

（6）单击 创孔 按钮，选中图 10-91 旋转曲面特征的上表面作为孔的放置平面，如图 10-92 所示。设置孔的定位方式的"类型"为线性，以 TOP 基准平面和 FRONT 基准平面为偏移参考，偏移数值为 0。在操控面板中选择"盲孔"方式，并输入孔直径 1，深度为 19，单击 ✓ 按钮，创建孔特征，如图 10-93 所示。

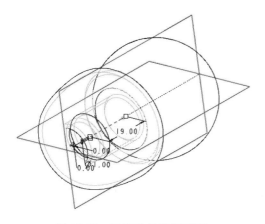

图 10-92　选择孔的放置平面

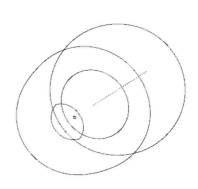

图 10-93　创建孔特征

（7）创建阵列特征，绘制直径为 16 的圆作为填充区域，在"填充"操控板中设置栅格类型为"六边形"，阵列间隔为 1.5，阵列外围成员中心距草绘边界的距离为 1，栅格关于原点的旋转角度为 30，完成填充阵列如图 10-94 所示。

（8）以 FRONT 基准面为草绘平面，采用默认参考和方向设置，绘制如图 10-95 所示的基准曲线。

（9）单击 投影 按钮，选择如图 10-95 所示基准曲线作为投影曲线，选择旋转曲面作为投影曲面，创建投影曲线，如图 10-96 所示。

图 10-94　创建填充阵列

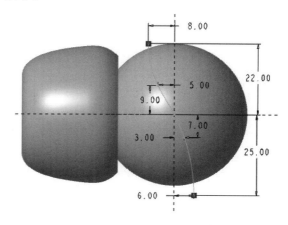

图 10-95　基准曲线二维草图

（10）单击 扫描 按钮，选择图 10-96 投影曲线作为扫描轨迹，单击 ✍ 按钮，绘制扫描截面如图 10-97 所示。单击 ✓ 按钮，回到零件模式。单击 ✓ 按钮，完成扫描曲面特征的创建，如图 10-98 所示。

（11）创建合并特征，选择如图 10-98 所示扫描曲面特征和如图 10-97 所示圆扫描截面进行合并，模型如图 10-99 所示。

图 10-96　投影曲线

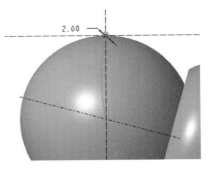

图 10-97　绘制圆扫描截面

图 10-98　扫描曲面特征

图 10-99　合并曲面

（12）以 TOP 基准平面为偏移参考平面，偏移距离为 22，创建 DTM1 基准平面。

（13）单击   混合 按钮，选择"混合为曲面"，以 DTM1 基准平面为草绘平面，RIGHT 基准平面为参考平面，绘制如图 10-100 所示第 1 条圆弧线。单击 ✔ 按钮，回到零件模式。在"截面"下滑面板中的"截面 1"文本框中输入偏移距离为 22，单击"草绘"按钮，绘制如图 10-101 所示第 2 条圆弧线。单击 ✔ 按钮，回到零件模式。在"截面"下滑面板中，单击"插入"按钮，在"截面 2"文本框中输入偏移距离为 15，单击"草绘"按钮，绘制如图 10-102 所示第 3 条圆弧线。单击 ✔ 按钮，回到零件模式。单击 ✔ 按钮，完成混合曲面的创建，如图 10-103 所示。

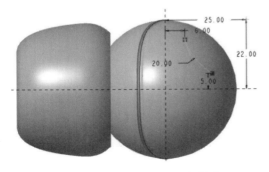

图 10-100　第 1 条圆弧二维草图

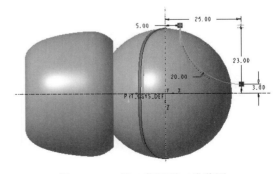

图 10-101　第 2 条圆弧二维草图

（14）创建镜像特征，选择 FRONT 基准平面为镜像平面，选择如图 10-103 所示混合曲面为镜像对象，完成镜像特征，如图 10-104 所示。

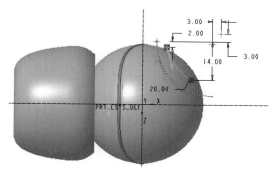

图 10-102　第 3 条圆弧二维草图

图 10-103　混合曲面

（15）创建合并特征，选择如图 10-99 所示合并曲面分别与图 10-103 所示混合曲面、图 10-104 所示镜像曲面进行合并，合并后的曲面如图 10-105 所示。

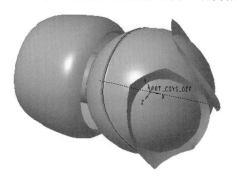

图 10-104　镜像特征

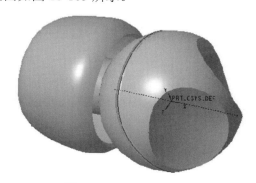

图 10-105　再次合并曲面

（16）选中图 10-105 所示合并曲面的两条边线倒圆角，半径为 1，如图 10-106 所示。

（17）对图 10-106 所示曲面进行加厚，加厚值为 0.5，方向向内。

（18）以 TOP 基准平面为偏移参考平面，偏移距离为 15，创建 DTM2 基准平面。

（19）以 DTM2 基准平面和 RIGHT 基准平面为参考平面，创建基准轴 A1，如图 10-107 所示。

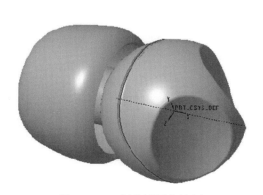

图 10-106　创建倒圆角特征

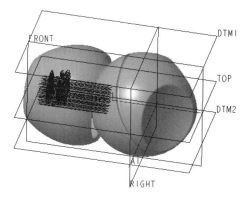

图 10-107　创建轴 A1

（20）以基准轴 A1 和 DTM2 基准平面为参考，输入旋转角度 160，创建 DTM3 基准平面，如图 10-108 所示。

（21）对图 10-109 所示的耳机尾部特征进行拉伸移除材料操作。以 DTM3 基准平面为草绘平面，FRONT 平面为参考平面，方向向上，草绘一个直径为 10 的圆，如图 10-109 所示。在"拉伸"操控板上选中"移除材料"按钮，完成拉伸移除材料特征如图 10-110 所示。

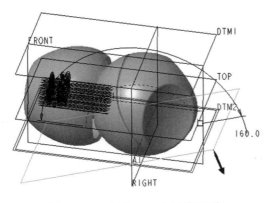

图 10-108　创建 DTM3 基准平面

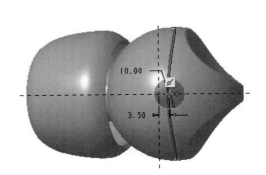

图 10-109　草绘圆

（22）选择 DTM2 基准平面为草绘平面，采用默认的参考和方向设置，草绘一个直径为 9 的圆作为二维特征截面，如图 10-111 所示。输入拉伸深度值 49，创建拉伸特征，如图 10-112 所示。

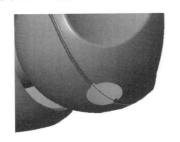

图 10-110　创建拉伸移除材料特征

图 10-111　圆二维特征截面

图 10-112　创建拉伸特征

（23）单击　拔模　按钮，选中图 10-111 拉伸特征的侧面为拔模曲面，顶面为拔模枢轴参考，拔模角度值为 1°，完成入耳式耳机模型的创建，如图 10-85 所示。

（24）选中扫描特征的两条边线倒圆角，半径为 0.5。

第 11 章　曲面的编辑

运用第 10 章讲述的曲面创建方法可以创建一些基本的曲面，但是在实际应用中，仅仅依靠这些简单的创建方法还是不够的，还需要对已创建的曲面进行灵活的编辑。Creo Parametric 4.0 提供了强大的曲面编辑功能。

本章将介绍的内容如下。

（1）复制曲面的方法和步骤。

（2）移动和旋转曲面的方法和步骤。

（3）镜像曲面的方法和步骤。

（4）标准偏移曲面的方法和步骤。

（5）延伸曲面的方法和步骤。

（6）合并曲面的方法和步骤。

（7）裁剪曲面的方法和步骤。

11.1　复　制　曲　面

复制曲面是在原有曲面的基础上，通过复制的方式快捷地创建出与源曲面大小和形状相同的曲面。

可通过功能区调用命令，单击"模型"选项卡"操作"面板中的 复制 按钮和 粘贴 ▼按钮。

操作步骤如下。

第 1 步，打开文件 Ch11-1.prt，如图 11-1 所示。

第 2 步，在模型上选择用来进行复制操作的面，如图 11-2 所示。

图 11-1　原始模型

图 11-2　选择进行复制的面

注意： 如果需要对多个面进行复制操作，可以按住 Ctrl 键对这些面进行选择。

第 3 步，单击"模型"选项卡"操作"面板中的 复制 按钮。

第 4 步，单击"模型"选项卡"操作"面板中的 粘贴 ▼ 按钮，打开"曲面：复制"操控板，如图 11-3 所示。

图 11-3 "曲面：复制"操控板

第 5 步，单击"选项"选项卡，弹出"选项"下滑面板。

第 6 步，在"选项"下滑面板中选择"按原样复制所有曲面"单选按钮（此为默认设置）。

第 7 步，单击 ✔ 按钮，完成对曲面的复制。读者可以在模型树中观察到复制的曲面。操作选项及说明如下。

"选项"下滑面板中包含五个重要的单选按钮，可以对复制的面进行编辑和界定。

（1）按原样复制所有曲面：可以准确地按原样复制曲面，此为默认设置。

（2）排除曲面并填充孔：复制某些曲面，可以选择填充曲面内的孔。选择该单选按钮时，"选项"下滑面板上将会弹出"排除轮廓"收集器和"填充孔／曲面"收集器。

（3）复制内部边界：仅复制边界内部的曲面。选择该单选按钮时，"边界曲线"收集器被激活。

（4）取消修剪包络：复制曲面、移除所有内轮廓，并用当前轮廓的包络替换外轮廓。

（5）取消修剪定义域：复制曲面、移除所有内轮廓，并用与曲面定义域相对应的轮廓替换外轮廓。

11.2 移动和旋转曲面

对曲面进行移动和旋转的操作是通过"选择性粘贴"命令来实现的。

注意： 只有独立的面才能使用"选择性粘贴"命令，而模型上的表面不能使用"选择性粘贴"命令。

可通过功能区调用命令，单击"模型"选项卡"操作"面板中 复制 按钮和 粘贴 ▼ 按钮下拉列表中 选择性粘贴 按钮。

11.2.1 移动曲面

操作步骤如下。

第 1 步，打开文件 Ch11-4.prt，如图 11-4 所示。

第 2 步，选择模型中的曲面。

第 3 步，单击"模型"选项卡"操作"面板中的 复制 按钮。

第4步，单击"模型"选项卡"操作"面板中 📋粘贴 ▼ 按钮下拉列表中的 📋选择性粘贴 按钮，打开"移动（复制）"操控板，如图 11-5 所示。

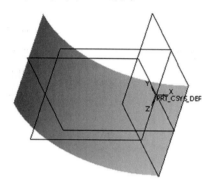

图 11-4 原始模型

图 11-5 "移动（复制）"操控板

第5步，在"移动（复制）"操控板中，单击"移动"按钮 ↔（此为默认设置）。

第6步，单击操控板上的方向参考的收集器，然后在模型中选择 RIGHT 基准平面作为平移参考。

第7步，在参考收集器后的文本框中输入平移值 130，按回车键，如图 11-6 所示。

第8步，单击 ✔ 按钮，完成选择性粘贴的移动操作，如图 11-7 所示。

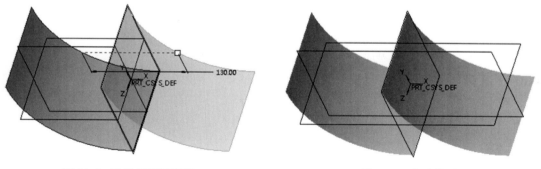

图 11-6 设置平移的距离   图 11-7 移动曲面

注意：平移曲面的所选参照也可以是曲面的一条直线边，这样复制的曲面将沿着直线边的方向进行移动。

11.2.2 旋转曲面

操作步骤如下。

第 1～4 步，与 11.2.1 节移动曲面操作步骤的第 1～4 步相同。

第 5 步，在操控板中单击"旋转"按钮 。

第 6 步，单击操控板中方向参考的收集器，然后在模型中选择系统坐标系的 Z 轴作为旋转参考。

注意：这里也可以选择曲面上的直线边线或者创建一个基准轴作为旋转参考。

第 7 步，在参考收集器后的文本框中输入旋转角度值 180，按回车键，如图 11-8 所示。

第 8 步，单击 按钮，完成选择性粘贴的旋转操作，如图 11-9 所示。

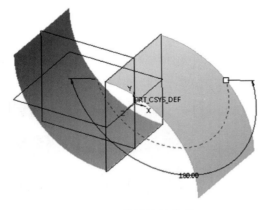
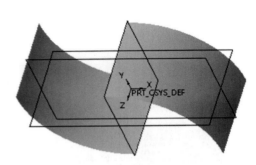

图 11-8　设置旋转角度 　　　　　　　　图 11-9　旋转曲面

操作选项及说明如下。

（1）参考：单击该选项卡，弹出如图 11-10 所示"参考"下滑面板，用户可以添加和删除要移动的线或面。

（2）变换：单击该选项卡，弹出如图 11-11 所示"变换"下滑面板，用户可以在该面板中定义复制曲面面组的形式为平移或旋转，设置平移距离、旋转角度和方向参考。

（3）选项：单击该选项卡，弹出如图 11-12 所示"选项"下滑面板，用户可以设定复制原始几何、隐藏原始几何。

（4）属性：单击该选项卡，弹出如图 11-13 所示"属性"下滑面板，可以设定当前特征的名称和显示当前特征的属性。

图 11-10　"参考"下滑面板 　　　　　　　图 11-11　"变换"下滑面板

图 11-12 "选项"下滑面板

图 11-13 "属性"下滑面板

11.3 镜 像 曲 面

镜像功能是相对于一个平面对称复制出源特征的副本。除零件几何外,"镜像"工具也可以用来镜像曲面。

可通过功能区调用命令,单击"模型"选项卡"编辑"面板中的 镜像 按钮,也可以利用"镜像"命令镜像曲面。

操作步骤如下。

第 1、2 步,与 11.2.1 节移动曲面操作步骤的第 1、2 步相同。

第 3 步,单击"编辑"面板中的 镜像 按钮,打开"镜像"操控板,如图 11-14 所示。

图 11-14 "镜像"操控板

第 4 步,选择 RIGHT 基准平面为镜像平面,如图 11-15 所示。

第 5 步,单击 ✔ 按钮,完成镜像操作,如图 11-16 所示。

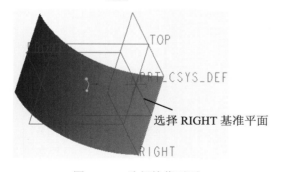

选择 RIGHT 基准平面

图 11-15 选择镜像平面

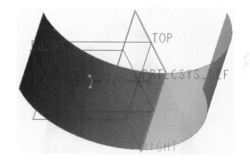

图 11-16 镜像曲面

操作选项及说明如下。

(1)参考:单击该选项卡,弹出"参考"下滑面板,其选项与"镜像"操控板上的选项相同。

（2）选项：单击该选项卡，弹出"选项"下滑面板，选中"隐藏原始几何"复选框，则可以隐藏源对象。

（3）属性：单击该选项卡，弹出"属性"下滑面板，可以设定当前特征的名称和显示当前特征的属性。

11.4　标准偏移曲面

使用标准偏移曲面，可以对单个曲面或实体特征上的曲面偏移指定的距离来创建一个新的曲面。

可通过功能区调用命令，单击"模型"选项卡"编辑"面板中的偏移按钮，也可以利用"偏移"命令编辑曲面。

操作步骤如下。

第 1 步，打开文件 Ch11-17.prt，如图 11-17 所示。

第 2 步，在模型上选择进行偏移的曲面，如图 11-18 所示。

图 11-17　原始模型

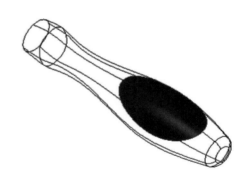

图 11-18　选择进行偏移的曲面

第 3 步，单击"模型"选项卡"编辑"面板中的偏移按钮，打开"偏移"操控板，如图 11-19 所示。

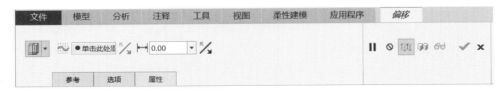

图 11-19　"偏移"操控板

第 4 步，在"偏移"操控板中单击"标准偏移特征"按钮，并在其后的文本框中设置偏移距离为 20，如图 11-20 所示。

第 5 步，单击"选项"选项卡，弹出"选项"下滑面板，在列表框中选择"垂直于曲面"选项（此为默认设置）。

第 6 步，单击 ✓ 按钮，完成曲面的偏移操作，如图 11-21 所示。

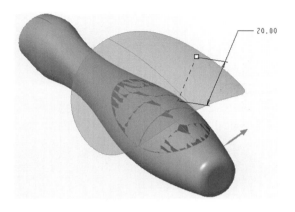

图 11-20　设置曲面偏移距离

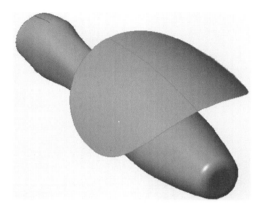

图 11-21　创建标准偏移曲面

操作选项及说明如下。

单击"偏移"操控板的"选项"选项卡，弹出"选项"下滑面板，如图 11-22 所示。可以设置偏移曲面的类型。

（1）垂直于曲面：垂直于选定的面组或曲面偏移。

（2）自动拟合：自动确定坐标系，并沿其轴进行缩放和调整。

（3）控制拟合：沿自定义坐标系的指定轴缩放并调整面组。

另外，还可以选中"选项"下滑面板中的"创建侧曲面"复选框，在原始曲面和偏移曲面之间添加侧面。此处选中"创建侧曲面"复选框，如图 11-23 所示。

图 11-22　"选项"下滑面板

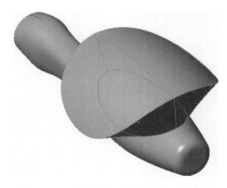

图 11-23　创建添加侧曲面的偏移曲面

11.5　延 伸 曲 面

曲面的延伸是将曲面延长指定的距离或是将曲面延伸到所选的参考。延伸出的曲面部分与原始曲面的类型可以是相同的，也可以是不同的。

可通过功能区调用命令，单击"模型"选项卡"编辑"面板中的 ⬚ 延伸按钮。

11.5.1　将曲面延伸到参考平面

利用"延伸"命令可以延伸曲面到指定的参考平面。

操作步骤如下：

第1步，打开文件 Ch11-24.prt，如图 11-24 所示。

第2步，选择待延伸曲面的一条边，如图 11-25 所示。

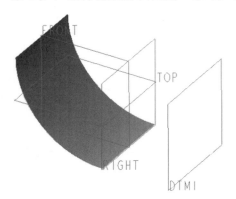

图 11-24　原始模型　　　　　　　　　　图 11-25　选择曲面的一条边线

第 3 步，单击"模型"选项卡"编辑"面板中的 延伸按钮，打开"延伸"操控板，如图 11-26 所示。

图 11-26　"延伸"操控板

第 4 步，在操控板中，单击"将曲面延伸到参考平面"按钮 。

第 5 步，选择平面 DTM1 作为参考平面，如图 11-27 所示。

第 6 步，单击 按钮，完成曲面的延伸，如图 11-28 所示。

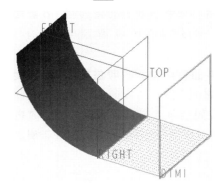
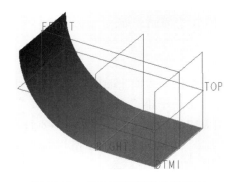

图 11-27　将曲面延伸到参考平面预显示　　　　图 11-28　将曲面延伸到参考平面

11.5.2　沿原始曲面延伸曲面

利用"延伸"命令可以沿原始曲面延伸曲面。

操作步骤如下。

第1～3步，与11.5.1节将曲面延伸到参考平面操作步骤的第1～3步相同。

第4步，在操控板中，单击"沿原始曲面延伸曲面"按钮 （此为默认选项）。

第5步，在操控板"延伸的距离"文本框中输入66。

第6步，单击"测量"选项卡，弹出"测量"下滑面板，在"距离类型"中选择"垂直于边"选项（此为默认设置），并在其左下角的测量距离选项中选择"测量参考曲面中的延伸距离"按钮 ，如图11-29所示。

注意：除了选择"测量参考曲面中的延伸距离"按钮 之外，还可以选择"测量选定平面中的延伸距离"按钮 ，它表示在选定基准平面中测量延伸距离。

图11-29　"测量"下滑面板

第7步，单击"选项"选项卡，弹出"选项"下滑面板，在"方法"下拉列表中选择"相同"选项（此为默认设置），模型如图11-30所示。

第8步，单击 按钮，完成沿原始曲面延伸的操作，如图11-31所示。

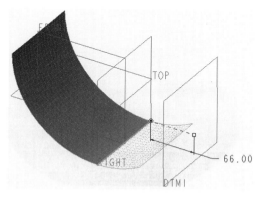

图11-30　沿原始曲面延伸曲面预显示

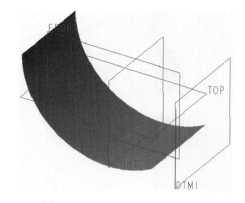

图11-31　沿原始曲面延伸曲面

操作选项及说明如下。

1. 定义延伸曲面的连接方式

根据延伸出的曲面部分与原始曲面之间连接类型的不同，可以将延伸曲面的连接类型分为"相同""相切"和"逼近"三种方式。用户可以在"选项"下滑面板的"方法"下拉列表中进行选择，如图 11-32 所示。

（1）相同：以连续的曲率变化延伸原始曲面，延伸出的曲面部分与原始曲面类型相同。

（2）相切：延伸出的曲面部分与原始曲面相切，并且延伸出的是直面，如图 11-33 所示。

（3）逼近：在原始曲面和延伸出的曲面之间，以边界混合的方式创建延伸特征。当将原始曲面延伸至不在一条直线边上的顶点时，该方式很有用。

图 11-32　"选项"下滑面板

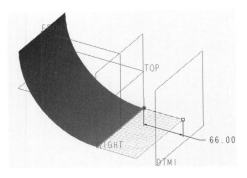

图 11-33　选择"相切"方式延伸曲面

2. 定义延伸距离的方式和延伸方向

在"测量"下滑面板的"距离类型"选项中，可以定义延伸距离的方式，主要有以下几种。

（1）垂直于边：表示垂直于边界边测量延伸距离。

（2）沿边：表示沿测量边测量延伸距离。

（3）至顶点平行：表示在顶点处开始延伸边并平行于边界边。

（4）至顶点相切：表示在顶点处开始延伸边并与下一单侧边相切。

此外，"选项"下滑面板中也涉及延伸方向，包括"沿着"和"垂直于"两个选项，如图 11-34 和图 11-35 所示。

（a）定义延伸方向为"沿着"

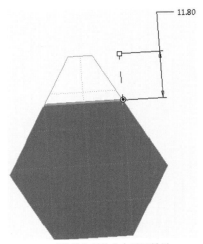

（b）"沿着"延伸方向显示效果

图 11-34　以"沿着"方式定义延伸距离

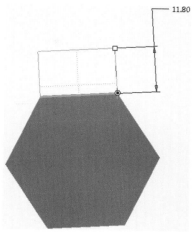

(a) 定义延伸方向为"垂直于"

(b) "垂直于"延伸方向显示效果

图 11-35　以"垂直于"方式定义延伸距离

11.6　合　并　曲　面

合并曲面是通过求交或连接的方式合并面组，合并后新生成的面组是一个单独的面组。可通过功能区调用命令，单击"模型"选项卡"编辑"面板中的 🗗合并 按钮。

11.6.1　通过求交方式合并曲面

可以利用合并命令的求交方式合并曲面。

操作步骤如下。

第 1 步，打开文件 Ch11-36.prt，并拉伸一个与之相交的平面，如图 11-36 所示。

第 2 步，按住 Ctrl 键，选择模型中要合并的两个曲面，如图 11-37 所示。

图 11-36　原始模型

图 11-37　选择要合并的两个曲面

第 3 步，单击"模型"选项卡"编辑"面板中的 🗗合并 按钮，打开"合并"操控板，如图 11-38 所示。

图 11-38　"合并"操控板

第 4 步，在操控板中单击"选项"选项卡，弹出"选项"下滑面板，选择"相交"单选按钮（此为默认设置）。

第 5 步，在操控板中单击"更改要保留的第一面组的侧"按钮 ，选择要保留的第一面组的部分。单击"更改要保留的第二面组的侧"按钮 ，选择要保留的第二面组的部分。此时模型如图 11-39 所示。

第 6 步，单击 按钮，完成曲面的合并，如图 11-40 所示。

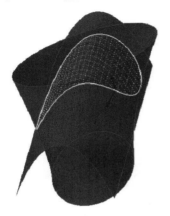

图 11-39　调整面组保留方向

图 11-40　通过求交方式合并曲面

注意：在通过求交方式合并曲面的过程中，可以通过单击"更改要保留的第一面组的侧"按钮 和"更改要保留的第二面组的侧"按钮 来改变模型中对应箭头的方向。箭头的指向即为要保留的方向。

11.6.2　通过连接方式合并曲面

可以利用"合并"命令的连接方式合并曲面。

操作步骤如下。

第 1 步，打开文件 Ch11-41.prt，如图 11-41 所示。

第 2 步，按住 Ctrl 键，选择模型中要合并的两个曲面，如图 11-42 所示。

第 3 步，单击"模型"选项卡"编辑"面板中的 合并按钮，打开"合并"操控板。

第 4 步，在操控板中单击"选项"选项卡，弹出"选项"下滑面板，选择"连接"单选按钮，如图 11-43 所示。

第 5 步，单击 按钮，完成曲面的合并，如图 11-44 所示。

图 11-41　原始模型

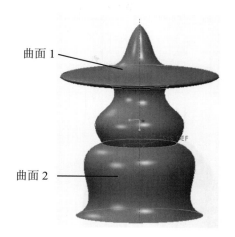

曲面 1

曲面 2

图 11-42　选择要合并的两个曲面

○ 相交
◉ 连接

图 11-43　"选项"下滑面板

图 11-44　通过连接方式合并曲面

注意：通过连接方式合并曲面要求合并的面组有公共边。另外，在 Creo Parametric 4.0 中，支持执行一次合并多个面组，方法是按住 Ctrl 键，选择要合并的面组，然后执行"合并"命令，在"合并"操控板中进行相关设置来完成合并操作。

11.7　裁　剪　曲　面

裁剪曲面是指通过拉伸移除材料的方式、旋转移除材料的方式或修剪命令来实现对曲面进行切割的目的。

11.7.1　通过拉伸移除材料的方式裁剪曲面

可以通过创建拉伸曲面特征，并选择"拉伸"操控板的"移除材料"按钮 ⬦，对已有的曲面进行裁剪。

可通过功能区调用命令，单击"模型"选项卡"形状"面板中的"拉伸"按钮 ⬦。

操作步骤如下：

第1步，打开文件 Ch11-45.prt，如图 11-45 所示。

第2步，单击"模型"选项卡"形状"面板中的"拉伸"按钮 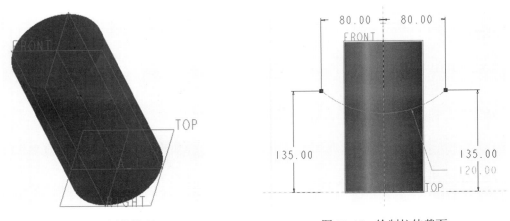，打开"拉伸"操控板。

第3步，在操控板中单击"拉伸为曲面"按钮 ，并单击"移除材料"按钮 。

第4步，单击操控板中的"面组"收集器，将其激活，并选择原始曲面作为修剪面组。

第5步，单击"放置"下滑面板中的"定义"按钮，弹出"草绘"对话框。选择 FRONT 基准平面为草绘平面，采用默认的参考和方向设置，在绘图区绘制如图 11-46 所示的二维特征拉伸截面。单击 ✔ 按钮，回到零件模式。

图 11-45　原始模型　　　　　　　　　　图 11-46　绘制拉伸截面

第6步，在"拉伸"操控板中，指定拉伸特征深度的方法为"对称"，设置"深度值"为 200。

第7步，在操控板中单击"反向材料侧"按钮 ，调整移除材料的方向，模型如图 11-47 所示。

第8步，单击 ✔ 按钮，完成通过拉伸移除材料的方式裁剪曲面的操作，如图 11-48 所示。

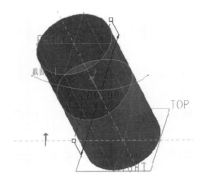

图 11-47　拉伸特征预显示

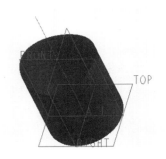

图 11-48　通过拉伸移除材料的方式裁剪曲面

11.7.2 通过旋转移除材料的方式裁剪曲面

可以通过创建旋转曲面特征，并单击"旋转"操控板的"移除材料"按钮 ◢ ，对已有的曲面进行裁剪。

可通过功能区调用命令，单击"模型"选项卡"形状"面板中的 ⬦ 旋转 按钮。

操作步骤如下。

第 1 步，打开文件 Ch11-49.prt，如图 11-49 所示。

第 2 步，单击"模型"选项卡"形状"面板中的 ⬦ 旋转 按钮，打开"旋转"操控板。

第 3 步，在操控板中单击"作为曲面旋转"按钮 ◻ ，并单击"移除材料"按钮 ◢ 。

第 4 步，单击操控板中的"面组"收集器，将其激活，并选择原始曲面作为修剪面组。

第 5 步，单击"放置"下滑面板中的"定义"按钮，弹出"草绘"对话框。选择顶面为草绘平面，采用默认的参考和方向设置，在绘图区绘制如图 11-50 所示的二维特征旋转截面。单击 ✔ 按钮，回到零件模式。

图 11-49　原始模型

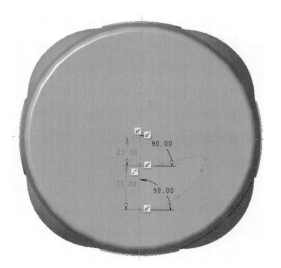

图 11-50　绘制旋转截面

第 6 步，在操控板的文本框中输入旋转的角度值 360（此为默认设置）。

第 7 步，在操控板中单击"反向材料侧"按钮 ⤢ ，调整移除材料的方向，模型如图 11-51 所示。

第 8 步，单击 ✔ 按钮，完成通过旋转移除材料的方式裁剪曲面的操作，如图 11-52 所示。

第 9 步，通过旋转移除材料的方式完成眼睛部分裁剪曲面的操作，如图 11-53 所示。

图 11-51　调整箭头方向裁剪曲面

图 11-52　通过旋转移除材料的方式裁剪曲面

图 11-53　完成模型

11.7.3　通过修剪命令裁剪曲面

曲面的修剪是指将所选择曲面的某一部分剪除或分割，可以指定单个的面组、基准平面、曲线对所选曲面进行裁剪，从而创建新的曲面特征。

可通过功能区调用命令，单击"模型"选项卡"编辑"面板中的 修剪 按钮。

操作步骤如下。

第 1 步，打开文件 Ch11-54.prt，如图 11-54 所示。

第 2 步，在模型中选择中间的椭圆形曲面作为待修剪曲面，如图 11-55 所示。

图 11-54　原始模型

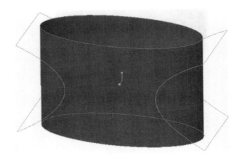

图 11-55　选择待修剪曲面

第 3 步，单击"模型"选项卡"编辑"面板中的 修剪 按钮，打开"曲面修剪"操控板，如图 11-56 所示。

图 11-56　"曲面修剪"操控板

第 4 步，在模型中选择修剪对象，这里选择左边的弧形曲面。

第 5 步，在操控板中单击"选项"选项卡，弹出"选项"下滑面板，如图 11-57 所示，取消选中"保留修剪曲面"复选框。

第 6 步，在操控板中单击"反向材料侧"按钮 ⚹，调整修剪的方向，模型如图 11-58 所示。

注意： 单击"反向材料侧"按钮 ⚹，可以改变修剪的方向。单击该按钮，修剪方向反向；再次单击该按钮，箭头则变为双向，表示同时向两侧修剪。该功能只有在选中了"选项"下滑面板中的"薄修剪"复选框后才有实际的意义。

图 11-57　"选项"下滑面板

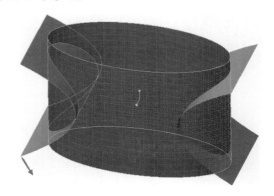

图 11-58　调整修剪方向

第 7 步，单击 ✔ 按钮，完成修剪的操作，如图 11-59 所示。

注意： 在第 5 步操作中，如果选中"保留修剪曲面"复选框，则修剪结果如图 11-60 所示。

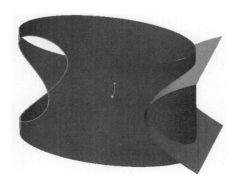

图 11-59　创建修剪特征

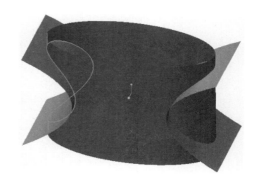

图 11-60　创建"保留修剪曲面"修剪特征

第 8 步，继续进行修剪操作，仍选择椭圆形曲面作为待修剪曲面，如图 11-61 所示。

第 9 步，单击"模型"选项卡"编辑"面板中的 ⊙修剪 按钮，打开"曲面修剪"操控板。

第 10 步，在模型中选择右边的弧形曲面作为修剪对象。

第 11 步，在操控板中单击"选项"选项卡，弹出"选项"下滑面板。在该下滑面板中取消选中"保留修剪曲面"复选框，选中"薄修剪"复选框，并在其后的文本框中输入厚度值 10，如图 11-62 所示。

第 12 步，在操控板中单击"反向材料侧"按钮 ⚹，调整修剪的方向，模型如图 11-63 所示。

第 13 步，单击 ✔ 按钮，完成修剪操作，如图 11-64 所示。

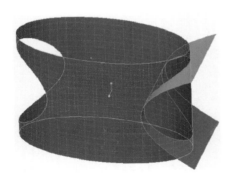

图 11-61　再次选择待修剪曲面

图 11-62　选中"薄修剪"复选框

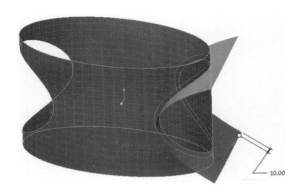

图 11-63　调整修剪方向

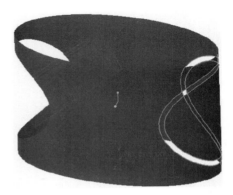

图 11-64　创建"薄修剪"修剪特征

　　注意：在操控板上单击"使用轮廓方法修剪面组"按钮 📖，可以使用侧面投影的方法修剪面组。在图 11-65 所示的模型中选择曲面作为被修剪的面组，选择 RIGHT 基准平面为修剪对象，并在"修剪"操控板上单击"使用轮廓方法修剪面组"按钮 📖，模型预显示如图 11-66 所示，可以看到修剪的分界线在 RIGHT 基准平面的右侧。实际上，从 RIGHT 基准平面的视角来看，分界线刚好位于模型的顶部。采用默认的修剪方向，通过"使用轮廓方法修剪面组"方式修剪曲面，如图 11-67 所示。

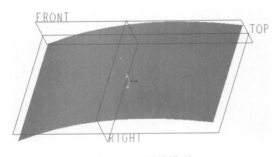

图 11-65　原始模型

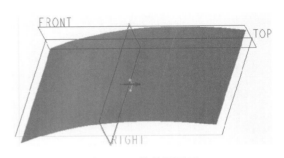

图 11-66　修剪预显示

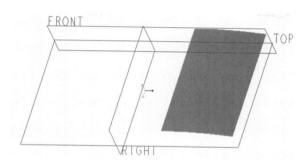

图 11-67　通过"使用轮廓方法修剪面组"方式修剪曲面

11.8　上机操作实验指导：小闹钟建模

创建如图 11-68 所示的小闹钟模型，主要涉及"复制"命令、"镜像"命令、"合并"命令和"修剪"命令。

图 11-68　小闹钟模型

操作步骤如下。

步骤 1：创建新文件

参见本书第 1 章，操作过程略。

步骤 2：创建边界混合曲面

第 1 步，以 TOP 基准平面为草绘平面，采用默认的参考和方向设置，绘制一条样条曲线，如图 11-69 所示。

第 2 步，仍然以 TOP 基准平面为草绘平面，采用默认的参考和方向设置，参照第 1 步所绘样条曲线的起点和终点，绘制另一条样条曲线，如图 11-70 所示。

第 3 步，以 RIGHT 基准平面为草绘平面，采用默认的参考和方向设置，参照第 2 步所绘样条曲线的起点和终点，再次绘制样条曲线，如图 11-71 所示。

第 4 步，选择第 3 步绘制的曲线，单击"模型"选项卡"编辑"面板中的 镜像 按钮，打开"镜像"操控板。

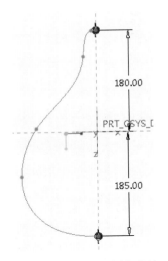

图 11-69　绘制一条样条曲线

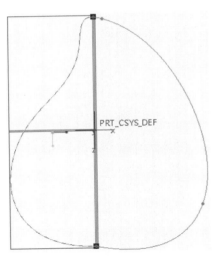

图 11-70　绘制另一条样条曲线

第 5 步，选择 TOP 基准平面为镜像平面，完成镜像曲线，如图 11-72 所示。

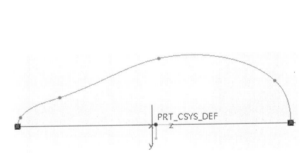

图 11-71　再次绘制样条曲线

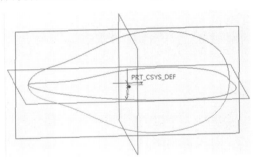

图 11-72　完成镜像曲线

步骤 3：利用边界混合创建曲面

第 1 步，单击"模型"选项卡"曲面"面板中的"边界混合"按钮 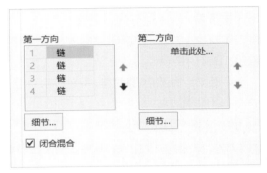，打开"边界混合"操控板，按住 Ctrl 键依次选择 4 条样条曲线，如图 11-73 所示。

第 2 步，单击"边界混合"操控板中的"曲线"选项卡，在弹出的下滑面板中选中"闭合混合"，如图 11-74 所示。

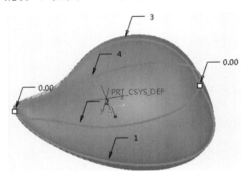

图 11-73　选择边界混合的样条曲线

图 11-74　勾选"闭合混合"

第 3 步，单击 ✓ 按钮，完成边界混合操作，如图 11-75 所示。

步骤 4：复制曲面

第 1 步，选择整个模型的曲面，如图 11-76 所示。

图 11-75　完成边界混合操作

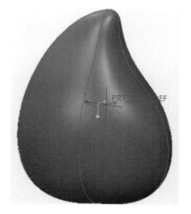

图 11-76　选择整个模型的曲面

第 2 步，单击"模型"选项卡"操作"面板中的 🗐 复制 按钮。

第 3 步，单击"模型"选项卡"操作"面板中的 🗐 粘贴 ▾ 按钮，打开"粘贴"操控板。

第 4 步，单击操控板上的"选项"选项卡，弹出"选项"下滑面板。

第 5 步，在"选项"下滑面板中选择"按原样复制所有曲面"单选按钮（此为默认设置）。

第 6 步，单击 ✓ 按钮，完成对曲面的复制。可以在模型树中观察到复制的曲面。

第 7 步，在模型树中选择上一步创建的"复制 1"特征，右击，在弹出的快捷菜单中选择"隐藏"选项，将复制的曲面暂时隐藏。

步骤 5：曲面实体化操作

第 1 步，选择模型曲面，单击"模型"选项卡"编辑"面板中的 ⛶ 实体化 按钮，打开"实体化"操控板。

第 2 步，在"实体化"操控板中单击"用实体材料填充由面组界定的体积块"按钮 ▢（此为默认设置）。

图 11-77　曲面实体化

第 3 步，单击 ✓ 按钮，完成曲面实体化操作，如图 11-77 所示。

步骤 6：创建顶部拉伸移除材料特征 1

单击"模型"选项卡"形状"面板中的"拉伸"按钮 🗗，打开"拉伸"操控板。选择 RIGHT 基准平面为草绘平面，TOP 基准平面为参考平面，方向向下，绘制如图 11-78 所示的二维拉伸截面。在"拉伸"操控板上选择"移除材料"按钮 🗗，指定拉伸特征的方法为"对称"方式 🗗，并输入拉伸深度为 400，完成三维模型如图 11-79 所示。

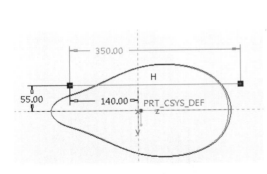

图 11-78　绘制拉伸截面 1

图 11-79　创建顶部拉伸移除材料特征 1

步骤 7：创建底座拉伸移除材料特征 2

具体操作同步骤 6，绘制的拉伸二维截面如图 11-80 所示，完成三维模型如图 11-81 所示。

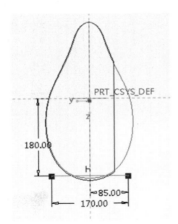

图 11-80　绘制拉伸截面 2

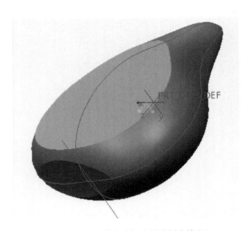

图 11-81　创建拉伸移除材料特征 2

步骤 8：创建背部拉伸移除材料特征 3

具体操作同步骤 6，绘制的拉伸二维截面如图 11-82 所示，完成三维模型如图 11-83 所示。

步骤 9：创建拉伸移除材料特征 4

单击"模型"选项卡"形状"面板中的 按钮。选择模型顶部平面为草绘平面，采用默认的参考和方向设置，进入草绘模式。在"草绘"选项卡的"草绘"组中单击 投影 按钮，选择步骤 6 中拉伸的边缘作为拉伸截面，如图 11-84 所示。在"拉伸"操控板上选择"移除材料"按钮 ，指定拉伸特征的方法为"从草绘平面以指定的深度值拉伸"方式 ，并输入拉伸深度 25，完成三维模型如图 11-85 所示。

步骤 10：创建拉伸实体特征 5

单击"模型"选项卡"形状"面板中的 按钮。选择步骤 9 中创建的拉伸移除材料特

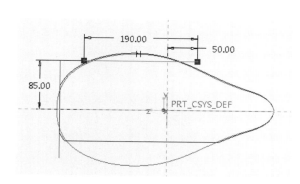

图 11-82　绘制拉伸截面 3

图 11-83　创建拉伸移除材料特征 3

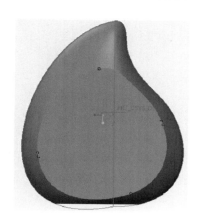

图 11-84　拾取图元作为拉伸截面

图 11-85　创建拉伸移除材料特征 4

征的底部平面作为草绘平面，采用默认的参考和方向设置，绘制如图 11-86 所示的二维拉伸截面。输入拉伸的深度 5，方向向上，完成三维模型如图 11-87 所示。

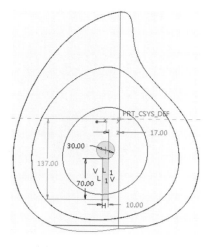

图 11-86　绘制拉伸截面 4

图 11-87　创建拉伸实体特征 5

步骤 11：创建拉伸实体特征 6

选择步骤 10 中创建的拉伸特征的顶部为草绘平面，采用默认的参考和方向设置，绘制如图 11-88 所示的拉伸截面，输入拉伸的深度 5，完成三维模型如图 11-89 所示。

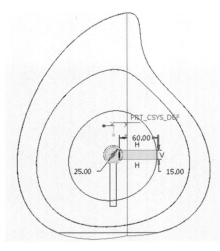

图 11-88　绘制拉伸截面 5

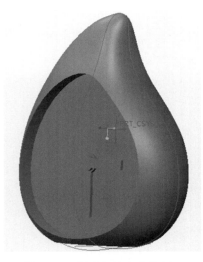

图 11-89　创建拉伸实体特征 6

步骤 12：创建拉伸移除材料特征 7

单击"模型"选项卡"形状"面板中的　按钮。选择步骤 11 中创建的拉伸实体特征的顶面作为草绘平面，采用默认的参考和方向设置，绘制如图 11-90 所示的圆形拉伸截面。在"拉伸"操控板上选择"移除材料"按钮　，指定拉伸特征的方法为"从草绘平面以指定的深度值拉伸"方式　，并输入拉伸深度 9，完成三维模型如图 11-91 所示。

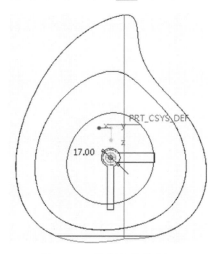

图 11-90　绘制拉伸截面 6

图 11-91　创建拉伸移除材料特征 7

步骤 13：创建拉伸实体特征 8

具体操作同步骤 10，绘制如图 11-92 所示的二维拉伸截面，输入拉伸的深度 5，完成三维模型如图 11-93 所示。

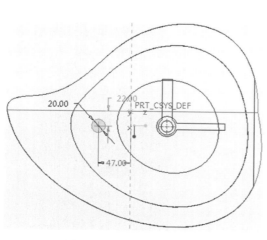

图 11-92　绘制拉伸截面 7

图 11-93　创建拉伸实体特征 8

步骤 14：创建阵列特征

单击"模型"选项卡"编辑"面板中的 ⊞ 按钮。选择步骤 13 中创建的拉伸特征进行"轴阵列"操作，输入阵列成员间的角度值 30，输入阵列成员数 12，此时模型如图 11-94 所示，完成三维模型如图 11-95 所示。

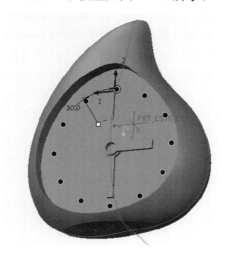

图 11-94　阵列特征预显示

图 11-95　创建轴阵列特征

步骤 15：创建拉伸平面

单击"模型"选项卡"形状"面板中的 ▱ 按钮。选择 FRONT 基准平面为草绘平面，采用默认的参考和方向设置，绘制如图 11-96 所示的二维截面。指定拉伸特征的方法为"对称"方式 ▱，输入拉伸深度 400，完成三维模型如图 11-97 所示。

步骤 16：裁剪曲面

第 1 步，在模型树中将步骤 4 中隐藏的曲面取消隐藏，如图 11-98 所示。

第 2 步，选择取消隐藏的曲面作为要修剪的面组。

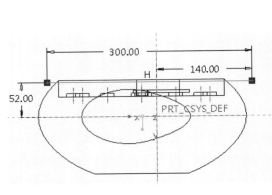

图 11-96　绘制拉伸截面 8

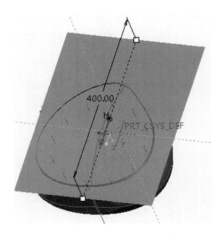

图 11-97　创建拉伸平面

第 3 步，单击"模型"选项卡"编辑"面板中的 🔲 修剪 按钮，打开"修剪"操控板。

第 4 步，选择步骤 15 中创建的拉伸平面。

第 5 步，在操控板中单击"选项"按钮，弹出"选项"下滑面板，取消选中"保留修剪曲面"复选框。

第 6 步，在操控板中单击"反向材料侧"按钮 ⚒ ，调整修剪的方向，使箭头方向向上。

第 7 步，单击 ✔ 按钮，完成修剪的操作，如图 11-99 所示。

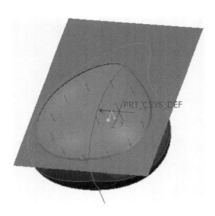

图 11-98　取消隐藏曲面

图 11-99　裁剪曲面

步骤 17：对曲面赋材质

第 1 步，单击"应用程序"选项卡"渲染"面板中的"照片级真实渲染"按钮 🫖 ，再单击"外观"面板中的"外观"按钮 🔵 下拉按钮，弹出"外观编辑器"下滑面板，如图 11-100 所示。

第 2 步，在下滑面板"我的外观"板块中选择 PTC-glass 材质球。

第 3 步，把鼠标移回工作区，鼠标指针变成笔刷的形状，选中步骤 16 中裁剪好的曲面，如图 11-101 所示。

第 4 步，单击鼠标中键，完成对曲面赋予材质的操作，如图 11-102 所示。

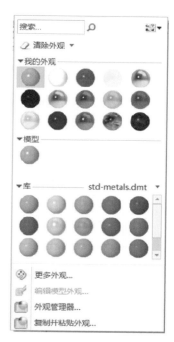

图 11-100　"外观编辑器"下滑面板

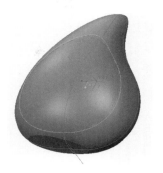

图 11-101　选中曲面来赋予材质

图 11-102　对曲面赋予材质

步骤 18：创建底座

单击"模型"选项卡"形状"面板中的 ![按钮] 按钮。选择模型底座平面为草绘平面，采用默认的参考和方向设置。利用工具栏中的 ![投影] 投影 按钮，拾取步骤 7 中拉伸的边缘作为拉伸截面，如图 11-103 所示。在"拉伸"操控板上指定拉伸特征的方法为"从草绘平面以指定的深度值拉伸"方式 ![图标]，并设置拉伸深度为 15，完成三维模型如图 11-104 所示。

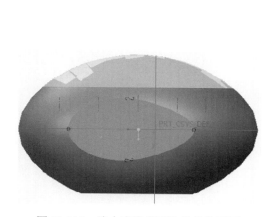

图 11-103　选中底座截面作为拉伸平面

图 11-104　底座拉伸

步骤 19：模型底座倒圆角

单击"模型"选项卡"工程"面板中的 ![倒圆角] 倒圆角 ▾ 按钮，打开"圆角"操控板，输入底座内侧倒圆角半径 10，输入底座外侧倒圆角半径 2，完成模型的创建，最终结果如图 11-68

所示。

步骤 20：保存图形

参见本书第 1 章，操作过程略。

11.9 上 机 题

利用曲面编辑的相关命令，创建如图 11-105 所示的加湿器模型。

图 11-105 加湿器模型

建模提示如下。

（1）创建加湿器主体曲面。以 FRONT 基准平面为草绘平面，RIGHT 基准平面为参考平面，方向向上，绘制如图 11-106 所示的样条曲线，并且以 X 轴作为旋转中心，调用"旋转"命令创建加湿器主体曲面，如图 11-107 所示。复制加湿器主体曲面。

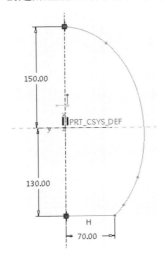

图 11-106 绘制旋转的样条曲线

图 11-107 创建加湿器主体曲面

（2）创建与主体相交的底座的曲面。单击"形状"面板中的"拉伸"按钮 ，以 FRONT

基准平面为草绘平面,绘制如图 11-108 所示的样条曲线。将样条曲线向两侧拉伸,输入拉伸值 260。完成拉伸,复制该曲面,如图 11-109 所示。

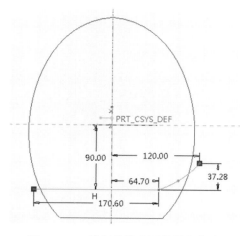

图 11-108　绘制拉伸曲面的样条曲线

图 11-109　拉伸并复制曲面

（3）创建加湿器底座。选择加湿器主体曲面和（2）中创建的曲面,单击"模型"选项卡"编辑"面板中的 合并 按钮,调整要保留曲面的方向,如图 11-110 所示。完成曲面合并,如图 11-111 所示。

图 11-110　保留下部曲面

图 11-111　完成曲面合并 1

（4）创建加湿器上部空腔。选择加湿器主体曲面和（2）中创建的曲面,单击"模型"选项卡"编辑"面板中的 合并 按钮,调整要保留曲面的方向,如图 11-112 所示,完成曲面合并,如图 11-113 所示。

（5）创建盖子和上部空腔间的分模线。单击"形状"面板中的"拉伸"按钮 ,以 FRONT 基准平面为草绘平面,绘制如图 11-114 所示的样条曲线。将样条曲线向两侧拉伸,输入拉伸值 288,单击"移除材料"按钮 ,单击"加厚草绘"按钮 ,并输入厚度值为 1,选择加湿器上部空腔为修剪曲面。调整曲面修剪方向,完成修剪,如图 11-115 所示。

（6）创建顶部出气孔。参考（5）中的操作方法,绘制如图 11-116 所示的样条曲线,拉伸移除材料,完成顶部出气孔的创建,如图 11-117 所示。

图 11-112 保留上部曲面

图 11-113 完成曲面合并 2

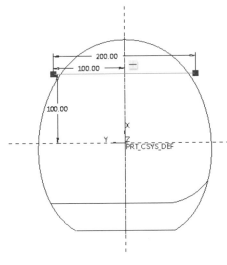

图 11-114 绘制样条曲线 1

图 11-115 完成分模线

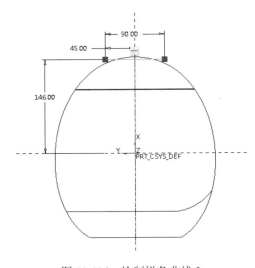

图 11-116 绘制样条曲线 2

图 11-117 完成顶部出气孔

（7）创建中心喷雾管。单击"形状"面板中的 ⊹ 旋转 按钮，选择 FRONT 基准平面作为草绘平面，绘制如图 11-118 所示的样条曲线，并以 X 轴为中心轴旋转，完成中心喷雾管的创建，如图 11-119 所示。

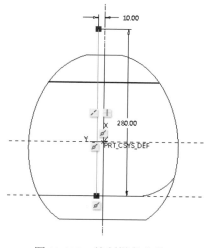

图 11-118　绘制样条曲线 3

图 11-119　完成中心喷雾管

（8）创建外侧喷雾管。参考（7）中的操作方法，绘制如图 11-120 所示的样条曲线，并以 X 轴为中心轴旋转，完成外侧喷雾管的创建，如图 11-121 所示。

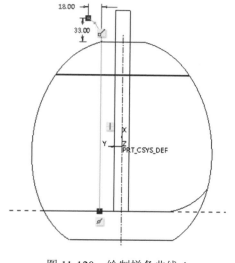

图 11-120　绘制样条曲线 4

图 11-121　完成外侧喷雾管

（9）创建基准平面。以 FRONT 基准平面为参考平面，输入偏移值 100，创建 DTM1 基准平面。

（10）绘制顶部扇叶的边界混合曲线。

① 以 DTM1 基准平面为草绘平面，绘制如图 11-122 所示的椭圆，并以 FRONT 基准平面为镜像平面镜像。

② 以 FRONT 基准平面为草绘平面，绘制如图 11-123 所示的椭圆。

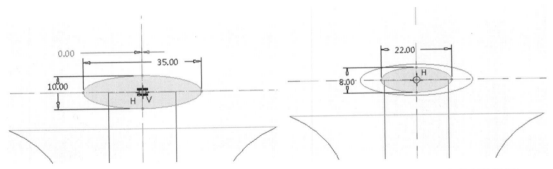

图 11-122　DTM1 平面上绘制的椭圆　　　　　图 11-123　FRONT 平面上绘制的椭圆

③ 以 RIGHT 基准平面为参考平面，向上偏移 190，创建 DTM2 基准平面。以 DTM2 基准平面为草绘平面，绘制如图 11-124 所示的样条曲线。完成样条曲线绘制，以 TOP 基准平面为镜像平面，镜像复制该样条曲线，如图 11-125 所示。

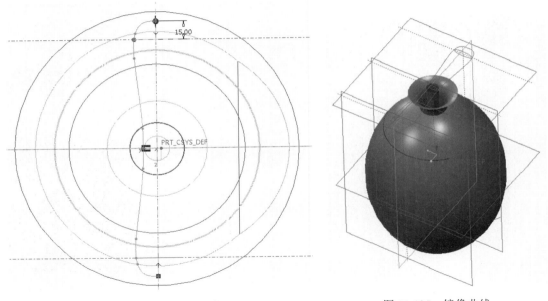

图 11-124　绘制样条曲线 5　　　　　　　图 11-125　镜像曲线

④ 单击"曲面"面板中的"边界混合"按钮 ⌒，打开"边界混合"操控板，分别选择两个方向上的链，如图 11-126 所示。单击 ✓ 按钮，完成边界混合操作。

⑤ 以 DTM2 基准平面为草绘平面，绘制如图 11-127 所示的圆，将圆向两侧拉伸并移除材料，使用"合并"命令与扇叶曲面进行合并，如图 11-128 所示。

⑥ 旋转复制另一个扇叶，如图 11-129 所示。

（11）创建底座开关按键。

① 以 TOP 基准平面为参考平面，偏移 95，创建 DTM3 基准平面。以 DTM3 基准平面为草绘平面，绘制如图 11-130 所示的圆，将圆向一侧拉伸 20，并移除材料，如图 11-131 所示。

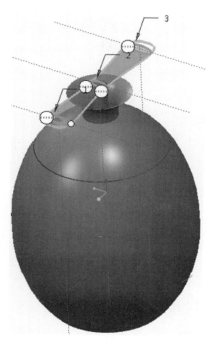

图 11-126　选择边界混合的曲线

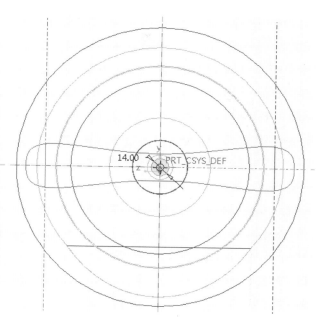

图 11-127　绘制圆 1

图 11-128　完成与扇叶曲面的合并

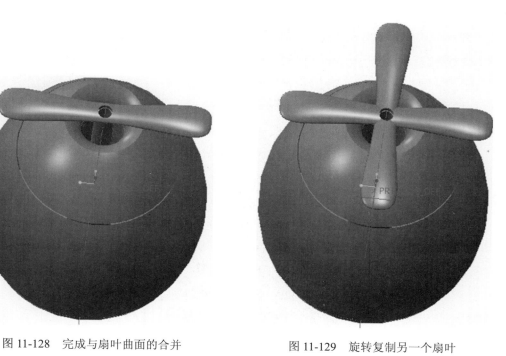

图 11-129　旋转复制另一个扇叶

②　在 DTM3 基准平面上绘制如图 11-132 所示的圆，向两侧拉伸实体，输入拉伸深度17，完成开关按钮的创建，如图 11-133 所示。

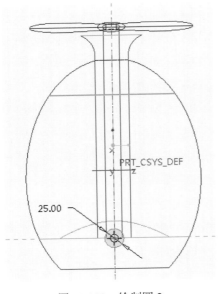

图 11-130 绘制圆 2

图 11-131 拉伸移除材料

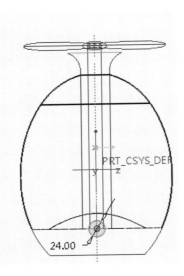

图 11-132 绘制圆 3

图 11-133 创建开关按钮实体

（12）曲面合并、加厚并创建圆角特征。参见本书第 6 章及第 11、12 章，操作过程略，加厚底座处为 3，其余为 1。按钮处倒圆角半径为 5，其余倒圆角半径为 1，操作过程略，完成加湿器模型的创建。

第 12 章　曲面转化实体

通常，在完成了曲面的创建和编辑之后，需要将其转化为实体特征。将曲面转化为实体或壳体是 Creo Parametric 4.0 创建复杂实体模型的一般方法，在产品设计中被广泛地应用。

本章将介绍的内容如下。

（1）曲面实体化的方法和步骤。

（2）曲面加厚的方法和步骤。

（3）局部曲面偏置的方法和步骤。

（4）用曲面替换实体表面的方法和步骤。

12.1　曲面实体化

利用"实体化"命令可将封闭的曲面添加实体材料或用曲面移除和替换实体材料。

可通过功能区调用命令，单击"模型"选项卡"编辑"面板中的 实体化 按钮。

12.1.1　用实体材料填充封闭曲面

操作步骤如下。

第 1 步，打开文件 Ch12-1.prt。

第 2 步，选择要进行实体化的封闭曲面，如图 12-1 所示。

图 12-1　封闭曲面

第 3 步，单击"模型"选项卡"编辑"面板中的 实体化 按钮。打开"实体化"操控板，如图 12-2 所示。

图 12-2　"实体化"操控板

注意：如果实体化编辑的对象是一个封闭的曲面，可以直接对其进行选择。如果实体化编辑的对象是由曲面与实体共同组成的封闭体，则应选择曲面。

第 4 步，在"实体化"操控板中，单击"用实体材料填充由面组界定的体积块"按钮 ▢ （此为默认设置）。

第 5 步，单击 ✓ 按钮，完成曲面实体化操作。

12.1.2 移除面组内侧或外侧的材料

"移除面组内侧或外侧的材料"选项可以用来对实体进行切削，这些面组可以是开放的，也可以是封闭的。

1. 开放面组

操作步骤如下。

第 1 步，打开文件 Ch12-3.prt，如图 12-3 所示。

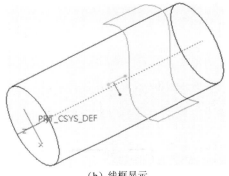

（a）着色显示　　　　　　　　　　　　　　（b）线框显示

图 12-3　与实体相交的曲面

第 2 步，选择用来进行切削的曲面。

第 3 步，单击"模型"选项卡"编辑"面板中的 ⬦ 实体化 按钮，打开"实体化"操控板。

第 4 步，单击"移除面组内侧或外侧的材料"按钮 ◺。

第 5 步，利用"更改刀具操作方向"按钮 ✕，选择移除材料的方向，如图 12-4 所示。

第 6 步，单击 ✓ 按钮，完成移除实体材料的操作，如图 12-5 所示。

图 12-4　选择移除材料的方向　　　　　　　　图 12-5　移除实体材料

注意：在第 5 步中，如果单击"更改刀具操作方向"按钮 ，将箭头方向改为向上，则移除的是上部分的实体材料，如图 12-6 所示，最终结果如图 12-7 所示。

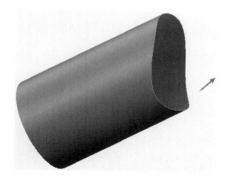

图 12-6　更改刀具操作方向　　　　　　　图 12-7　更改刀具方向后的结果

这里用来进行切削操作的是一个开放的曲面，实际上，封闭的曲面也可以用来进行这一项操作。

2. 封闭面组

操作步骤如下。

第 1 步，打开文件 Ch12-8.prt，如图 12-8 所示。

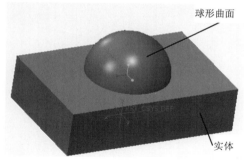

球形曲面

实体

（a）着色显示

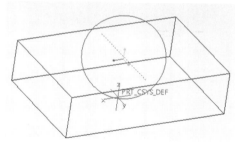

PRT_CSYS_DEF

（b）线框显示

图 12-8　封闭曲面与实体

第 2 步，选择球形曲面。

第 3 步，单击"模型"选项卡"编辑"面板中的 实体化 按钮，打开"实体化"操控板。

第 4 步，单击"移除面组内侧或外侧的材料"按钮 。球形曲面内出现指向球心的紫色箭头，表示移除球形曲面所占实体空间的部分。

第 5 步，单击 按钮，完成操作，结果如图 12-9 所示。

注意：如果在进行第 4 步时，单击"更改刀具操作方向"按钮 ，这时球形曲面内紫色箭头的方向会变成背离球心，这时表示移除曲面外侧的材料，结果如图 12-10 所示。

12.1.3　用面组替换部分曲面

利用"用面组替换部分曲面"选项可以用面组替换实体部分表面。

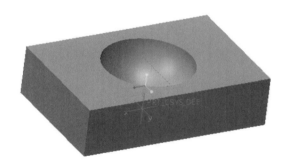

图 12-9　移除面组内侧材料　　　　　　　　　图 12-10　移除面组外侧材料

操作步骤如下。

第 1 步，打开文件 Ch12-11.prt，如图 12-11 所示。

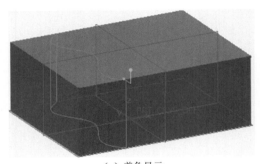

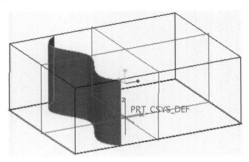

（a）着色显示　　　　　　　　　　　　　　（b）线框显示

图 12-11　曲面替换实体表面

第 2 步，选择用来替换的曲面。

第 3 步，单击"模型"选项卡"编辑"面板中的 ⬚ 实体化 按钮，打开"实体化"操控板。

第 4 步，单击操控板中的"用面组替换部分曲面"按钮 ⬚，此时模型如图 12-12 所示。

第 5 步，单击 ✔ 按钮，结果如图 12-13 所示。

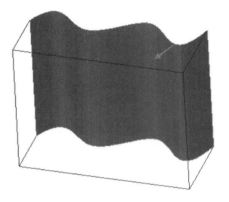

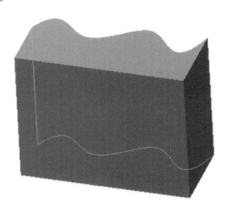

图 12-12　默认替换方向　　　　　　　　　图 12-13　默认方向的替换结果

注意：

（1）如果在第 4 步中单击操控板上的"更改刀具操作方向"按钮 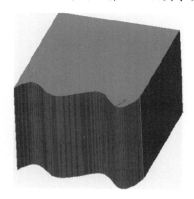，则图 12-12 中箭头的方向将反向，如图 12-14 所示，表示将保留箭头所指的部分，结果如图 12-15 所示。

（2）"用面组替换部分曲面"选项与"移除面组内侧或外侧的材料"选项中开放面组切削实体的操作结果类似，但实际上两者还是有很大不同的，前者的面组边线必须位于实体的表面上，而后者则没有这一项要求。

图 12-14　更改替换方向　　　　　　　　图 12-15　更改方向后的替换结果

12.1.4　曲面与实体组成的封闭体

如果是未封闭的曲面，但它与实体结合（曲面未穿透实体）组成了一个封闭体，对这样的曲面只能进行曲面转化实体的操作，而不能对实体进行移除材料的操作，如图 12-16 所示。

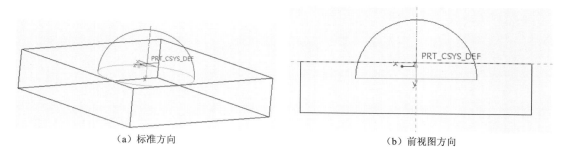

（a）标准方向　　　　　　　　　　　　　　（b）前视图方向

图 12-16　曲面与实体组成的封闭体

操作步骤如下。

第 1 步，打开文件 Ch12-16.prt。

第 2、3 步，与 12.1.1 节用实体材料填充封闭曲面操作步骤的第 2、3 步相同。

第 4 步，在"实体化"操控板中单击"用实体材料填充由面组界定的体积块"按钮 ⬜，半球形内部则出现一个指向球心的箭头。

第 5 步，单击 ✔ 按钮，结果如图 12-17 所示，半球形曲面变成实体。

注意： 如果在第 4 步中单击"更改刀具操作方向"按钮 ⬚，使箭头方向背离球心，则结果如图 12-18 所示，它是由实体剪去相交部分后形成的。

图 12-17　箭头方向指向球心时实体化

图 12-18　箭头方向背离球心时实体化

12.2　曲 面 加 厚

利用"加厚"命令可以将曲面赋予一定的厚度,是将曲面转化为实体的一个重要方法。进行加厚的曲面可以是开放的,也可以是封闭的。

可通过功能区调用命令,单击"模型"选项卡"编辑"面板中的 加厚 按钮。

12.2.1　用实体材料填充加厚的曲面

利用"加厚"命令可以实现用实体材料填充加厚的曲面。

操作步骤如下。

第 1 步,打开文件 Ch12-19.prt,如图 12-19 所示。

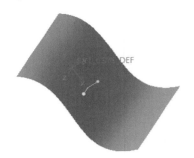
图 12-19　原始模型

第 2 步,选择一个曲面。

第 3 步,单击"模型"选项卡"编辑"面板中的 加厚 按钮,打开如图 12-20 所示"加厚"操控板。

图 12-20　"加厚"操控板

第 4 步，单击"用实体材料填充加厚的面组"按钮 ▢（此为默认设置）。

第 5 步，在"总加厚偏距值"文本框中输入厚度值 10，并在其后的图标中选择加厚的方向，如图 12-20 所示。

第 6 步，单击"反转结果几何的方向"按钮 ✗，选择曲面加厚的方向，如图 12-21 所示。

第 7 步，单击 ✓ 按钮，完成曲面加厚的操作，结果如图 12-22 所示。

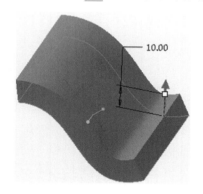

图 12-21　曲面加厚的方向

图 12-22　加厚的曲面

注意：在第 6 步中选择曲面加厚方向时，默认的方向是箭头方向向上，如图 12-21 所示，曲面沿此方向加厚。依次单击 ✗ 按钮，则出现如图 12-23 和图 12-24 所示的加厚方向。图 12-23 中箭头的方向向下，与图 12-21 中的箭头方向相反，即加厚的方向相反。图 12-24 中箭头方向沿曲面的两侧，它是以曲面为中间面，沿两侧同时加厚，总加厚的厚度为第 5 步中输入的厚度值。

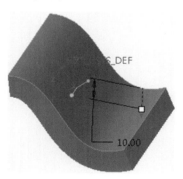

图 12-23　垂直于曲面向下加厚

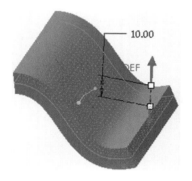

图 12-24　沿两个方向同时加厚

12.2.2　加厚过程中移除材料

当曲面与实体相交时，如图 12-25 所示，可以利用"加厚"命令中的"从加厚的面组中移除材料"选项，从实体中减去与加厚曲面相交的部分。

操作步骤如下。

第 1 步，打开文件 Ch12-25.prt，如图 12-25 所示。

第 2 步，选择曲面。

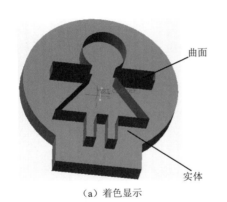 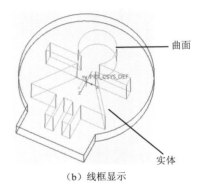

（a）着色显示　　　　　　　　　　　　　　（b）线框显示

图 12-25　曲面与实体相交

第 3 步，单击"模型"选项卡"编辑"面板中的 ⊏ 加厚 按钮，打开"加厚"操控板。

第 4 步，单击选择"从加厚的面组中移除材料"按钮 ⊿。

第 5 步，在"总加厚偏距值"文本框中输入加厚的厚度值。

第 6 步，选择单击"反转结果几何的方向"按钮 ⤢，进行加厚方向的选择。

第 7 步，单击 ✔ 按钮，结果如图 12-26 所示。

 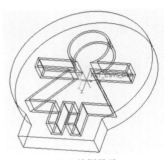

（a）着色显示　　　　　　　　　　　　　　（b）线框显示

图 12-26　去除材料后的实体

注意： 在第 5 步中，箭头的方向也有三种情况，如图 12-27 所示，其结果都是从实体中移除了与加厚曲面相交的部分。

  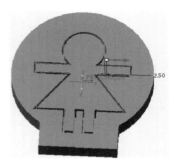

（a）向内侧加厚　　　　　　（b）向两侧同时加厚　　　　　　（c）向外侧加厚

图 12-27　曲面加厚的方向

操作及选项说明如下。

在"加厚"操控板中单击"选项"选项卡，弹出如图 12-28 所示"选项"下滑面板，可以设置加厚的类型。

（1）垂直于曲面：垂直于原始曲面增加厚度，此选项为默认选项。如果在一次操作中有多个曲面，还可以排除一些不进行加厚的曲面，排除的曲面会出现在"排除"列表中。

（2）自动拟合：系统根据自动确定的坐标系加厚曲面，并沿轴给出厚度。

（3）控制拟合：通过自定义的坐标系对曲面进行缩放，并沿指定轴给出厚度。

图 12-28　"选项"下滑面板

12.3　局部曲面偏置

本书 11.4 节中介绍了用标准方式偏移曲面，局部曲面偏置也属于偏移曲面操作命令中的选项，主要包括拔模特征和展开特征。

可通过功能区调用命令，单击"模型"选项卡"编辑"面板中的 偏移 按钮。

12.3.1　拔模特征

1. 创建拔模偏移

拔模偏移方式是以指定的参考曲面作为拔模曲面，以草绘截面为拔模截面，在参考曲面的一侧偏移出连续的体积块并设置拔模角。

操作步骤如下。

第 1 步，打开文件 Ch12-29.prt。

第 2 步，选择要进行拔模的曲面，如图 12-29 所示。

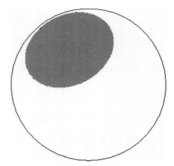

（a）着色显示　　　　　　　　　　　　　　　（b）线框显示

图 12-29　选择进行拔模的曲面

第 3 步，单击"模型"选项卡 "编辑"面板中的 偏移 按钮，打开"偏移"操控板。

第 4 步，单击"标准偏移特征"下拉按钮 ，在下拉列表中选择"具有拔模特征"按钮 ，具有拔模特征的"偏移"操控板如图 12-30 所示。

图 12-30　具有拔模特征的"偏移"操控板

第 5 步，单击"参考"选项卡，在弹出的下滑面板中单击"定义"按钮，弹出"草绘"对话框，以第 2 步中选择的曲面作为草绘平面，其他采用默认设置，如图 12-31 所示。

第 6 步，进入草绘模式后，参考球上圆的截面绘制一个圆，输入直径 239，如图 12-32 所示。

图 12-31　"草绘"对话框

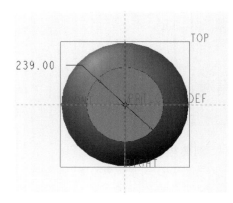

图 12-32　绘制一个圆

第 7 步，单击 ✔ 按钮，完成草绘截面的绘制。

第 8 步，在操控板的偏移距离文本框中输入偏移值 300。

第 9 步，在拔模角度值文本框中输入角度值 10，如图 12-33 所示。

第 10 步，单击 ✔ 按钮，完成拔模偏移的操作，结果如图 12-34 所示。

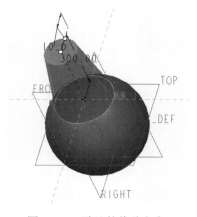

图 12-33　默认的偏移方向

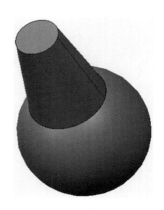

图 12-34　拔模偏移结果

注意：如果在第 9 步之后单击"将偏移方向变为其他侧"按钮 ，则图 12-33 中的箭头将反向，如图 12-35 所示，最后结果如图 12-36 所示。

图 12-35　改变偏移方向

图 12-36　改变方向后的拔模偏移结果

2. 操作及选项说明

在"偏移"操控板中可以进行多种设置。

（1）拔模曲面偏移参考：包括"垂直于曲面"和"平移"两种类型，前者沿垂直于选定的面组或曲面偏移；后者沿指定方向平移曲面并保留参考曲面的形状和尺寸。

（2）侧曲面垂直参考：包括"曲面"和"草绘"两个选项，前者垂直于选定曲面偏移侧曲面，后者垂直于选定草绘平面偏移侧曲面。

（3）侧面轮廓类型：包括"直"和"相切"两个选项，当选择前者时，拉伸出的是直侧面；当选择后者时，拉伸出的侧面与相邻曲面相切。

如果在上面的操作中选中"相切"选项，并修改拔模角度值为 2，调整偏移方向，结果如图 12-37 所示。

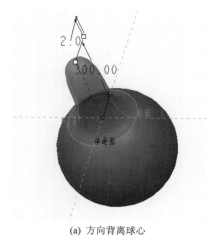

(a) 方向背离球心

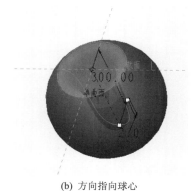

(b) 方向指向球心

图 12-37　侧面轮廓为"相切"类型

12.3.2　展开特征

展开特征与拔模偏移特征类似，都是以指定的草绘截面为偏移截面，向选定曲面的一侧偏移创建出新的体积块。它们之间的不同在于展开偏移不存在拔模斜度，只需输入偏移距离，而且可以将曲面的偏移改为实体的偏移。

1. 创建草绘区域的展开偏移

操作步骤如下。

第 1 步，打开文件 Ch12-29.prt，如图 12-29 所示。

第 2 步，选择要进行展开偏移的面，如图 12-29 所示。

第 3 步，单击"模型"选项卡"编辑"面板中的 偏移 按钮，打开"偏移"操控板。

第 4 步，单击"标准偏移特征"按钮 ，右侧的下拉箭头，在下拉列表中选择"展开特征"按钮 ，展开特征"偏移"操控板如图 12-38 所示。

图 12-38　展开特征的"偏移"操控板

第 5 步，单击"选项"选项卡，在弹出的下滑面板中选择"展开区域"选项组中的"草绘区域"单选按钮。

第 6 步，单击"定义"按钮，弹出"草绘"对话框。

第 7 步，以图 12-29 中选择的曲面作为草绘平面，其他采用默认设置，如图 12-31 所示。

第 8 步，进入草绘模式后，参照球上圆的截面，绘制一个圆，直径为 239，如图 12-32 所示。

第 9 步，单击 ✔ 按钮，完成草绘截面的绘制。

第 10 步，在操控板的偏移距离文本框中输入偏移值 300，结果如图 12-39 所示。

第 11 步，单击 ✔ 按钮，完成展开偏移的操作，结果如图 12-40 所示。

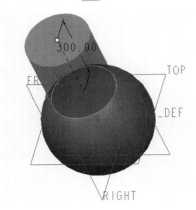

图 12-39　默认偏移方向

图 12-40　展开偏移结果

注意：如果在完成第 8 步之后单击"将偏移方向变更为其他侧"按钮 ，则结果如图 12-41 所示。

(a) 改变偏移方向

(b) 改变偏移方向后的结果

图 12-41　改变偏移方向及改变偏移方向后的结果

2. 创建整个曲面的展开偏移

图 12-42 所示模型是由三个面经加厚而形成的，可以对中间的弯曲形状的实体部分进行展开偏移操作。

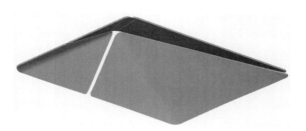

图 12-42　实体模型

图 12-43　选择要展开偏移的曲面

操作步骤如下。

第 1 步，打开文件 Ch12-42.prt，如图 12-42 所示。

第 2 步，在实体模型上选择要展开偏移的曲面，如图 12-43 所示。

第 3 步，单击"模型"选项卡"编辑"面板中的 偏移 按钮，打开"偏移"操控板。

第 4 步，单击"标准偏移特征"按钮 右侧的下拉箭头，在下拉列表中选择"展开特征"按钮 ，展开特征的"偏移"操控板如图 12-38 所示。

第 5 步，单击"选项"选项卡，在弹出的下滑面板中选择"展开区域"选项组中的"整个曲面"单选按钮（此为默认选项）。

第 6 步，在操控面板的偏移距离文本框中输入偏移值 1，如图 12-44 所示。

第 7 步，单击 按钮，完成展开偏移的操作，结果如图 12-45 所示。

图 12-44　设置偏移值和方向

图 12-45　展开偏移后的结果

12.4 用曲面替换实体表面

曲面替换实体表面也是偏移命令里面的一个选项，它利用曲面替换实体的表面，从而对实体形状进行修改。曲面替换实体表面功能可以对实体进行"加材料"和"减材料"的操作。

可通过功能区调用命令，单击"模型"选项卡"编辑"面板中的🔲偏移按钮。

12.4.1 曲面替换实体表面并填充材料

操作步骤如下。

第 1 步，打开文件 Ch12-46.prt ，如图 12-46 所示。

第 2 步，选择需要被替换的实体表面，如图 12-47 所示。

图 12-46 选择操作的曲面与实体

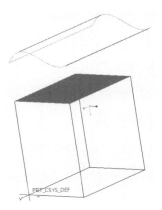

图 12-47 选择实体表面

第 3 步，单击"模型"选项卡"编辑"面板中的🔲偏移按钮，打开"偏移"操控板。

第 4 步，单击"标准偏移特征"下拉按钮 🔟，并在下拉列表中选择"替换曲面特征"按钮 🔟，替换曲面特征的"偏移"操控板如图 12-48 所示。

图 12-48 替换曲面特征的"偏移"操控板

第 5 步，单击选择用来替换的曲面，如图 12-49 所示。

第 6 步，单击 ✓ 按钮，完成替换实体表面并拉伸的操作，结果如图 12-50 所示。

注意：如果在第 5 步中选中"选项"选项卡中的"保留替换面组"复选框，则可以看到原有曲面被保留，结果如图 12-51 所示。

图 12-49　选择用来替换的曲面

图 12-50　替换实体表面并拉伸

图 12-51　保留替换面组

12.4.2　曲面替换实体表面并移除材料

操作步骤如下。

第 1 步，打开文件 Ch12-52.prt，如图 12-52 所示。

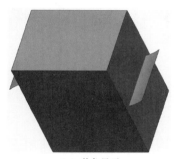
（a）着色显示

（b）线框显示

图 12-52　曲面穿过实体

第 2～5 步，与 12.4.1 节曲面替换实体表面并填充材料操作步骤的第 2～5 步相同，移除材料的过程和最终结果如图 12-53 和图 12-54 所示。

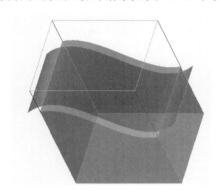
图 12-53　选择曲面并移除材料

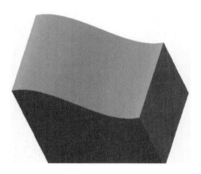
图 12-54　替换实体表面并移除材料

注意: 12.1.2 节中进行的"移除面组内侧或外侧材料"的操作结果与本节的操作结果有相似之处,但它们的本质是不同的。"移除面组内侧或外侧材料"中的开放曲面必须与实体相交,而用来替换实体表面的曲面则可以不相交。

12.5　上机操作实验指导:四方钟建模

创建如图 12-55 所示的四方钟模型,主要涉及"实体化"命令和"曲面偏移"命令。

图 12-55　四方钟模型

操作步骤如下。

步骤 1: 创建新文件

参见本书第 1 章,操作过程略。

步骤 2: 创建拉伸曲面

参见本书第 10 章,创建拉伸曲面特征。选中 TOP 基准平面为草绘平面,绘制图 12-56 所示的封闭曲线进行拉伸,选择拉伸特征深度的方法为"对称",输入拉伸的长度值 260,如图 12-57 所示。

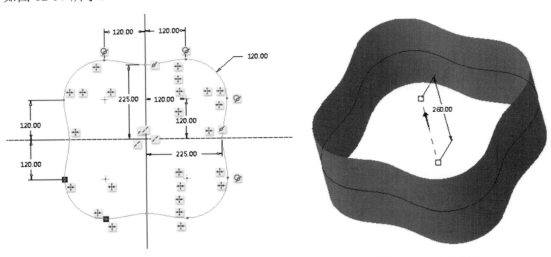

图 12-56　草绘截面　　　　　　　　　图 12-57　拉伸曲面

步骤 3：创建边界混合曲面

操作步骤参见本书第 10 章。

第 1 步，在 FRONT 基准平面上绘制一条基准曲线，如图 12-58 所示。

第 2 步，以 FRONT 基准平面为参考平面，创建偏移基准平面 DTM1，输入偏移距离 250。

第 3 步，以新创建的 DTM1 基准平面为草绘平面，绘制图 12-59 所示的直线。

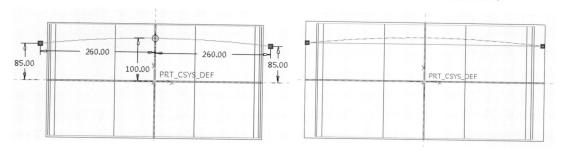

图 12-58 绘制基准曲线   图 12-59 在 DTM1 基准平面上绘制直线

第 4 步，以 FRONT 基准平面为镜像平面，将第 3 步创建的基准线镜像复制到 FRONT 基准平面的另一侧。

第 5 步，重复以上步骤，将 RIGHT 基准平面分别作为草绘平面、偏移参考平面和镜像平面创建曲线和直线，最后得到的直线与曲线如图 12-60 所示。

第 6 步，利用"边界混合"命令创建曲面，如图 12-61 所示。

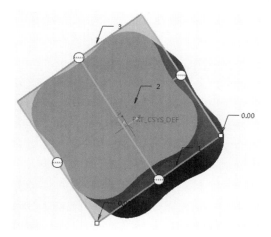

图 12-60 "边界混合"操作   图 12-61 利用"边界混合"命令创建曲面

步骤 4：镜像曲面

参见本书第 11 章，如图 12-62 所示。

步骤 5：合并曲面并倒圆角

参见本书第 11 章合并三个曲面，并倒圆角半径值为 20，如图 12-63 所示。

步骤 6：曲面实体化

第 1 步，选择要进行实体化的封闭曲面，如图 12-63 所示。

图 12-62　镜像曲面　　　　　　　　　　　　图 12-63　倒圆角

　　第 2 步，单击"模型"选项卡"编辑"面板中的 🔲 实体化 按钮。打开"实体化"操控板。

　　第 3 步，在"实体化"操控板中单击"用实体材料填充由面组界定的体积块"按钮 🔲。

　　第 4 步，单击 ✔ 按钮，完成曲面实体化操作。

　　步骤 7：创建拉伸平面

　　参见本书第 10 章，以 FRONT 平面为草绘平面绘制直线，如图 12-64 所示。选择拉伸特征深度的方法为"对称"，输入拉伸的长度 520，如图 12-65 所示。最后结果如图 12-66 所示。

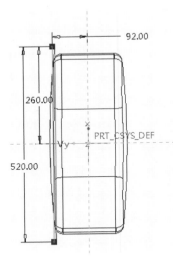

图 12-64　绘制拉伸直线

　　步骤 8：利用面切割实体

　　第 1 步，选择用来进行切割的曲面。这里选择步骤 7 中创建的拉伸平面。

　　第 2 步，单击"模型"选项卡"编辑"面板中的 🔲 实体化 按钮，打开"实体化"操控板。

　　第 3 步，在操控板中单击"移除面组内侧或外侧的材料"按钮 🔲。

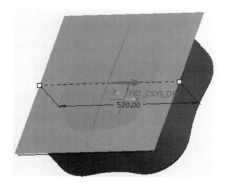

图 12-65　设置拉伸长度

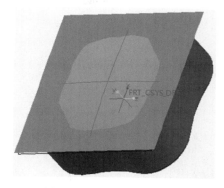

图 12-66　创建的拉伸平面

第 4 步，单击"更改刀具操作方向"按钮 ，选择移除材料的方向，如图 12-67 所示。

第 5 步，单击 按钮，完成切割实体的操作，如图 12-68 所示。

图 12-67　调整切割方向

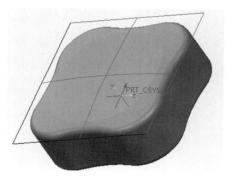

图 12-68　切割后的结果

步骤 9：局部曲面偏置

第 1 步，选择要进行偏置的曲面，如图 12-69 所示。

第 2 步，单击"模型"选项卡"编辑"面板中的 偏移 按钮，打开"偏移"操控板。

第 3 步，在打开的操控板中单击"标准偏移特征"按钮 右侧的下拉箭头，在下拉列表中选择"具有拔模特征"按钮 。

第 4 步，单击操控板中的"参考"按钮，在弹出的下滑面板中单击"定义"按钮，弹出"草绘"对话框，以第 1 步中所选的曲面作为草绘平面，将草绘方向反向，其他采用默认设置。

第 5 步，进入草绘模式后，单击 投影 按钮，拾取图 12-70 所示的封闭曲线，单击 按钮，完成草绘截面的绘制。

第 6 步，在操控板的偏移距离文本框中输入偏移值为 10，按回车键，并调整偏移方向，使其下凹。

第 7 步，在拔模角度值文本框中输入角度值 60，如图 12-71 所示。

第 8 步，单击 按钮，完成拔模偏移的操作，结果如图 12-72 所示。

图 12-69　选择偏置曲面

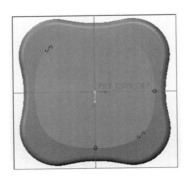

图 12-70　拾取曲线

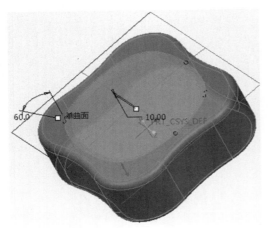

图 12-71　偏移距离与角度

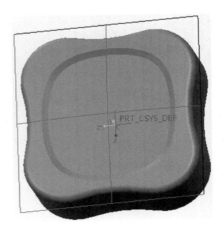

图 12-72　完成曲面偏置

步骤 10：保存图形

参见本书第 1 章，操作过程略。

12.6　上　机　题

1．利用曲面转化实体等相关命令，创建如图 12-73 所示的头盔模型。

图 12-73　头盔模型

建模提示如下。

（1）以 FRONT 基准平面为草绘平面，RIGHT 基准平面为参考平面，方向向右，创建一个旋转球形曲面，旋转截面尺寸如图 12-74 所示。

（2）对球形曲面进行加厚，输入加厚值 1.5，方向向内。

（3）创建去除材料拉伸特征，如图 12-75 所示，将空心球体切除一部分。

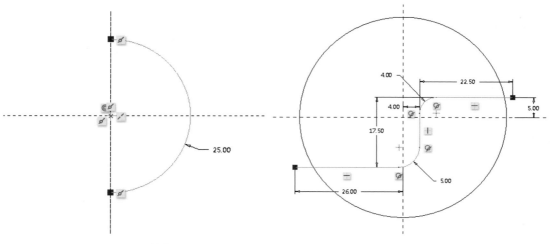

图 12-74　旋转截面　　　　　　　　图 12-75　去除材料拉伸截面

（4）对边线进行倒圆角操作，倒角半径为 0.5，如图 12-76 所示。

（5）以中心轴 A_1 和 RIGHT 平面为参考，创建一个旋转角度为 15°的基准平面，如图 12-77 所示。

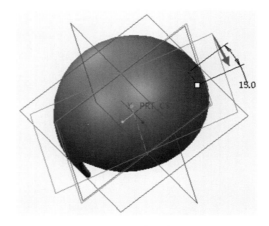

图 12-76　倒圆角操作　　　　　　　　图 12-77　创建基准平面

（6）以新创建的基准平面为草绘平面，创建拉伸去除材料特征，如图 12-78 所示。操作完成后，结果如图 12-79 所示。

（7）选择切出的平面进行局部曲面偏置操作，并选择"具有拔模特征"选项。拾取圆形边界为草绘图形，输入拉伸高度 2.5，输入拔模角度值 5。操作结果如图 12-80 所示。

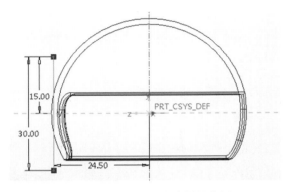

图 12-78　创建拉伸去除材料特征

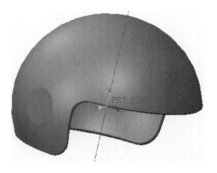

图 12-79　去除材料后的结果

（8）对创建的偏移特征进行倒圆角，输入外边缘的倒角值 0.8，内侧的倒角值设置 0.5，如图 12-81 所示。

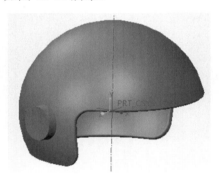

图 12-80　创建局部曲面偏置特征

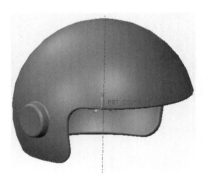

图 12-81　倒圆角

（9）在另一侧重复（5）～（8）的操作，得到如图 12-82 所示的结果。

（10）创建拉伸圆柱体。以 TOP 平面为草绘面，创建如图 12-83 所示的圆柱体，拉伸的高度为 25，并对圆柱体进行倒圆角，输入外边缘倒角值 0.5，输入内侧倒角值 0.2，完成头盔的创建。

图 12-82　在另一侧创建偏移特征并倒圆角

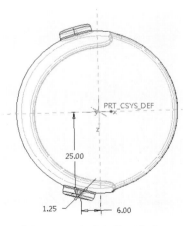

图 12-83　创建拉伸圆柱体

2．利用曲面转化实体等相关命令，创建如图 12-84 所示的吹风机模型。

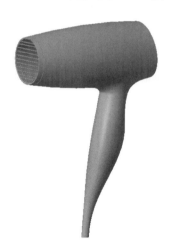

图 12-84　吹风机模型

建模提示如下。

（1）以 FRONT 基准平面为草绘平面，采用默认参考和方向设置，绘制如图 12-85 所示的两条样条曲线。

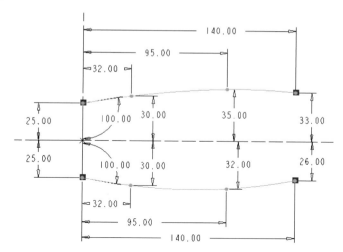

图 12-85　样条曲线

（2）以 RIGHT 基准平面为参考平面，分别偏移 32、95，创建 DTM1 和 DTM2 基准平面，并通过图 12-85 所示样条曲线的端点创建 DTM3 基准平面，如图 12-86 所示。

（3）分别以 RIGHT、DTM1、DTM2、DTM3 基准平面为草绘平面，采用默认参考和方向设置，以基准平面和两条样条曲线的交点创建基准点，并作为参考，绘制如图 12-87 所示的 4 个圆。

（4）将图 12-85 中的两条样条曲线和（3）中创建的四个圆进行边界混合，生成边界混合曲面，如图 12-88 所示。

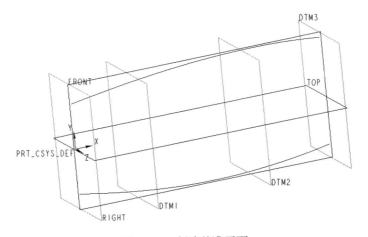

图 12-86　创建基准平面

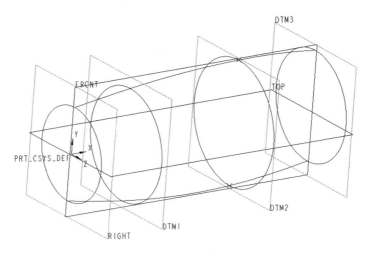

图 12-87　草绘圆形

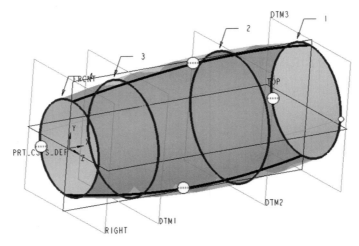

图 12-88　生成边界混合曲面

（5）拉伸裁剪图 12-88 所示边界混合曲面。以 FRONT 基准平面为草绘平面，RIGHT 基准平面为参考平面，方向向右，绘制如图 12-89 所示的拉伸曲线。移除材料后，裁剪得到图 12-90 所示的曲面。

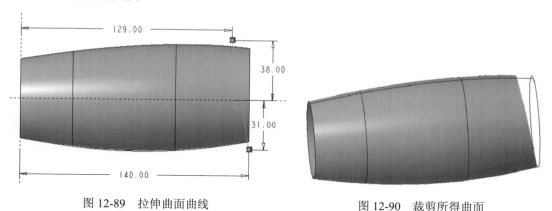

图 12-89　拉伸曲面曲线　　　　　　　　　　图 12-90　裁剪所得曲面

（6）以 FRONT 基准平面为草绘平面，采用默认参考和方向设置，绘制如图 12-91 所示的两条样条曲线。

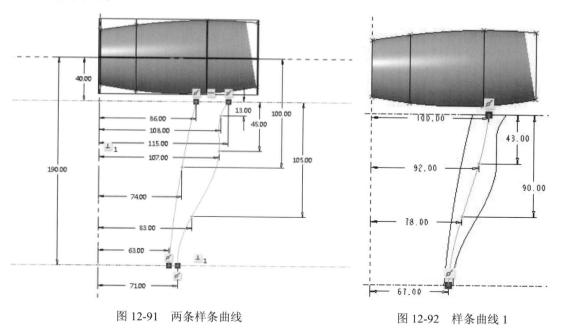

图 12-91　两条样条曲线　　　　　　　　　　图 12-92　样条曲线 1

（7）分别以 FRONT、DTM2 基准平面为草绘平面，采用默认参考和方向设置，绘制如图 12-92 和图 12-93 所示样条曲线 1 和样条曲线 2。

（8）选择图 12-92 所示样条曲线 1，单击"编辑"面板中的 🔲相交 按钮，选择图 12-93 所示的样条曲线 2，创建图 12-94 所示的相交曲线。

（9）利用"边界混合"命令将图 12-91 所示的两条样条曲线和图 12-94 所示的相交曲线进行边界混合，如图 12-95 所示。在"约束"下滑面板中设置边界的"条件"为垂直，如图 12-96 所示，完成边界混合曲面。

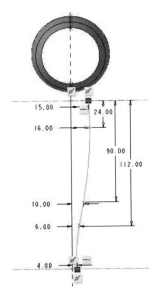

图 12-93　样条曲线 2

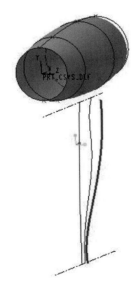

图 12-94　相交曲线

（10）拉伸裁剪吹风机头部曲面。以 TOP 基准平面为草绘平面，采用默认参考和方向设置，绘制如图 12-97 所示的椭圆，拉伸移除材料后，如图 12-98 所示。

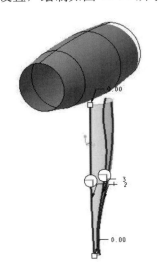

图 12-95　选择边界混合曲线　　图 12-96　设置边界条件　　图 12-97　草绘椭圆

约束	控制点	选项

边界	条件
方向 1 - 第一条链	垂直
方向 1 - 最后一条链	垂直

（11）将（10）中的裁剪曲面边界线和图 12-95 所示曲面边界混合曲线进行边界混合，如图 12-99 所示，在"约束"下滑面板中设置边界的"条件"为相切，完成边界混合曲面。

（12）将图 12-99 所示边界混合曲面与图 12-95 所示边界混合曲线合并，如图 12-100 所示。合并完成后进行镜像曲面操作，如图 12-101 所示。

（13）将图 12-101 所示曲面与吹风机头部曲面进行合并。

（14）如图 12-102 和图 12-103 所示，移除材料拉伸裁剪吹风机头部曲面。

图 12-98　拉伸裁剪曲面

图 12-99　边界混合曲面

图 12-100　合并曲面

图 12-101　镜像曲面

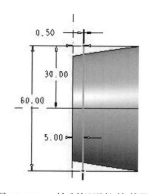

图 12-102　绘制矩形拉伸截面

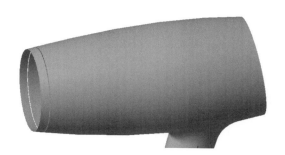

图 12-103　移除材料拉伸裁剪吹风机头部曲面

（15）对吹风机曲面加厚，输入加厚值 1.5。倒圆角，输入半径 0.15。

（16）如图 12-104 所示，利用"拉伸"命令创建增加材料拉伸特征，在"选项"下滑面板中，指定拉伸特征深度的方法两侧均为"到下一个"，如图 12-105 所示。完成头部吹风口，如图 12-106 所示。

（17）以 FRONT 基准平面为草绘平面，采用默认参考和方向设置，绘制如图 12-107 所示的中心线和圆弧（以左边的点为圆心）。

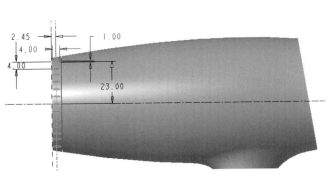

图 12-104　绘制椭圆拉伸截面　　　　　　　图 12-105　"选项"下滑面板

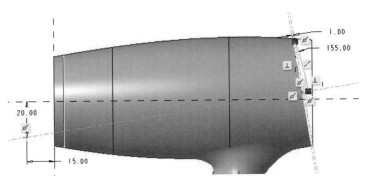

图 12-106　完成头部吹风口　　　　　　图 12-107　绘制中心线和圆弧截面

（18）如图 12-108 所示，以（17）中绘制的中心线为轴，利用"旋转"命令创建旋转曲面。

（19）利用"边界混合"命令，将（18）中创建的旋转曲面边界与吹风机尾部边界进行边界混合，如图 12-109 所示，生成边界混合曲面。将旋转曲面与边界混合曲面合并，合并完成后，对曲面连接处倒圆角，输入倒角半径 1。

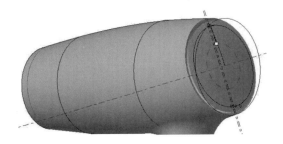

图 12-108　创建旋转曲面　　　　　　　图 12-109　边界混合曲面

（20）通过垂直 FRONT 基准平面和图 12-108 所示的旋转曲面的边，创建 DTM4 基准平面，"参考"收集器列表如图 12-110 所示，完成基准平面的创建，如图 12-111 所示。

（21）选择 DTM4 基准平面为草绘平面，FRONT 基准平面为参考平面，方向向左，绘制如图 12-112 所示二维特征截面。

图 12-110 "参考"收集器列表

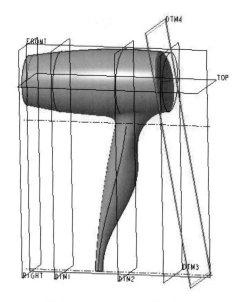

图 12-111 DTM4 基准平面

（22）移除材料并拉伸裁剪吹风机尾部曲面，如图 12-113 所示。

（23）曲面加厚，输入加厚值 1.5，完成吹风机模型的创建。

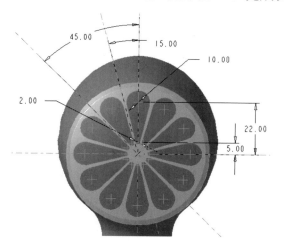

图 12-112 二维特征截面

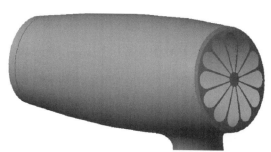

图 12-113 移除材料并拉伸裁剪吹风机尾部曲面

第 13 章　零件的装配

零件装配就是将生产出来的零件通过一定的装配关系将零件组装在一起成为装配体（部件或机器），完成某一个预定的功能。Creo Parametric 4.0 中零件的装配是通过定义零件模型之间的位置约束来实现的，并可以对完成的装配体进行零件间的间隙和干涉分析，从而提高产品设计的效率。

本章将介绍的内容如下。

（1）零件装配的方法和步骤。

（2）爆炸图的创建与修改。

（3）装配体的间隙与干涉分析。

13.1　装配概述和装配约束类型

零件的装配过程实际就是一个零件相对于装配体中另一个零件的约束定位过程。根据零件的外形以及在装配体中的位置不同，选中合适的装配约束类型，完成零件在装配体中的定位。

13.1.1　装配概述

1．装配基本方法

本章介绍的装配体是通过约束向装配模型中增加零件（元件）来完成装配过程的，进入装配环境的步骤如下。

第 1 步，执行"文件"|"新建"菜单命令或单击"快速访问"工具栏中的 按钮。

第 2 步，在弹出的"新建"对话框"类型"选项组中选中"装配"单选按钮，在"子类型"选项组下选中"设计"单选按钮，然后在"名称"文本框中输入装配文件名称，取消选中"使用默认模板"复选框，如图 13-1 所示。

第 3 步，单击"确定"按钮，弹出"新文件选项"对话框，如图 13-2 所示，选择模板选项组中的 mmns-asm-design 列表项，单击"确定"按钮，进入装配环境。

第 4 步，在装配环境中的主要操作是添加新元件。单击"模型"选项卡"元件"面板中的 按钮，在弹出的"打开"对话框中选择要装配的元件名。

第 5 步，单击"打开"按钮，进入新元件装配环境，弹出"元件放置"操控板，如图 13-3 所示，选中适当的装配约束类型，单击 按钮，完成元件装配。

2．选项及操作说明

（1）"放置"：该下滑面板可以指定装配体与新加元件的约束条件，并显示目前装配状况。

图 13-1 "新建"对话框

图 13-2 "新文件选项"对话框

图 13-3 "元件放置"操控板

（2）"移动"：单击该选项卡，弹出如图 13-4（a）所示下滑面板，利用该下滑面板可以移动正在装配的元件，使元件的放置更加方便。"移动"下滑面板的"运动类型"下拉列表中，如图 13-4（b）所示，默认类型是"平移"，允许在平面范围内移动元件；"旋转"类型，允许绕选定的参照轴旋转元件；"调整"类型，允许调整元件位置；"定向模式"类型，允许以元件的中心为旋转中心旋转元件。

（a）"移动"下滑面板

（b）"运动类型"下拉列表

图 13-4 "移动"下滑面板和"运动类型"下拉列表

（3）⊕：单击该按钮，弹出 3D 拖动器，如图 13-5 所示。3D 拖动器可以用来重新定向新加入的元件，使新加入的元件更靠近其装配位置，用户更容易选择元件的几何参照，协助元件装配。

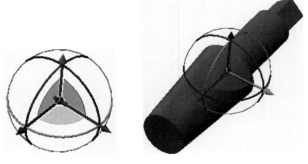

图 13-5　3D 拖动器

使用 3D 拖动器可以定向新加入的元件。

① 绕三个轴旋转元件：单击着色弧并绕其拖动，绕该特定轴旋转元件。

② 沿三个轴平移元件：单击着色箭头并沿其拖动，沿该特定轴平移元件。

③ 在 2D 平面中移动元件：单击半透明着色象限并在其中拖动，在该 2D 平面内移动元件。

④ 自由移动元件：单击轴原点的中央小球并拖动，自由移动元件。

注意： 3D 拖动器的某些部分会因元件应用了约束，使自由度降低而灰显。

（4）　：单击该按钮，新加入的元件会显示在独立的窗口中，便于约束参照的选中，如图 13-6 所示。

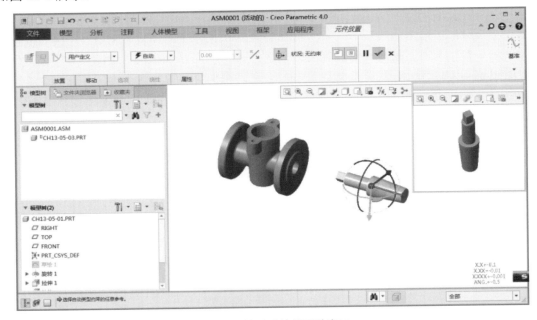

图 13-6　显示元件的两种窗口

（5）　：单击该按钮，新加入的元件和装配体显示在同一个窗口中，该按钮为默认选择状态，如图 13-7 所示。

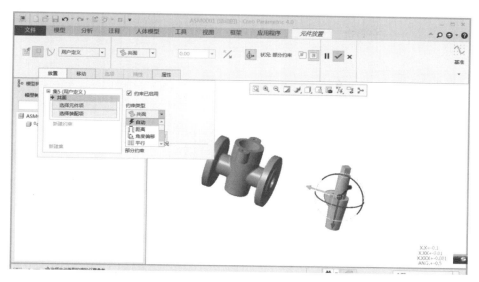

图 13-7　设置约束类型

13.1.2　装配约束类型

Creo Parametric 4.0 提供了 11 种约束类型，用于装配元件。在"装配"操控板中单击"放置"选项卡，弹出"放置"下滑面板，如图 13-7 所示。在"约束类型"下拉列表中选中相应的约束类型。

各类装配约束的定义如下。

（1）自动：默认的约束条件，系统会依照所选中的几何特征，自动选中适合的约束条件，适合较简单的装配。

（2）距离：约束新加元件几何和装配体几何以一定的距离偏移。如果选择的几何为面，"偏移"下拉列表中可输入偏移值确定两个面偏移的距离，如图 13-8（a）所示。单击"反向"按钮，可反向元件面的法线方向，如图 13-8（b）所示。偏移值为 0 时，两个面重合，如图 13-8（c）所示。

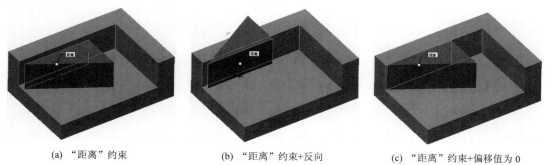

(a) "距离"约束　　　　　　　(b) "距离"约束+反向　　　　　　(c) "距离"约束+偏移值为 0

图 13-8　"距离"约束的三个类型

（3）角度偏移：使新加元件几何与装配元件几何成一定角度。通常会在"重合"约束部分限制元件之后使用"角度偏移"约束，如图 13-9 所示。

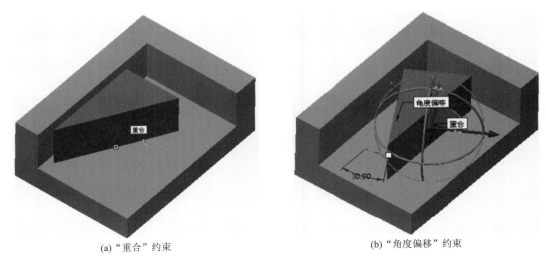

(a) "重合"约束   (b) "角度偏移"约束

图 13-9   "重合"约束和"角度偏移"约束

（4）平行：约束新加元件几何和装配体几何平行。如果选择的元件几何为面，单击"反向"按钮，可反向元件面的法线方向。

（5）重合：约束新加元件几何和装配体几何重合。如果选择的元件几何为面，单击"反向"按钮，可反向元件面的法线方向。

（6）法向：使新加元件几何与装配元件几何垂直。

（7）共面：使新加元件几何与装配元件几何共面。

（8）居中：使新加元件几何与装配元件几何同心，如图 13-10 所示。

(a) 约束前   (b) 约束后

图 13-10   "居中"约束

（9）相切：使新加元件几何与装配元件几何指定的曲面相切。

（10）固定：将新加元件固定到当前位置。

（11）默认：使新加元件坐标系与装配元件坐标系对齐。

13.2   零件装配的步骤

各零件模型创建后，根据设计要求把它们装配成为一个部件或产品。

操作步骤如下。

第1步，单击"文件"工具栏中的 ▢ 按钮。

第2步，在弹出的"新建"对话框中选中"装配"单选按钮，在"子类型"选项组下选中"设计"单选按钮，然后在"名称"文本框中输入装配文件名称，取消选中"使用默认模板"复选框。

第3步，单击"确定"按钮，弹出"新文件选项"对话框，选择"模板"选项组中的mmns-asm-design选项，单击"确定"按钮，进入装配环境。

第4步，单击"元件"面板中的 🔄 按钮，在弹出的"打开"对话框中选择要装配的第一个元件（文件Ch13-01-01.prt），单击"打开"按钮。

注意：第一个元件又称主体零件，是整个装配体中最为关键的元件，应确保在设计工作中不会删除这个元件。

第5步，单击"元件放置"操控板上的"放置"选项卡，在弹出的"放置"下滑面板中选中"默认"约束，使新加元件坐标系与装配组件坐标系对齐，单击 ✔ 按钮，完成第一个元件的装配。

第6步，重复第4步和第5步操作，装配第二个元件（文件Ch13-01-02.prt）。在选中装配约束时，如需要2个以上的约束条件，则单击如图13-11所示"放置"下滑面板中的"新建约束"选项，添加新的约束，使新加元件完全约束。如图13-12所示，添加"重合"约束和"居中"约束，使第二个元件完全约束。

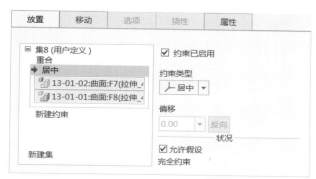

图13-11　添加新约束

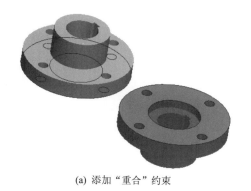

(a) 添加"重合"约束

(b) 添加"居中"约束

图13-12　第二个元件完全约束

第7步，重复以上步骤，装配下一个元件，直至所有元件装配完成。

13.3 装配中零件的修改

在机器或部件的装配过程中，经常会根据装配关系修改零件的尺寸或结构形状。下面分别介绍在装配体中修改零件的尺寸和零件结构形状的方法。

13.3.1 装配中修改零件尺寸

操作步骤如下。

第 1 步，打开文件 Ch13-01-00.asm，如图 13-13 所示。

第 2 步，在模型树中选中要修改的零件（零件 Ch13-01-02.prt），在弹出的快捷菜单中单击"激活"按钮 ◈，将该零件激活。

第 3 步，在模型空间双击该零件的特征将显示特征尺寸，如图 13-14 所示。

第 4 步，双击要修改的尺寸"35"，将 35 改为 55，按回车键。再单击"操作"面板中的"再生"按钮 ⇄，结果如图 13-15 所示。

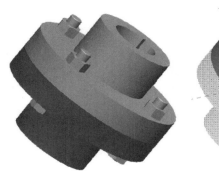 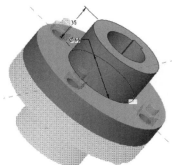 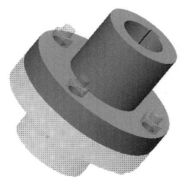

图 13-13　联轴器装配体　　　　图 13-14　显示特征尺寸　　　　图 13-15　修改尺寸后的零件

第 5 步，在模型树中选中装配体（Ch13-01-00.asm），在弹出的快捷菜单中单击"激活"按钮 ◈，所有零件亮显，完成修改。

13.3.2 装配中修改零件结构

操作步骤如下。

第 1 步，打开文件 Ch13-01-00.asm。

第 2 步，在模型树中选中要修改的零件（零件 Ch13-01-02.prt），在弹出的快捷菜单中单击"打开"按钮 📂，系统进入该零件模型空间，如图 13-16 所示。

第 3 步，单击 ◗ 倒角 按钮，分别选中两条边，并分别输入倒角尺寸 2 和 3，单击 ✓ 按钮，完成倒角特征创建，如图 13-17 所示。

第 4 步，单击 🖫 按钮，保存零件的修改，关闭零件模式窗口，回到组件窗口，如图 13-18 所示。

图 13-16　零件模型空间

图 13-17　修改结构形状后的零件

（a）修改前

（b）修改后

图 13-18　修改零件结构形状的装配体

13.4　爆炸图的创建

爆炸图又称分解视图，是将装配后的零件分解，以表达装配体中各零件的位置关系以及相互之间的装配关系。系统根据装配体的约束条件可以直接生成默认的爆炸图，用户也可以根据需要调整各零件的位置，完成自定义的爆炸图。

可通过功能区调用命令，单击"模型"选项卡或"视图"选项卡"模型显示"面板中的"视图管理器"按钮 ▦ 。

13.4.1　创建爆炸图的基本方法

爆炸图仅影响装配件外观，不会改变设计意图以及装配件之间的实际距离。用户可以为每个装配件定义多个爆炸图，然后可随时使用任意一个已保存的爆炸图。

操作步骤如下。

第 1 步，打开文件 Ch13-02-00.asm，如图 13-19 所示。

第 2 步，单击"模型"选项卡"模型显示"面板中的 ▦ 按钮，打开"视图管理器"对话框，如图 13-20 所示。

第 3 步，单击"分解"选项卡，如图 13-21（a）所示。

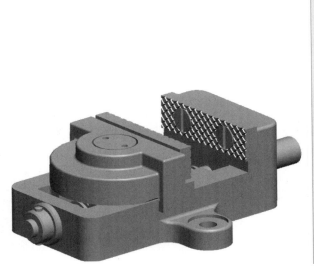

图 13-19 虎钳装配体

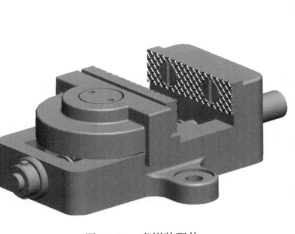

图 13-20 "视图管理器"对话框

注意:

（1）如果双击"名称"列表框中的"默认分解"，生成系统默认爆炸图，如图 13-21（b）所示。

（2）单击"视图"选项卡"模型显示"面板中的 ⊞ 分解视图 按钮，生成或取消系统默认爆炸图。

（a）默认分解

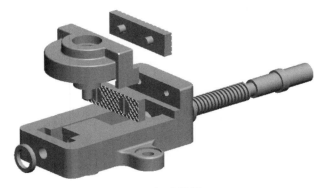

（b）默认爆炸图

图 13-21 "分解"选项卡与默认爆炸图

第 4 步，单击"分解"选项卡上的"新建"按钮，出现爆炸图的默认名称 exp0001。

输入一个新名称（如"自定义分解"），按回车键，如图 13-22（a）所示，该爆炸图处于活动状态。

第 5 步，单击"属性"按钮，显示操作按钮，如图 13-22（b）所示。

(a) 输入新名称

(b) 显示操作按钮

图 13-22　输入新名称与显示操作按钮

第 6 步，单击"编辑位置"按钮 ，打开"分解工具"操控板，如图 13-23 所示，设置装配体中各零件的分解位置。

图 13-23　"分解工具"操控板

（1）单击"平移"按钮 。在绘图区分别选中要移动的元件（螺钉和滑动钳身），利用 3D 拖动器将元件移动至适当位置，结果如图 13-24 所示。

（2）单击"选项"选项卡，弹出"选项"下滑面板。在"选项"下滑面板上单击"复制位置"按钮，弹出"复制位置"对话框，选中要移动的元件（护口板），然后单击"复制位置"对话框中的"复制位置自"收集器，再单击复制位置的元件（滑动钳身），最后依次单击"应用"按钮和"关闭"按钮，结果如图 13-25 所示。

（3）重复以上两步，可将虎钳各零件按装配线路分解至相应位置，如图 13-26 所示。

（4）单击 按钮，关闭"分解工具"操控板，返回"视图管理器"对话框。

第 7 步，单击 《《... 按钮，返回"名称"列表。

第 8 步，单击"编辑"下拉按钮中的"保存"选项，弹出"保存显示元素"对话框。

第 9 步，单击"确定"按钮。

第 10 步，单击"关闭"按钮。

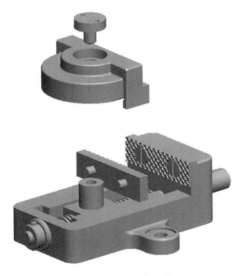

图 13-24　平移元件

图 13-25　复制元件

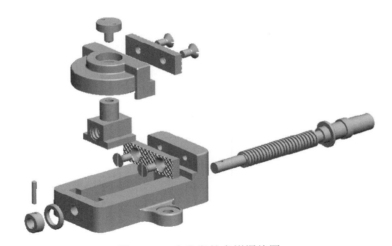

图 13-26　自定义的虎钳爆炸图

13.4.2　操作及选项说明

"分解工具"操控板的操作及选项说明如下。

1. 元件的运动类型和位置切换

元件分解时，运动的类型如下。

（1）🔲：线性移动选定的元件。

（2）🔄：绕指定移动参照旋转选定的元件。

（3）🔲：沿装配的当前方向平行于屏幕移动选定的元件。

（4）🔲：在选定元件的原始位置和当前位置之间切换。

2. 元件运动参考的选择

单击"参考"选项卡，打开"参考"下滑面板，单击"移动参考"收集器，为元件选中平移或旋转的运动参考，系统提供了直线边、轴、坐标轴、平面法线或两个点，以确定元件平移运动的方向或者元件旋转的中心。

注意：如果要移除已选择的参考，单击"参考"下滑面板"移动参考"收集器中的参考，右击，在弹出的快捷菜单中单击"移除"选项。

3．元件的复制位置和分解运动方式

单击"选项"选项卡，打开"选项"下滑面板，单击"复制位置"按钮，弹出"复制位置"对话框，可将元件放置在系统默认的相对位置上。

设定元件的运动方式，单击"选项"下滑面板的"运动增量"下拉列表，其中"光滑"选项表示连续移动元件，其他选项表示以1、5或10的步距移动元件，进行非连续运动。

13.5　装配体的间隙与干涉分析

13.5.1　间隙分析

对装配体进行间隙分析分为两类：全局间隙和配合间隙。配合间隙分析是分析两个相互配合的零件之间的间隙，而全局间隙分析则是对整个装配体进行间隙分析。全局间隙需要设定一个参照间隙，系统将分析出所有不超出该设定值的间隙所在位置。

可通过功能区调用命令，单击"分析"选项卡"检查几何"面板中的 全局间隙 按钮或 配合间隙 按钮。

1．全局间隙分析

操作步骤如下。

第1步，打开文件Ch13-01-00.asm。

第2步，调用"全局间隙"命令，弹出"全局间隙"对话框，默认间隙为0.000000，如图13-27（a）所示。

(a) 间隙为0.000000

(b) 间隙为1.000000

图13-27　"全局间隙"对话框

第3步，在"全局间隙"对话框的"间隙"文本框中输入间隙值1。

第 4 步，单击 [预览(P)] 按钮，计算分析结果显示在信息框中，如图 13-27（b）所示。

第 5 步，单击 [全部显示] 按钮，在绘图区显示所有不超出该设定值的间隙所在位置，如图 13-28 所示，单击 [清除] 按钮，绘图区将消除所有显示。

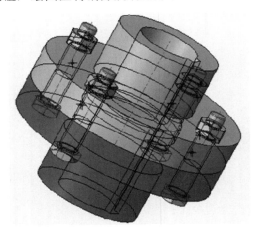

图 13-28　全部距离不大于 1 的间隙显示

第 6 步，单击 [确定] 按钮，结束操作。

2．配合间隙分析

操作步骤如下。

第 1 步，打开文件 Ch13-03-00.asm。

第 2 步，调用"配合间隙"命令，弹出"配合间隙"对话框，如图 13-29 所示。

第 3 步，分别选中产生间隙的两个面或一条线和一个面，绘图区显示间隙值，如图 13-30 所示。

图 13-29　"配合间隙"对话框

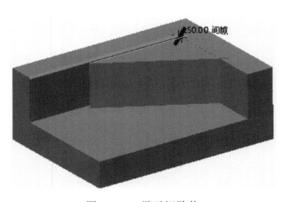

图 13-30　显示间隙值

第4步，单击"确定"按钮，结束操作。

13.5.2 干涉分析

干涉分析可以帮助设计者检验、分析装配体中零件间的干涉状况。

可通过功能区调用命令，单击"分析"选项卡"检查几何"面板中的 ![全局干涉] 按钮。

第1步，打开文件Ch13-03-00.asm。

第2步，调用"全局干涉"命令，弹出"全局干涉"对话框，如图13-31所示。

第3步，单击"预览"按钮，计算分析结果显示在信息框中。

第4步，单击"全部显示"按钮，在绘图区显示所有零件间发生干涉所在的位置，如图13-32所示，单击"清除"按钮，消除所有显示。

图13-31 "全局干涉"对话框

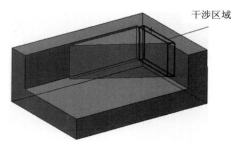

图13-32 显示干涉零件及位置

第5步，单击"确定"按钮，结束操作。

13.6 上机操作实验指导：千斤顶装配

根据图13-33所示千斤顶零件模型和千斤顶装配图，完成千斤顶组件的装配，主要涉及零件的装配和爆炸图的创建等操作。

操作步骤如下。

步骤1：创建新文件

参见13.1.1节，新建文件名为Ch13-04-00.asm，操作过程略。

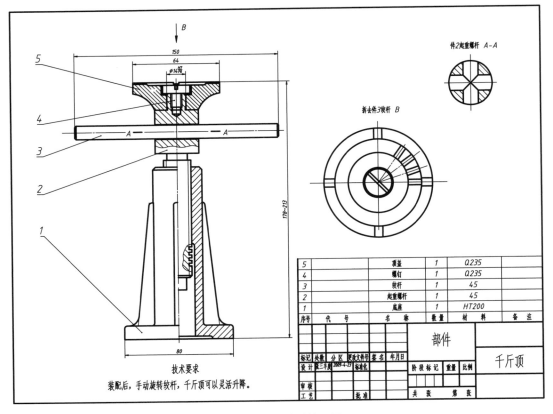

图 13-33　千斤顶装配图

步骤 2：装配第 1 个零件"底座"（又称主体零件）

第 1 步，单击"模型"选项卡"元件"面板中的 按钮，在弹出的"打开"对话框中选择要装配的第 1 个底座零件文件 Ch13-04-01.prt。

第 2 步，单击"元件放置"操控板上的"放置"选项卡，在"放置"下滑面板中选中"默认"约束，单击 ✔ 按钮，完成第 1 个零件的装配。

步骤 3：装配第 2 个零件"螺杆"

第 1 步，单击"模型"选项卡"元件"面板中的 按钮，在弹出的"打开"对话框中选择要装配的第 2 个螺杆零件文件 Ch13-04-02.prt。

第 2 步，单击"元件放置"操控板上的"放置"选项卡，在"放置"下滑面板中选择以下装配约束类型。

（1）选中"重合"约束，如图 13-34（a）所示，在绘图区拾取螺杆和底座的轴线，结果如图 13-34（b）和图 13-34（c）所示。

（2）单击 按钮，弹出 3D 拖动器，单击着色轴移出螺杆，如图 13-35（a）所示。在"放置"下滑面板中单击"新建约束"选项，选中"相切"约束。在绘图区拾取螺杆和底座的螺纹工作面，如图 13-35（b）所示。

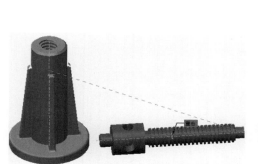

(a) 拾取螺杆和底座的轴线　　　　　　　　(b) "重合" 结果　　　　　　　(c) "放置" 下滑面板中的显示

图 13-34　对螺杆添加 "重合" 约束

(a) 拖移出螺杆　　　　　　　(b) 拾取螺杆和底座的螺纹工作面　　　　　(c) "放置" 下滑面板中的显示

图 13-35　对螺杆添加 "相切" 约束

（3）再单击 "重合" 约束中的 "反向" 按钮，结果如图 13-36 所示。

注意： "相切" 约束可以保证螺杆外螺纹与底座内螺纹工作面旋合在一起，不产生干涉现象。

第 3 步，在 "元件放置" 操控板上单击 ✔ 按钮，完成螺杆在千斤顶装配体中的定位。

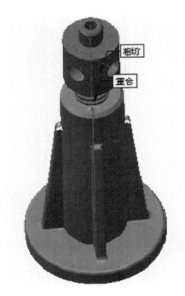

图 13-36　完全约束后的位置

步骤 4：装配第 3 个零件"顶盖"

第 1 步，单击 ⬚ 按钮，在弹出的"打开"对话框中选择要装配的第 3 个顶盖零件文件 "Ch13-04-05.prt"。

第 2 步，单击操控板上的 ⬚ 按钮，弹出显示顶盖的独立窗口。单击"元件放置"操控板上的"放置"选项卡，在"放置"下滑面板中选择以下装配约束类型。

（1）选中"居中"约束，如图 13-37（a）所示，在绘图区拾取独立窗口中顶盖的圆柱孔和螺杆顶端的外圆柱面，结果如图 13-37（b）所示。

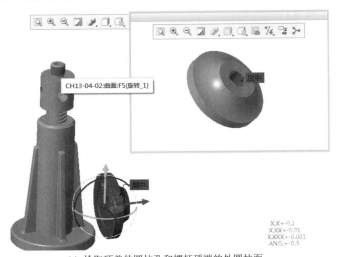

(a) 拾取顶盖的圆柱孔和螺杆顶端的外圆柱面　　　　　　　　　　(b)　"居中"结果

图 13-37　对顶盖添加"居中"约束

（2）在"放置"下滑面板中，单击"新建约束"选项，选中"重合"约束。如图 13-38（a）所示，拾取独立的窗口中顶盖的底端面和螺杆的顶端面，结果如图 13-38（b）所示。

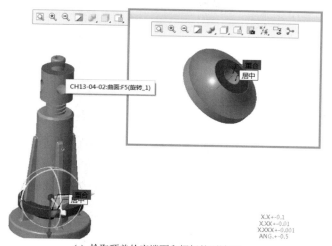

(a) 拾取顶盖的底端面和螺杆的顶端面

(b) "重合"结果

图 13-38 对顶盖添加"重合"约束

第 3 步,在"元件放置"操控板上单击 ✔ 按钮,完成顶盖在千斤顶装配体中的定位。

步骤 5:装配第 4 个零件"螺钉"

第 1 步,为便于螺钉装入螺杆的螺纹孔中,在模型树中单击 Ch13-04-05.prt(顶盖文件),在弹出的快捷菜单中单击"隐藏"按钮 ✎,使该零件暂时隐藏。

第 2 步,单击 ↳ 按钮,在弹出的"打开"对话框中选择要装配的第 4 个零件文件,即螺钉文件"Ch13-04-04.prt"。

第 3 步,单击操控板上的 ⊡ 按钮,弹出显示螺钉的独立窗口。单击"元件放置"操控板上的"放置"选项卡,在"放置"下滑面板中选择以下装配约束类型。

(1)选中"居中"约束,拾取独立窗口中螺钉的外圆柱面和螺杆的顶端孔,如图 13-39 所示。

(2)在"放置"下滑面板中,单击"新建约束"选项,选中"重合"约束,拾取独立窗口中螺钉的环面和螺杆的顶面,如图 13-40 所示。

图 13-39 对螺钉添加"居中"约束

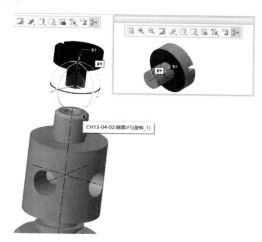

图 13-40 对螺钉添加"重合"约束

第 4 步，在"元件放置"操控板上单击 ✓ 按钮，完成顶盖在千斤顶装配体中的定位。

第 5 步，在模型树中选中 Ch13-04-05.prt（顶盖文件）右击，在弹出的快捷菜单中选中
"取消隐藏"选项，使该零件恢复显示。

步骤 6：装配第 5 个零件"绞杆"

第 1 步，单击 按钮，在弹出的"打开"对话框中选择要装配的第 5 个零件文件，即
绞杆文件 Ch13-04-03.prt。

第 2 步，单击操控板上的 按钮，弹出显示绞杆的独立窗口，单击"元件放置"操控
板上的"放置"选项卡，在"放置"下滑面板中选择以下装配约束类型。

（1）设置坐标系显示，单击"模型"选项卡"基准"组中的 坐标系 按钮，弹出"坐标
系"对话框，选中螺杆上端孔的轴线，按住 Ctrl 键，选中螺杆上端另一个垂直孔的轴线，
两孔轴线相交点为新创建坐标系原点，如图 13-41 所示。

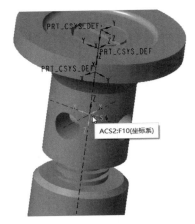

图 13-41　创建新坐标系

（2）在"放置"下滑面板中单击"新建约束"选项，选中"重合"约束。如图 13-42
所示，在独立窗口中拾取绞杆的坐标系和螺杆上新创建的坐标系（为快速正确拾取坐标系，
可调整右下方过滤器为坐标系），结果如图 13-43 所示。

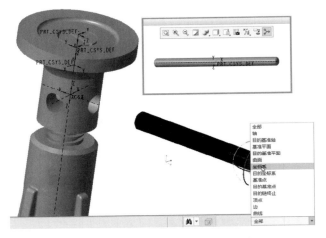

图 13-42　对绞杆添加"重合"约束

图 13-43　完成"绞杆"的定位

第 3 步，在"元件放置"操控板上单击 ✔ 按钮，完成绞杆在千斤顶装配体中的定位，千斤顶装配完成。

步骤 7：干涉分析

第 1 步，调用"全局干涉"命令，弹出"全局干涉"对话框。

第 2 步，单击"预览"按钮，计算分析结果显示在信息框中，如图 13-44（a）所示。有一处零件螺杆内螺纹与螺钉外螺纹发生干涉，由于此处螺纹为修饰螺纹，干涉为虚拟干涉，可以忽略，如图 13-44（b）所示。

第 3 步，单击"确定"按钮，结束干涉分析操作。

（a）"全局干涉"对话框

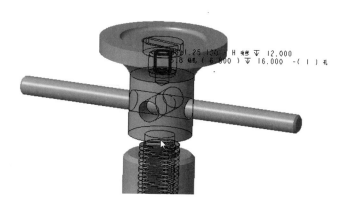

（b）虚拟干涉

图 13-44　千斤顶干涉分析

步骤 8：保存千斤顶装配图

参见本书第 1 章，操作过程略。

步骤 9：生成千斤顶爆炸图

第 1 步，调用"视图管理器"命令，打开"视图管理器"对话框。

第 2 步，单击"分解"选项卡，再单击"新建"按钮，输入一个新名称 Exp0001，按回车键，如图 13-45 所示。

第 3 步，单击"属性"按钮，显示操作按钮。

第 4 步，单击"编辑位置"按钮 ⚒，打开"分解工具"操控板，根据装配关系重新调整装配体中各零件的分解位置。

（1）单击 按钮（默认选择）。在绘图区分别选中要移动的螺钉、顶盖和螺杆，单击拖动 3D 拖动器中的着色轴，移动至如图 13-46（a）所示位置。

图 13-45 输入一个新名称

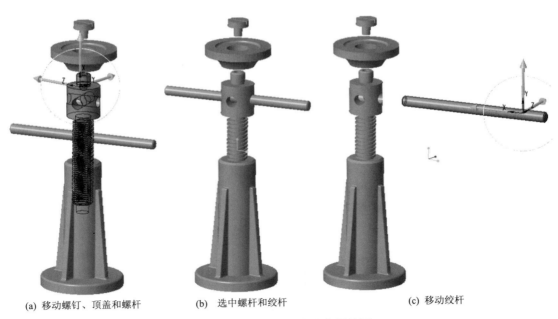

(a) 移动螺钉、顶盖和螺杆　　　(b) 选中螺杆和绞杆　　　　(c) 移动绞杆

图 13-46 "千斤顶"自定义爆炸图

（2）单击"选项"选项卡，弹出"选项"下滑面板，单击"复制位置"按钮，弹出"复制位置"对话框，选中要移动的零件绞杆，然后单击"复制位置自"收集器，选中零件螺杆，单击"应用"按钮，单击"关闭"按钮，结果如图 13-46（b）所示。

（3）在绘图区选中要移动的绞杆，弹出 3D 拖动器，单击拖动相应的着色轴，移动绞杆至合适位置，结果如图 13-46（c）所示。

（4）单击 ✔ 按钮，关闭"分解工具"操控板，返回"视图管理器"对话框。

第 5 步，单击 << ... 按钮，返回"名称"列表。

第 6 步，单击"编辑"下拉按钮中的"保存"选项，弹出"保存显示元素"对话框，如图 13-47 所示，单击"确定"按钮。

图 13-47　"保存显示元素"对话框

第 7 步，如果需要恢复装配关系，在"视图管理器"的"分解"选项卡上单击"自定义"名称，在右击弹出的快捷菜单中取消选中"分解"，如图 13-48 所示，即刻恢复零件原来的装配关系。

图 13-48　快捷菜单

第 8 步，单击"视图管理器"对话框的"关闭"按钮。

13.7　上 机 题

根据图 13-49 所示旋塞阀零件模型和装配图，创建旋塞阀的三维装配体，如图 13-50 所示。

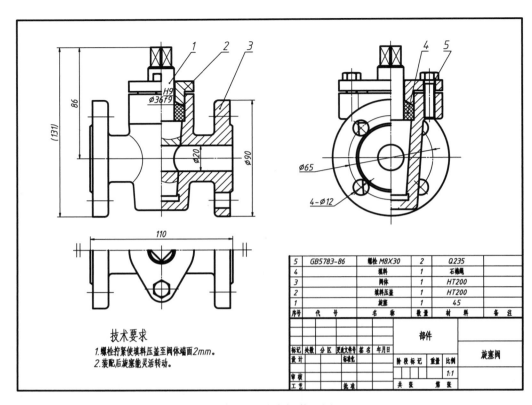

图 13-49　旋塞阀装配图

5	GB5783-86	螺栓 M8X30	2	Q235	
4		填料	1	石棉绳	
3		阀体	1	HT200	
2		填料压盖	1	HT200	
1		旋塞	1	45	
序号	代　号	名　称	数量	材　料	备　注

技术要求

1.螺栓拧紧使填料压盖至阀体端面2mm。

2.装配后旋塞能灵活转动。

图 13-50　旋塞阀三维装配体

装配提示如下。

（1）阀体作为装配时的主体零件，应第一个进行装配定位。选中"默认"约束，使新加零件坐标系与装配组件坐标系对齐，完成装配。

（2）装配旋塞时，使用"居中"约束进行定位，其中"居中"的两个面分别为旋塞和阀体的锥面。

（3）装配螺栓时，先装配一个螺栓，完成装配后，执行"阵列"命令。

操作步骤如下。

（1）选中该螺栓，单击"阵列"按钮 ⊞，打开"阵列"操控板。

（2）在"阵列"操控板第一个下拉列表中选择"轴"选项，在绘图区选中旋塞轴线作为阵列中心，如图 13-51 所示。

（3）在操控板中做如图 13-52 所示的设置。

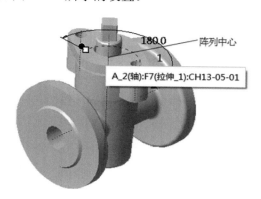

图 13-51　选中阵列中心

图 13-52　"阵列"操控板

（4）单击 ✔ 按钮，完成阵列命令。

第 14 章　工程视图的创建与编辑

制造加工是实现产品的一个重要环节，利用 Creo Parametric 4.0 进行三维设计后，一般需要创建二维工程图，以表达模型（包括零件和三维装配体）的形状、尺寸、技术要求、注释说明、表等设计信息，用于指导生产、加工和进行技术交流。

Creo Parametric 4.0 的工程图模块提供了强大的创建工程图的功能，不仅可以创建用来表达零部件的各种视图，还可以用注解来注释绘图、处理尺寸，也可以使用层来管理不同项目的显示等。所创建的工程图中，所有视图都是相关的，如果改变一个视图中的某一个尺寸值，系统将自动更新其他相关视图。另外，工程图与其父模型相关，即模型的尺寸和特征更改会自动反映到工程图上，相反，在工程图上进行尺寸更改后，其父模型也会自动更新为新的尺寸。这种相关性极大地体现了参数化设计理念的优点。Creo Parametric 4.0 也可以从其他绘图系统导入绘图文件。

本章将介绍的内容如下。
（1）工程视图的创建。
（2）模板文件的创建.
（3）普通视图的创建。
（4）投影视图的创建。
（5）轴测图的创建。
（6）局部放大图的创建。
（7）辅助视图的创建。
（8）剖视图的创建。
（9）编辑视图。

14.1　工程视图的创建

Creo Parametric 4.0 提供了大量的视图处理与绘图工具，使用户能够较为方便地完成一张完整的工程视图。

操作步骤如下。

第 1 步，单击"快速访问"工具栏中的"新建"按钮 📄，弹出"新建"对话框。

第 2 步，在"类型"选项组内选择"绘图"，在"名称"文本框中输入工程视图文件的名称，如图 14-1 所示。

第 3 步，单击"确定"按钮，弹出如图 14-2 所示的"新建绘图"对话框。

第 4 步，在"默认模型"文本框内指定生成工程图的三维模型。

第 5 步，在"模板"选项组内指定创建工程图的模板类型，例如 a4_drawing。

第 6 步，单击"确定"按钮，进入绘图环境，如图 14-3 所示。

操作及选项说明如下。

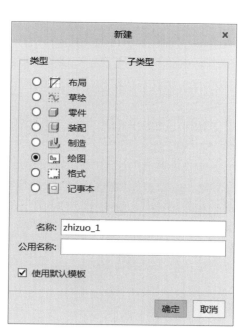

图 14-1 "新建"对话框

图 14-2 "新建绘图"对话框

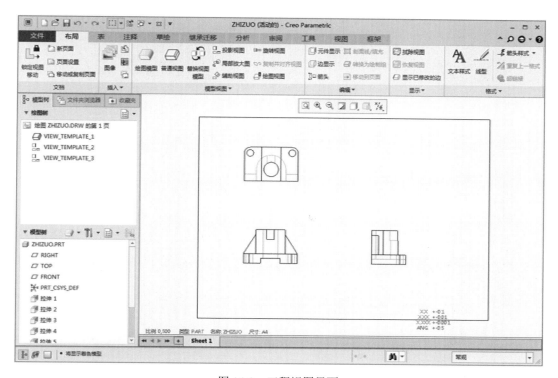

图 14-3 工程视图界面

1．指定生成工程视图的模型

（1）当打开若干个三维模型时，系统自动将当前活动模型列在"新建绘图"对话框的"默认模型"文本框内，若需要指定其他已打开的模型，可以在该文本框内输入已打开的模型文件名，也可以单击右侧的"浏览"按钮，在"打开"对话框中选择生成工程视图的模型。

（2）若用户没有打开任何三维模型文件，系统在"新建绘图"对话框的"默认模型"文本框内显示"无"，单击右侧的"浏览"按钮，在"打开"对话框中选择生成工程视图的模型。

2．指定模板

系统提供了 3 种模板类型："使用模板""格式为空"和"空"。

（1）若选择"使用模板"，可以在"模板"列表中选择需要的模板，或单击右侧的"浏览"按钮，选择已经建立的工程视图文件，使用该文件的模板。

注意："模板"列表中的 a0_drawing ~ a4_drawing 对应公制 A0 ~ A4 图幅，a_drawing ~ f_drawing 对应英制 A0 ~ A4 图幅，由模板进入绘图环境，直接按照模板的默认设置建立模型的视图。如图 14-3 所示，选择 A4 模板，创建第 1 分角主视图、左视图、仰视图。若选择英制模板，则按照第 3 分角投影建立前视图、右视图、顶视图。

（2）若选择"格式为空"，单击"浏览"按钮，在"打开"对话框中，选择用户已经创建的扩展名为.frm 的标准绘图格式文件，如图 14-4 所示，进入绘图环境后，直接带有绘图格式文件中的图框、标题栏等基本信息。

注意：建议用户预先创建绘图格式文件，以该方式进入工程视图环境。

（3）若选择"空"，表示不使用任何模板和图纸格式，"新建绘图"对话框如图 14-5 所

图 14-4　"新建绘图"对话框的指定模板为"格式为空"　　图 14-5　"新建绘图"对话框的指定模板为"空"

示，用户可以设置图纸的大小和方向，进入绘图模块后，系统根据选定的图幅生成一个表示图纸大小的图框。

注意：选择"格式为空"或"空"时，"默认模型"可以为空。

14.2　模板文件的创建

工程图一般是进行产品设计的最终技术文件，创建符合国家标准的工程图是设计人员必须具备的能力。在 Creo Parametric 4.0 绘图模块中，绘图环境、投影方式、图纸格式等可以由绘图设置文件、绘图格式文件确定。在根据三维模型创建二维工程图的过程中，有许多重复操作，为了减少设计绘图的工作量，快速生成准确、标准的二维工程图，提高设计效率，一般应首先根据国家标准的要求创建模板文件，以便在设计中直接调用。

在创建模板文件前，用户应首先建立自己的工作目录，如 E:\Creo4.0，后续创建的相关配置文件存放于该目录下。

14.2.1　绘图设置文件

Creo Parametric 4.0 默认的绘图设置文件为 prodetail.dtl，位于 Creo Parametric 安装目录下的 text 子目录中。该文件通过一系列参数选项控制投影方向、标注样式、文本样式、几何公差标准等，不同国家、不同行业都有各自的工程图设计标准，创建适合本国、本行业设计标准的设置文件尤其重要。绘图设置文件应在绘图模块下创建和修改，操作步骤如下。

步骤 1：进入绘图环境

具体操作过程略。

步骤 2：工程图配置选项设置并命名保存

第 1 步，执行"文件"|"准备"|"绘图属性"菜单命令，弹出如图 14-6 所示的"绘图属性"对话框。

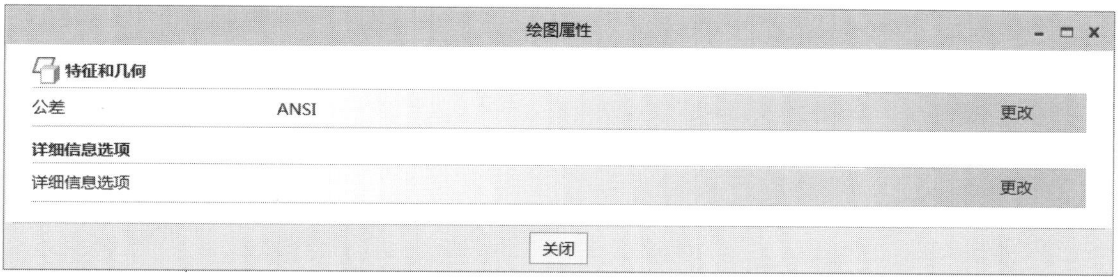

绘图属性		— □ X
📋 **特征和几何**		
公差	ANSI	更改
详细信息选项		
详细信息选项		更改
	关闭	

图 14-6　"绘图属性"对话框

第 2 步，单击"详细信息选项"右侧的"更改"，弹出如图 14-7 所示的"选项"对话框，其中列出一百多个选项。

第 3 步，设置工程图环境的相应参数选项。机械工程图需要设置的主要参数选项如表 14-1 所示。具体方法是在左侧列表中选择或在下方"选项"栏内输入需要重新设置的选项名，在右侧"值"栏内重新输入新值（或从其下拉列表中选择新值），单击"添加/更改"

按钮（或按回车键），按上述方法继续设置其他选项。

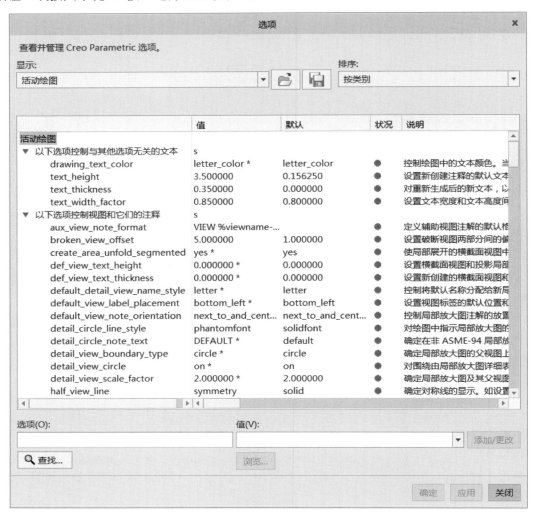

图 14-7 "选项"对话框

表 14-1 工程图设置文件的主要参数选项

配置选项名	意 义	默认值	新 值
allow_3d_dimensions	设置等轴测视图是否显示尺寸	no	yes
arrow_style	设置所有箭头样式	Closed	filled
axis_line_offset	设置轴线延伸而超出其关联特征的距离	0.1	3
broken_view_offset	设置破断视图（即折断画法）两部分间的偏距	1	2
circle_axis_offset	设置圆的中心线超出圆周的距离	0.1	3
crossec_arrow_length	设置剖切平面箭头的长度	0.1875	3
crossec_arrow_width	设置剖切平面箭头的宽度	0.0625	1
cutting_line	设置剖切线的显示	std_ansi	std_gb

配置选项名	意　　义	默认值	新　　值
cutting_line_segment	设置剖切线粗短划的长度	0	4
cutting_line_segment_thickness	设置剖切线的宽度	—	1
def_view_text_height	设置视图注释和剖视图名称的文本高度	0	5
def_view_text_thickness	设置视图和剖视图中的视图名称的文本粗细宽度	0	0.35
default_lindim_text_orientation	设置线性尺寸的文本方向	horizontal	parallel_to_and_above_leader
default_view_label_placement	设置视图名称的位置	bottom_left	top_center
def_xhatch_break_around_text	设置剖面线在与文本重叠时是否围绕文本分开	no	yes
dim_leader_length	设置箭头在尺寸界线外时尺寸线的长度	0.5	5
draw_arrow_length	设置引线箭头的长度	0.1875	3
draw_arrow_width	设置引线箭头的宽度	0.0625	1
drawing_units	设置绘图中所有参数的单位	Inch	mm
half_section_line	设置半剖视图视图与剖视图的分界线	solid	centerline
half_view_line	指定半视图（对称画法）的线	solid	none
lead_trail_zeros	控制尺寸前导零和后续零的显示	std_default	std_metric
projection_type	确定创建投影视图的方法	third_angle	first_angle
radial_pattern_axis_circle	设置径向阵列特征中垂直于屏幕旋转轴的显示模式	no	yes
show_total_unfold_seam	设置展开剖视图中切割平面边的显示	yes	no
sym_flip_rotated_text	设置符号旋转时，其文本是否旋转	no	yes
text_height	设置绘图中所有文本的高度	0.15625	3.5
text_thickness	设置文本的粗细宽度	0	0.35
text_width_factor	设置文本宽度和高度的比例	0.8	0.7
thread_standard	控制螺纹孔（具有垂直于屏幕的轴）以圆弧、圆或螺纹孔内部的隐藏线的方式进行显示	std_ansi	std_ansi_imp_assy
tol_display	控制尺寸公差的显示	no	yes
tol_text_height_factor	设置对称偏差中尺寸文本高度与公差文本高度之间的比例	standard	0.6
tol_text_width_factor	设置对称偏差中尺寸文本宽度与公差文本宽度之间的比例	standard	0.6
view_note	设置与视图相关的注释文本要求	std_ansi	std_din
view_scale_format	设定视图比率的格式	decimal	ratio_colon
witness_line_delta	设置尺寸界线自尺寸线的延伸距离	0.125	2
witness_line_offset	设置尺寸线和标注对象间的偏距	0.0625	0

第 4 步，单击"应用"按钮。

第 5 步，单击 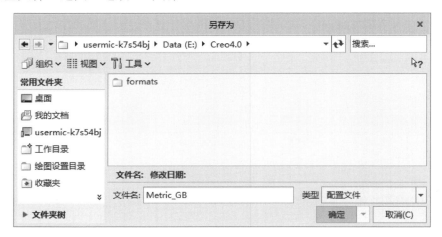 按钮，在"另存为"对话框中选择路径为用户的工作目录，将默认的文件名"活动绘图"更改为 Metric_GB，如图 14-8 所示。单击"确定"按钮，生成 Metric_GB.dtl 工程图配置文件，返回"选项"对话框。

图 14-8　保存绘图设置文件

第 6 步，单击"关闭"按钮，单击"菜单管理器"中的"完成/返回"选项。

注意：

（1）"选项"对话框中的"排序"下拉列表中提供了 3 种排序方式：按类别、按字母顺序、按设置，用户可以改变排序方式，以便查找配置选项。

（2）用户可以单击 按钮，调用已经创建的配置文件。

14.2.2　绘图格式文件

创建新绘图文件时，需要根据绘图需要选择合适的绘图格式文件。绘图格式包括图框、标题栏等，由绘图格式文件.frm 确定。默认的绘图格式文件存放在 Creo Parametric 4.0 安装目录下的 formats 子目录中。绘图格式文件在 Creo Parametric 4.0 的"格式"模块中创建。下面以横向 A3 图纸格式为例说明创建绘图格式文件的步骤。

步骤 1：进入"格式"模块

第 1 步，单击"快速访问"工具栏中的"新建"按钮 ，弹出"新建"对话框。

第 2 步，在"类型"选项组内选择"格式"单选按钮。

第 3 步，在"名称"文本框中输入文件名称 A3_h，如图 14-9 所示。

第 4 步，单击"确定"按钮，弹出如图 14-10 所示的"新格式"对话框。

第 5 步，选择指定模板为"空"，方向为"横向"，并在"标准大小"下拉列表中选择图纸大小，如公制图纸 A3。

注意： 如果在"方向"选项组内选择"可变"选项，则可以选择单位并自定义图纸大小。

第 6 步，单击"确定"按钮，进入格式模块，如图 14-11 所示，默认打开"布局"选项卡，并显示表示图纸大小的边框线。

注意：图纸左下角顶点为坐标原点。

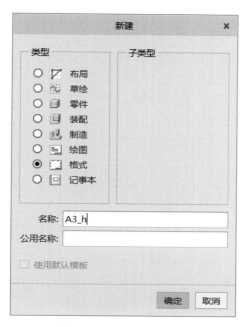

图 14-9　输入文件名称

图 14-10　"新格式"对话框

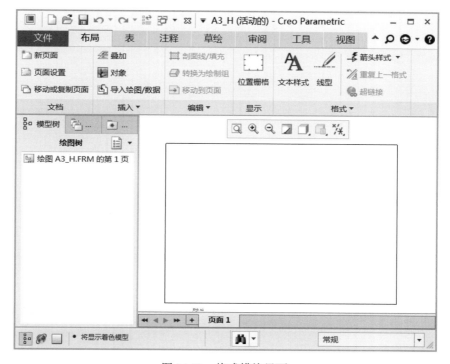

图 14-11　格式模块界面

步骤 2：制作内图框线

（1）利用"偏移"边命令，将图 14-11 所示的外边框向内侧偏移复制。

第 1 步，在"草绘"选项卡"草绘"面板中单击"偏移边"按钮 ，弹出如图 14-12（a）所示的"偏移操作"菜单管理器。

第 2 步，选择"偏移操作"菜单管理器中的"链图元"选项，弹出图 14-12（b）所示的"选择"对话框，同时系统提示"拾取图元"，在适当位置按下鼠标左键，从左向右拖曳鼠标形成 2D 矩形框，将原矩形边框完全落在 2D 矩形框内，松开鼠标左键，选择 4 条矩形外边框线，单击鼠标中键。

第 3 步，在"于箭头方向输入偏移[退出]"文本框内输入偏移值−5，按回车键，将 4 条边向内侧偏移 5，单击"选择"对话框的"确定"按钮。

注意： 矩形左边框线左侧的箭头表示正方向向左。

第 4 步，单击鼠标中键，偏移复制后的图框如图 14-12（c）所示。

（a）"偏移操作"菜单管理器

（b）"选择"对话框

（c）偏移复制后的图框

图 14-12　偏移复制边

（2）利用"移动"命令，将内边框左侧边移动向右 20。

第 1 步，单击"草绘"选项卡"编辑"面板中的 ✛ 按钮，弹出如图 14-12（b）所示的"选择"对话框。

第 2 步，系统提示"拾取图元"时，选择内边框左侧边，单击鼠标中键，弹出如图 14-13（a）所示的"得到矢量"菜单管理器和如图 14-13（b）所示"选择点"对话框，系统默认选择移动方式为"从-到"，同时命令提示"定义平移矢量。选出第一点"。

第 3 步，选择"水平"选项，在"输入值[退出]"文本框中输入 20，按回车键，如图 14-13（c）所示。

（a）"得到矢量"菜单管理器

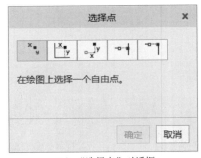

（b）"选择点"对话框

（c）移动后的图框

图 14-13　移动复制边

操作说明如下。

① 默认移动方式为"从-到",则可以由两点确定移动
的位移矢量。"选择点"对话框提供了5种定点方式,自由
点(在绘图区用鼠标单击定点)、使用绝对坐标定点、使用
相对坐标定点、在绘图对象或图元上选择一点、选择顶点。

② 当选择"水平"或"竖直"时,所选图元沿水平或
竖直方向移动指定的距离。当选择"角/长度"时,可以沿
指定角度方向移动指定的距离,如图 14-14 所示,圆沿 30°
方向移动 40。

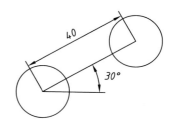

图 14-14 沿指定角度方向
移动指定的距离

注意: 指定角度为正,沿逆时针方向旋转确定移动方向。

(3)利用"拐角"命令,修剪左侧多余线段。

第 1 步,单击"草绘"选项卡"修剪"面板中的"拐角"按钮 ⊣ ,弹出如图 14-15 所
示的"选择"对话框。

第 2 步,系统提示"选择要修剪的两个图元"时,在左侧边与上侧边需要保留的一侧
单击(单击第 2 条边时按住 Ctrl 键),将其另一侧修剪到交点;继续选择在左侧边与下侧边
需要保留的一侧单击,修剪交点另一侧线段。单击鼠标中键,结束命令。

(4)修改内边框线宽。

第 1 步,按住 Ctrl 键,依次选择刚绘制的 4 条内边框线,右击,弹出如图 14-16(a)
所示的快捷菜单。

第 2 步,选择"线型"选项,弹出 14-16(b)所示的"修改线型"对话框。

(a)图元快捷菜单

图 14-15 "选择"对话框

(b)"修改线型"对话框

图 14-16 设置内边框线宽

第 3 步,将线宽设置为 0.8,单击"应用"按钮,再单击"确定"按钮。

步骤 3：创建标题栏

（1）绘制标题栏外边框。

第 1 步，单击"草绘"选项卡"设置"组中的 _{草绘链} 链 按钮，启用草绘链模式。

注意：启用草绘链模式，可以一次绘制首尾相接的连续折线或若干个同心圆。

第 2 步，单击"草绘"选项卡"草绘"组中的 _线 按钮，弹出如图 4-17（a）所示的"捕捉参考"对话框。

第 3 步，单击"捕捉参考"对话框的 按钮，选择需要作为参考的图元，如内边框的下侧和右侧直线，所选参考列在"捕捉参考"列表中，单击鼠标中键。

第 4 步，系统提示"选择起点或从快捷菜单指定约束角度。"时，单击"草绘"选项卡"控制"面板中的 _{绝对坐标} 按钮，弹出"绝对坐标"对话框，提示输入起点的绝对坐标，如图 4-17（b）所示，按回车键。

第 5 步，系统提示为"选择终点或从快捷菜单指定约束角度"时，单击"草绘"选项卡"控制"面板中的 _{相对坐标} 按钮，在弹出的快捷菜单中选择"相对坐标"，起始点位置突出显示点标记，在弹出的"相对坐标"对话框内输入终点的相对坐标，如图 4-17（c）所示。按回车键，绘制标题栏左边线，同时该线列在"捕捉参考"列表中，且"相对坐标"对话框仍打开。

第 6 步，系统提示"从突出显示点输入相对 X 和 Y 坐标"时，在"相对坐标"对话框内输入"180"和"0"，按回车键，绘制标题栏上边线，单击鼠标中键。

第 7 步，绘制其他标题栏表格线，单击鼠标中键，结束命令，操作过程略。

（a）"捕捉参考"对话框

（b）输入绝对坐标

（c）输入相对坐标

图 14-17　直线定点（一）

操作说明如下。

① 选择"草绘"选项卡"设置"组中的 _{草绘器首选项} 按钮，弹出如图 14-18（a）所示的"草绘首选项"对话框，选中"水平/垂直"和"栅格交点"按钮。绘制线时，既可以绘制水平或垂直的线，也可以捕捉到栅格交点。

② 右击，弹出如图 14-18（b）所示的快捷菜单，可以选择坐标定点方式，也可以选择"角度"选项，弹出如图 14-18（c）所示的"角度"文本框，输入倾斜线的角度。

注意：表格线也可以利用"偏移边"和"拐角"命令创建。

（a）"草绘首选项"对话框

（b）"线"快捷菜单

（c）输入倾斜线角度

图 14-18　直线定点（二）

（2）创建表格文字。单击"注释"选项卡"注释"面板的 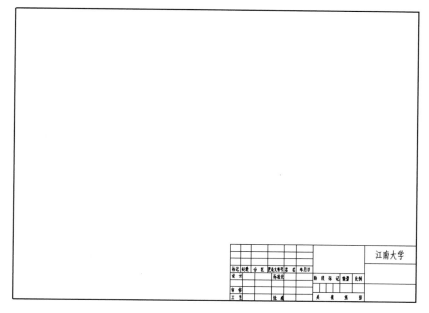 按钮，调用"独立注解"命令，填写标题栏内的文字并修改注释属性，结果如图 14-19 所示。

图 14-19　A3-H 绘图格式

注意： 标题栏及其文字还可以用创建表格的方法绘制，在工程图中可以采用此方法利用表格单元属性完成标题栏填写。

步骤4：保存绘图格式文件

将创建好的绘图格式保存在用户自己的工作目录 E：\Creo4.0\format 下。

用户用上述方法创建其他标准图纸格式的绘图格式文件。

注意： 可以在 AutoCAD 中创建一个具有图框和标题栏的文件，然后在 Creo Parametric 4.0 中，利用"布局"选项卡"插入"面板的"导入绘图/数据"命令，将该 CAD 图形文件导入格式文件中，直接创建图框和标题栏。

14.2.3 更改保存配置文件选项

Creo Parametric 4.0 的 config.pro 配置文件的选项设置影响整个工作环境，包含了使用环境、使用单位、文件交换等系统变量，其中包括工程图部分的选项，当绘图设置文件和绘图格式文件创建之后，应该修改 config.pro 配置文件的工程图选项并存盘。修改配置文件的步骤如下。

第1步，单击下拉菜单"文件"|"选项"命令，弹出"Creo Parametric 选项"对话框，选择"配置编辑器"选项，如图 14-20 所示。

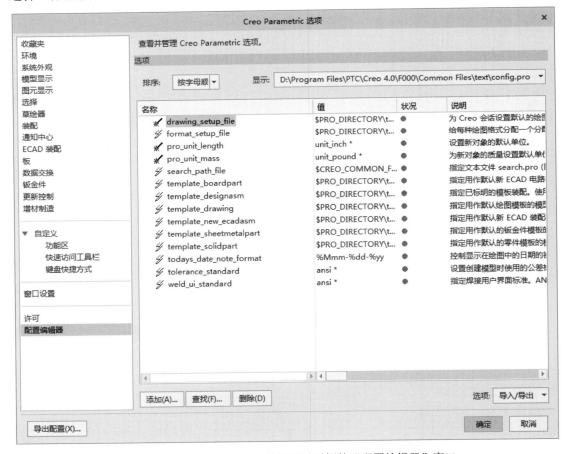

图 14-20 "Creo Parametric 选项"对话框的"配置编辑器"窗口

第 2 步，设置工程图相关选项，如表 14-2 所示。具体方法是在"名称"栏内选择其中某个选项，在其右侧相应的"值"栏内设置新值。

表 14-2　config.pro 配置文件中的工程图相关选项

配置选项名	意　义	默认值	新　值
drawing_setup_file	为系统设置默认绘图设置文件	安装目录下 text\prodetail.dtl	E:\Creo4.0\ Metric_GB.dtl
pro_dtl_setup_dir	设置绘图设置文件目录		E:\Creo4.0
pro_format_dir	设置绘图格式文件路径		E:\Creo4.0\formats
tolerance_standard	设置尺寸公差标准	ansi	iso
tolerance_table_dir	为 ISO 标准模型设置用户定义公差表的默认目录		安装目录下 tol_tables\iso

注意：可以单击选项值下拉列表，从中选择新值，如图 14-21 所示，单击"浏览"项可以弹出"选择目录"对话框，为所选定的选项设置新目录。

图 14-21　更改配置选项值

第 3 步，单击 导出配置(X)... 按钮（或单击 导入/导出 ▾ 按钮，在弹出的菜单中选择"根据当前过滤器导出"），在弹出的"另存为"对话框中选择路径为用户的工作目录（如 E:\Creo4.0），命名为 config.pro，单击"确定"按钮，生成新的 config.pro 配置文件，返回"选项"对话框。

第 4 步，单击"确定"按钮，退出"Creo Parametric 选项"对话框，完成设置。

14.2.4　更改系统起始位置

将系统起始位置更改为用户工作目录，使用户在启动 Creo Parametric 4.0 后，可以方便调用绘图格式文件，并直接进入用户设置的工程图环境，操作方法如下。

在桌面的 Creo Parametric 4.0 图标上右击，选择"属性"选项，将系统起始位置更改为用户工作目录：E: \Creo4.0，如图 14-22 所示。

图 14-22　更改系统起始位置

14.3 普通视图的创建

将机件向投影面投射所得到的图形称为视图，国家标准机械制图规定了基本视图、向视图、局部视图、斜视图等。如果在创建工程图时没有指定使用模板，则进入工程图环境后没有任何基本视图，那么，在 Creo Parametric 4.0 绘图环境中由模型创建的第一个视图为普通视图，用户可以设置不同的观察方向作为视图方向，也可以根据需要对其设置比例进行缩放，所以普通视图是最易于用户进行设置变动的视图。只有生成普通视图之后，用户才能以此为基础，继续创建投影图、剖视图、辅助视图等。

普通视图可以分为全视图、半视图、局部视图、破断视图等类型。

调用命令的方式如下。

（1）通过功能区调用命令：单击“布局”选项卡“模型视图”面板中的“普通视图”按钮 ⬛。

（2）通过快捷菜单调用命令：在草绘窗口内右击，在快捷菜单中选择“普通视图”。

注意： 以下将使用上述创建的 A3_h 绘图格式文件创建视图。

本节以图 14-23 所示的模型为例，介绍创建普通视图的方法和步骤。

14.3.1 操作步骤

操作步骤如下。

第 1 步，单击 ⬛ 按钮，调用“普通视图”命令，弹出如图 14-24 所示的“选择组合状态”对话框，单击“确定”按钮。

第 2 步，系统提示“选择绘图视图的中心点。”时，在适当位置单击，确定视图位置。在指定位置显示“新建绘图”对话框内指定模型的普通视图，默认方向的视图如图 14-25 所示，同时系统弹出如图 14-26 所示的“绘图视图”对话框。

图 14-23 三维模型

图 14-24 “选择组合状态”对话框

图 14-25 默认方向的视图

第 3 步，“视图类型”选项卡中默认的视图名称为 new_view_1，输入视图名称，如“主视图”；指定视图观察方向，如在“模型视图名”列表中选择 FRONT，单击“应用”按钮，创建的视图位于左侧的绘图树中。

注意： 当创建普通视图时，视图类型只能是“常规”，无法选择其他类型。

第 4 步，在“类别”列表中选择“可见区域”选项，显示如图 14-27 所示的“可见区域”选项卡，从“视图可见性”列表中选择视图类型，默认为“全视图”。

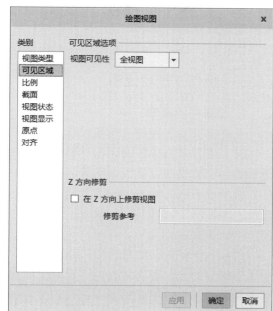

图 14-26 "绘图视图"对话框　　图 14-27 "绘图视图"对话框的"可见区域"选项卡

第 5 步，在"类别"列表中选择"比例"选项，显示如图 14-28 所示的"比例"选项卡，确定视图比例，单击"应用"按钮。

第 6 步，在"类别"列表中选择"截面"选项，在"截面"选项卡中设置视图是否剖切以及如何剖切，单击"应用"按钮。

第 7 步，在"类别"列表中选择"视图显示"选项，显示如图 14-29 所示的"视图显

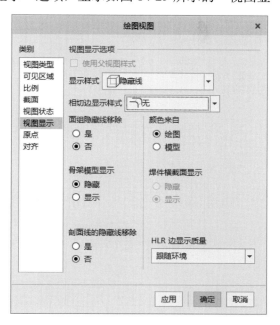

图 14-28 "绘图视图"对话框的"比例"选项卡　　图 14-29 "绘图视图"对话框的"视图显示"选项卡

示"选项卡,在"显示样式"下拉列表中设置视图的显示状态;在"相切边显示样式"下拉列表中选择是否显示相切边以及显示样式,单击"应用"按钮。

第 8 步,单击"确定"按钮,关闭对话框,完成普通视图的创建。

14.3.2 操作及选项说明

1. 设置视图观察方向

系统提供了 3 种设置视图观察方向的方法。

(1)查看来自模型的名称。该选项为默认选项,可以直接从"模型视图名"列表中选择系统预设的视图以及绘图所关联的模型中已保存命名视图,确定视图观察方向。如果选择"模型视图名"列表中的"默认方向"选项,可以在其右侧的"默认方向"下拉列表中选择"等轴测""斜轴测",或通过选择"用户定义"选项,定义 X、Y 方向的角度,确定视图的默认方向。

(2)几何参考。如果选择"几何参考"选项,对话框如图 14-30 所示,可以通过预览绘图中模型的几何参考对视图进行定向。在"参考 1"下拉列表中选择所需的参考方向,并在预览视图上选中几何参考;接着在"参考 2"下拉列表中选择所需的参考方向,并在预览视图上选中相应的几何参考。

如果将如图 14-25 所示的默认视图方向改为主视图方向,则可默认"参考 1"为"前",系统提示"选择前曲面或坐标系轴"时,选择向前的曲面或坐标轴,"参考 2"默认为"上",系统提示"选择顶边,曲面,坐标系轴"时,用户可以通过默认视图中选择与"参考 1"互相垂直的几何参考,确定视图方向。

注意:为方便选择几何参考,一般可以先单击"默认方向"按钮,将视图恢复为其原始方向。

(3)角度。如果选择"角度"选项,对话框如图 14-31 所示,可以使用选定参考角度

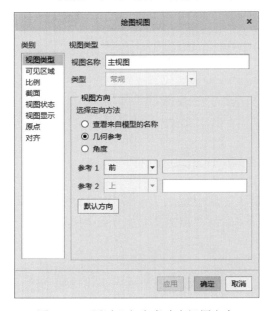

图 14-30　通过几何参考确定视图方向

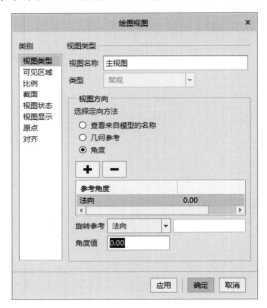

图 14-31　通过角度确定视图方向

或自定义角度对视图进行定向。"旋转参考"下拉列表中提供了 4 个选项。

① 法向。绕通过视图原点并法向于绘图页面的轴旋转模型。

② 竖直。绕通过视图原点并竖直于绘图页面的轴旋转模型。

③ 水平。绕通过视图原点并与绘图页面保持水平的轴旋转模型。

④ 边/轴。绕通过视图原点并根据与绘图页面所成指定角度的轴旋转模型。可以在预览的绘图视图上选择适当的边或轴参考。选定参考被突出显示，并在"参考角度"列表中列出。

选择上述旋转参考方式，并在"角度值"文本框中定义旋转角度，按回车键，"参考角度"列表中随即显示选择的方式。单击 ✚ 按钮，可以继续添加新的观察方向。

2. 设置视图可见区域

"可见区域"选项卡的"视图可见性"列表中提供了 4 种视图。

（1）全视图。显示完整的视图。

（2）半视图。只显示某一指定的基准面或平面一侧的视图。这种视图类型往往用于具有对称结构机件的对称画法，如图 14-32（a）所示。

（3）局部视图。可以通过设置参考点和显示边界，表达机件某一局部的结构形状。

（4）破断视图。可以通过创建两条破断线，移除两破断线之间的部分，并将破断线外侧的两部分合拢到一个指定距离内，如图 14-32（b）所示。

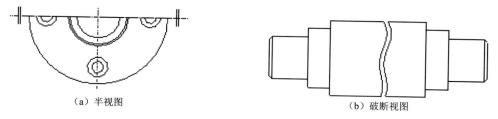

（a）半视图　　　　　　　　　　　　　　（b）破断视图

图 14-32　视图可见性

3. 设置视图比例

新创建的视图采用绘图页面比例值，默认比例值可以通过设置配置文件选项加以控制，在如图 14-20 所示的"Creo Parametric 选项"对话框的"配置编辑器"窗口中设置系统变量 default_draw_scale 的值。否则，系统将根据页面尺寸和模型的大小自动确定默认比例。默认比例值显示在绘图页面的底部左下角，如图 14-33 所示。"比例"选项卡提供了 3 种设置比例的选项，如图 14-28 所示。

（1）当选择"页面的默认比例"时，系统则以绘图页面默认比例显示视图。

（2）当选择"自定义比例"时，可在"自定义比例"文本框内输入新的视图比例值。系统根据用户设置调整视图显示，并在视图的下方显示该比例值。

注意：为视图设置比例并不改变绘图页面的默认比例。如果需要改变当前绘图窗口的页面比例，可以双击页面左下角显示的页面比例文本，并使其成为红色亮显，然后在绘图区域上方的"输入比例的值"文本框输入新的页面比例，单击 ✓ 按钮。

（3）当选择"透视图"时，使用自模型空间的观察距离和纸张单位来确定视图大小，可创建透视图。该选项仅适用于普通视图。

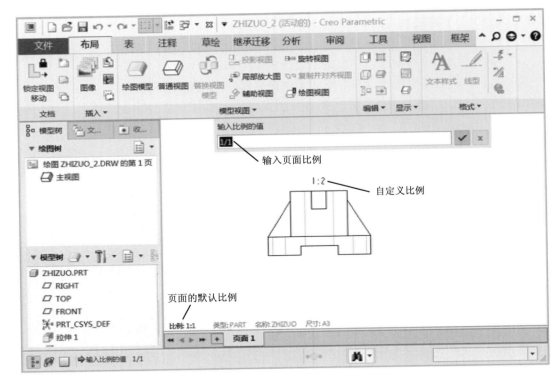

图 14-33　页面比例与视图比例

4. 设置视图显示

利用图 14-29 所示的"视图显示"选项卡设置视图显示方式。

（1）在"显示样式"下拉列表中系统提供的选项如图 14-34 所示，"跟随环境"是通过图形工具栏所选的"显示样式"。其余各视图显示如图 14-35 所示。

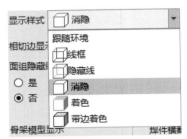

图 14-34　设置显示样式

（a）线框　　　（b）隐藏线　　　（c）无隐藏线　　　（d）着色　　　（e）带边着色

图 14-35　视图显示的 5 种状态

（2）在"相切边显示样式"下拉列表中，系统提供的选项如图 14-36 所示。"默认"选项是"Creo Parametric 选项"对话框的"图元显示"选项中"相切边显示样式"的设置，还可以通过其他选项设置是否显示相切边、显示的线型等，如图 14-37 所示。

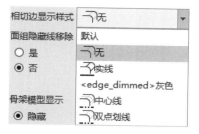

图 14-36　"相切边显示样式"下拉列表

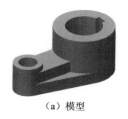

（a）模型

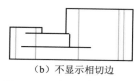

（b）不显示相切边　　　　　　　　　　（c）以实线显示相切边

图 14-37　相切边显示样式

14.4　投影视图的创建

投影视图是将已有的视图（父视图）沿水平或垂直方向得到的正交投影，位于父视图的上、下方或左、右侧。

调用命令的方式如下。

（1）通过功能区调用命令：单击"布局"选项卡"模型视图"面板中的 🔲 投影视图 按钮。

（2）通过快捷菜单调用命令：单击父视图并右击，在弹出的快捷菜单中选择"投影视图"命令。

操作步骤如下。

第 1 步，单击 🔲 投影视图 按钮，调用"投影视图"命令，系统出现一个投影方框。

第 2 步，系统提示"选择绘图视图的中心点。"时，在父视图一侧单击，确定投影视图位置。

注意：当存在几个视图时，系统提示"选择投影父视图"，选择某一个视图作为父视图，再确定投影视图的位置。也可以先选择某一个已知的视图，再调用"投影视图"命令。

第 3 步，双击刚创建的投影视图，弹出如图 14-38 所示的"绘图视图"对话框。

注意：利用投影视图快捷菜单的"属性"选项，也可以弹出"绘图视图"对话框。

第 4 步，设置视图显示方式和剖切方法。

第 5 步，单击"关闭"按钮，关闭对话框，在绘图区域单击，完成投影视图的创建。

将图 14-23 所示的模型创建普通视图主视图之后，利用"投影视图"命令创建俯视图和左视图，如图 14-39 所示。其中，"显示线型"选择"隐藏线"，"相切边显示样式"选择"无"。

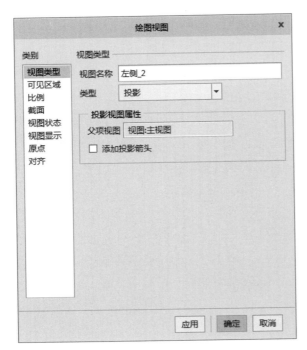

图 14-38　投影视图的"绘制视图"对话框

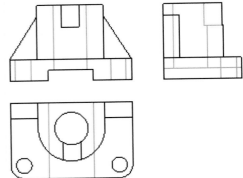

图 14-39　由主视图生成的俯视图和左视图

注意：

（1）投影视图可以为全视图、半视图、局部视图和破断视图。

（2）投影视图的比例与其父视图的比例相同，不可更改。

【**例 14-1**】　机件的模型如图 14-40（a）所示，在创建图 14-40（b）所示主视图的基础上，用"投影视图"和"普通视图"命令创建两个局部视图，如图 14-40（c）所示。

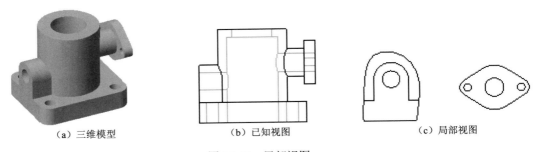

（a）三维模型　　　　　　　　（b）已知视图　　　　　　　　（c）局部视图

图 14-40　局部视图

操作步骤如下。

步骤 1：用"投影视图"命令创建 U 形凸台局部视图

第 1 步，单击 投影视图 按钮，调用"投影视图"命令，系统出现一个投影方框。

第 2 步，系统提示"选择绘图视图的中心点。"时，在主视图右侧适当位置单击，创建左视图。

第 3 步，双击刚创建的投影视图，弹出"绘图视图"对话框。

第 4 步，在"类别"列表中选择"视图显示"选项，显示如图 14-29 所示的"视图显示"选项卡，在"显示样式"下拉列表中选择"消隐"；在"相切边显示样式"下拉列表中选择"无"，单击"应用"按钮。

第 5 步，在"类别"列表中选择"可见区域"选项，显示如图 14-27 所示的"可见区域"选项卡，在"视图可见性"下拉列表中选择"局部视图"。

第 6 步，系统提示"选择新的参考点。"时，在需要保留的 U 形凸台区域中心附近选中视图的几何。如图 14-41（a）所示，移动鼠标至凸台孔几何特征的边，系统加亮显示该几何，单击，在选择点处出现"×"。

第 7 步，系统提示"在当前视图上草绘样条来定义外部边界。"时，围绕刚指定的参考点草绘一条样条曲线作为局部视图的边界线，单击鼠标中键封闭曲线，如图 14-41（b）所示。"可见区域"选项卡显示如图 14-42 所示。

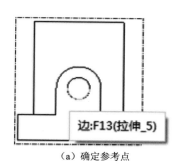

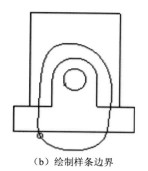

（a）确定参考点　　　　　　　　　　　　　　（b）绘制样条边界

图 14-41　确定局部视图显示范围

图 14-42　"可见区域"选项卡设置局部视图 1 的选项

注意：样条曲线必须封闭，且不需要在"草绘"选项卡中单击"样条"按钮绘制局部视图的边界线，否则局部视图会被取消。

第8步，单击"确定"按钮，在绘图区域单击，得到如图 14-40（c）所示的 U 形凸台局部视图。

步骤 2：用"普通视图"命令创建菱形板局部视图

第 1、2 步，与 14.3.1 节创建普通视图操作步骤的第 1、2 步相同。

第 3 步，在"视图类型"选项卡中，输入视图名称为"右视局部视图"，在"模型视图名"列表中选择 Right，指定视图观察方向，如单击"应用"按钮。

第 4、5 步，与步骤 1 用"投影视图"命令创建 U 形凸台局部视图操作步骤的第 4、5 步相同。

第 6 步，系统提示"选择新的参考点。"时，在需要保留的菱形板区域中心附近选中视图的几何。将鼠标移动至菱形板上孔几何特征的边，系统加亮显示该几何，单击后在选择点处出现"×"。

第 7 步，与步骤 1 用"投影视图"命令创建 U 形凸台局部视图操作步骤的第 7 步相同。

第 8 步，取消选择"在视图上显示样条边界"复选框。

第 9 步，选择"在 Z 方向上修剪视图"复选框，并选择平行于该视图的边，即图 14-43 所示菱形板的上半圆弧，系统将取消该平面后面的所有图形。"可见区域"选项卡如图 14-44 所示。

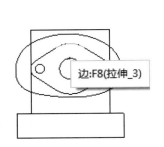

图 14-43　选中平行于视图的边

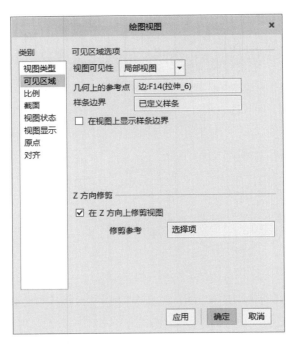

图 14-44　"可见区域"选项卡设置局部视图 2 的选项

注意：修剪参考可以是平行于该局部视图的边、曲面或基准平面。

第 10 步，单击"确定"按钮，在绘图区域单击，得到图 14-40（c）所示的菱形板局部视图。

14.5　轴测图的创建

利用创建普通视图的方法，设置其观察方向为"等轴测"或"斜轴测"，可以创建轴测图。

【例14-2】 在图14-39所示视图的基础上，在适当位置创建轴测图，如图14-45所示。

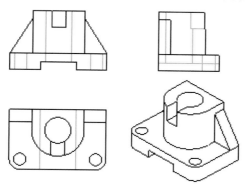

图14-45　在图纸上创建轴测图

操作步骤如下。

第1步，单击▱按钮，调用"普通视图"命令。

第2步，系统提示"选择绘图视图的中心点。"时，在图纸右下角适当位置单击，确定轴测图的位置，系统弹出"绘图视图"对话框。

第3步，在"视图类型"选项卡"视图名称"文本框内输入名称"轴测图"，在"模型视图名"列表中选择"默认方向"，在其右侧的"默认方向"下拉列表中选择"等轴图"选项，单击"应用"按钮。

第4步，与例14-1步骤1的第4步相同，即选择"显示样式"为"消隐"，选择"相切边显示样式"为"无"。

第5步，单击"确定"按钮，关闭对话框，在绘图区域单击，完成轴测图的创建，如图14-45所示。

14.6　局部放大图的创建

机件上某些细小结构在视图上常由于图形过小而表达不清，并给标注尺寸带来困难，将全图放大又无必要，此时可以用局部放大图来表达，如图14-46所示轴的退刀槽。Creo Parametric 4.0 提供了创建局部放大图的命令。

调用命令的方式如下。

（1）通过功能区调用命令：单击"布局"选项卡"模型视图"面板中的 局部放大图 按钮。

图14-46　轴的退刀槽

（2）通过快捷菜单调用命令：在草绘窗口内右击，在快捷菜单中选中"局部放大图"命令。

操作步骤如下。

第1步，单击 ⚙局部放大图 按钮，调用"局部放大图"命令。

第2步，系统提示"在一现有视图上选择要查看细节的中心点。"时，在退刀槽一边的端点处单击，如图14-47（a）所示。

第3步，系统提示"草绘样条，不相交其他样条，来定义一轮廓线。"时，围绕刚指定的参考点草绘一条样条曲线，单击鼠标中键封闭曲线，确定放大区域的范围。

第4步，系统提示"选择绘图视图的中心点。"时，在主视图下方适当位置单击，确定局部放大图的位置，创建局部放大图。

第5步，单击，结束命令，创建的详细视图如图14-47（b）所示。

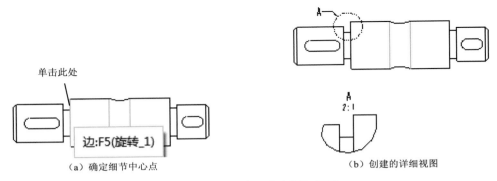

（a）确定细节中心点　　　　　　　　　　（b）创建的详细视图

图14-47　细节中心点和详细视图

注意：双击局部放大图，弹出"绘图视图"对话框，在"视图类型"选项卡"视图名称"文本框中可以重新定义视图名，如用大写罗马数字重新命名。在"父项视图上的边界类型"下拉列表中可以选择父视图上局部放大图边界的形状，如图14-48所示。如果需要更改局部放大图的比例，可以在"比例"选项卡内输入"自定义比例"值。

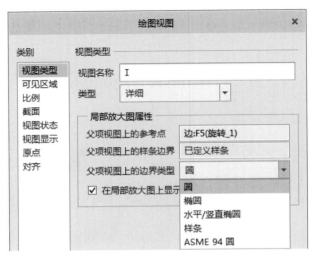

图14-48　局部放大图属性

14.7 辅助视图的创建

利用 Creo Parametric 4.0 的辅助视图可以得到零件倾斜结构的斜视图,辅助视图是另一种投影视图,是在已知视图上选定投影参考,并沿着与选定的参考平面垂直的方向或选定的参考轴方向进行投影所得到的视图。父视图中的投影参考平面必须垂直于屏幕平面。

调用命令的方式如下。

(1)通过功能区调用命令:单击"布局"选项卡"模型视图"面板中的 <kbd>辅助视图</kbd> 按钮。

(2)通过快捷菜单调用命令:在草绘窗口内右击,在快捷菜单中选中"辅助视图"命令。

操作步骤如下。

第 1 步,单击 <kbd>辅助视图</kbd> 按钮,调用"辅助视图"命令。

第 2 步,系统提示"在主视图上选择穿过前侧曲面的轴或作为基准曲面的前侧曲面的基准平面。"时,在已知视图(父视图)选定某一个倾斜的边、曲面或轴,随后系统出现一个投影方框。

第 3 步,系统提示"选择绘图视图的中心点"时,在适当位置单击,确定辅助视图的位置,并创建辅助视图。

【例 14-3】 已经创建了图 14-49(a)所示三维模型的主视图和俯视图,如图 14-49(b)所示,创建其斜视图表达其倾斜板形状及其孔。

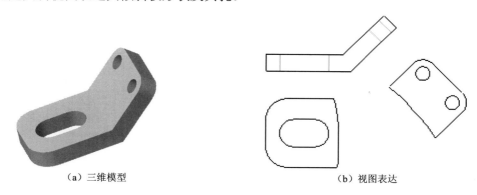

(a)三维模型　　　　　　　　　　　　　　(b)视图表达

图 14-49 机件视图表达

步骤 1:创建辅助视图

第 1 步,单击 <kbd>辅助视图</kbd> 按钮,调用"辅助视图"命令。

第 2 步,系统提示"在主视图上选择穿过前侧曲面的轴或作为基准曲面的前侧曲面的基准平面。"时,在图 14-50(a)所示的主视图上选择倾斜板前表面的边线。

第 3 步,系统提示"选择绘图视图的中心点"时,在俯视图右侧适当位置单击,创建辅助视图,如图 14-50(b)所示。

步骤 2:将创建的辅助视图改为局部视图

第 1 步,双击刚创建的辅助视图,弹出"绘图视图"对话框。在"类别"列表中选择

"可见区域"选项，在"视图可见性"下拉列表中选择"局部视图"。

第 2～4 步，操作过程略。

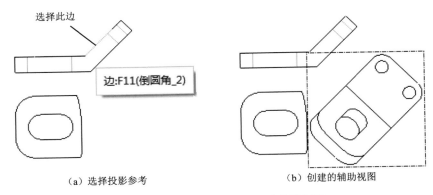

（a）选择投影参考　　　　　　　　　　（b）创建的辅助视图

图 14-50　选择投影参考和创建辅助视图

　　注意：双击创建的投影视图，如果在"绘图视图"对话框"视图类型"选项卡的"类型"下拉列表中选择"辅助"，如图 14-51 所示，可以转成辅助视图。

图 14-51　"视图类型"选项卡

14.8　剖视图的创建

　　当一个机件的内部结构较为复杂时，为了清晰地表达机件的内部结构，常采用剖视图进行表达。根据剖切面剖开机件的范围，剖视图分为全剖视图、半剖视图和局部剖视图。根据剖切平面的数量和位置不同，剖切面可分为单一剖切面（投影面平行面、投影面垂直面）、几个平行剖切面和几个相交剖切面。

14.8.1　创建全剖视图

　　用剖切面完全剖开机件所得的剖视图称为全剖视图。

1. 创建剖切面

　　创建的第 1 个视图如果是剖视图，其剖切面一般在零件模式下利用"视图管理器"命令创建。

　　调用命令的方式如下。

　　（1）通过功能区调用命令：单击"视图"选项卡"模型显示"面板中的"管理视图"按钮 ▦ 。

（2）通过图形工具栏调用命令：单击图形工具栏中的 按钮。

操作步骤如下。

第 1 步，打开文件 Ch14-52.prt，如图 14-52 所示。

第 2 步，单击 按钮，弹出"视图管理器"对话框。

第 3 步，选择"截面"选项卡，在"新建"|"平面"下拉菜单中，新建一个截面，其截面名称文本框中显示默认的截面名称，在该框内输入截面名称 A，如图 14-53 所示，按回车键。系统打开如图 14-54 所示的"截面"操控板。

注意：若需要创建平行、相交等多个剖切面，单击"新建"下拉按钮，选择"偏移"选项。

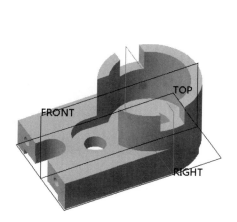

图 14-52　三维模型

图 14-53　"视图管理器"的"截面"选项卡

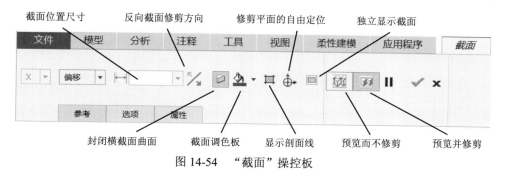

图 14-54　"截面"操控板

第 4 步，系统提示"选择平面、曲面、坐标系或坐标系轴来放置截面"时，选中一个参考面，如图 14-52 所示的 Front 基准面。模型显示如图 14-55（a）所示，默认为预览并修建模型。

注意：可以单击"模型"选项卡的 按钮，创建一个基准平面作为剖切平面的参考面。

第 5 步，在"横截面位置尺寸"文本框设置横截面与参考之间的距离。

第 6 步，单击"方向横截面"按钮 ，确定横截面的修剪方向，如图 14-55 所示。

第 7 步，利用操控板按钮进行其他设置。

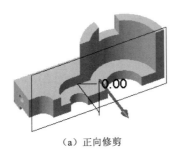

(a) 正向修剪

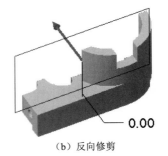

(b) 反向修剪

图 14-55   横截面修剪方向

第 8 步，单击 ✔ 按钮（或单击鼠标中键），关闭操控板，返回 "视图管理器" 对话框，创建的横截面列于对话框名称列中，同时列在模型树的截面下，并处于激活状态，即模型显示剖切状态，如图 14-56 所示。

(a) "视图管理器" 对话框中显示横截面

(b) 模型树中显示横截面

(c) 激活剖切面显示剖切状态

图 14-56   创建的横截面

第 9 步，单击 "视图管理器" 的 "关闭" 按钮，结束命令。

注意：单击 "视图" 选项卡 "模型显示" 面板的 ▣ 按钮，也可打开 "截面" 操控板，创建剖切面。

操作说明如下。

（1）单击 ▢ 按钮，选择 "封闭横截面曲面" 时，即可单击 "截面调色板" 按钮 🎨▾，选择横截面曲面的颜色，默认横截面颜色为模型的颜色，如图 14-57（a）所示。

（2）单击 ▨ 按钮，选择 "显示截面" 时，在横截面上显示剖面线图案，如图 14-57（b）所示。且横截面成为可见，在 "视图管理器" 的横截面名称前用 ◉ 表示。

（3）单击 ⊕ 按钮，选择 "修剪平面的自由定位" 时，启用横截面的自由定位，截面上出现截面移动和旋转拖动器，如图 14-57（c）所示，使用拖动器可以平移或旋转横截面的方向。

（4）单击 ▢ 按钮，选择 "独立显示截面"，则在独立窗口显示横截面的 2D 视图，如图 14-57（d）所示。

（5）单击 ▧ 按钮，选择 "预览而不修剪"，则显示截面但不修剪模型，如图 14-57（e）所示。

（6）在模型树截面上单击，弹出如图 14-58 所示的菜单。单击 ✖ 按钮，则取消激活，模型回到未剖状态；单击 ✐ 按钮，可以打开 "截面" 操控板，对截面设置进行编辑修改；单击 ⛫ 按钮，可以修改横截面相对于参考平面的偏移值。

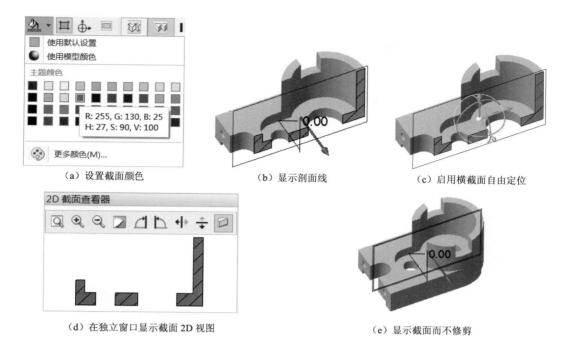

（a）设置截面颜色　　　　　　（b）显示剖面线　　　　　　（c）启用横截面自由定位

（d）在独立窗口显示截面 2D 视图　　　　　　（e）显示截面而不修剪

图 14-57　横截面的设置

（7）在模型树截面上右击，弹出如图 14-59（a）所示的快捷菜单。可以控制是否显示截面、删除截面、重命名截面等。单击▨按钮，弹出如图 14-59（b）所示的"编辑剖面线"对话框，可以设置剖面线类型、图案、角度、比例等。

图 14-58　截面菜单

注意：

（1）在模型树截面上双击也可重命名截面名称。

（2）此设置影响工程图中剖面线类型。

（3）当显示截面时，即使截面取消激活，模型上也会显示该截面，如图 14-59（c）所示。

（4）在"视图管理器"对话框中，利用"编辑""选项"选项卡或截面名称快捷菜单也可以对截面进行编辑和设置。

2．创建全剖视图

在工程图模式下，利用"绘图视图"对话框创建全剖视图。

操作步骤如下。

第 1 步，调入 A3_H 绘图格式文件，创建工程图，操作过程略。

第 2 步，单击⬚按钮，调用"普通视图"命令。利用上述创建普通视图的方法在"绘图视图"对话框中设置"视图类型""可见区域""比例""视图显示"等选项。此处，选择 Front 基准面为观察方向，选择"显示样式"为"消隐"，选择"相切边显示样式"为"无"。操作步骤略。

注意： 如果是将现有的视图改为剖视图，双击该视图即弹出"绘图视图"对话框，可以进行相应设置。

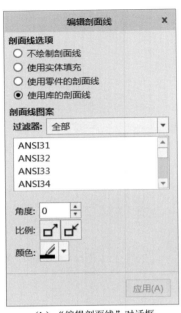

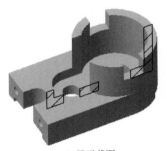

（a）截面快捷菜单　　　　　（b）"编辑剖面线"对话框　　　　　（c）显示截面

图 14-59　截面快捷菜单及编辑

第 3 步，在"类别"列表中选择"截面"选项，显示如图 14-60（a）所示的"截面"选项卡，在"截面选项"组内选择"2D 截面"单选按钮，相应按钮亮显，默认"模型边可见性"选项为"总计"，如图 14-60（b）所示。

注意：如果在"模型可见性"选项组内选择"区域"，则将创建断面图。

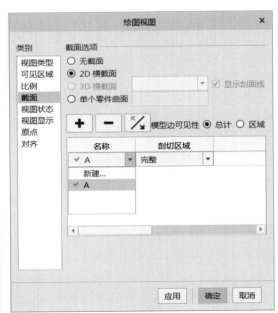

（a）"截面选项"选项卡　　　　　（b）选择剖切面

图 14-60　"截面"选项卡

第 4 步，单击 ✚ 按钮，在"名称"下拉列表中选择截面 A，默认"剖切区域"中的剖切种类"完整"，如图 14-60（b）所示。

第 5 步，单击"确定"按钮，关闭对话框，在绘图区域单击，完成全剖视图的创建，如图 14-61 所示。

14.8.2 创建半剖视图

半剖视图主要用于内、外结构和形状都需要表达的对称或基本对称的机件，是将剖切面与观察者之间对称的一半移去，得到的剖视图。Creo Parametric 4.0 创建半剖视图的步骤和方法与全剖视图基本相同。

【例 14-4】 在图 14-61 所示模型全剖视图的基础上创建半剖的左视图。

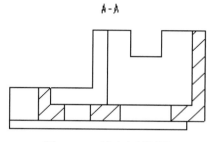

图 14-61 创建全剖视图

操作步骤如下。

第 1 步，打开 14.8.1 节创建的工程图。

第 2 步，单击 投影视图 按钮，调用"投影视图"命令，系统出现一个投影方框。

第 3 步，系统提示"选择绘图视图的中心点。"时，在主视图右侧适当位置单击，创建左视图。

第 4 步，双击刚创建的左视图，弹出"绘图视图"对话框。在"视图类型"选项卡中将视图名称改为"左视图"；在"视图显示"选项卡"显示样式"下拉列表中选择"消隐"；在"相切边显示样式"下拉列表中选择"无"，单击"应用"按钮。

第 5 步，与 14.8.1 节创建全剖视图操作步骤的第 3 步相同。

第 6 步，单击 ✚ 按钮，在"名称"下拉列表中选择"新建…"选项，如图 14-62（a）所示。系统弹出图 14-62（b）所示的"横截面创建"菜单管理器，默认"平面"|"单一"选项，单击"完成"选项，系统弹出"输入横截面名称"对话框，如图 14-63 所示。

注意：如有可用的截面，则截面名称列表中会显示标记 ✓，如该可用截面可作为剖切面，直接选择即可。

第 7 步，在文本框中输入横截面名称 B，单击 ✓ 按钮。系统弹出如图 14-64（a）所示的"设置平面"菜单管理器，默认为"平面"。

第 8 步，系统提示"选择平面或基准平面"时，在主视图上（或模型树中）选中 Right 基准面，截面名称列中，B 截面前显示 ✓ 标记，并选中 B。

第 9 步，在"剖切区域"下拉列表中选择剖切种类为"半倍"，如图 14-64（b）所示。

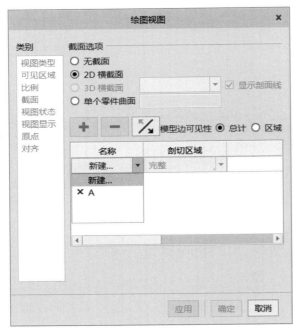

（a）选择"创建新…"选项

（b）"横截面创建"菜单管理器

图 14-62　创建新截面

图 14-63　输入横截面名称

（a）"设置平面"菜单管理器

（b）选择剖切区域为"半倍"

图 14-64　创建剖切面及其剖切种类

第 10 步，系统提示"为半截面创建选择参考平面"时，选择 Front 基准面作为半剖视图的分界面。

第 11 步，系统提示"拾取侧"，并以红色箭头显示当前剖切侧，如图 14-65 所示。在 Front 基准面右侧，即箭头所指一侧单击。系统在"边界"区显示"已定义侧"，如图 14-66 所示。

注意：如需要剖切截面的另一侧，只需在参考面另一侧单击，红色箭头随即指向反向。

第 12 步，单击"箭头显示栏"，命令提示为"给箭头选出一个截面在其处垂直的视图。中键取消"时，选择主视图，箭头显示栏内显示"视图：主视图"，如图 14-66 所示。

第 13 步，单击"应用"按钮，单击"确定"按钮，关闭对话框，在绘图区域单击，创建半剖的左视图。

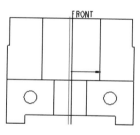

图 14-65　显示剖切侧

图 14-66　确定半剖视图的分界面与剖切侧

注意：若第 12 步未执行，添加箭头还可以在创建好半剖视图后，右击视图，在弹出的如图 14-67 所示的快捷菜单中选择"添加箭头"选项，用同样方法操作。

第 14 步，选择视图名称"A-A"，右击，弹出如图 14-68 所示的快捷菜单，选择"拭除"选项，将主视图名称删除。

图 14-67　在快捷菜单中选择"添加箭头"命令

图 14-68　在快捷菜单中选择"拭除"命令

第 15 步，选择剖视图箭头，按住鼠标左键拖动，调整剖视图箭头位置和长短；选择剖视图名称，按住鼠标左键拖动，调整剖视图名称和位置，结果如图 14-69 所示。

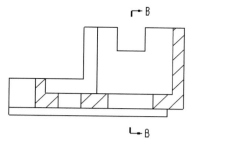

图 14-69　剖视图

14.8.3　创建局部剖视图

局部剖视图是用剖切面局部剖开机件所得到的剖视图，同样利用"绘图视图"对话框进行设置。

【例 14-5】　在例 14-4 的基础上创建如图 14-52 所示模型的俯视图，并采用局部剖视图。

操作步骤如下。

步骤 1：创建局部剖的俯视图

第 1 步，将 14.8.2 节完成的工程图作为当前工程图。

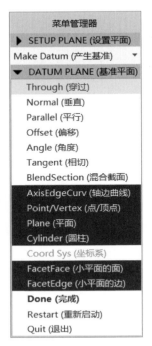

图 14-70 "设置平面"菜单管理器

第 2 步，单击 投影视图 按钮，调用"投影视图"命令，系统出现一个投影方框。

第 3 步，系统提示"选择绘制视图的中心点。"时，在主视图下方适当位置单击，确定俯视图位置，并创建俯视图。

第 4 步，双击刚创建的俯视图，弹出"绘图视图"对话框。在"视图类型"选项卡中将视图名称改为"俯视图"，在"视图显示"选项卡"显示样式"下拉列表中选择"消隐"，单击"应用"按钮。

第 5 步，与 14.8.1 节创建全剖视图操作步骤的第 3 步相同。

第 6 步，与例 14-4 第 6 步相同。

第 7 步，在"输入横截面名称"文本框内输入横截面名称 C，单击 ✓ 按钮。系统弹出如图 14-64（a）所示的"设置平面"菜单管理器，选择"产生基准"选项。

第 8 步，选择"穿过"选项，如图 14-70 所示。

第 9 步，系统提示"从下面选择一个显示：轴、边、曲线、通道，点、顶点，平面，圆柱"时，在左视图上选中端面小孔的轴线，如图 14-71（a）所示。

第 10 步，重复第 8 步。

第 11 步，系统提示"从下面选择一个显示：轴、边、曲线、通道，点、顶点，平面，圆柱"时，在左视图上选中端面另一个小孔的轴线，如图 14-71（b）所示。单击菜单管理器的选项"完成"，系统创建基准平面 DTM 作为剖切面 C。

第 12 步，在"绘图视图"对话框的"剖切区域"下拉列表中选择剖切种类为"局部"。

第 13 步，系统提示"选择截面间断的中心点＜C＞。"时，如图 14-72 所示，在俯视图剖切区域的左侧边上单击，确定中心点，在选择点处出现"×"。

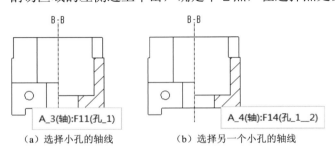

（a）选择小孔的轴线　　　（b）选择另一个小孔的轴线

图 14-71　选择基准面通过的轴线

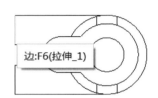

图 14-72　指定局部剖的剖切区域中心点

第 14 步，系统提示"草绘样条，不相交其他样条，来定义一轮廓线"时，围绕刚指定的中心点草绘一条样条曲线作为局部剖视图的边界线，单击鼠标中键封闭曲线。

第15步，单击"应用"按钮。局部剖视图如图14-73所示，"截面"选项卡如图14-74所示。

第16步，单击"确定"按钮，关闭对话框，在绘图区域单击。

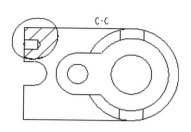

图 14-73　绘制局部剖样条曲线边界

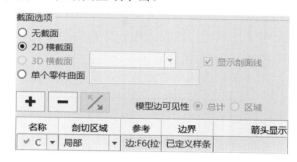

图 14-74　设置局部剖视图选项

步骤2：调整剖视图注释与剖面线

第1步，选择视图名称"C-C"，将其拭除。

第2步，调整剖面线间距。双击剖面线，弹出如图14-75（a）所示的"修改剖面线"菜单管理器，选择"间距"|"值"选项，如图14-75（b）所示，系统在绘图区域顶部显示

（a）菜单管理器

（b）选择"间距"选项

图 14-75　修改剖面线

消息输入窗口，在"输入间距值"文本框内输入剖面线间距 3，单击其右侧的 ✔ 按钮。单击"修改剖面线"菜单管理器的"完成"按钮。用同样方法更改其他剖视图上的剖面线，使各剖面线保持一致。

注意：在"修改剖面线"菜单管理器选择"角度"选项，可在菜单管理器下方显示角度值，从中选择所需的角度。此外，还可以输入剖面线相对于起始位置的偏距、修改剖面线的样式（线型、颜色、宽度）、新增剖面线并保存、检索并选择剖面线类型等操作，请读者自行练习。

第 3 步，关闭基准面显示，重画当前视图，如图 14-76 所示。

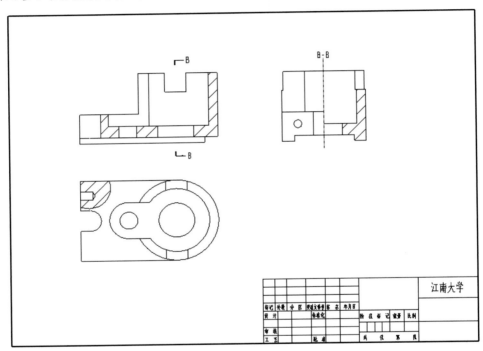

图 14-76   完成的视图

步骤 3：保存绘图文件

将绘图文件保存为 ch14-76。

【例 14-6】   在图 14-76 所示绘图文件上添加页面，添加如图 14-77（a）所示模型，并用相交剖切面创建全剖的主视图，如图 14-77（b）所示。

操作步骤如下。

步骤 1：添加新页面和新模型

第 1 步，打开 ch14-76 绘图文件。

第 2 步，单击"页面"栏上的 + 按钮，在"页面 1"后添加"页面 2"，其格式为 A3_h。

第 3 步，单击 🗇 按钮，调用"绘图模型"命令，弹出如图 14-78（a）所示的"绘图模型"菜单管理器。

第 4 步，选择"添加模型"选项，弹出"打开"对话框，选择模型 ch14-77a，单击"打开"按钮。

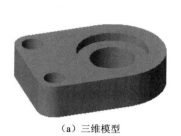
（a）三维模型

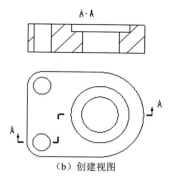
（b）创建视图

图 14-77　使用平行剖切面创建全剖视图

第 5 步，选择"设置模型"选项，弹出"绘图模型"列表，如图 14-78（b）所示，选择模型 ch14-77A。

（a）"绘图模型"菜单管理器

（b）设置模型及其模型列表

图 14-78　在"绘图模型"菜单管理器中添加、设置模型

第 6 步，选择"完成/返回"选项，关闭"绘图模型"菜单管理器。

步骤 2：打开模型

在模型树显示的模型名称上右击，选择"打开"选项，打开 ch14-77a 模型文件。

步骤 3：在模型上创建剖切面

第 1 步，单击"视图"选项卡"模型显示"面板的"截面"下拉按钮，单击"偏移截面"按钮 ⬚，打开如图 14-79 所示的"截面"操控板。

图 14-79　偏移"截面"操控板

注意：将横截面延伸到草绘的第一侧、第二侧两个选项如果选择为"无"，那么指定侧的模型将不被剖切。

第2步，命令提示为"选择一个草绘。（如果首选内部草绘，可在参考面板中找到"定义"选项。）"时，选择模型顶面作为草绘平面，进入草绘界面，选择"草绘视图"方向。

第3步，单击"草绘"选项卡"设置"面板中的 ⬚ 参考 按钮，弹出"参考"对话框，选择如图14-80（a）所示的圆孔边作为参考，单击"参考"对话框中的"关闭"按钮。

第4步，单击"草绘"选项卡"草绘"面板中的"线"下拉按钮 ⌇，调用"线链"命令，绘制如图14-80（b）所示的直角剖切线，单击 ✔ 按钮，返回"截面"操控板，重新定向，如图14-80（c）所示。

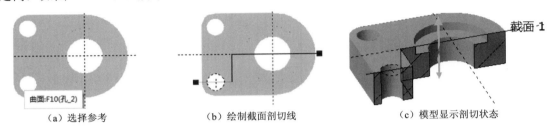

| （a）选择参考 | （b）绘制截面剖切线 | （c）模型显示剖切状态 |

图14-80　选择参考、绘制截面剖切线以及显示剖切状态

注意：添加左侧水平线与参考圆的圆心重合约束。

第5步，单击"截面"操控板的 ✔ 按钮，模型树显示截面XSEC0001，将其更名为A。

步骤4：用"普通视图"命令创建俯视图

调用普通视图"命令"，选择TOP基准面为视图观察方向，创建俯视图，操作过程略。

步骤5：用"投影视图"命令创建全剖主视图

第1～4步，与例14-4的第1～4步相同。

注意：在俯视图上方单击视图位置，视图名称改为"主视图"。

第5步，在"剖面"选项卡"剖面选项"组内选择"2D截面"单选按钮。单击 ✚ 按钮，在"名称"下拉列表中选择截面A，默认"剖切区域"为"完整"。

第6步，单击"箭头显示栏"，命令提示为"给箭头选出一个截面在此处垂直的视图。中键取消"时，选择俯视图，箭头显示栏内显示"视图：俯视图"，如图14-77（b）所示。

第7步，单击"确定"按钮，关闭对话框，在绘图区域单击，完成剖视图的创建。

注意：用相交剖切面，选择"全部对齐"选项创建的剖视图，无法创建其投影视图。

步骤6：调整投影箭头和剖视图的名称及位置

使用鼠标左键拖动的方式调整剖视图标注的箭头和剖视图的名称及位置，操作过程略，如图14-81所示。

图14-81　设置截面选项

14.9　编　辑　视　图

模型视图创建之后,可能会出现视图位置或视图属性等不合适的情况,需要进行调整,以提高视图表达的标准化、正确性、可读性。视图属性包括视图名称、类别、比例、显示状态和视图边界等,这些均可以在"绘图视图"对话框中进行修改和编辑,方法如以上各节所述。另外,视图的标注、剖视图中剖面线的修改等已在例 14-5 中介绍,本节着重介绍视图的编辑。

14.9.1　对齐视图

两个视图均是用"普通视图"命令创建时,为保证投影规律,可利用"绘图视图"对话框的"对齐"选项卡,将两个视图对齐。

操作步骤如下。

第 1 步,双击需要对齐的视图,弹出"绘图视图"对话框。

第 2 步,在"类别"列表中选择"对齐"选项,显示"对齐"选项卡,选择"将此视图与其他视图对齐"复选框,如图 14-82 所示,系统提示"选择要与之对齐的视图",选择某一个视图,如主视图,则所选视图与主视图对齐。

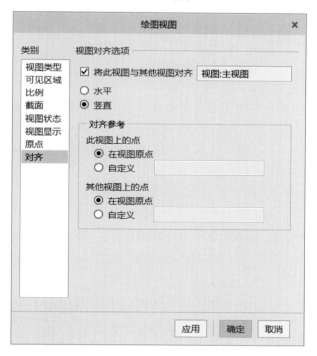

图 14-82　利用"对齐"选项卡设置对齐方式

第 3 步,确定对齐方式为"水平"或"垂直",单击"应用"按钮。

注意:可以利用"对齐参考"选项组,指定对齐参考边进行对齐。

第 4 步,单击"关闭"按钮,退出"绘图视图"对话框,并在绘图区域单击。

14.9.2　移动视图

当创建好的视图位置需要调整时，可以对视图进行移动操作。在默认情况下，Creo Parametric 4.0 所创建的视图位置是锁定的,以防止用户意外移动视图。所以在移动视图前，必须解锁视图，常用的方法有以下两种。

（1）单击"布局"选项卡"文档"面板中的"锁定视图移动"按钮 ，使该按钮弹起，关闭锁定视图的开关。

（2）选择某一个视图并右击，在弹出的快捷菜单中取消选中"锁定视图移动"选项。如图 14-67 所示，"锁定视图移动"处于选中状态，按钮亮显。

移动视图的操作步骤如下。

第 1 步，单击选择需要移动的视图，所选视图轮廓加亮显示，即显示视图的边界及四角与中心点的句柄。

第 2 步，光标移到所选视图上时变成十字光标，按住鼠标左键并拖动，所选的视图随鼠标的拖动而移动，至合适位置松开鼠标。

注意：

（1）如果视图之间存在关联，移动父视图时，其子视图也随之移动。

（2）一般视图可以任意移到图纸合适位置，而投影视图默认设置下只能在投影线方向上移动。但如果某一个视图在"绘图视图"对话框的"对齐"选项卡内，取消选中"将此视图与其他视图对齐"复选框，则该视图可以任意移动。

14.9.3　拭除视图

拭除视图操作可以将选定的视图暂时隐藏，以便缩短视图重生成或重画的时间，打印时也不输出。

可通过功能区调用命令，单击"布局"选项卡"显示"面板中的 拭除视图 按钮。

操作步骤如下。

第 1 步，单击 拭除视图 按钮，调用"拭除视图"命令。

第 2 步，系统提示"选择要拭除的绘图视图"时，单击选择需要拭除的视图，拭除如图 14-45 所示的轴测图，视图拭除后将显示其视图名称，如图 14-83 所示。

第 3 步，系统提示"选择要拭除的绘图视图"时，单击选择需要拭除的其他视图，或单击中键结束命令。

注意：若选择的视图与其他视图之间有联系，如选择如图 14-76 所示的左视图，该试图在主视图上有关联的标注箭头，则系统弹出如图 14-84 所示的对话框，提示用户"拭除所有与视图左视图关联的箭头和圆"，用户可以做出选择，确定是否消除箭头和圆。

14.9.4　恢复视图

当一个视图被拭除，"显示"面板中的"恢复视图"按钮亮显，可使拭除的视图在需要时再恢复显示。

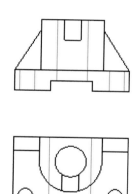

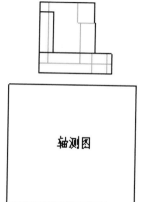

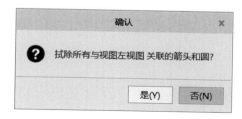

图 14-83　拭除轴测图

图 14-84　确认拭除视图

可通过功能区调用命令，单击"布局"选项卡"显示"面板中的  按钮。

操作步骤如下。

第 1 步，单击 📁恢复视图 按钮，调用"恢复视图"命令，系统弹出如图 14-85 所示的菜单管理器，被拭除的视图亮显，并提示"选择要恢复的绘图视图。"

第 2 步，在"视图名称"列表中选择需要恢复的视图名称（或单击选择需要恢复的视图）。

第 3 步，单击"完成选择"选项，所选的视图恢复显示。

图 14-85　选取恢复的视图名

14.10　上机操作实验指导：创建泵体工程视图

调用 A3_H 绘图格式文件，根据图 14-86（a）所示泵体的三维实体创建其工程视图，如图 14-86（b）所示，主要涉及"截面"命令、创建"普通"视图命令、创建"投影"视图命令、"线"命令、"样条"命令、"使用"命令、"圆角"命令、"填充"命令等。

（a）三维实体

图 14-86　根据泵体三维实体创建工程视图

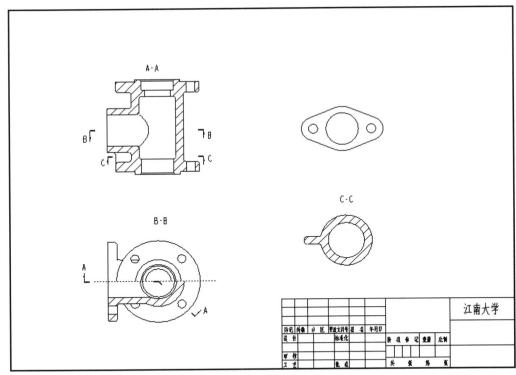

（b）工程视图

图 14-86（续）

操作步骤如下。

步骤 1：在零件模式下创建剖切面

第 1 步，打开"泵体"三维模型文件 Ch14-86，操作过程略。

第 2 步，单击"视图"选项卡"模型显示"面板的"截面"下拉按钮，单击"偏移截面"按钮 ▢，选择模型法兰的顶面，如图 14-87（a）所示。参考顶面前右侧小圆，绘制相交剖切线，如图 14-87（b）所示。创建相交剖切面，如图 14-87（c）所示，并在模型树中将该截面更名为 A。操作方法与例 14-6 的步骤 3 相同。

曲面:F5(旋转_1)

（a）选择剖切线草绘平面

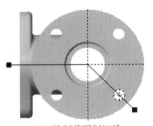

（b）绘制截面剖切线

（c）模型显示剖切状态

图 14-87　创建相交剖切面 A

第 3 步，单击"视图"选项卡"模型显示"面板的"截面"下拉按钮，单击"平面"按钮 ，选择通过水平圆孔轴线的水平基准平面 DTM1，创建水平剖切面 B，如图 14-88（a）所示，操作过程略。

注意：创建俯视图剖切面 B 时，也可以选择模型底面，然后输入向上的偏移值 35。

第 4 步，使用"截面"的"平面"命令，选择模型底面，并输入向上的偏移值 12，如图 14-88（b）所示，创建剖切面 C，如图 14-88（c）所示。操作过程略。

（a）俯视图剖切面 B

（b）输入向上的偏移值

（c）端面图剖切面 C

图 14-88　创建其他视图剖切面

步骤 2：创建新文件

第 1 步，单击快速访问工具栏上的"新建"按钮 ，弹出"新建"对话框。在"类型"选项组内选择"绘图"，如图 14-1 所示，在"名称"文本框中输入文件名称 bengti，单击"确定"按钮。

第 2 步，在"新建绘图"对话框中选择"格式为空"模板类型。单击"浏览"按钮，在"打开"对话框中选择 A3_H 绘图格式文件，如图 14-4 所示，单击"确定"按钮，进入工程图环境。

步骤 3：利用"普通视图"命令创建半剖俯视图

第 1 步，单击 按钮，调用"普通视图"命令。

第 2 步，系统提示"选择绘制视图的中心点。"时，在适当位置单击，确定视图位置，系统以默认比例 1∶1 显示泵体模型当前视图，并弹出如图 14-26 所示的"绘图视图"对话框，显示"视图类型"选项卡。

第 3 步，在"视图类型"选项卡"模型视图名"列表中选择 TOP 基准面，确定视图观察方向，单击"应用"按钮，系统显示俯视图的全视图。

第 4 步，在"类别"列表中选择"视图显示"选项，显示"视图显示"选项卡，在"显示样式"下拉列表中选择"消隐"，单击"应用"按钮。

第 5 步，在"类别"列表中选择"剖面"选项，在"剖面"选项卡的"剖面选项"组内选择"2D 截面"单选按钮。单击 ✚ 按钮，在"名称"下拉列表中选择截面 B，在"剖切区域"下拉列表中选择剖切种类为"半倍"。

第 6 步，系统提示"为半截面创建选择参考平面。"时，选择 FRONT 基准面作为半剖视图的分界面。

第 7 步，系统提示"拾取侧"，并以红色箭头显示当前剖切侧，如图 14-89（a）所示。在 FRONT 基准面前侧，即箭头所指一侧单击，设置如图 14-89（b）所示。

第 8 步，单击"确定"按钮，在绘图区域单击，完成半剖俯视图的创建，如图 14-89（c）所示。

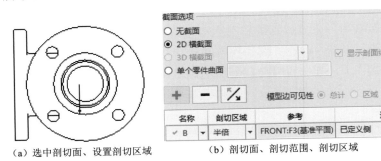
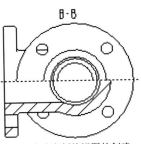

（a）选中剖切面、设置剖切区域　　（b）剖切面、剖切范围、剖切区域　　（c）完成半剖俯视图的创建

图 14-89　创建半剖俯视图

步骤 4：利用"投影视图"命令创建全剖的主视图

第 1 步，选择刚创建的俯视图，右击，在弹出的快捷菜单中选择"投影视图"选项，系统出现一个投影方框。

第 2 步，系统提示"选择绘制视图的中心点。"时，在俯视图上方适当位置单击，确定主视图位置，显示为剖切的主视图。

第 3 步，双击刚创建的主视图，弹出"绘图视图"对话框，设置"显示样式"为"消隐"，"相切边显示样式"为"无"，单击"应用"按钮。

第 4 步，在"类别"列表中选择"剖面"选项，在"剖面"选项卡的"剖面选项"组内选择"2D 截面"单选按钮。单击 ✚ 按钮，在"名称"下拉列表中选择截面 A，在"剖切区域"下拉列表中选择"全部对齐"，如图 14-90（a）所示。

第 5 步，系统提示"选择轴（在轴线上选择）"时，单击大圆柱轴线 A_2，如图 14-90（b）所示。

第 6 步，单击"确定"按钮，关闭对话框，在绘图区域单击，完成剖视图的创建，如图 14-90（c）所示。

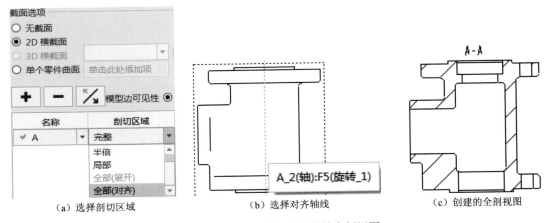

（a）选择剖切区域　　　　（b）选择对齐轴线　　　　（c）创建的全剖视图

图 14-90　创建相交剖切面的全剖视图

注意：当有两个以上相交平面剖切时，可以选择"全部展开"，使剖切面完全展开成一

个平面后投影得到展开的剖视图。

步骤5：利用"普通视图"命令创建 C-C 断面图

第1步，单击 ⬭ 按钮，调用"普通视图"命令，在适当位置创建视图，并在"绘图视图"对话框中选择 TOP 基准面为视图观察方向，"显示线型"为"无隐藏线"，"相切边显示样式"为"无"。操作过程略。

第2步，在"截面"选项卡中选择"2D 截面"单选按钮，相应按钮亮显，默认"模型边可见性"选项为"区域"，并选择截面 C，默认"剖切区域"中的剖切种类为"完整"。"剖面"设置如图 14-91（a）所示。

第3步，单击"确定"按钮，关闭对话框，在绘图区域单击，完成全剖视图的创建，如图 14-91（b）所示。

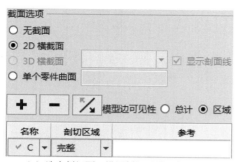

（a）选中剖切面、设置剖切区域及剖切范围

（b）创建的断面图

图 14-91　创建 C-C 断面图

步骤6：利用"普通视图"命令创建局部视图

调用"普通视图"命令，在适当位置创建局部视图，操作方法参考例 14-1 的步骤 2，并与主视图水平对齐，操作过程略。

步骤7：调整剖视图剖面线间距与角度

调整各剖视图中剖面线的间距，使各剖面线间距均为 3，角度为 45°，操作过程略。

步骤8：将主视图上的肋编辑为不剖处理

第1步，双击主视图上的剖面线，弹出"修改剖面线"菜单管理器，依次选择"X-Area（X 区域）"和"拾取"选项，如图 14-92（a）所示，系统弹出"选择"对话框。

第2步，系统提示"选择截面/元件/区域。"时，选择 A-A 剖视图中间区域的剖面线，单击"修改剖面线"菜单管理器中的"拭除"选项，如图 14-92（a）所示，单击"完成"选项，再次单击，如图 14-92（b）所示。

注意：选择"X-Area（X 区域）"后，可以利用"上一个""下一个"选项浏览各个区域的剖面线，亮显的剖面线表示选中。

第3步，单击"草绘"选项卡"草绘"面板中的"边"下拉按钮 ⬚边▾ 中的"使用边"按钮 ⬚，按住 Ctrl 键依次选择需要复制的边，如图 14-93（a）所示，单击鼠标中键。创建剖面线边界图元，如图 14-93（b）所示，单击鼠标中键。

注意：如果需要使用隐藏边，可以将视图显示为"隐藏线"，操作完成后，再将视图显示修改为"消隐"。

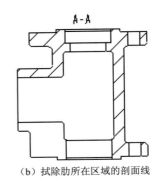

（a）"修改剖面线"菜单管理器

（b）拭除肋所在区域的剖面线

图 14-92　拭除肋所在区域的剖面线

第 4 步，单击"草绘"选项卡"设置"面板中的 ⬛链 按钮，启用草绘链模式。单击"草绘"选项卡"草绘"面板中的"线"命令，捕捉如图 14-93（b）所示的参考图元，单击鼠标中键，绘制肋边界线，作为创建剖面线边界图元，如图 14-93（c）所示。

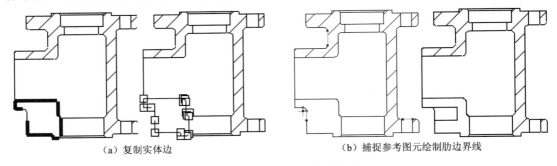

（a）复制实体边　　　　　　　　　　　　（b）捕捉参考图元绘制肋边界线

图 14-93　创建肋的边界图元

第 5 步，单击"草绘"选项卡"草绘"组中的 ⬛圆角 按钮，系统提示"选择绘制图元或模型边以用作圆角参考。"时，选择左侧外圆柱下侧转向线，按住 Ctrl 键选择中间外圆柱左侧转向轮廓线，单击鼠标中键，弹出"圆角属性"对话框，在"半径值"文本框中输入半径为 2，默认修剪造型为"完全修剪"，如图 14-94（a）所示，单击"确定"按钮，创建圆角，如图 14-94（b）所示。用同样方法再创建其他圆角。

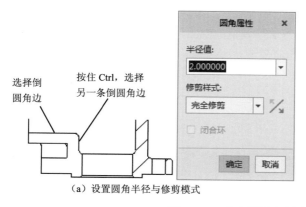 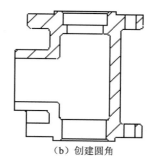

（a）设置圆角半径与修剪模式　　　　　　　　　　　　　　（b）创建圆角

图 14-94　在主视图上创建圆角

第 6 步，创建剖面线。使用窗口选择剖面线边界图元，如图 14-95（a）所示，单击"草绘"选项卡"编辑"面板中的 剖面线/填充 按钮，调用"剖面线/填充"命令，在"输入横截面"文本框中输入剖面线名称后，即可填充剖面线，并弹出"修改剖面线"菜单管理器，选择"间距"选项，将剖面线间距改为 3，结果如图 14-95（b）所示。

注意：剖面线图元边界必须围成封闭区域。

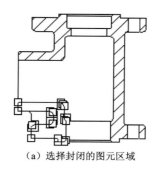 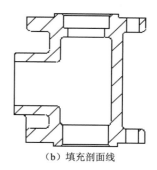

（a）选择封闭的图元区域　　　　　　　　　　　　　　（b）填充剖面线

图 14-95　在主视图上填充剖面线

步骤 9：补画主视图上的过渡线

第 1 步，单击"草绘"选项卡"草绘"面板中的"线"命令，捕捉主视图上左侧边、俯视图上孔的转向轮廓线作为参考图元，如图 14-96（a）所示，单击鼠标中键，通过左侧边中点绘制水平线，保证与俯视图上的参考图元等长，如图 14-96（a）所示。

第 2 步，单击"草绘"选项卡"草绘"面板中的 样条 按钮，调用"样条"命令，捕捉主视图上中间竖直孔左侧转向轮廓线、左侧孔上下两条水平转向轮廓线、刚绘制的水平线作为参考，如图 14-96（b）所示，单击鼠标中键。通过三点绘制过渡线，如图 14-96（c）所示，单击鼠标中键。

第 3 步，单击鼠标中键，单击。

步骤 10：标注剖视图

第 1 步，单击俯视图，右击，在弹出的快捷菜单中选择"添加箭头"选项，系统提示"给箭头选出一个截面在其处垂直的视图。中键取消。"时，选择需要添加箭头的主视图，在适当位置单击。

选择主视图，用同样方法在俯视图上添加箭头。

第2步，采用鼠标左键按住拖动的方法，调整剖视图名称位置、箭头位置与箭头线长度。

第3步，关闭基准面显示，重画当前视图。

步骤11：保存图形

参见本书第1章，操作过程略。

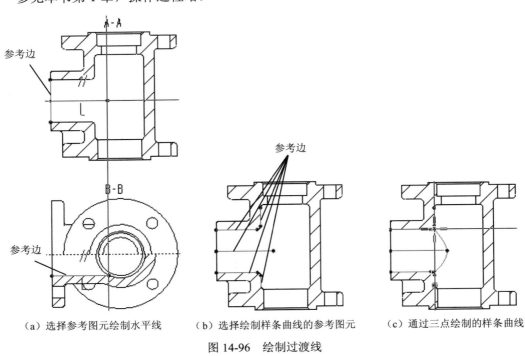

（a）选择参考图元绘制水平线　　（b）选择绘制样条曲线的参考图元　　（c）通过三点绘制的样条曲线

图 14-96　绘制过渡线

14.11　上　机　题

调用 A3_H 文件，创建图 14-97 所示模型的零件工程图，如图 14-98 所示。

（a）泵体　　　　　　　　　　　　（b）支架

图 14-97　零件的模型

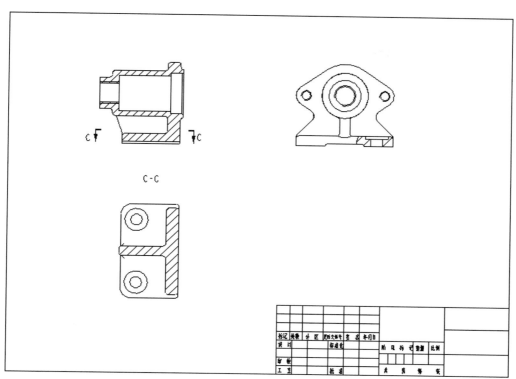

（a）泵体工程视图

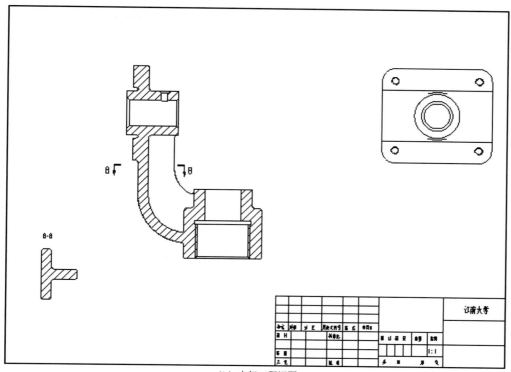

（b）支架工程视图

图 14-98 创建工程视图

第 15 章　工程视图标注

一张完整的工程图，需要进行尺寸标注、注明技术要求、填写标题栏等。Creo Parametric 4.0 的绘图模块提供了完善的工程图标注、注释功能，使设计者可以按要求进行工程图标注，表达设计意图。

本章将介绍的内容如下。

（1）显示模型注释。

（2）标注尺寸。

（3）编辑尺寸。

（4）创建注解。

（5）注写技术要求。

15.1　显示模型注释

Creo Parametric 4.0 在创建模型的同时也自动创建了与其相关的工程图所需要的 2D 信息、注释，如轴线、尺寸等，这些尺寸、信息等与模型保持参数化相关性。当创建模型工程图时，默认情况下，模型信息、注释是不可见的，利用"显示模型注释"命令可以将来自 3D 模型的信息显示出来。

调用命令的方式如下。

（1）通过功能区调用命令：单击"注释"选项卡"注释"面板中的"显示模型注释"按钮。

（2）通过快捷菜单调用命令：在草绘窗口内右击，在快捷菜单中选择"显示模型注释"命令。

启动命令后，弹出如图 15-1 所示的"显示模型注释"对话框，显示模型尺寸选项卡为默认选项卡，可以利用选项卡显示注释项目。

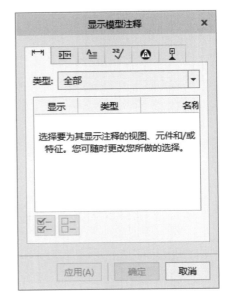

图 15-1　"显示模型注释"对话框

15.1.1　显示的注释项目类型

"显示模型注释"对话框提供了 6 个选项卡，所显示的项目类型如表 15-1 所示。用户可以单击其中某个选项卡，按要求选择需要显示的项目。

表 15-1 "显示模型注释"对话框显示的选项卡

选项卡图标	项目类型	选项卡图标	项目类型
⊢→⊣	显示模型尺寸	³²√	显示模型表面粗糙度
加IM	显示模型几何公差	A	显示模型符号
A≡	显示模型注解	具	显示模型基准

15.1.2 显示注释项目的选择方式

单击某个选项卡，选择显示项目后，可以通过表 15-2 所示的选择方式进行操作。

表 15-2 选择方式及操作说明

选择方式	操作说明
模型	在模型树中选择模型，显示与该模型相关的所选注释项目。如图 15-2（a）所示，显示整个模型的尺寸和基准轴线
特征	在模型树中选择某一个模型特征，显示与该特征相关的所选注释项目。如图 15-2（b）所示，显示底板拉伸特征的尺寸
视图	选择某一个视图，显示该视图中所选注释项目。如图 15-2（c）所示，在俯视图上显示尺寸
特征和视图	在某一个视图上选择一个特征，在该视图中显示选定特征的所选注释项目。如果所选的显示注释项目与该视图不适合，则所选项目不显示。如图 15-2（d）所示，在俯视图上显示底板的尺寸

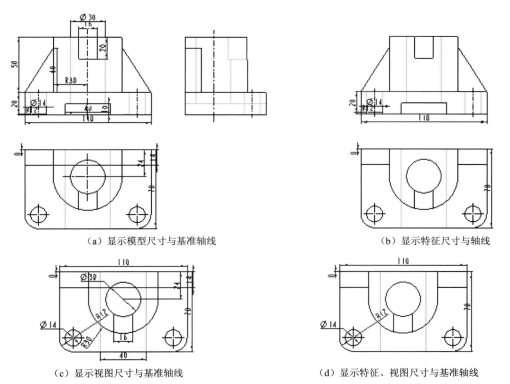

（a）显示模型尺寸与基准轴线 　　　　　　　　（b）显示特征尺寸与轴线

（c）显示视图尺寸与基准轴线 　　　　　　　　（d）显示特征、视图尺寸与基准轴线

图 15-2 不同选择方式显示的尺寸和轴线

注意：

（1）在模型树的某个特征上右击，在弹出的快捷菜单中选择"显示模型注释"，可以打开"显示模型注释"对话框，选择在所选特征上需要显示的项目类型。

（2）在绘图树的某个视图上右击，在弹出的快捷菜单中选择"显示模型注释"，可以打开"显示模型注释"对话框，选择在所选视图上需要显示的项目类型。

15.2　标注尺寸

Creo Parametric 4.0 工程图中所标注的尺寸有以下两种。

（1）三维零件或组件本身所拥有的设计尺寸，在工程图上会自动标注并显示出来，称为驱动尺寸或显示尺寸。这类尺寸可以进行双向驱动，即当在零件模式下更改了特征尺寸，相关工程图相应的驱动尺寸发生变化；若在工程图中改变了某一个驱动尺寸，相关模型的形状、大小也会发生变化。

（2）手动插入的尺寸称为从动尺寸或添加尺寸。这类尺寸只能实现从模型到绘图的单向驱动，即如果在模型中更改了尺寸，则工程图上相关的结构图形与尺寸均会发生变化。

在工程图上标注尺寸的步骤如下。

（1）显示驱动尺寸。

注意： 工程图中的尺寸应尽量多地使用驱动尺寸，以便充分利用零件模型与其工程图之间的相关性。

（2）拭除、调整多余或不合适的驱动尺寸，并加以整理，以便能清晰地显示。

（3）手动添加从动尺寸，保证尺寸的完整性。

（4）重新定位尺寸在视图上的显示，修改尺寸的组成元素。

15.2.1　显示与调整驱动尺寸

1．显示驱动尺寸

利用"显示模型注释"命令，用上述显示注释项目的选择方式显示驱动尺寸。

操作步骤如下。

第 1 步，单击 按钮，调用"显示模型注释"命令，弹出"显示模型注释"对话框，默认打开显示模型尺寸选项卡。

第 2 步，用上述显示注释项目的选择方式确定所显示的尺寸。选择俯视图，则对话框显示如图 15-3（a）所示。

第 3 步，选择需要显示的尺寸，如图 15-3（b）所示，尺寸 d7 为 0，可以不显示。

第 4 步，单击"确定"按钮，退出对话框，在视图上显示尺寸，如图 15-4 所示。

注意： 每个特征的一个驱动尺寸只能显示一次。

2．调整驱动尺寸

（1）单击"显示模型尺寸"选项卡尺寸列表下的 按钮，选中所有尺寸，再单击 d7 尺寸的显示复选框，取消选择 d7。

（2）单击 按钮，可以将选择的尺寸全部取消。

（3）单击"应用"按钮，则所选的尺寸在视图上显示，显示模型尺寸选项卡将显示所取消的尺寸，仅"取消"按钮亮显，用户可以再次确认是否显示该尺寸。若单击"取消"按钮，则不显示该尺寸；若选择该尺寸，则可以单击"确定"按钮，显示该尺寸，也可以单击"应用"按钮，再进行如上操作。

（4）尺寸类型有驱动尺寸注释元素、所有驱动尺寸、强驱动尺寸、从动尺寸、参考尺寸和纵坐标尺寸等，可以从"类型"下拉列表中选择，默认为"全部"。

（a）尺寸列表

（b）选择显示的尺寸

图 15-3　在显示模型尺寸选项卡中选择显示的尺寸

（5）如果需要暂时隐藏已显示的某个尺寸，则可右击该尺寸，弹出如图 15-5（a）所示的快捷菜单，选中"拭除"命令，该尺寸在绘图树的"注释"结点下灰显，在灰显的尺寸上右击，在弹出的快捷菜单中选中"取消拭除"命令，如图 15-5（b）所示，即可重新显示。

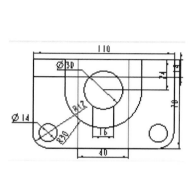

图 15-4　显示的尺寸

（a）尺寸快捷菜单

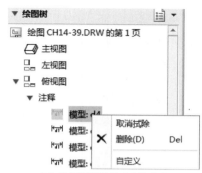

（b）绘图树拭除尺寸快捷菜单

图 15-5　尺寸拭除与显示快捷菜单

15.2.2 手动添加从动尺寸

系统显示的驱动尺寸可能还不完整，有的尺寸不合适，需要拭除后再重新标注，这就需要用户手动添加尺寸，所添加的尺寸为从动尺寸。

调用命令的方式如下。

（1）通过功能区调用命令：单击"注释"选项卡"注释"面板中的"尺寸"按钮 。

（2）通过快捷菜单调用命令：在草绘窗口内右击，在快捷菜单中选择"尺寸"选项。

1．添加从动尺寸的步骤

操作步骤如下。

第1步，单击 按钮，调用"尺寸"命令，弹出"选择参考"对话框，如图15-6所示。

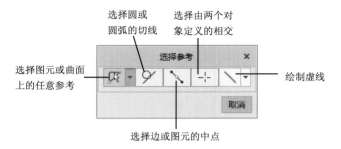

图 15-6 "选择参考"对话框

第2步，选择标注尺寸的参考选项，确定参考类型。

第3步，系统提示"选择一个图元，或单击鼠标中键取消。"时，根据选择的参考选项，选中要标注尺寸的图元，在适当位置单击鼠标中键，确定尺寸位置。同时弹出"格式"和"尺寸"功能区选项卡，默认显示"尺寸"功能区选项卡，如图15-7所示。

图 15-7 "尺寸"功能区选项卡

第4步，在"尺寸"功能区选项卡中修改尺寸属性，参见本书15.3.5节。

注意： "格式"功能区选项卡操作参见本书15.4.3节。

第5步，继续添加其他尺寸。

第6步，单击鼠标中键或在图形区域内单击，再单击鼠标中键，结束命令。

注意： 当选择图元后，系统随即以灰色显示可以标注的尺寸。

2．操作及选项说明

"尺寸"命令的"选择参考"选项如图15-6所示，操作说明如下。

（1）选择图元或曲面上的任意参考。参考类型有3个选项，如图15-8所示，"选择图元" 为默认方式。当选择"选择参考" 时，可以任意选择图元或曲面标注尺寸。

① 选择单个图元：选择一条边，标注边长，如图15-9所示；若选择某一个圆或圆弧时，即可标注半径；双击某一个圆或圆弧时，即可标注直径，如图15-10所示。

注意： 右击所选的圆或圆弧，可以选择标注所选圆或圆弧的尺寸类型，如图 15-10（c）所示。

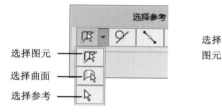

图 15-8　选择图元、曲面、任意参考

图 15-9　以"选择图元"方式标注边长

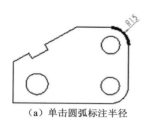

（a）单击圆弧标注半径

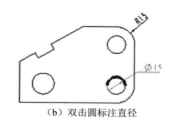

（b）双击圆标注直径

（c）在快捷菜单中显示尺寸类型

图 15-10　以"选择图元"方式标注径向尺寸

② 选择两个图元：选择的图元可以是点、直线、圆、圆弧等。选择第一个图元，按住 **Ctrl** 键选择第二个图元，将标注两个图元之间的尺寸，如图 15-11 所示。当选择的两个图元成一定角度时，则标注两个图元间的夹角，如图 15-12 所示。

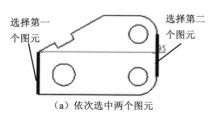

（a）依次选中两个图元

（b）单击中键，标注尺寸

图 15-11　选择两个平行图元标注间距

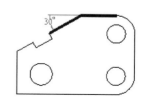

图 15-12　选择两个相交图元标注角度

注意： 当选择的两个图元中有圆或圆弧时，如图 15-13（a）、（b）所示，则标注圆或圆弧中心与另一个参考的距离，如图 15-13（c）所示。

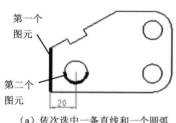

（a）依次选中一条直线和一个圆弧

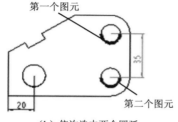

（b）依次选中两个圆弧

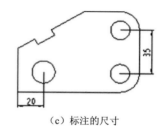

（c）标注的尺寸

图 15-13　标注图的中心位置

③ 选择曲面：使用"选择曲面"选项 ，依次选中图 15-14（a）中的两个曲面，可以标注两个曲面轴线之间的距离，如图 15-14（b）、（c）、（d）所示；如果仅选择一个曲面，如图 15-14（a）所示的左侧圆柱面，单击中键，则标注圆柱长度尺寸 30，如图 15-14（e）所示。

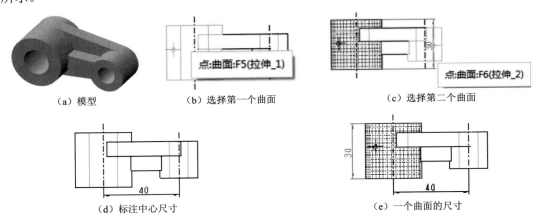

（a）模型　　（b）选择第一个曲面　　（c）选择第二个曲面

（d）标注中心尺寸　　（e）一个曲面的尺寸

图 15-14　选择曲面标注尺寸

（2）选择圆或圆弧的切线。使用"选择圆或圆弧的切线"选项 ，选择圆或圆弧作为其中一个参考，则所标注的尺寸界线与圆或圆弧相切，如图 15-15 所示。

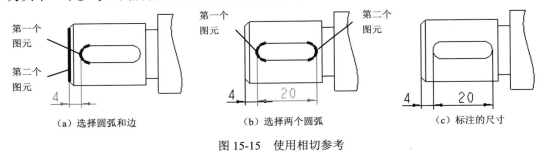

（a）选择圆弧和边　　（b）选择两个圆弧　　（c）标注的尺寸

图 15-15　使用相切参考

（3）选择边或图元的中点。依次选中两个图元，移动鼠标，将显示两个图元中点在不同方向之间的距离，如图 15-16 所示。

注意：如果选择的两个图元为非圆形图元，则结果与"图元上"方式相同。

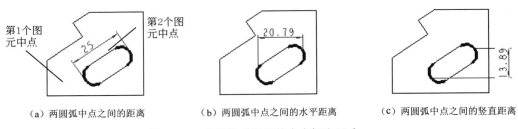

（a）两圆弧中点之间的距离　　（b）两圆弧中点之间的水平距离　　（c）两圆弧中点之间的竖直距离

图 15-16　使用边或图元的中点标注尺寸

（4）选择由两个对象定义的相交。使用"选择由两个对象定义的相交"选项 ，弹出"选择"对话框，如图 15-17（a）所示。依次选中两对相交图元，系统捕捉到两个图元的交点，如图 15-17（b）、（c）所示。移动鼠标，将显示两个交点在不同方向之间的距离，如图 15-17（c）、（d）所示。确认标注方向后，单击鼠标中键确定尺寸，标注尺寸。

注意：系统捕捉到的是两个图元靠选择点的最近交点。

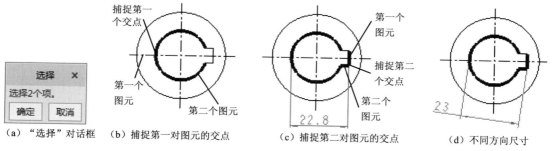

（a）"选择"对话框　　（b）捕捉第一对图元的交点　　（c）捕捉第二对图元的交点　　（d）不同方向尺寸

图 15-17　使用相交参考标注尺寸

（5）绘制虚线。提供了"两点间虚线""水平虚线""竖直虚线"3 个选项，如图 15-18 所示，可以创建倾斜、水平、垂直的尺寸界线，标注尺寸。如图 15-19 所示，位于两个腰形槽的圆弧圆心有 4 个点，选择上面两个圆心点作为第一条尺寸界线，再选择下面两个圆心点确定第二条尺寸界线，标注两个槽之间的中心距离 12。如图 15-20 所示，通过两点绘制水平虚线标注尺寸 30。

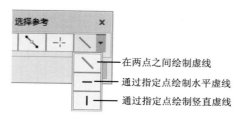

图 15-18　"绘制虚线"选项

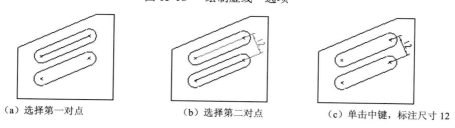

（a）选择第一对点　　　　（b）选择第二对点　　　　（c）单击中键，标注尺寸 12

图 15-19　通过两点绘制虚线标注尺寸

注意：如果构成的两条尺寸界线相交则标注角度尺寸。

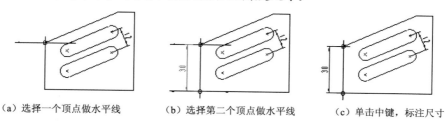

（a）选择一个顶点做水平线　　（b）选择第二个顶点做水平线　　（c）单击中键，标注尺寸

图 15-20　通过两点绘制水平虚线标注尺寸

15.2.3 添加公共参考尺寸

使用"尺寸"命令可以创建公共参考尺寸，即具有公共尺寸界线的一组尺寸，如图 15-21 所示。

操作步骤如下。

第 1 步，单击 ▯ 按钮，调用"尺寸"命令，弹出"选择参考"对话框。

第 2 步，选择标注尺寸的参考选项，确定参考类型，默认为 "选择图元"选项。

第 3 步，系统提示"选择一个图元，或单击鼠标中键取消。"时，选择第一个参考图元作为公共参考图元，如图 15-21（a）所示的底边。

第 4 步，按住 Ctrl 键选择第二个图元，如图 15-21（a）所示，选择右侧小圆水平中心线，系统显示尺寸 10。

第 5 步，按住 Ctrl 键选择其他图元，继续逐一添加尺寸，如图 15-21（b）所示，按住 Ctrl 键，依次选择右侧水平边、顶部右侧小圆弧（靠近圆弧下侧选择）、顶，如图 15-21（c）所示。

第 6 步，移动鼠标至合适位置，单击鼠标中键，或在图形区域内单击，结束命令。

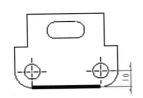 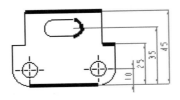 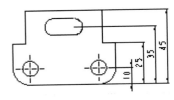

（a）选择右侧圆水平中心线　　　　（b）继续选择其他图元　　　　（c）标注的公共参考尺寸

图 15-21　添加公共参考尺寸

15.2.4 添加参考尺寸

参考尺寸是尺寸数值外加有括号的尺寸，如图 15-22 所示的尺寸（120°）。

可通过功能区调用命令，单击"注释"选项卡"注释"下拉面板中的"参考尺寸"按钮 ▯。

手动添加参考尺寸的方法与上述添加从动尺寸的方法相同。

注意：将 parenthesize_ref_dim 配置选项的值设为 yes，创建的参考尺寸外加括号，如图 15-22 中尺寸（120°）。如果此选项的值被设置为 no，则尺寸数值后面跟随文本 REF。

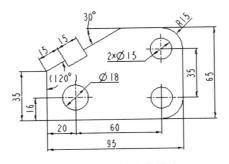

图 15-22　添加参考尺寸

15.3 编 辑 尺 寸

系统显示的驱动尺寸往往比较凌乱，且标注的位置和形式也可能不符合国标，需要进行调整。另外，手动添加的尺寸常需要进行编辑、修改。Creo Parametric 4.0 绘图环境提供了尺寸清理和编辑的功能，可以得到完整、清晰、符合标准的尺寸标注。

15.3.1 清理尺寸

系统显示的尺寸是凌乱的，如图 15-2 所示。

调用命令的方式如下。

（1）通过功能区调用命令：单击"注释"选项卡"编辑"面板中的"清理尺寸"按钮 清理尺寸 。

（2）通过快捷菜单调用命令：在草绘窗口内右击，在弹出的快捷菜单中选择"清理尺寸"选项。

操作步骤如下。

第 1 步，单击 清理尺寸 按钮，调用"清理尺寸"命令，弹出"清除尺寸"对话框和"选择"对话框。

注意：在未选择尺寸前，"清除尺寸"对话框处于非活动状态，如图 15-23（a）所示。

第 2 步，系统提示"选择要清除的视图或独立尺寸。"时，选择单个、多个尺寸或整个视图，如选择如图 15-2（a）所示的主视图，单击"选择"对话框的"确定"按钮（或单击中键），"清理尺寸"对话框被激活，并显示"放置"选项卡，如图 15-23（b）所示。

（a）非活动状态

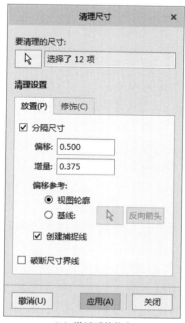

（b）激活后的状态

图 15-23　"清理尺寸"对话框

第3步，在"放置"选项卡中，默认选中"分隔尺寸"复选框，设置分隔尺寸的参数，如图15-24（a）所示。单击"应用"按钮，尺寸重新排列。

第4步，单击"修饰"选项卡，如图15-24（b）所示。选择是否需要"反向箭头""居中文本"，以及当尺寸线之间放不下尺寸文本时，水平及垂直方向尺寸的放置方式。

第5步，单击"应用"按钮，关闭对话框。尺寸清理结果如图15-25所示。

注意：单击"撤销"按钮将返回清理前的状态，且撤销后不需再次选中尺寸即可重试。

（a）"放置"选项卡

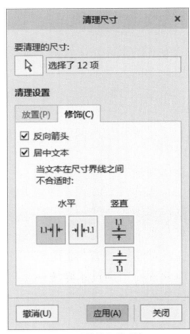
（b）"修饰"选项卡

图15-24 "清理尺寸"对话框设置修改选项

操作说明如下。

（1）在"放置"选项卡中设置分隔尺寸参数。

①"偏移"文本框中输入偏移量，确定第一个尺寸相对于"偏移参考"的距离。

②"增量"文本框中输入增量值，确定同一个方向尺寸线之间的距离。

③"偏移参考"提供了两种方式。"视图轮廓"为默认选项，指偏移与视图轮廓相关的尺寸；选择"基线"单选按钮时，和 反向箭头 两个按钮为亮显可用，系统提示"在平边、基准平面、捕捉线、详图轴线或视图边界上选中"时，选择底边作为基线，如图15-25（a）所示，可重新定位同一个视图中平行于选定基线的尺寸。反向箭头的效果如图15-25（b）所示。

④ "创建捕捉线"复选框默认为选中，将在尺寸位置创建水平或垂直的虚线，捕捉线之间的距离为图15-24（a）所示的"偏移"和"增量"中的设定值，用于定位尺寸、几何公差、表面粗糙度符号等，如图15-25所示。

注意：可单击"注释"选项卡"编辑"面板中的"创建捕捉线"按钮 ▤，创建捕捉线，参见例15-1的步骤9。

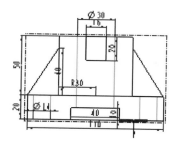 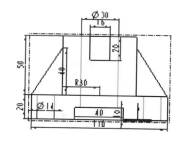

（a）基线的下方排列尺寸　　　　　（b）反向箭头，基线的上方排列尺寸

图 15-25　　"基线"方式排列尺寸

⑤ 当选中"破断尺寸界线"复选框，在尺寸界线与其他图元相交时，即会在相交处破断尺寸界线。

注意：只有选中"分隔尺寸"复选框，相应选项才亮显可用，否则只有"破断尺寸界线"可用。

（2）在"修饰"选项卡中设置分隔尺寸参数。

①"反向箭头"复选框默认为选中，表示当尺寸界线内放不下箭头时，系统自动将箭头反向至尺寸界线外侧。

②"居中文本"复选框默认为选中，表示系统将每个尺寸文本自动居中放置。

③"水平"/"垂直"选项组的按钮用于控制当尺寸界线内无法放置尺寸文本时，按指定设置将文本移动到尺寸界线外。水平文本向左或向右移动，垂直文本向上或向下移动。

15.3.2　在视图之间移动尺寸

如果某一个尺寸显示在某一个视图上不合适，可以将选定的尺寸从同一个模型的一个视图移到另一个视图。如图 15-26（a）所示为支座清理后的驱动尺寸，其中半径尺寸 R30、R12 显示在主视图上不符合国家标准对尺寸标注的要求，需要将其移动到俯视图上。

可通过功能区调用命令，单击"注释"选项卡"编辑"面板中的 ⫦ 移动到视图 按钮。

操作步骤如下。

第 1 步，选中需要移动的尺寸，如图 15-26（a）所示主视图上的半径尺寸 R30 和 R12。

第 2 步，单击 ⫦ 移动到视图 按钮，调用"移动到视图"命令，弹出"选中"对话框。

第 3 步，系统提示"选择模型视图或窗口"时，选择所选尺寸将要附着的目标视图，所选尺寸移动到新视图上并被激活，可以移动调整其位置。

第 4 步，在适当位置单击，结束"移动到视图"命令，如图 15-26（b）所示。

注意：

（1）如果所选的视图中不能显示尺寸，系统将发出警告，并且停止移动操作。

（2）如果选中的是一个阵列特征的尺寸，阵列特征的所有尺寸都将移动到新视图。

（3）一张工程图中，特征的某个尺寸只能在一处显示，当将尺寸从一个视图移动到另一个视图，原视图上的该尺寸消失，除非添加从动尺寸。

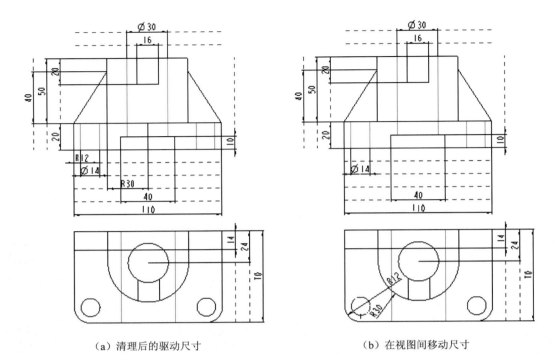

（a）清理后的驱动尺寸　　　　　　　　　　（b）在视图间移动尺寸

图 15-26　选中需要移动的尺寸并在视图间移动尺寸

（4）选择某个要移动的尺寸，右击，在弹出的快捷菜单中选择"移动到视图"命令，可以执行该命令。

15.3.3　移动尺寸

驱动尺寸与从动尺寸的文本位置，以及尺寸线、尺寸界线的位置均可以采用拖动的方式移动。

操作步骤如下。

第 1 步，选中需要移动的尺寸，被选中尺寸变为红色，移动光标至所选尺寸上，如图 15-27（a）所示，移动光标至尺寸数字 20 上。光标形状及其含义如表 15-3 所示。

表 15-3　光标形状及其含义

光标符号	含　　义
✥	光标移至尺寸文本上，将变成十字箭头形状，表示可以自由移动尺寸
↔	移动光标，其形状变成左右箭头，表示可以在水平方向上移动尺寸
↕	移动光标，其形状变成上下箭头，表示可以在垂直方向上移动尺寸

第 2 步，按住鼠标左键不放，将尺寸拖至合适位置后松开左键。

第 3 步，单击左键，结束操作。如图 15-27（b）所示，尺寸 20 移至右侧。

注意：

（1）当光标移至尺寸界线起点附近时，将出现控制滑块，拖动该滑块，可以沿尺寸界线方向改变其起点位置。

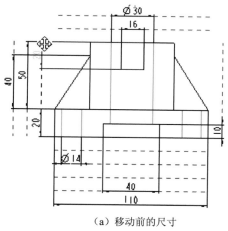
（a）移动前的尺寸

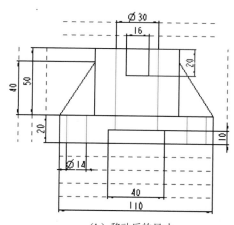
（b）移动后的尺寸

图 15-27　将尺寸拖动至新位置

（2）当拖动尺寸至捕捉线上时，系统会自动将尺寸定位于捕捉线上，保证尺寸线之间的距离。

（3）拖动尺寸时，将在移动方向上显示对齐线。

（4）使用 Ctrl 键选中多个尺寸。如果移动这多个选定尺寸中的一个，所有的尺寸都将随之移动。

下面以轴承座工程图的尺寸为例，说明标注尺寸的方法和步骤。

【例 15-1】　调用 A3_H 绘图格式文件，由图 15-28 所示的轴承座生成其视图，并标注尺寸。

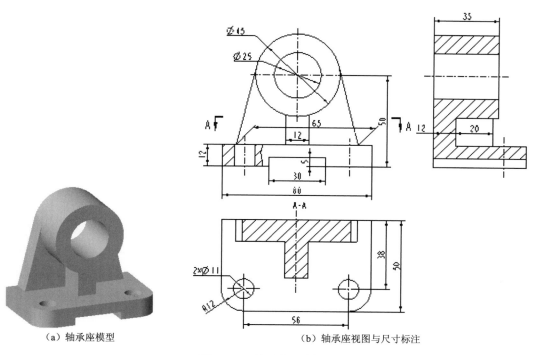
（a）轴承座模型　　　　　　　（b）轴承座视图与尺寸标注

图 15-28　轴承座尺寸标注

操作步骤如下。

步骤 1：打开轴承座模型文件

打开文件 Ch15-28，操作步骤略。

步骤 2：创建新文件

调入 A3_H 绘图格式文件，创建工程图，文件名称为 Ch15-28，操作过程略。

步骤 3：创建视图

参见本书第 14 章，操作步骤略。

步骤 4：显示驱动尺寸与轴线

第 1 步，单击 按钮，调用"显示模型注释"命令，弹出"显示模型注释"对话框，默认显示"尺寸"选项卡。

第 2 步，在模型树中选择模型，则显示所有驱动尺寸，单击 按钮，选中所有尺寸。

第 3 步，单击 按钮，打开"显示模型基准"选项卡，显示模型的轴线，单击 按钮，选中所有轴线。

第 4 步，单击"确定"按钮，退出对话框，在视图上显示尺寸和轴线，如图 15-29（a）所示。

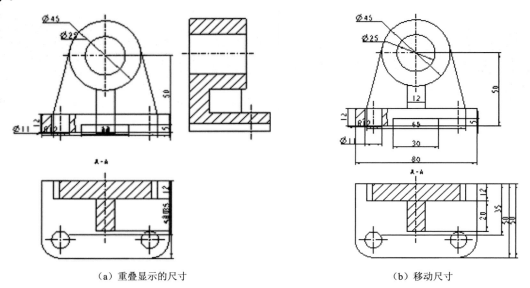

（a）重叠显示的尺寸　　　　　　　　　（b）移动尺寸

图 15-29　显示的驱动尺寸

步骤 5：移动尺寸位置、拭除多余尺寸

第 1 步，选择重叠的尺寸，拖动至适当位置，以便能看清尺寸，如图 15-29（b）所示。

第 2 步，移动鼠标至俯视图拉伸 2 特征尺寸 50 上单击，如图 15-30（a）所示。再右击，在弹出的快捷菜单中选择"拭除"选项，在适当位置单击，则拭除该尺寸，即在底板上切割槽的宽度，如图 15-30（b）所示。

步骤 6：在视图间移动尺寸、清理尺寸

第 1 步，在主视图上选中半径尺寸 R12，按住 Ctrl 键，选择直径尺寸 $\phi11$，单击 移动到视图 按钮，调用"移动到视图"命令，选择俯视图，单击，将所选的两个尺寸从主视图移至俯视图上。用同样方法将俯视图上尺寸 12、20、55 移动到左视图上。

（a）选择尺寸   （b）拭除尺寸

图 15-30　选择需要拭除的尺寸

第 2 步，单击 清理尺寸 按钮，调用"清理尺寸"命令，选择主视图，按住 Ctrl 键，依次选择俯视图、左视图，单击中键，可在"清理尺寸"对话框的"放置"选项卡内进行设置，如图 15-24 所示。单击"应用"按钮，单击"关闭"按钮，结果如图 15-31 所示。

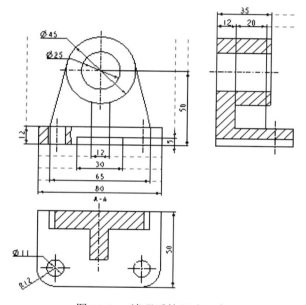

图 15-31　清理后的驱动尺寸

第 3 步，将主视图上的水平尺寸 12、30、65、80 向上移动至合适位置，如图 15-32（a）所示的位置。

第 4 步，右击尺寸 65，在弹出的快捷菜单中选择"倾斜尺寸"选项，则显示倾斜句柄，如图 15-32（a）所示，单击后按住鼠标左键将其拖至适当位置，松开鼠标，将 65 的尺寸界线倾斜，如图 15-32（b）所示。

第 5 步，向左水平拖动竖直尺寸 5、50。

步骤 7：缩短或修剪尺寸界线

第 1 步，选择主视图上的竖直尺寸 12，移动光标移至尺寸 12 下端尺寸起点处，显示尺寸界线起点控制滑块，如图 15-33（a）所示，单击，并按住鼠标水平拖动，移动尺寸 12 的下端尺寸界线的起点。用同样方法拖动其另一条尺寸界线的起点。

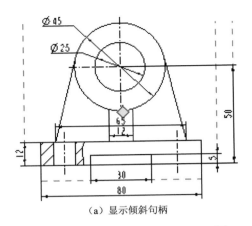

（a）显示倾斜句柄

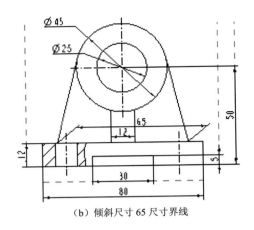

（b）倾斜尺寸 65 尺寸界线

图 15-32　倾斜尺寸

第 2 步，拖动尺寸 50 的尺寸界线起点，移动后如图 15-33（b）所示。

第 3 步，拖动左视图上的尺寸 12、20、35，以及其尺寸界线起点。

注意： 拖动尺寸界线起点时，按住 Shift 键的同时选择一个参考，可以将尺寸界线起点拖至指定修剪参考。如果需要重新修剪该起点，则需要按住 Shift 键移动尺寸界线拖动器，拖动时不选择原先的修剪参考，而在其他位置松开 Shift 键。

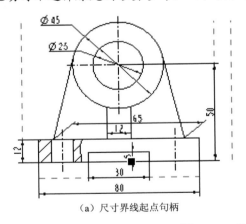

（a）尺寸界线起点句柄

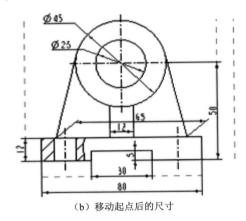

（b）移动起点后的尺寸

图 15-33　移动尺寸及尺寸线起点

注意： 必要时，选择某一个尺寸，右击，在弹出的快捷菜单中选择"反向箭头"选项，可以将所选的尺寸箭头反向。

步骤 8：删除捕捉线

删除由"清理尺寸"命令创建的多余的捕捉线，向上移动俯视图至适当位置，结果如图 15-34 所示。

步骤 9：创建捕捉线

第 1 步，单击"注释"选项卡"编辑"面板中的"创建捕捉线"按钮 ▤ ，如图 15-35（a）所示，弹出如图 15-35（b）所示的"创建捕捉线"菜单管理器，以及"选择"对话框。

第 2 步，选择"偏移对象"选项。

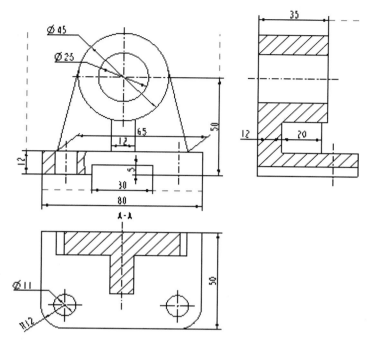

图 15-34　移动整理后的驱动尺寸

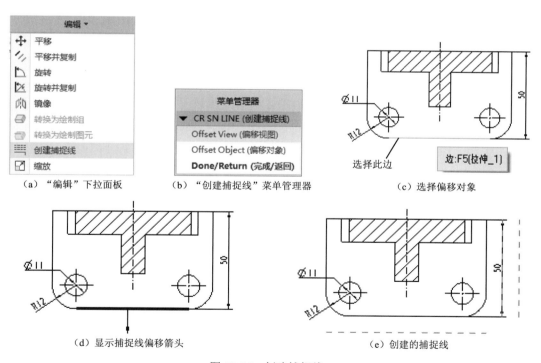

（a）"编辑"下拉面板　　　　（b）"创建捕捉线"菜单管理器　　　　（c）选择偏移对象

（d）显示捕捉线偏移箭头　　　　　　　　　（e）创建的捕捉线

图 15-35　创建捕捉线

　　第 3 步，系统提示"选择多边，多个图元，基准，多个捕捉线顶点或截面图元。"时，在俯视图上选择拉伸_1 特征（即底板）的前边，如图 15-35（c）所示。单击"选择"对话框的"确定"按钮，俯视图所选边上出现捕捉线偏移的箭头，如图15-35（d）所示。

第4步，系统显示"输入捕捉线与参考点的距离"消息输入窗口，在文本框内输入距离值8，单击其右侧的 ✓ 按钮。

第5步，系统显示"输入要创建的捕捉线的数据"消息输入窗口，默认捕捉线条数为1，单击其右侧的 ✓ 按钮。

第6步，选择"创建捕捉线"菜单管理器的"完成/返回"选项，创建的捕捉线处于激活状态，单击，结束命令。如图15-35（e）所示。

第7步，用上述同样方法在俯视图右侧创建2条距离为8mm的捕捉线。

步骤10：手动添加从动尺寸并移动

第1步，将俯视图上的垂直尺寸50移至外侧垂直捕捉线上。

第2步，单击 按钮，调用"尺寸"命令，弹出"选择参考"对话框。默认"选择参考"类型为"选择图元"，创建底板上孔的定位尺寸56、38，操作过程略。

第3步，移动刚创建的尺寸至相应的捕捉线上，如图15-36所示。

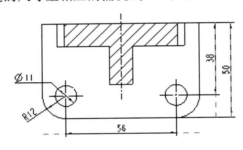

图15-36　添加从动尺寸

第4步，删除所有的捕捉线。

步骤11：改变尺寸文本属性

将俯视图上的直径尺寸11，改为2×11（参见15.3.5节）。

步骤12：标注剖视图

右击俯视图，弹出快捷菜单，选择"添加箭头"选项，选择需要添加箭头的主视图，在适当位置单击，结果如图15-28（b）所示。

注意：在"注释"选项卡的绘图树中，每个视图下都列出了该视图的注释、捕捉线，右击选中的选项，可以在快捷菜单中选择"拭除""删除""重命名"等操作。

15.3.4　对齐尺寸

使用"对齐尺寸"命令，可以将同一方向的尺寸线对齐为共线。

可通过功能区调用命令，单击"注释"选项卡"编辑"面板中的 按钮。

操作步骤如下。

第1步，选择要将其他尺寸与之对齐的尺寸，使该尺寸亮显，如图15-37（a）所示下侧尺寸8。

第2步，按住 Ctrl 键选中要对齐的其他尺寸，如图15-37（a）所示的上侧尺寸8。

第3步，单击 按钮，系统自动将两个尺寸对齐为连续尺寸，如图15-37（b）所示。

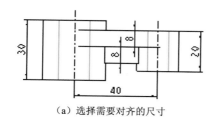

（a）选择需要对齐的尺寸

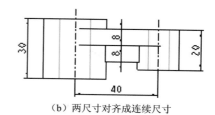

（b）两尺寸对齐成连续尺寸

图 15-37　对齐尺寸

注意：

（1）可以对齐线性、径向和角度尺寸。

（2）尺寸与第一个选定尺寸对齐。

（3）选择多个要对齐的尺寸后，右击，在弹出的快捷菜单中选中"对齐尺寸"选项，也可以对齐尺寸，如图 15-38 所示。

（4）还可以使用捕捉线对齐尺寸，且移动捕捉线，将会移动与之对齐的所有图元。

（5）如果单独移动一个尺寸，则已对齐的尺寸不会继续保持对齐状态。

图 15-38　多个尺寸快捷菜单

15.3.5　修改尺寸属性

利用"尺寸"功能区选项卡可以设置、修改工程图中的尺寸属性，以满足标注的要求。

可通过快捷菜单调用命令，选择某一个尺寸，弹出"尺寸"功能区选项卡。"尺寸"功能区选项卡如图 15-7 所示，其中提供了 8 个面板，本小节介绍主要的功能。

注意： 手动添加尺寸时，单击鼠标中键，弹出所标尺寸的"尺寸"功能区选项卡。

1．更改尺寸符号与尺寸值

所选尺寸的"值"面板如图 15-39 所示。

（1）更改尺寸符号。在修改尺寸的符号名称文本框中更改尺寸符号。

（2）更改驱动尺寸的公称值。当选择了驱动尺寸，如选择如图 15-36 所示的直径尺寸 11，则"值"面板如图 15-39（a）所示，可以更改尺寸公称值。

注意： 只有选择了驱动尺寸，设置尺寸的公称值文本框才亮显可用，可以在驱动尺寸上双击，在弹出的文本框中修改尺寸的公称值，还可以在尺寸快捷菜单中选择"修改公称值"。在修改尺寸公称值后，即可自动更新工程图所关联的零件模型相关尺寸。

（3）更改从动尺寸的覆盖值。当选择了从动尺寸，如选择如图 15-36 所示的尺寸 56，则"值"面板如图 15-39（b）所示。选择其复选框，即可在覆盖值文本框输入尺寸的覆盖值，覆盖值默认值为 0，只能为实数。

注意： 如所选尺寸为驱动尺寸，则不可用覆盖值。

2．更改尺寸方向

当选择从动尺寸时，"显示"面板的"方向"选项亮显，可以更改所选尺寸的方向或类型。

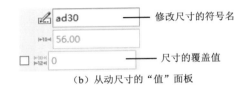

修改尺寸的符号名 —— d5
设置尺寸的公称值 ——

修改尺寸的符号名 —— ad30
尺寸的覆盖值 ——

（a）驱动尺寸的"值"面板　　　　　　　（b）从动尺寸的"值"面板

图 15-39　"尺寸"功能区选项卡"值"面板

（1）更改线性尺寸方向。当所选的从动尺寸是线性尺寸，而且创建尺寸的参考为单个线性图元、两个点、两个圆（圆弧）的中心点或任意切点，如选择如图 15-22 所示的左侧斜边尺寸 15，单击"方向"下拉按钮，显示如图 15-40（a）所示的选项。如果选择"平行于"或"垂直于"选项，则可以选择一个参考图元，尺寸将在平行于或垂直于选定参考图元的方向上进行标注。

（2）更改角度方向。当选择了角度尺寸，如图 15-22 所示的角度 30°，则"方向"选项如图 15-40（b）所示，可以更改标注角度的象限。

（3）更改径向尺寸类型。当选择了直径或半径尺寸，则"方向"选项如图 15-40（c）所示，可以更改尺寸类型。

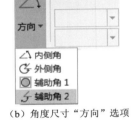

（a）线性尺寸"方向"选项　　　（b）角度尺寸"方向"选项　　　（c）径向尺寸"方向"选项

图 15-40　"尺寸"功能区选项卡"显示"面板设置从动尺寸方向

注意： 只能选择一个从动尺寸更改其方向。

3. 控制尺寸精度

"精度"面板提供了选定尺寸的尺寸值及其公差值的精度设置，可以设置尺寸的小数位数，如尺寸保留 3 位小数，则在精度下拉列表下选择 0.123。

4. 控制尺寸显示

单击"显示"面板的"显示"按钮 ，展开如图 15-41 所示的"显示"面板，下面以图 15-42 所示的尺寸标注为例进行说明。

（1）设置文本方向："文本方向"下拉列表提供用于设置尺寸文本相对于尺寸线的方向，不同尺寸类型的"文本方向"选项有差异。线性尺寸的"文本方向"选项如图 15-43（a）所示。如图 15-43（b）所示，水平尺寸 65 和竖直尺寸 50 设置为"水平"方式显示尺寸，半径尺寸 R10 设置为"ISO 居上延伸"。

（2）控制尺寸配置："配置"下拉列表提供配置所选尺寸是否加引线，仅适用于线性尺寸、直径尺寸、倒角尺寸，不同尺寸类型的"配置"选项有差异。直径尺寸的"配置"选项如图 15-44（a）所示。如图 15-44（b）所示，配置竖直尺寸 50 为"中心引线"，直径尺

寸 ϕ25 为 "线性"。

图 15-41 "显示"面板设置尺寸显示方式

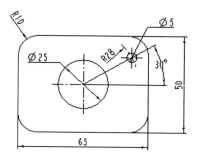

图 15-42 默认的尺寸标注

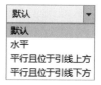

(a) 线性尺寸 "文本方向" 选项

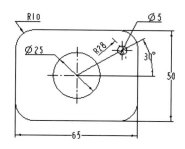

(b) 设置尺寸文本方向后的尺寸显示

图 15-43 "显示"面板设置尺寸文本方向

(a) 直径尺寸 "配置" 选项

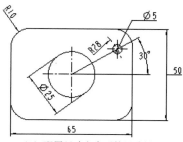

(b) 配置尺寸文本后的尺寸显示

图 15-44 "尺寸"功能区选项卡 "显示"面板设置尺寸显示方式

（3）设置箭头样式和箭头方向："箭头"样式如图 15-45 所示，可根据需要选择，单击"反向"，可以更改箭头方向。

（4）其他设置：当所选的从动尺寸是由两个线图元之间定义的线性和角度尺寸，则"双精度值"选项才可用，选择该复选框，则显示选定尺寸实际值的两倍。默认设置下，具有双精度值的尺寸由双箭头标识。如果选择"检查"复选框，则尺寸显示如图 15-46 所示，表示零件中需要检查的重要尺寸。

图 15-45　箭头样式

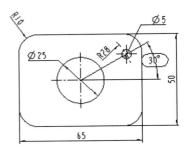

图 15-46　以"检查"方式显示

5. 设置尺寸文本

单击"尺寸文本"面板的 ⌀10.0① 按钮，展开如图 15-47 所示的"尺寸文本"面板。利用"前缀"或"后缀"文本框，可以输入显示在当前尺寸文本之前或之后的文字或符号，在"尺寸文本"编辑区输入尺寸文字以及相关符号，在"符号"列表中选择所需插入的符号。如图 15-36 所示的尺寸 ϕ11，可在"尺寸文本"编辑区的@D 前输入"2×"（或在前缀 ϕ 前输入"2×"），将尺寸修改为 2×ϕ11，如图 15-48 所示。

注意：

（1）修改尺寸文本时，驱动尺寸和从动尺寸都会保留，只是在尺寸前后添加符号或输入的文本。当选择多个尺寸时，所指定的前缀和后缀，以及尺寸文本的修改均会应用于所有选定的尺寸。

（2）修改尺寸文本样式的方法与修改注解文本样式的方法类似，参见本书 15.4.4 节。

6. 设置尺寸的显示格式

"尺寸格式"面板下的"尺寸格式"选项组如图 15-49 所示，可以设置线性尺寸、径向尺寸、角度尺寸以"小数""分数"格式显示，默认为"小数"，且可以设置小数的位数。当选择角度尺寸时，"角度尺寸单位"选项亮显，可以设置角度尺寸的单位。

15.3.6　拭除/显示尺寸界线

如图 15-50 所示，半剖视图中的尺寸 ϕ50 的左侧尺寸界线需要拭除。Creo Parametric 4.0 可以将一侧的尺寸界线拭除，方法如下。

选择尺寸，将光标移至需要拭除的尺寸界线上，使该尺寸界线亮显，右击，弹出如图 15-50（a）所示的快捷菜单，选择"拭除尺寸界线"，所选尺寸界线隐藏，单击，结束操作。如图 15-50（c）所示，则尺寸界线拭除的一侧显示为双箭头，可以使用尺寸快捷菜单，将箭头反向，即可显示如图 15-50（d）的标注形式。

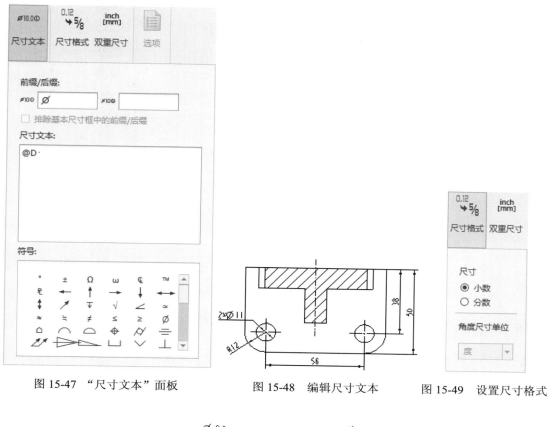

图 15-47 "尺寸文本"面板

图 15-48 编辑尺寸文本

图 15-49 设置尺寸格式

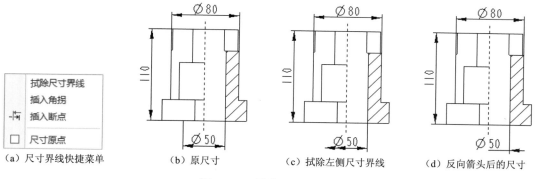

（a）尺寸界线快捷菜单　　（b）原尺寸　　　（c）拭除左侧尺寸界线　　（d）反向箭头后的尺寸

图 15-50 拭除尺寸界线

选择已经隐藏尺寸界线的尺寸，右击，从弹出的快捷菜单中选中"显示尺寸界线"选项，则可以回复显示隐藏的尺寸界线，恢复显示尺寸界线后，尺寸为单箭头。

注意：

（1）只能拭除一条尺寸界线，当拭除另一条尺寸界线时，系统自动显示已被拭除的那条尺寸界线。

（2）当尺寸箭头在尺寸界线外侧，拭除一侧尺寸界线后，拭除一侧箭头将不显示。

15.4 创 建 注 解

注解可包括文字、符号、绘图标签、尺寸和参数化的信息等，在工程图中注写技术要求和文字等信息可以通过创建注解完成，如图 15-51 所示传动轴的技术要求、倒角标注，以及图 15-52 所示的相关注解等。Creo Parametric 4.0 使用指定的文本样式创建注解文本。

可通过功能区调用命令，单击"注释"选项卡"注释"面板中 注解▼ 按钮的下拉按钮。

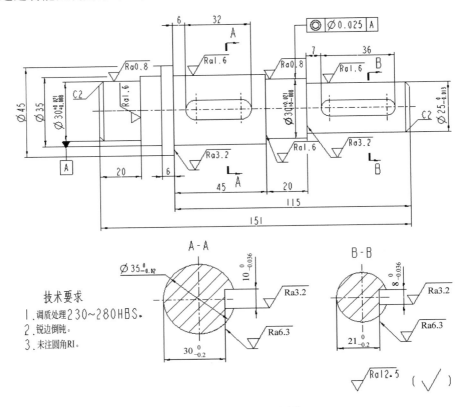

图 15-51　传动轴工程图

15.4.1　创建无引线注解

Creo Parametric 4.0 提供的无引线注解的类型有独立注解、偏移注解、项上注解。

1. 创建独立注解

"独立注解"是无引线的注解，且可以自由放置，可以用鼠标拖到任意位置，如图 15-51 所示的技术要求文本可以用此类注解创建。

操作步骤如下。

第 1 步，单击"注解"下拉面板的 按钮，调用"独立注解"命令，系统弹出如图 15-53 所示的"选择点"对话框，同时光标附近出现注解文本框。

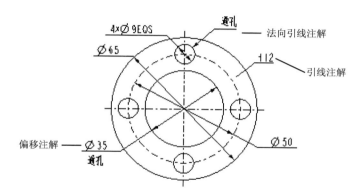

图 15-52 部分注解类型

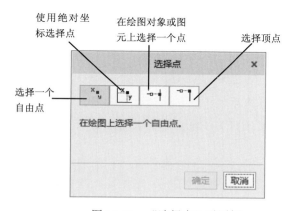

图 15-53 "选择点"对话框

第 2 步,系统提示"选择注解的位置。"时,弹出"选择点"对话框,在"选择点"对话框中选择文本定位选项,确定注解文字的放置方式,单击确定文本位置。系统弹出如图 15-54 所示的"格式"功能区选项卡。

图 15-54 "格式"功能区选项卡

第 3 步,在"格式"功能区选项卡中指定注解文本的字高、文字样式,修改文本格式、对齐方式等。

第 4 步,在注解文本框中输入文字。如图 15-51 所示的技术要求,每输入一行后按回车键,再输入下一行。

第 5 步,在文本框外单击,此时"对齐方式"选项亮显,可以指定文本对齐方式。

第 6 步,在文本框外单击。

第 7 步,再次单击,结束命令。

注意: 右击选中的注解,在弹出的快捷菜单中选择"拭除",即可将其隐藏。右击绘图树中要拭除的注解,在弹出的快捷菜单中选中"取消拭除"选项,则重新显示。

2. 创建偏移注解

通过选定绘图图元（如尺寸、几何公差、注解、符号、轴、基准点等）作为注解的参考图元，并偏移一定距离，创建注释文本。如图 15-52 所示，选择尺寸 $\phi35$ 为参考图元，创建注释"通孔"。

操作步骤如下。

第 1 步，单击"注解"下拉按钮，调用"偏移注解"命令，光标附近出现注解文本框。

第 2 步，系统提示"选择一个尺寸，尺寸箭头，几何公差，注解，符号实例，一个参考尺寸，一个基准点，绘制基准点或一个轴端点。"时，选择绘图图元作为注解偏移的参考，如图 15-52 所示的尺寸 $\phi35$。

第 3 步，系统提示"选择注解的位置。"时，在适当位置单击鼠标中键。

第 4 步，在注解文本框中输入文字。如图 15-52 所示的"通孔"。

第 5～7 步，与 15.4.1 节创建无引线注解操作步骤的第 5～7 步相同。

注意：

（1）拖动和放置注解文本框时，将显示一条连接选定参考图元与注解文本框的重影线，此时可以按 Ctrl 键并单击另一个图元替换参考。

（2）移动参考图元时，与其关联的偏移注解也会移动。选择偏移注解，拖动鼠标，可以更改该注解的位置。

3. 创建项上注解

单击"注解"下拉按钮，调用"项上注解"命令，可以将注解直接依附于某一个参考的选定位置，项上注解的参考可以是边、图元、基准点、坐标系、曲线、点等。操作过程略。

15.4.2　创建带引线注解

"引线注解"是从依附对象创建端部带有箭头的指引线与注解相连，可以设置箭头样式、连接样式。Creo Parametric 4.0 提供的带引线注解有引线注解、切向引线注解、法向引线注解。

1. 创建引线注解

引线注解的引线可以是任意方向，如图 15-52 所示的不带有箭头引线的注解"t12"。

操作步骤如下。

第 1 步，单击"注解"下拉按钮，调用"引线注解"命令，系统弹出如图 15-55 所示的"选择参考"对话框，光标附近出现带箭头引线的注解文本框。

第 2 步，系统提示"选择多边多个图元尺寸界线基准点坐标系多个坐标系矢量轴心多个轴线曲线模型轴，曲面点，顶点，截面图元或起点。"时，在"选择参考"对话框中选择参考选项，确定选定图元上的引线连接点。如图 15-56 所示，在模型拉伸 1 的前表面曲面上适当位置单击。

注意：

（1）按 Ctrl 键，单击选定的参考图元可以移除参考。

（2）按 Ctrl 键，单击另一图元可以添加参考，则会创建带有多个引线的注解。

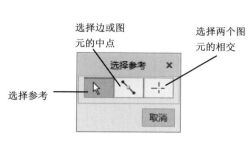

图 15-55 "引线注解"的"选择参考"对话框

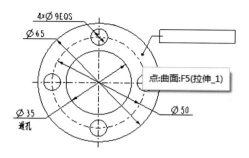

图 15-56 为引线注解选择曲面参考

第 3 步，移动鼠标，在适当位置单击鼠标中键，弹出"格式"功能区选项卡。

第 4 步，在注解文本框中输入文字 t12。

第 5 步，单击"格式"功能区选项卡"格式"面板中的 一 箭头样式 ▼ 按钮，展开箭头样式选项，如图 15-57（a）所示，选择箭头样式为"无"。

第 6 步，单击"格式"下拉面板，选择"切换引线类型"，如图 15-57（b）所示，将文字位于横线上方。

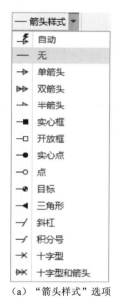

（a）"箭头样式"选项

（b）切换引线类型

图 15-57 设置箭头样式和切换引线类型

第 7 步，在文本框外单击。

第 8 步，如需要可以调整引线长度和水平线的长度。

第 9 步，再次单击，结束命令。

注意：

（1）上述操作使用默认选项"选择参考"，即指定选定图元的任意参考点；如果使用"选择边或图元的中点"，则引线箭头将放置于指定图元的中点；如果使用"选择两个图元的相交"，则引线箭头放置于两个图元的交点。

（2）在引线箭头起点处单击可以拖动起点位置，在箭头起点处右击，弹出"箭头样式"

菜单，可以从中选择箭头样式。

2. 创建切向引线注解

"切向引线注解"的引线相切于参考图元，如图 15-51 所示的倒角标注 C1。

【例 15-2】 创建如图 15-58 所示的倒角尺寸。

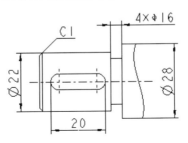

图 15-58 轴端倒角标注

操作步骤如下。

第 1 步，单击"注解"下拉按钮，调用"切向引线注解"命令，光标附近出现带箭头引线的注解文本框。

第 2 步，系统提示"选择一个边，一个图元，尺寸界线，一个基准点，一个轴线，曲线，一顶点或截面图元。"时，将光标移至倒角边上，出现相切符号🔗，如图 15-59（a）所示。

注意：可以右击，查询到所要选择的边后单击鼠标。

第 3 步，移动鼠标，在适当位置单击鼠标中键，弹出"格式"功能区选项卡。

第 4 步，在注解文本框中输入文字 C1，如图 15-59（b）所示。

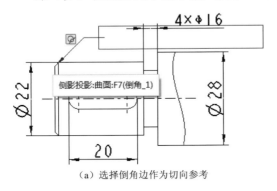
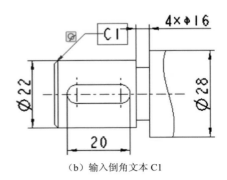

（a）选择倒角边作为切向参考　　　　　　　　　（b）输入倒角文本 C1

图 15-59 标注倒角

第 5～7 步，与创建引线注解操作步骤的第 5～7 步相同。结果如图 15-60（a）所示。

第 8 步，调整文本位置，缩短水平线长度。向右拖动如图 15-60（a）所示的注解控制滑块至合适位置，此时引线会改变方向，相切符号🔗消失，表示不与参考边相切。再移动光标至文本上，使光标变成✥，按住鼠标移动，出现相切符号时放开鼠标，如图 15-60（b）所示。

第 9 步，再次单击，结束命令。

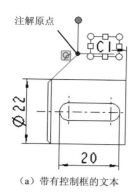

（a）带有控制框的文本

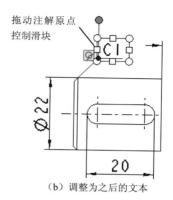

（b）调整为之后的文本

图 15-60　设置倒角文本格式、调整位置

3. 创建法向引线注解

"法向引线注解"的引线垂直于选定的图元，如图 15-52 所示上端带有箭头引线的注解"通孔"，法向引线指向选定圆的圆心。

单击"注解"下拉面板的 ⌐ᴬ 按钮，调用"法向引线注解"命令，选择参考，在如图 15-52 所示的上端小圆任意位置单击。法向引线注解的参考可以是边、图元、基准点、尺寸界线、轴线、曲线、点等。操作过程略。

15.4.3　"格式"功能区选项卡选项及操作说明

在创建注解过程中或选择已创建的注解，都会打开"格式"功能区选项卡，除了可以设置引线箭头和切换引线，还可以选择输入注解内容的方式、文字样式、对齐方式等。

1. 注解内容

注解内容的来源有以下两种。

（1）输入：默认设置为直接通过键盘输入文字内容。

（2）来自文件的注解：在"格式"功能区选项卡的"文本"面板中，单击 ⌐Aᵢ 来自文件的注解 按钮，可以选择某一个.txt 格式的文件，从中读取文本内容。

另外，"文本"面板中还提供了"符号"调色板，可以从中选择符号插入至文本中。

2. 设置文字样式

默认设置下，注解文本使用当前样式或上次使用的样式，可以在"样式"面板中的"字体"下拉列表中为注解文本重新选择一种字体。

在"样式"面板中还可以为注解文字设置字高、颜色，以及"粗体""斜体""下画线"，并应用上下标等。

3. 注解文字的对齐方式

在"格式"功能区选项卡的"样式"面板中提供了文字对齐方式，有"左""居中""右"3 个选项，即相对于注解放置原点进行对齐，如图 15-61 所示。

通孔　　　通孔　　　通孔

（a）左　　　（b）居中　　　（c）右

图 15-61　文字对齐方式

注意：在创建注解输入文本时或选择某个注解后右击，弹出文本样式迷你工具栏和注解原点迷你工具栏，如图 15-62 所示。该工具栏列出文本字体、字体大小、粗体、斜体等样式和对齐方式等选项，方便操作。在注解原点上右击，也可以打开注解原点迷你工具栏。

图 15-62　注解迷你工具栏

15.4.4　利用"注解属性"对话框编辑注解属性

注解创建后，可以双击该注解，系统随即打开"格式"功能区选项卡，参考上述方法进行重新设置，也可以修改注解内容，还可以利用"文本样式"对话框修改其属性。注解创建后还可以进行移动操作等。

可通过快捷菜单调用命令，右击某个注解，在弹出的快捷菜单中选择"属性"选项。

启动命令后，系统弹出如图 15-63 所示的"注解属性"对话框，该对话框包含"文本"和"文本样式"两个选项卡。

（a）"文本"选项卡

（b）"文本样式"选项卡

图 15-63　"注解属性"对话框

1. 修改注解内容

可以在"文本"选项卡中进行如下操作。

（1）修改文本内容，还可以插入文本符号。

（2）打开现有.txt文本文件，插入文件中的文本，该文本将替换原来的文本。

（3）可将文本内容命名保存到当前目录下，生成.txt文本文件。

2. 修改文本样式

可以在"文本样式"选项卡中设置、修改注解文本样式，包括字体类型、高度、行间距和颜色等。

注意：选择注解，单击"注释"选项卡"格式"面板中的 $^{\bullet}A$ 按钮，可以直接打开"文本样式"对话框。

（1）设置文字样式。在"复制自"选项组内选择基础样式，可以从"样式名称"下拉列表中选择文本样式或单击"选择文本"按钮，选择现有的文本的样式。

（2）设置文字字符。在"字符"选项组内选择字体、设置倾斜角度、是否加下画线等。取消"字体""高度""粗细""宽度因子"文本框右侧的"默认"复选框，相应文本框亮显，可以选择或输入相应的值。如图15-63（b）所示，绘图属性中默认的字高为3.5，取消右侧"默认"复选框，可输入字高5。

（3）设置"注释/尺寸"的显示方式。在"注释/尺寸"选项组内可以设置文本在水平、竖直方向上的对齐方式，以及文本角度、颜色等。通过选中"镜像"复选框将选定的文本进行镜像复制，还可以取消选中"行间距"文本框后的"默认"复选框，修改行间距值。

当文本与剖面线重合时，可以选中"打断剖面线"复选框，并在"边距"文本框内输入尺寸文本与剖面线之间打断的间距。

注意：设置完成后可以单击"应用"按钮，预览设置效果。如不满意，可以单击"重置"按钮，重新设置。

15.4.5 重新关联与连接注解

创建注解后，还可以更改注解类型、重新关联对象或视图、编辑连接等。

1. 更改注解类型

选择任意一个注解并右击，在弹出的快捷菜单中选择"更改注解类型"，可以将所选注解更改为其他类型。

2. 与视图关联

选择独立注解，单击"注释"选项卡"组"面板中的 与视图相关 按钮，选择某一个视图，可以将独立注解与视图关联。

3. 与对象关联

选择任何类型的注解，单击"注释"选项卡"组"面板中的 与对象相关 按钮，选择某一个对象，可以将所选的注解与所选的参考对象关联，可以与注解关联的参考有尺寸、尺寸界线、几何公差、其他注解、符号、轴、基准点。

注意：与视图或对象关联的注解，将随视图或对象的移动而改变位置。选择关联的注解，再单击 取消相关 按钮，将取消与视图或对象的关联。

4. 编辑连接

选择某一个注解，单击"注释"选项卡"编辑"面板中的 $\sqrt{}$ 按钮，调用"连接"命令，弹出"修改选项"菜单管理器。选择"更改参考"选项，可以重新选择注解的参考（独立注解可以转换成引线注解）；选择"添加参考"选项，可以添加注解引线，将引线指向多个参考。还可以选择"删除参考"选项，删除某一个引线参考。

注意：法向引线注解和切向引线注解无法添加参考和删除参考。

选择带引线的注解，然后移动光标至引线上并右击，在弹出的快捷菜单中选择"编辑连接"选项，也可以重新指定引线参考。在快捷菜单中选择"删除引线"，可将所选引线删除。

注意：删除引线注解的最后一个参考或最后一条引线，带引线注解将变为独立注解。

15.5   注写技术要求

工程图中，技术要求是不可或缺的组成部分。除了用文字表达零部件所需达到的技术要求外，还需要在图样中标注尺寸公差、几何公差、表面粗糙度等性能指标。

在 Creo Parametric 4.0 的零件模块下，有关注释、符号的创建，以及尺寸、表面粗糙度、几何公差等的标注均可以利用"注释"选项卡"注释"面板的相关按钮完成，有关命令按钮如图 15-64 所示。本书只介绍在工程图模块下有关技术要求的操作方法。

图 15-64　零件模块下的"注释"选项卡中的"注释"面板

15.5.1   标注尺寸公差

利用"尺寸功能区"选项卡可以设置尺寸公差的公差格式及公差值，在视图中标注尺寸公差。

1. 显示尺寸公差的设置

默认设置中，绘图选项的 tol_display 参数值为 no，不显示尺寸公差。要在工程图中显示尺寸公差，当 tol_display 参数值设为 yes 时，如图 15-65 所示的"公差"面板中的"公差模式"下拉列表才可用，关于绘图选项设置参见本书 14.2.1 节所述。

注意：本书已将系统启动目录更改为 E:\Creo4.0，config.pro 配置文件中的配置选项 drawing_setup_file（绘图设置文件）为 E:\ Creo2.0\Metric_GB.dtl，其中的绘图选项 tol_display 参数值为 yes。

2. 标注尺寸公差的步骤

操作步骤如下。

第 1 步，执行"文件"|"选项"菜单，在"Creo Parametric 选项"对话框中选择"配置编辑器"选项，弹出"查看并管理 Creo Parametric 选项"窗口，修改尺寸公差显示选项

tol_display 的值为 yes。

注意：使用本书的工程图环境可以省略此步骤。

第 2 步，显示驱动尺寸，添加从动尺寸，清理尺寸，修改编辑有关尺寸属性，使尺寸正确、完整、清晰地显示。

第 3 步，选择需要标注公差的尺寸，弹出"格式"和"尺寸"功能区选项卡，默认打开"尺寸"功能区选项卡。

第 4 步，在"尺寸"功能区选项卡中，单击"公差"面板"公差"按钮 公差▾ 后的下拉按钮，在弹出的选项中选择公差模式，如图 15-65（a）所示。

第 5 步，在"公差"面板中，分别在设置上公差值文本框和设置下公差值文本框内输入上、下偏差值，如图 15-65（b）所示。

注意：系统默认的公差为"+"，公差值前不加符号，则系统自动在公差值前加"+"。公差值为负，则需在公差值前输入"−"。

第 6 步，在"精度"面板中设置小数精度，如图 15-65（b）所示。

第 7 步，单击鼠标中键或在图形区域内单击，结束命令。

（a）选择公差模式 　　　　　　　　　（b）设置公差值和尺寸精度

图 15-65　在"公差"面板中设置公差模式、公差值和尺寸精度

3. 尺寸公差格式

config.pro 配置文件中，尺寸公差格式选项 tol_mode 的值为 nominal，即所有显示与添加的尺寸均不显示公差，在"公差"选项中可选择的公差模式如图 15-65（a）所示。

（1）公称：默认模式，即以公称值或覆盖值的形式显示尺寸，而不标注公差。

（2）基本：该模式在基本尺寸外围由矩形围绕，且不标注公差。

（3）极限：以两个极限尺寸的形式显示尺寸。

（4）正负：以基本尺寸后具有上、下偏差的形式显示尺寸。

（5）对称：以基本尺寸后具有对称偏差的形式显示尺寸。

上述相应的标注格式如图 15-66 所示。

（a）公称 　　　　（b）基本 　　　　（c）极限 　　　　（d）正-负 　　　　（e）对称

图 15-66　尺寸公差格式

【例 15-3】　利用本书工程图环境，标注如图 15-51 所示的传动轴上的公差尺寸。

操作步骤如下。

步骤 1：标注两段轴颈尺寸公差

第 1 步，显示、标注轴的尺寸，操作过程略。

第 2 步，选择左侧尺寸 30，按住 Ctrl 键，选择右侧尺寸 30，弹出"格式"和"尺寸"功能区选项卡，默认打开"尺寸"功能区选项卡。

第 3 步，在"尺寸"功能区选项卡中，单击"公差"面板"公差"按钮 公差▾ 后的下拉按钮，在如图 15-65（a）所示的公差模式选项中选择"正负"。

第 4 步，在"公差"面板设置上公差值文本框内输入 0.021，在设置下公差值文本框内输入 0.008，如图 15-65（b）所示。

第 5 步，在"精度"面板内的小数位数文本框内输入 0.123，确定小数精度。

第 6 步，在图形区域内单击，结束命令。

步骤 2：标注两键槽尺寸公差

操作步骤如下。

第 1 步，同时修改两键槽宽度的公差模式为"正负"，上公差值为 0，下公差值为−0.036，且将尺寸移至尺寸界限外。操作过程略。

第 2 步，同时修改两键槽深度的公差模式为"正负"，上公差值为 0，下公差值为−0.2。操作过程略。

步骤 3：标注其他尺寸公差

操作过程略。结果如图 15-51 所示。

15.5.2 自定义符号

绘图符号是几何图元与文本的集合，Creo Parametric 4.0 系统提供了常用的绘图符号，存放于安装目录下的 symbols 文件夹中。用户可以根据需要自定义符合国家标准的符号，并以.sym 为扩展名保存。在工程图中，国家标准已规定了新的表面粗糙度符号，在工程图中有两种标注形式，如图 15-67（a）所示。按照国家标准要求，表面粗糙度的基本符号大小与其文字高度有关，字高为 3.5 时符号的大小如图 15-67（b）所示。所定义的表面粗糙度符号如图 15-68 所示，本小节以此为例说明自定义符号的步骤。

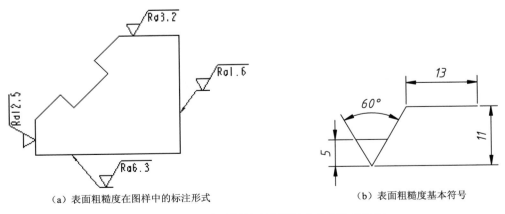

（a）表面粗糙度在图样中的标注形式　　　　（b）表面粗糙度基本符号

图 15-67　表面粗糙度在图样中的标注及符号

| （a）原始几何图形 | （b）几何及注解 | （c）基本符号及注解 |

图 15-68　创建表面粗糙度符号

可通过功能区调用命令，单击"注释"选项卡"注释"面板中的"符号库"按钮 🔍。操作步骤如下。

步骤 1：启动命令并为符号命名

第 1 步，单击 🔍 按钮，调用"符号库"命令，弹出如图 15-69（a）所示的"符号库"菜单管理器。

第 2 步，选择"定义"选项，弹出消息输入窗口，系统提示"输入符号名[退出]:"时，在文本框内输入符号名称，如"表面粗糙度"，按回车键。系统弹出如图 15-69（b）所示的"符号编辑"选项和符号定义窗口"SYM_EDIT_表面粗糙度"。

步骤 2：在符号定义窗口内绘制符号形状

单击"草绘"下拉菜单中的 □ 线(L) 下拉按钮，选中"线链"选项，绘制表面粗糙度符号，如图 15-68（a）所示的符号图形，保证基本符号大小符合国家标准要求。操作过程略。

注意：

（1）利用"绘图草绘器工具"工具栏，也可调用"线链"命令。

（2）绘制直线的方法与 14.2.2 节绘图格式文件的步骤 3 类似，要用到捕捉参考、相对坐标、角度等。

（3）基本符号的右上角水平线可以取适当长度，本例长度为 13。

（4）符号下方水平线用于后续定义左右引线的导引原点，确定导引原点后可删除。

步骤 3：创建注解

第 1 步，执行"插入"|"注释"菜单命令，系统在"符号库"菜单管理器中弹出"注释类型"选项，如图 15-69（c）所示。

第 2 步，默认引线样式为"无引线"选项，注释文字内容来源为"输入"选项，"水平"放置方式，"左"对齐方式。

第 3 步，单击"进行注释"选项，系统弹出"选择点"对话框。

第 4 步，默认"在绘图上选择一个自由点"选项，系统提示"选中注解的位置"时，在符号水平线下方适当位置单击，确定注解的位置。

第 5 步，系统弹出消息输入窗口，在"输入注解"文本框内输入注释内容"Ra\CCD\"，按回车键，创建的注解如图 15-68（b）所示。

注意："\CCD\"表示可变文本，以适应工程图中不同的表面粗糙度值。

第 6 步，按回车键，单击"注解类型"选项中的"完成/返回"，返回"符号库"菜单管理器的"符号编辑"选项。

第 7 步，选择刚创建的注解，右击，在弹出的快捷菜单中选择"属性"，打开"注解属性"对话框，在"文本样式"选项卡中设置字高为 3.5，文字线宽粗细为 0，宽度因子为 0.7。

(a)"符号库"选项　　　　　　(b)"符号编辑"选项　　　　　　(c)"注解类型"选项

图 15-69　"符号库"菜单管理器

第 8 步，选择"属性"选项，弹出"符号定义属性"对话框，默认打开"常规"选项卡。

第 9 步，在"允许的放置类型"选项组中，选中"自由"复选框，弹出"选择点"对话框，选择"在绘图对象或图元上选择一个点"选项。系统提示"选择符号原点（独立定位）。"时，选中表面粗糙度符号底部顶点，单击鼠标中键。

第 10 步，选中"图元上"复选框，系统提示"选择图元上符号的原点"时，选中表面粗糙度符号底部顶点，单击鼠标中键。

第 11 步，选中"垂直于图元"复选框，系统提示"当符号与一个图元垂直时选择原点"时，选中表面粗糙度符号底部顶点，单击鼠标中键。

第 12 步，选中"左引线"复选框，系统提示"在符号的左侧选择导引原点"时，选择图 15-68（b）所示符号下方水平线的右端点。

第 13 步，选中"右引线"复选框，系统提示"在符号的右侧选择方向指引的原点"时，选择图 15-68（b）所示符号下方水平线的左端点。

第 14 步，选择"符号实例高度"选项为"可变的-相关文本"，并选择注解文字，将符号高度属性为注解字高。

第 15 步，在"符号定义属性"对话框中进行其他设置，如图 15-70 所示。

第 16 步，打开"可变文本"选项卡，将可变文本的预设值"\CCD\"设为 6.3。

第 17 步，单击"确定"按钮，返回"符号库"菜单管理器，如图 15-69（b）所示。

图 15-70 "符号定义属性"对话框

第 18 步，删除符号下方水平线。

第 19 步，单击"完成"选项，返回"符号库"菜单管理器初始菜单，如图 15-69（a）所示，并退出符号定义窗口，提示"符号已经重定义"。

注意：定义符号时可以利用"符号库"菜单管理器中的"绘图复制"选项，从当前工程图中选择某一个图元作为符号图元，或利用"复制符号"选项选择已有的符号作为符号图元。

步骤 4：保存符号

第 1 步，单击"写入"选项，系统弹出消息输入窗口，提示"输入目录。（自 E：\Creo4.0\偏移）："，按回车键。

第 2 步，系统提示"标志符[E：\Creo4.0\无引线表面粗糙度.sym.]已被存储。"

第 3 步，单击"完成"选项。

注意：利用"符号库"菜单管理器中的"符号目录"选项，可以设置符号存盘的目录。

15.5.3 标注表面粗糙度

在 Creo Parametric 4.0 中，可以插入系统提供的绘图符号，也可以插入自定义符号。插入符号可以"拭除"和"取消拭除"，操作方法与尺寸的"拭除"和"取消拭除"相同。

1. 插入绘图符号

调用命令的方式如下。

（1）通过功能区调用命令：在"注释"选项卡"注释"面板中单击"自定义符号"按钮 。

（2）通过快捷菜单调用命令：在草绘窗口内右击，在快捷菜单中选择"自定义符号"选项。

本节以图 15-67（a）所示的图样为例，说明插入自定义符号"表面粗糙度"的方法。操作步骤如下。

第 1 步，单击 按钮，调用"自定义符号"命令，弹出"打开"对话框，打开所要插入符号的文件夹，如图 15-71 所示对话框中的"表面粗糙度"自定义符号的路径。

第 2 步，选择插入的"表面粗糙度"符号，单击图 15-71 所示的"打开"按钮，弹出图 15-72（a）所示的"自定义绘图符号"对话框。

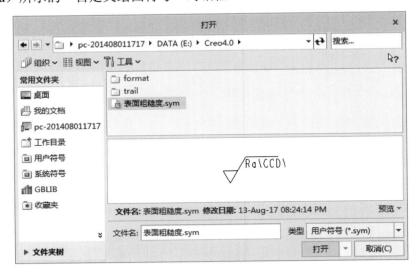

图 15-71　符号"打开"对话框

（a）"自定义绘图符号"对话框　　　　　　　（b）放置类型选项

图 15-72　插入表面粗糙度符号设置

第 3 步，设置符号属性，并在"放置类型"选项中选择放置类型，如图 15-72（b）所示的"垂直于图元"。

第4步，在"可变文本"对话框中更改表面粗糙度值3.2。

第5步，系统提示"使用鼠标左键选择附加参考"时，选择放置粗糙度符号的参考，如图15-73（a）所示的上表面。

第6步，系统提示"单击鼠标中键放置符号，或使用鼠标左键选择另一个附加参考"时，单击鼠标中键。

注意： 若此步骤选择另一个参考，则重新选择放置参考。

第7～9步，重复第4～6步，修改可变文本为12.5，选择零件的左表面，单击鼠标中键。

第10步，系统提示"使用鼠标左键选择附加参考"时，在"可变文本"对话框中更改表面粗糙度值6.3，在"常规"选项卡选择放置类型为"带引线"。

第11步，系统提示"使用鼠标左键（+Ctrl）选择一个或多个附加参考，然后单击鼠标中键放置符号。"时，选择零件的下表面，移动鼠标，在适当位置单击鼠标中键。

第12步，重复第11步选择零件的右表面，在适当位置单击鼠标中键。

第13步，在"可变文本"对话框中更改表面粗糙度值3.2。

第14步，单击"自定义绘图符号"对话框的"确定"按钮，在适当位置单击，结束命令。

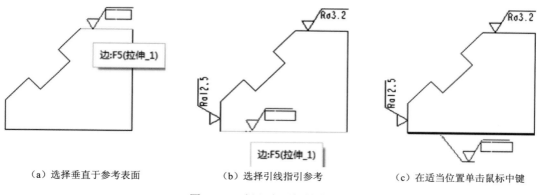

（a）选择垂直于参考表面　　　　（b）选择引线指引参考　　　　（c）在适当位置单击鼠标中键

图15-73　插入表面粗糙度符号

注意：

（1）启动命令一次可以插入多个符号。操作中还可以重新选择另一个符号，更换插入的符号。

（2）双击插入的符号，可以打开"自定义绘图符号"对话框，或者选择插入的符号，右击，在快捷菜单中选择"属性"也可以打开"自定义绘图符号"对话框。重新设置放置类型、属性、可变文本。

（3）选择插入的符号，可以再选择符号文本，右击，在快捷菜单中选择"编辑值"或双击符号文本，都可以弹出"输入CCD的文本"对话框，从而修改文本参数值。

（4）选择表面粗糙度符号后，可以采用拖动方式移动。

（5）放置类型各选项含义与上述注解类型和注解参考的含义类似。

（6）符号和注解一样，可以设置与视图、对象相关，执行"连接"命令或利用快捷菜单进行添加参考、更改参考、删除参考等操作。

2. 使用系统的表面粗糙度

Creo Parametric 4.0 系统的表面粗糙度可用于任何模型曲面，具有注释意义，且以微米为公制单位。系统自带的表面粗糙度符号存放于系统安装目录下的\symbols\suffins 文件夹下的 3 个子文件夹中，符号及其含义如表 15-4 所示。

表 15-4　Creo Parametric 表面粗糙度符号及其含义

文件夹	说明	参数值	符号	示例
generic	一般，任何加工方法	no_valre.sym	√	√
		standard.sym	\roughness_height\ √	6.3 √
machined	去除材料方法	no_valre1.sym	▽	▽
		standard1.sym	\roughness_height\ ▽	3.2 ▽
unmachined	不去除材料	no_valre2.sym	◁	◁
		standard2.sym	\roughness_height\ ◁	12.5 ◁

利用"表面粗糙度"命令可以在图样中插入旧国标中的表面粗糙度要求。

调用命令的方式如下。

（1）通过功能区调用命令：单击"注释"选项卡"注释"面板中的 ³²√ 表面粗糙度 按钮。

（2）通过快捷菜单调用命令：在草绘窗口内右击，在快捷菜单中选择"表面粗糙度"选项。

调用"表面粗糙度"命令后，弹出"打开"文件对话框，直接打开的是表面粗糙度所在的文件夹，操作方法与插入自定义绘图符号类似。

注意：

（1）用"表面粗糙度"命令插入的粗糙度符号适用于整个表面，一个表面只能在一个视图上标注显示，如果为已有表面粗糙度的表面再指定表面粗糙度时，系统将用新的符号替换旧符号。故不适合同一平面具有不同表面粗糙度要求的情况，除非使用插入绘图符号的方法。

（2）默认情况下，系统变量 sym_flip_rotated_text 的值为 no，则利用系统提供的表 15-4 所示的符号标注表面粗糙度，其参数值（即符号文本）随符号一起旋转，如图 15-74（a）所示，不能满足国标要求。如将该系统变量值设为 yes，就能标注符合国标要求的粗糙度符号，如图 15-74（b）所示。还可以利用自定义粗糙度符号进行标注。

（a）文本相对符号不旋转　　　　　　　　　　　（b）文本相对符号旋转

图 15-74　不同方向的表面粗糙度符号

15.5.4　标注几何公差

在 Creo Parametric 4.0 绘图模块中，可以从实体模型中显示几何公差，也可创建几何公差。利用"几何公差"命令可以创建几何公差的特征控制框，还可以插入系统提供的基准符号。插入的符号可以进行"拭除"和"取消拭除"操作，操作方法与尺寸的"拭除"和"取消拭除"操作相同。

关于在工程图中插入几何公差请读者自行学习。

15.6　上机操作实验指导：为泵体工程视图添加标注

打开如图 14-86（b）所示泵体的三维实体工程视图，添加工程标注，如图 15-75 所示，主要涉及"显示模型注释"命令、"尺寸"命令、"将项目移动到视图"命令、"自定义符号"命令、"注解"命令等。

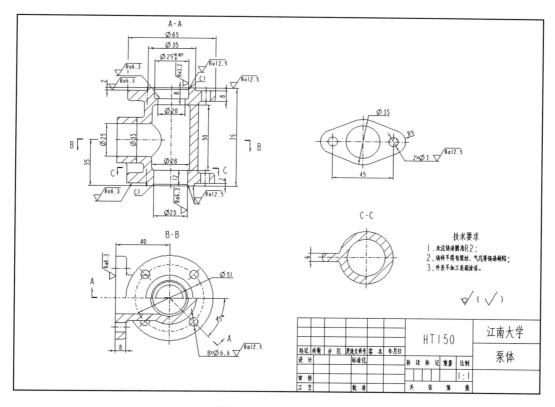

图 15-75　泵体工程图

操作步骤如下。

步骤 1：打开图 14-86（b）工程视图文件

操作过程略。

步骤 2：显示视图轴线和各特征尺寸

第 1 步，单击 按钮，调用"显示模型注释"命令，弹出"显示模型注释"对话框，默认显示"尺寸"选项卡。

第 2 步，单击 ![icon] 按钮，打开"显示模型基准"选项卡，在"类型"下拉列表中选择"轴"，显示模型的轴线，选择主视图，在主视图上显示相关轴线，在"显示"栏内选择需要显示的轴线，单击"应用"按钮。再按上述方法依次显示俯视图、断面图、局部视图的轴线。

注意：选择每个视图显示的轴线后，单击"应用"按钮。

第 3 步，单击 ![icon] 按钮，打开"显示模型尺寸"选项卡，在主视图上选择特征"旋转 1"，如图 15-76（a）所示，单击 ![icon] 按钮，选中所有尺寸，再单击尺寸 d5 前的复选框，取消尺寸 d5，单击"应用"按钮，结果如图 15-76（b）所示。

注意：

（1）取消的尺寸是一些不符合标注要求的尺寸，或是多余的尺寸。

（2）当光标靠近"显示模型注释"对话框的某一个尺寸行时，视图上的该尺寸蓝显，帮助用户辨认是否选择该尺寸。选择某一个尺寸，则视图上该尺寸黑显。

第 4 步，在主视图上选择特征"拉伸 1"，如图 15-76（b）所示，按住 Ctrl 键选择特征"孔_3"，如图 15-76（c）所示。

第 5 步，继续按住 Ctrl 键，在局部视图上选择特征"拉伸 2"，如图 15-76（d）所示。再在俯视图上选择特征"拉伸 2"，如图 15-76（e）所示。

第 6 步，继续按住 Ctrl 键，在俯视图上选择特征"孔_1_1"，如图 15-76（f）所示，单击 ![icon] 按钮，选中所有尺寸，单击"应用"按钮。

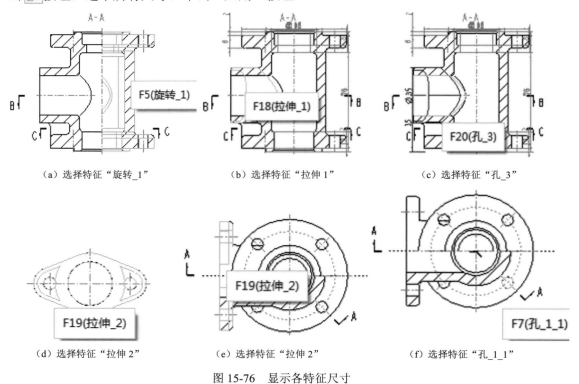

（a）选择特征"旋转_1"　　（b）选择特征"拉伸 1"　　（c）选择特征"孔_3"

（d）选择特征"拉伸 2"　　（e）选择特征"拉伸 2"　　（f）选择特征"孔_1_1"

图 15-76　显示各特征尺寸

第7步，单击"取消"按钮，忽略未选择的注释，结束命令。

第8步，在模型树中选择特征"轮廓 筋 1"，右击，在弹出的快捷菜单中选择"按视图显示尺寸"选项，单击选中C-C断面图，结果如图15-77所示。

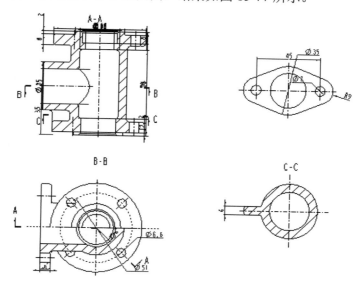

图 15-77　显示的轴线与尺寸

注意：在显示注释前，应观察模型树，了解所关联模型的建模过程。

步骤 3：整理轴线和尺寸

第1步，选择主视图上的视图名称，向上移动至合适位置。

第2步，单击 清理尺寸 按钮，调用"清理尺寸"命令，使用2D选择框选择主视图上所有尺寸，单击中键，则"清理尺寸"对话框的"放置"选项卡内进行设置，如图 15-24 所示。单击"应用"按钮，单击"关闭"按钮，将尺寸排列整齐，结果如图 15-78 所示。

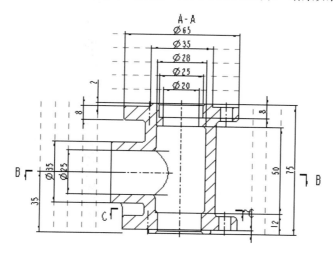

图 15-78　清理主视图上的尺寸

第 3 步，利用鼠标左键拖动的方式，调整某些尺寸位置以及尺寸界线起点的位置。

注意：

（1）如果在步骤 1 中多选了尺寸，可以在多余的尺寸上右击，在快捷菜单中选择"拭除"选项。

（2）如果步骤 1 中某一个尺寸所在的视图不合适，可以利用"移动到视图"命令，将其移动至合适的位置。

第 4 步，选择局部视图中的尺寸 $\phi7$，右击，在弹出的快捷菜单中选择"反向箭头"，再一次执行反向箭头。

第 5 步，用同样方法反向俯视图中直径尺寸 $\phi6.6$ 的箭头。

第 6 步，选择某条轴线，采用鼠标左键拖动方式调整视图中轴线的长度，使前后对称线超出轮廓线 2～5mm。

第 7 步，在绘图树中，选择主视图下的"捕捉线"，将捕捉线展开，选择所有的捕捉线，单击 Del 键，将主视图上的所有捕捉线删除。调整结果如图 15-79 所示。

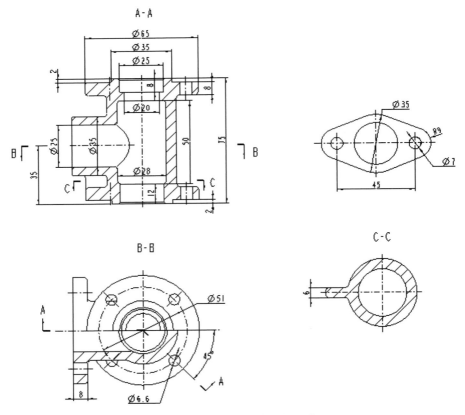

图 15-79　调整后的视图与尺寸

步骤 4：添加缺少的尺寸

第 1 步，单击 ▭ 按钮，调用"尺寸"命令，弹出"选择参考"对话框，默认"选择参考"类型为"选择图元"。

第 2 步，在俯视图上选择菱形板左侧边（左侧边上的某个点），按住 Ctrl 键选择竖直中心线，移动鼠标，在适当位置单击鼠标中键，标注菱形板左侧面定位尺寸40。

第3步，在主视图上，选择底部孔的左右两条转向轮廓线，标注底部孔尺寸25。

第4步，单击鼠标中键，结束命令。

步骤5：修改孔尺寸的尺寸文本

第1步，在局部视图上选择孔直径$\phi 7$，弹出"尺寸"功能区选项卡，单击"尺寸文本"面板的"尺寸文本"按钮 ⌀10.0①，在"尺寸文本"编辑区的@D前输入"2×"，在绘图区单击，将尺寸$\phi 7$改为$2\times\phi 7$。

第2步，用同样方法将俯视图上的尺寸$\phi 6.6$改为$8\times\phi 6.6$。

第3步，用同样方法在主视图上刚标注的尺寸25的前缀文本框内输入ϕ的值，将尺寸改为$\phi 25$。

步骤6：标注倒角尺寸

调用"切向引线注解"命令，标注主视图上的倒角尺寸C1。参见例15-2，操作过程略。

步骤7：创建技术要求

第1步，标注尺寸公差。选择主视图上端的尺寸$\phi 25$，在弹出的"尺寸"功能区选项卡，选择公差模式为"正负"，分别在"设置上公差值"文本框中输入0.021，"设置下公差值"文本框内输入0，并设置精度为"0.123"。完成所有尺寸的标注，如图15-80所示。

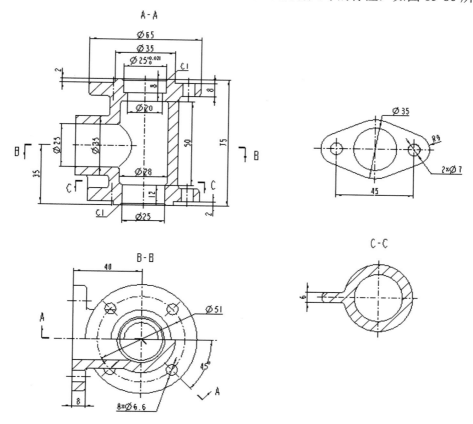

图 15-80　完成所有尺寸的标注

第 2 步，插入表面粗糙度符号，如图 15-75 所示。

（1）调用"自定义符号"命令，选择 Creo 4.0 文件夹下的自定义符号"表面粗糙度"，在"自定义绘图符号"对话框设置可变文本为 12.5，在"放置类型"选项中选择"带引线"放置方式，在主视图上选择底面，按住 Ctrl 键继续选择底部倒角右侧倒角线，移动鼠标，在适当位置单击鼠标中键。标注主视图底部带有两条引线的表面粗糙度，继续标注其他带有引线的表面粗糙度符号。操作过程略。

（2）选择"垂直于图元"方式放置，分别标注主视图上 $\phi 25^{+0.021}_{0}$ 孔内表面、$\phi 35$ 圆柱顶面、$\phi 65$ 圆柱顶面、底部 $\phi 25$ 圆柱孔内表面，以及俯视图上菱形板左端面的表面粗糙度符号。

注意：选择图元后，单击鼠标中键，再选择另一个图元。

（3）选择"法向引线"方式放置，在俯视图上选择 $8 \times \phi 6.6$ 尺寸的水平尺寸线，移动鼠标，在适当位置单击鼠标中键，标注表面粗糙度符号。继续用同样方法标注局部视图上 $2 \times \phi 7$ 的表面粗糙度符号。单击"自定义绘图符号"对话框的"确定"按钮，在适当位置单击，结束命令。

注意：引线垂直于所选的尺寸水平线。

（4）选择 $8 \times \phi 6.6$ 尺寸上的表面粗糙度符号，移动鼠标，在"注释"选项卡的"格式"面板上修改箭头样式为"无"，拖动符号至法向引线成水平位置，放开鼠标。用同样方法修改 $2 \times \phi 7$ 的表面粗糙度符号的箭头样式和引线方向。

注意：标注符号前先将 $8 \times \phi 6.6$ 尺寸位置做适当调整，如图 15-75 所示。

（5）按表面粗糙度参数要求修改各表面粗糙度的参数值。

（6）适当调整表面粗糙度符号的位置，在符号与尺寸重叠处拖动尺寸界线起点，在"草绘"选项卡补充绘制直线，如图 15-75 所示。

（7）在标题栏右上方，分别插入两个自定义符号，如图 15-75 所示。操作过程略。

第 3 步，注写技术要求，填写标题栏，如图 15-75 所示。

（1）调用"独立注解"命令，插入技术要求注释内容，以及标题栏内的文字。操作过程略。

（2）调用"偏移注解"命令，选择标题栏右上方的表面粗糙度符号 √ 为参考，注写括号。

步骤 8：保存图形

参见本书第 1 章，操作过程略。

15.7　上　机　题

1．打开如图 14-98（a）所示泵体的工程视图，添加工程标注，用自定义表面粗糙度符号标注各表面粗糙度要求，完成零件的工程图，如图 15-81 所示。

2．打开如图 14-98（b）所示支架的工程视图，添加工程标注，粗糙度符号使用 Creo 系统提供的表面粗糙度符号，完成零件的工程图，如图 15-82 所示。

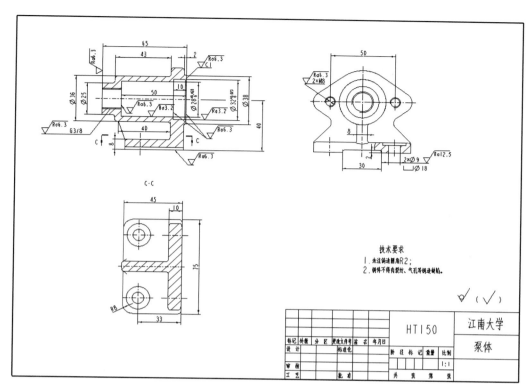

图 15-81　泵体工程图标注

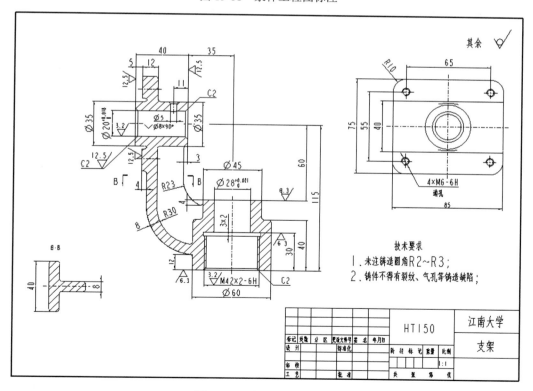

图 15-82　支架工程图标注

附录 A　书中所涉及部件的零件图与装配图

（1）联轴器装配图如图 A-1 所示。

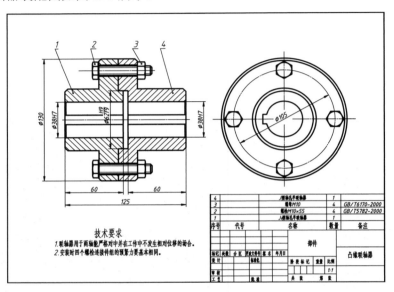

图 A-1　联轴器装配图

（2）联轴器零件图如图 A-2 所示。

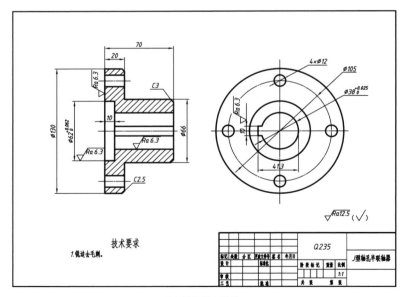

(a) 联轴器左法兰

图 A-2　联轴器零件图

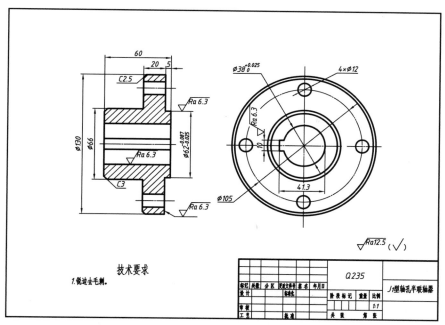

(b) 联轴器右法兰

图 A-2（续）

（3）虎钳装配图如图 A-3 所示。

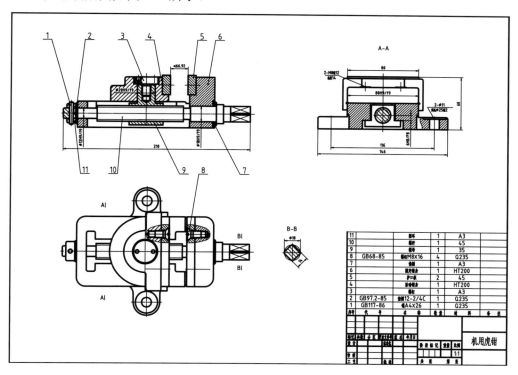

图 A-3　虎钳装配图

（4）虎钳零件图如图 A-4 所示。

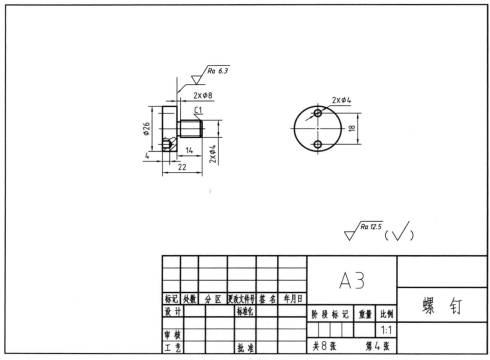

（a）螺钉

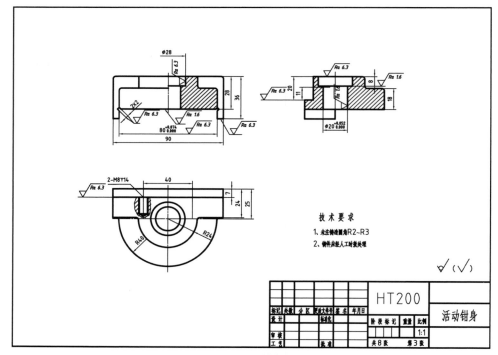

（b）活动钳身

图 A-4　虎钳零件图

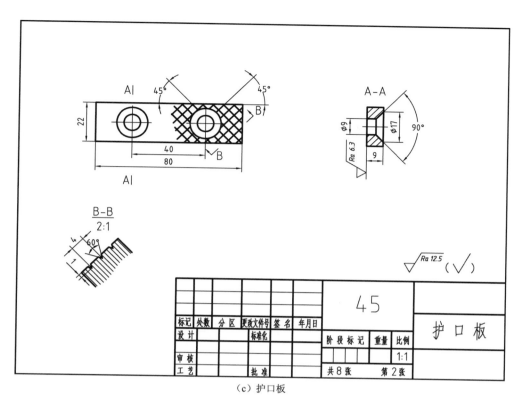

（c）护口板

技术要求
1、未注铸造圆角R2~R3
2、铸件应经人工时效处理

（d）固定钳身

图 A-4（续）

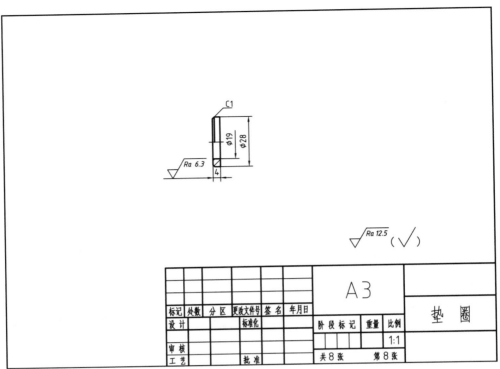

（e）垫圈

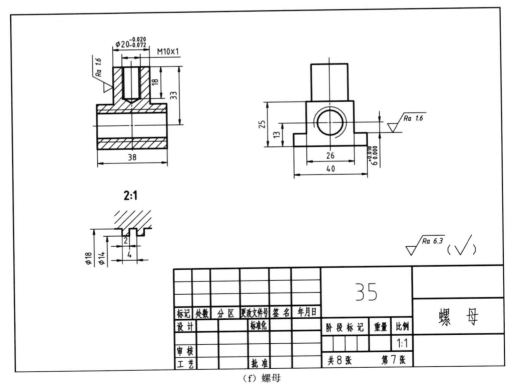

（f）螺母

图 A-4（续）

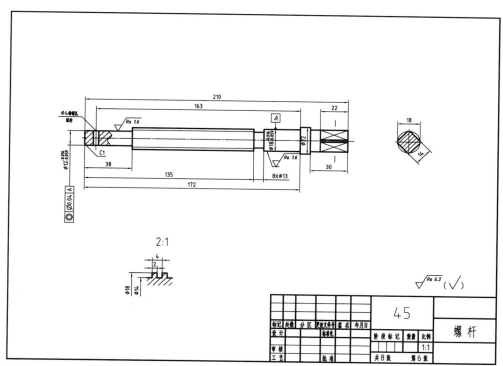

（g）螺杆

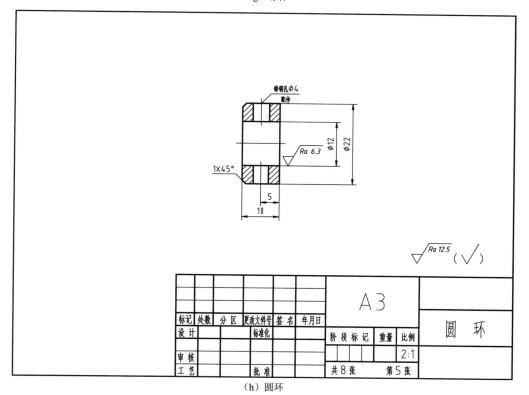

（h）圆环

图 A-4（续）

（5）千斤顶装配图如图 A-5 所示。

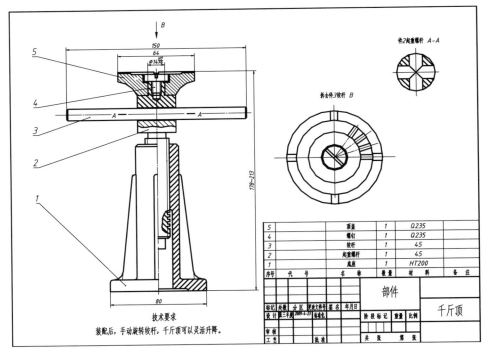

图 A-5　千斤顶装配图

（6）千斤顶零件图如图 A-6 所示。

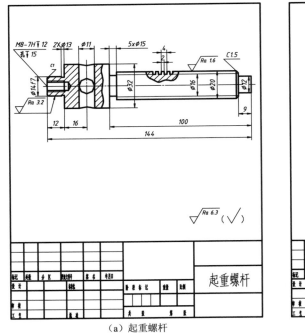

（a）起重螺杆

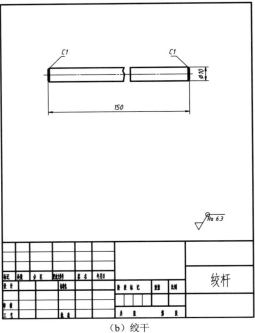

（b）绞干

图 A-6　千斤顶零件图

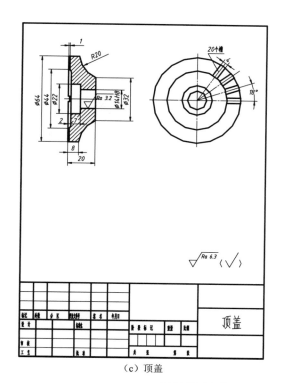

（c）顶盖

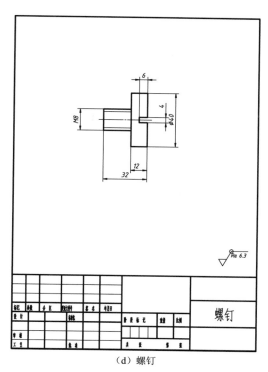

（d）螺钉

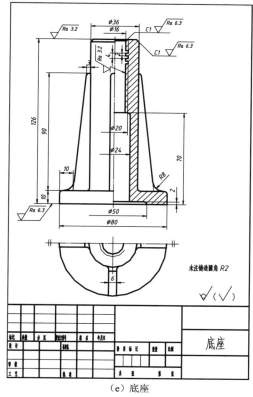

（e）底座

图 A-6（续）

（7）旋塞阀装配图如图 A-7 所示。

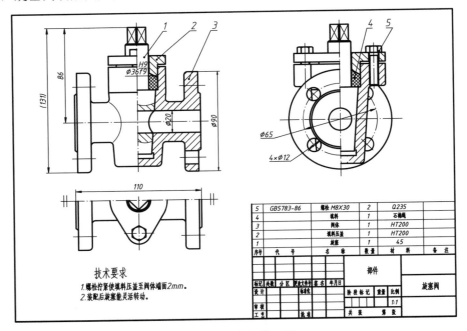

图 A-7　旋塞阀装配图

（8）旋塞阀零件图如图 A-8 所示。

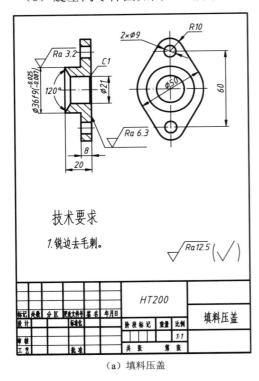

（a）填料压盖

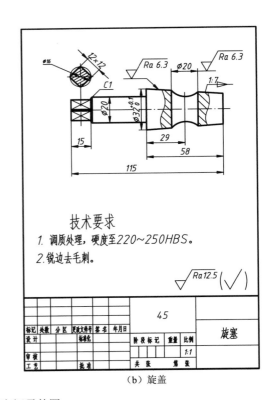

（b）旋盖

图 A-8　旋塞阀零件图

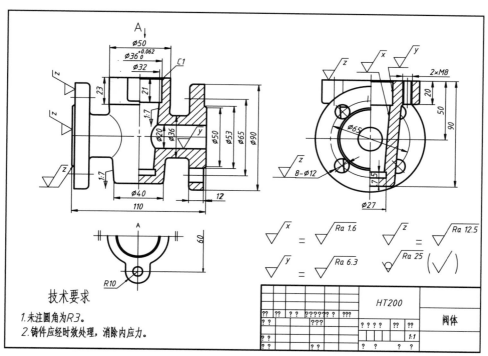

技术要求

1. 未注圆角为R3。
2. 铸件应经时效处理, 消除内应力。

					HT200				阀体
??	??	? ?	??????? ?	???					
? ?			???		? ? ? ?	??	??		
? ?		? ?			? ?	? ?		1:1	

（c）阀体

图 A-8（续）

图 书 资 源 支 持

感谢您一直以来对清华版图书的支持和爱护。为了配合本书的使用,本书提供配套的资源,有需求的读者请扫描下方的"书圈"微信公众号二维码,在图书专区下载,也可以拨打电话或发送电子邮件咨询。

如果您在使用本书的过程中遇到了什么问题,或者有相关图书出版计划,也请您发邮件告诉我们,以便我们更好地为您服务。

我们的联系方式:

地　　址:北京市海淀区双清路学研大厦 A 座 701

邮　　编:100084

电　　话:010-83470236　010-83470237

资源下载:http://www.tup.com.cn

客服邮箱:2301891038@qq.com

QQ:2301891038(请写明您的单位和姓名)

资源下载、样书申请

书　圈

扫一扫,获取最新目录

课 程 直 播

用微信扫一扫右边的二维码,即可关注清华大学出版社公众号"书圈"。